国家重点建设冶金技术专业高等职业教学改革成果系列教材

炼 钢 生 产

主　编　罗莉萍　刘辉杰
副主编　肖晓光

U0315700

北　京

冶 金 工 业 出 版 社

2022

内 容 提 要

本书包括炼钢设备、装入制度、供氧制度、造渣制度、温度制度、出钢及合金化制度、案例分析等内容，详细介绍了炼钢生产过程中各个工序的操作步骤及注意事项，并附有典型案例分析，突出本书理论与实践相结合的特点。

本书可作为高职高专院校钢铁冶金技术专业的教材，也可作为钢铁企业职工的培训教材。

图书在版编目（CIP）数据

炼钢生产/罗莉萍，刘辉杰主编．—北京：冶金工业出版社，2016.2
（2022.1 重印）

国家重点建设冶金技术专业高等职业教学改革成果系列教材
ISBN 978-7-5024-7129-3

Ⅰ．①炼…　Ⅱ．①罗…　②刘…　Ⅲ．①炼钢—高等职业教育—教材
Ⅳ．①TF7

中国版本图书馆 CIP 数据核字（2016）第 049116 号

炼钢生产

出版发行	冶金工业出版社	电　话	（010）64027926
地　址	北京市东城区嵩祝院北巷 39 号	邮　编	100009
网　址	www.mip1953.com	电子信箱	service@ mip1953.com

责任编辑　杜婷婷　美术编辑　彭子赫　版式设计　孙跃红
责任校对　王永欣　责任印制　李玉山
三河市双峰印刷装订有限公司印刷
2016 年 2 月第 1 版，2022 年 1 月第 4 次印刷
787mm×1092mm　1/16；17.75 印张；429 千字；271 页
定价 **45.00 元**

投稿电话　（010）64027932　投稿信箱　tougao@cnmip.com.cn
营销中心电话　（010）64044283
冶金工业出版社天猫旗舰店　yjgycbs.tmall.com
（本书如有印装质量问题，本社营销中心负责退换）

编 写 委 员 会

主　任　谢赞忠

副主任　刘辉杰　李茂旺

委　员

江西冶金职业技术学院	谢赞忠	李茂旺	宋永清	阮红萍
	潘有崇	杨建华	张　洁	邓沪东
	龚令根	李宇剑	欧阳小缨	肖晓光
	任淑萍	罗莉萍	胡秋芳	朱润华
新钢技术中心	刘辉杰	侯　兴		
新钢烧结厂	陈伍烈	彭志强		
新钢第一炼铁厂	傅曙光	古勇合		
新钢第二炼铁厂	陈建华	伍　强		
新钢第一炼钢厂	付　军	邹建华		
新钢第二炼钢厂	罗仁辉	吕瑞国	张邹华	
冶金工业出版社	刘小峰	屈文焱		

顾　问　　　　　　　皮　霞　熊上东

前　言

自 2011 年起江西冶金职业技术学院启动钢铁冶金专业建设以来，先后开展了"国家中等职业教育改革发展示范学校建设计划"项目钢铁冶炼重点支持专业建设；中央财政支持"高等职业学校提升专业服务产业发展能力"项目冶金技术重点专业建设；省财政支持"重点建设江西省高等教育专业技能实训中心"项目现代钢铁生产实训中心建设，并开展了现代学徒试点。与新余钢铁集团有限公司人力资源处、技术中心以及下属 5 家二级单位进行有效合作。按照基于职业岗位工作过程的"岗位能力主导型"课程体系的要求，改革传统教学内容，实现"四结合"，即"教学内容与岗位能力""教室与实训场所""专职教师与兼职老师（师傅）""顶岗实习与工作岗位"结合，突出教学过程的实践性、开放性和职业性，实现学生校内学习与实际工作相一致。

按照钢铁冶炼生产工艺流程，对应烧结与球团生产、炼铁生产、炼钢生产、炉外精炼生产、连续铸钢生产各岗位在素质、知识、技能等方面的需求，按照贴近企业生产，突出技术应用，理论上适度、够用的原则，校企合作建设"烧结矿与球团矿生产""高炉炼铁""炼钢生产""炉外精炼""连续铸钢生产"5 门优质核心课程。

依据专业建设、课程建设成果我们编写了《烧结矿与球团矿生产》《高炉炼铁》《炼钢生产》《炉外精炼》《连续铸钢》以及相配套的实训指导书系列教材，适用于职业院校钢铁冶炼、冶金技术专业、企业员工培训使用，也可作为冶金企业钢铁冶炼各岗位技术人员、操作人员的参考书。

本系列教材以国家职业技能标准为依据，以学生的职业能力培养为核心，以职业岗位工作过程分析典型的工作任务，设计学习情境。以工作过程为导向，设计学习单元，突出岗位工作要求，每个学习情境的教学过程都是一个完整的工作过程，结束了一个学习情境即是完成了一个工作项目。通过完成所有项目（学习情境）的学习，学生即可达到钢铁冶炼各岗位对技能的要求。

　　本系列教材由宋永清设计课程框架。在编写过程中得到江西冶金职业技术学院领导和新余钢铁集团有限公司领导的大力支持，新余钢铁集团人力资源处组织其技术中心以及 5 家生产单位的工程技术人员、生产骨干参与编写工作并提供大量生产技术资料，在此对他们的支持表示衷心感谢！

　　由于编者水平所限，书中不足之处，敬请读者批评指正。

江西冶金职业技术学院教务处　宋永清

2016 年 2 月

目　　录

学习情境 1　炼钢设备 ·· 1

任务 1.1　转炉系统设备 ·· 1
1.1.1　转炉炉型及计算 ·· 1
1.1.2　炉衬 ·· 7
任务 1.2　转炉辅助设备 ·· 18
1.2.1　氧枪 ·· 18
1.2.2　氧枪升降和更换机构 ·· 29
1.2.3　氧枪各操作点的控制位置 ··· 33
1.2.4　供料系统设备 ··· 33
任务 1.3　电弧炉炼钢设备 ·· 35
1.3.1　电弧炉简介 ·· 35
1.3.2　电弧炉炉体构造 ·· 36
1.3.3　电弧炉的机械设备 ··· 40
1.3.4　电弧炉的电气设备 ··· 44
思考题 ·· 49

学习情境 2　装入制度 ·· 50

任务 2.1　转炉炼钢原料 ·· 50
2.1.1　铁水 ·· 50
2.1.2　废钢 ·· 52
任务 2.2　转炉的装入制度 ·· 52
2.2.1　装入量的确定 ··· 52
2.2.2　废钢比 ·· 54
2.2.3　装料顺序 ·· 54
思考题 ·· 54

学习情境 3　供氧制度 ·· 55

任务 3.1　熔池内氧的来源 ·· 55
3.1.1　吹入氧气 ·· 55
3.1.2　加入铁矿石和氧化铁皮 ··· 56
3.1.3　炉气传氧 ·· 56
任务 3.2　杂质元素的氧化方式 ·· 57

　　3.2.1　直接氧化 ……………………………………………………………… 57

　　3.2.2　间接氧化 ……………………………………………………………… 57

任务 3.3　转炉的供氧制度 ………………………………………………………… 58

　　3.3.1　供氧强度 ……………………………………………………………… 58

　　3.3.2　供氧压力 ……………………………………………………………… 60

　　3.3.3　枪位及其控制 ………………………………………………………… 60

　　3.3.4　复吹转炉的底部供气制度 …………………………………………… 65

任务 3.4　电弧炉的供氧工艺 ……………………………………………………… 67

　　3.4.1　吹氧操作 ……………………………………………………………… 67

　　3.4.2　吹氧助熔 ……………………………………………………………… 67

　　3.4.3　吹氧脱碳 ……………………………………………………………… 67

　　3.4.4　加矿方法 ……………………………………………………………… 68

　　3.4.5　炉气的传氧过程 ……………………………………………………… 69

任务 3.5　硅、锰的氧化 …………………………………………………………… 70

　　3.5.1　硅的氧化 ……………………………………………………………… 70

　　3.5.2　锰的氧化 ……………………………………………………………… 71

任务 3.6　碳氧反应及脱碳工艺 …………………………………………………… 72

　　3.6.1　碳氧反应 ……………………………………………………………… 72

　　3.6.2　碳氧反应的动力学 …………………………………………………… 76

　　3.6.3　碳氧反应速度 ………………………………………………………… 80

　　3.6.4　转炉脱碳工艺 ………………………………………………………… 82

　　3.6.5　电弧炉脱碳工艺 ……………………………………………………… 83

　　3.6.6　电弧炉返回吹氧法冶炼不锈钢的脱碳工艺 ………………………… 88

　　3.6.7　VOD 炉脱碳工艺 ……………………………………………………… 92

　　3.6.8　AOD 炉脱碳工艺 ……………………………………………………… 95

思考题 ………………………………………………………………………………… 96

学习情境 4　造渣制度 ……………………………………………………………… 98

任务 4.1　炼钢用辅原料 …………………………………………………………… 98

　　4.1.1　造渣剂 ………………………………………………………………… 98

　　4.1.2　冷却剂 ………………………………………………………………… 101

　　4.1.3　造还原渣的材料 ……………………………………………………… 101

　　4.1.4　造氧化渣的目的及要求 ……………………………………………… 102

　　4.1.5　造渣材料用量的计算 ………………………………………………… 103

任务 4.2　炉渣组成对石灰溶解的影响 …………………………………………… 105

　　4.2.1　（CaO）和（SiO$_2$） ………………………………………………… 105

　　4.2.2　（FeO）和（MnO） …………………………………………………… 106

　　4.2.3　（MgO） ……………………………………………………………… 107

任务 4.3　造渣制度 ……………………………………………………… 107
　4.3.1　转炉的造渣方法及选用 ………………………………………… 107
　4.3.2　渣料的分批和加入时间 ………………………………………… 109
　4.3.3　转炉炼钢的渣况判断 …………………………………………… 109
　4.3.4　炉渣泡沫化 ……………………………………………………… 110
任务 4.4　脱磷 …………………………………………………………… 115
　4.4.1　磷对钢性能的影响 ……………………………………………… 116
　4.4.2　脱磷反应 ………………………………………………………… 117
　4.4.3　影响炉渣脱磷的主要因素 ……………………………………… 119
　4.4.4　还原性脱磷 ……………………………………………………… 122
　4.4.5　转炉脱磷工艺 …………………………………………………… 124
　4.4.6　铁水预脱磷 ……………………………………………………… 128
　4.4.7　电弧炉脱磷工艺 ………………………………………………… 130
任务 4.5　脱硫 …………………………………………………………… 134
　4.5.1　硫对钢性能的影响 ……………………………………………… 134
　4.5.2　脱硫反应 ………………………………………………………… 136
　4.5.3　原料含硫量对脱硫的影响 ……………………………………… 140
　4.5.4　转炉脱硫工艺 …………………………………………………… 141
　4.5.5　钢液炉外脱硫 …………………………………………………… 151
　4.5.6　电弧炉脱硫工艺 ………………………………………………… 152
　4.5.7　精炼炉脱硫工艺 ………………………………………………… 155
思考题 …………………………………………………………………… 160

学习情境 5　温度制度 ……………………………………………… 162
任务 5.1　温度控制的重要性 …………………………………………… 162
　5.1.1　温度对冶炼操作的影响 ………………………………………… 162
　5.1.2　温度对成分控制的影响 ………………………………………… 163
　5.1.3　温度对浇注操作和锭坯质量的影响 …………………………… 163
任务 5.2　出钢温度的确定 ……………………………………………… 163
　5.2.1　钢的熔点的计算 ………………………………………………… 163
　5.2.2　钢液过热度的确定 ……………………………………………… 165
　5.2.3　出钢及浇注过程中的温降值 …………………………………… 166
任务 5.3　熔池温度的测量 ……………………………………………… 167
　5.3.1　仪表测温及其特点 ……………………………………………… 167
　5.3.2　目测估温及其影响因素 ………………………………………… 168
任务 5.4　转炉炼钢中的温度控制 ……………………………………… 170
　5.4.1　终点温度的控制 ………………………………………………… 170
　5.4.2　过程温度的控制 ………………………………………………… 176

任务 5.5　熔池温度的计算机控制 ·· 177

5.5.1　计算机控制的效果与系统组成 ·· 177

5.5.2　计算机控制的种类 ·· 178

思考题 ·· 182

学习情境 6　出钢及合金化制度 ·· **183**

任务 6.1　合金化概述 ·· 183

6.1.1　钢液合金化的任务与原则 ·· 183

6.1.2　钢的规格成分与控制成分 ·· 184

6.1.3　合金元素在钢中的主要作用 ·· 184

6.1.4　对合金剂的一般要求 ·· 185

任务 6.2　常用合金剂简介 ·· 186

6.2.1　铁合金 ·· 186

6.2.2　其他合金 ·· 188

6.2.3　纯金属 ·· 189

任务 6.3　合金的加入方法 ·· 189

6.3.1　合金元素与氧反应的热力学分析 ·· 189

6.3.2　合金的加入时间与加入方法 ·· 189

6.3.3　合金的收得率及其影响因素 ·· 192

任务 6.4　合金加入量的计算 ·· 195

6.4.1　钢液量的校核 ·· 195

6.4.2　低合金钢和单元高合金钢的合金加入量计算 ·· 196

6.4.3　成分出格及其防止措施 ·· 204

任务 6.5　脱氧与非金属夹杂物 ·· 204

6.5.1　脱氧的目的和任务 ·· 204

6.5.2　各元素的脱氧能力和特点 ·· 206

6.5.3　脱氧方法 ·· 212

6.5.4　钢中的非金属夹杂物 ·· 220

6.5.5　夹杂物对钢性能的影响 ·· 226

6.5.6　减少钢中夹杂物的途径 ·· 229

任务 6.6　钢中气体 ·· 230

6.6.1　氢的来源及其对钢质量的影响 ·· 231

6.6.2　氮的来源及其对钢质量的影响 ·· 234

6.6.3　钢液脱气 ·· 237

6.6.4　减少钢中气体的措施 ·· 251

任务 6.7　出钢及挡渣技术 ·· 253

6.7.1　转炉出钢 ·· 253

6.7.2　电弧炉出钢 ·· 256

思考题 ……………………………………………………………………………… 258

学习情境7　案例分析 ………………………………………………………………… 259

任务7.1　案例分析：化学成分超标事故 …………………………………………… 259
　　7.1.1　事故描述 …………………………………………………………………… 259
　　7.1.2　事故原因分析 ……………………………………………………………… 259

任务7.2　案例分析：钢包穿包沿事故 ……………………………………………… 260
　　7.2.1　事故描述 …………………………………………………………………… 260
　　7.2.2　事故原因分析 ……………………………………………………………… 260
　　7.2.3　防范整改措施 ……………………………………………………………… 260

任务7.3　案例分析：钢包穿包沿造成停机事故 …………………………………… 260
　　7.3.1　事故描述 …………………………………………………………………… 260
　　7.3.2　事故原因分析 ……………………………………………………………… 260
　　7.3.3　整改措施 …………………………………………………………………… 261

任务7.4　案例分析：CAS上钢水黏造成连铸机非计划停机事故 ………………… 261
　　7.4.1　事故描述 …………………………………………………………………… 261
　　7.4.2　事故原因分析 ……………………………………………………………… 261
　　7.4.3　整改措施 …………………………………………………………………… 261

任务7.5　案例分析：连铸温度低造成连铸机停机事故 …………………………… 262
　　7.5.1　事故描述 …………………………………………………………………… 262
　　7.5.2　事故原因分析 ……………………………………………………………… 262
　　7.5.3　整改措施 …………………………………………………………………… 262

任务7.6　案例分析：底吹不通造成停机事故 ……………………………………… 263
　　7.6.1　事故描述 …………………………………………………………………… 263
　　7.6.2　事故原因分析 ……………………………………………………………… 263
　　7.6.3　整改措施 …………………………………………………………………… 263

任务7.7　案例分析：钢包穿渣线事故 ……………………………………………… 263
　　7.7.1　事故描述 …………………………………………………………………… 263
　　7.7.2　事故原因分析 ……………………………………………………………… 263
　　7.7.3　整改措施 …………………………………………………………………… 263

任务7.8　案例分析：RH炉上连铸机温度低导致开浇失败事故 ………………… 264
　　7.8.1　事故描述 …………………………………………………………………… 264
　　7.8.2　事故原因分析 ……………………………………………………………… 264
　　7.8.3　整改措施 …………………………………………………………………… 264

任务7.9　案例分析：连铸机温度低造成开浇停机事故 …………………………… 264
　　7.9.1　事故描述 …………………………………………………………………… 264
　　7.9.2　事故原因分析 ……………………………………………………………… 264
　　7.9.3　整改措施 …………………………………………………………………… 265

任务 7.10　案例分析：钢水温度低造成停机事故 ……………………………………… 265

7.10.1　事故描述 …………………………………………………………………… 265

7.10.2　发生事故前异常情况 ………………………………………………………… 265

7.10.3　事故原因分析 ………………………………………………………………… 265

7.10.4　整改措施 ……………………………………………………………………… 265

任务 7.11　案例分析：连铸机钢水黏造成停机事故 …………………………………… 266

7.11.1　事故描述 ……………………………………………………………………… 266

7.11.2　事故原因分析 ………………………………………………………………… 266

7.11.3　整改措施 ……………………………………………………………………… 266

任务 7.12　案例分析：板坯连铸机漏钢事故 …………………………………………… 266

7.12.1　事故描述 ……………………………………………………………………… 266

7.12.2　事故经过（直接原因）调查分析 …………………………………………… 267

7.12.3　调查情况分析 ………………………………………………………………… 267

7.12.4　防范措施 ……………………………………………………………………… 267

任务 7.13　案例分析：未软吹，使连铸机钢水黏造成停机事故 ……………………… 267

7.13.1　事故描述 ……………………………………………………………………… 267

7.13.2　事故原因分析 ………………………………………………………………… 267

7.13.3　整改措施 ……………………………………………………………………… 267

任务 7.14　案例分析：顶渣改质不到位，使连铸机钢水黏造成停机事故 …………… 268

7.14.1　事故描述 ……………………………………………………………………… 268

7.14.2　事故原因分析 ………………………………………………………………… 268

7.14.3　整改措施 ……………………………………………………………………… 268

任务 7.15　案例分析：底吹管渗铁事故 ………………………………………………… 268

7.15.1　事故描述 ……………………………………………………………………… 268

7.15.2　事故原因分析 ………………………………………………………………… 269

7.15.3　防范措施 ……………………………………………………………………… 269

任务 7.16　案例分析：中包流不下造成停机事故 ……………………………………… 270

7.16.1　事故描述 ……………………………………………………………………… 270

7.16.2　事故原因分析 ………………………………………………………………… 270

7.16.3　整改措施 ……………………………………………………………………… 270

参考文献 ……………………………………………………………………………………… 271

炼 钢 设 备

学习任务：

（1）掌握转炉系统设备及转炉辅助设备；

（2）掌握电弧炉炼钢设备。

任务 1.1 转炉系统设备

氧气顶吹转炉系统设备如图 1-1 所示，是由转炉炉体（包括炉壳和炉衬）、炉体支承系统（包括托圈、耳轴、耳轴轴承及支座）及倾动机构组成的。

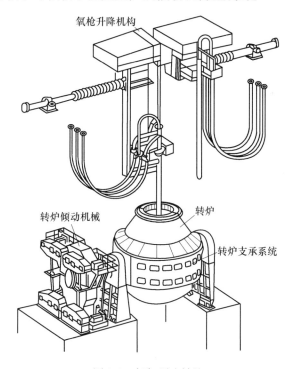

图 1-1　氧气顶吹转炉

1.1.1　转炉炉型及计算

转炉炉型是指用耐火材料砌成的炉衬内型。转炉的炉型是否合理直接影响着工艺操作、炉衬寿命、钢的产量与质量以及转炉的生产率。

合理的炉型应满足以下要求：

（1）要满足炼钢的物理化学反应和流体力学的要求，使熔池有强烈而均匀的搅拌；

（2）符合炉衬被侵蚀的形状以利于提高炉龄；

（3）减轻喷溅和炉口结渣，改善劳动条件；

（4）炉壳易于制造，炉衬的砌筑和维修方便。

1.1.1.1　类型

最早的氧气顶吹转炉炉型，基本上是从底吹转炉发展而来。炉子容量小，炉型高瘦，炉口为偏口。以后随着炉容量的增大，炉型向矮胖发展而趋近球形。

按金属熔池形状的不同，转炉炉型可分为筒球型、锥球型和截锥型三种，如图 1-2 所示。

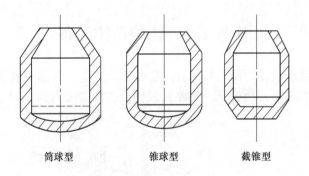

筒球型　　　　　锥球型　　　　　截锥型

图 1-2　顶吹转炉常用炉型

A　筒球型

这种熔池形状由一个球缺体和一个圆筒体组成。它的优点是炉型形状简单、砌筑方便、炉壳制造容易。熔池内型比较接近金属液循环流动的轨迹，在熔池直径足够大时，能保证在较大的供氧强度下吹炼且喷溅最小，也能保证有足够的熔池深度，使炉衬有较高的寿命。大型转炉多采用这种炉型。

B　锥球型

锥球型熔池由一个锥台体和一个球缺体组成。这种炉型与同容量的筒球型转炉相比，若熔池深度相同，则熔池面积比筒球型大，有利于冶金反应的进行，同时，随着炉衬的侵蚀熔池变化较小，对炼钢操作有利。欧洲生铁含磷相对偏高的国家，采用这种炉型的较多。我国 20 ~ 80t 的转炉多采用锥球型。

目前对筒球型与锥球型的适用性看法尚不一致。有人认为锥球型适用于大转炉（奥地利），有人却认为适用于小转炉（前苏联）。但世界上已有的大型转炉多采用筒球型。

C　截锥型

截锥型熔池为上大下小的圆锥台。其特点是构造简单，且平底熔池便于修砌。这种炉型基本上能满足炼钢反应的要求，适用于小型转炉。我国 30t 以下的转炉多用这种炉型。国外转炉容量普遍较大，故极少采用此种形式。

此外，有些国家（如法国、比利时、卢森堡等）的转炉，为了吹炼高磷铁水，在吹炼过程中用氧气向炉内喷入石灰粉。为此他们采用了所谓大炉膛炉型（这种转炉称为 OLP 型转炉），这种炉型的特点是：炉膛内壁倾斜，上大下小，炉帽的倾角较小（约 50°）。因为炉膛上部的反应空间增大，故适应吹炼高磷铁水时渣量大和泡沫化严重的特点。这种炉型的砌砖工艺比较复杂，炉衬寿命也比其他炉型低，故一般很少采用。

1.1.1.2　炉型主要尺寸的确定

A　转炉的公称容量

转炉的公称容量又称公称吨位，是炉型设计、计算的重要依据，但其含义目前尚未统一，有以下三种表示方法：

（1）用转炉的平均铁水装入量表示公称容量；

（2）用转炉的平均出钢量表示公称容量；

（3）用转炉年平均炉产良坯（锭）量表示公称容量。

由于出钢量介于装入量和良坯（锭）量之间，其数量不受装料中铁水比例的限制，也不受浇铸方法的影响，所以大多数采用炉役平均出钢量作为转炉的公称容量。根据出钢量可以计算出装入量和良坯（锭）量。

$$出钢量 = 装入量 / 金属消耗系数$$

$$装入量 = 出钢量 × 金属消耗系数$$

金属消耗系数是指吹炼 1t 钢所消耗的金属料数量。视铁水含硅、含磷量的高或低，金属消耗系数波动于 1.1 ~ 1.2 之间。

B　炉型的主要参数

a　炉容比

转炉的炉容比是转炉的有效容积与公称容量之比，其单位是 m^3/t。

炉容比的大小决定了转炉吹炼容积的大小，它对转炉的吹炼操作、喷溅、炉衬寿命、金属收得率等都有比较大的影响。如果炉容比过小，即炉膛反应容积小，转炉就容易发生喷溅和溢渣，造成吹炼困难，降低金属收得率，并且会加剧炉渣对炉衬的冲刷侵蚀，降低炉衬寿命；同时也限制了供氧量或供氧强度的增加，不利于转炉生产能力的提高。反之，如果炉容比过大，就会使设备重量、倾动功率、耐火材料的消耗和厂房高度增加，使整个车间的投资增大。

选择炉容比时应考虑以下因素：

（1）铁水比、铁水成分。随着铁水比和铁水中硅、磷、硫含量的增加，炉容比应相应增大。若采用铁水预处理工艺时，炉容比可以小些。

（2）供氧强度。供氧强度增大时，吹炼速度较快，为了不引起喷溅就要保证有足够的反应空间，炉容比相应增大些。

（3）冷却剂的种类。采用铁矿石或氧化铁皮为主的冷却剂，成渣量大，炉容比也需相应增大；若采用以废钢为主的冷却剂，成渣量小，则炉容比可适当选择小些。

目前使用的转炉，炉容比波动在 $0.85 ~ 0.95 m^3/t$ 之间（大容量转炉取下限）。近些年来，为了在提高金属收得率的基础上提高供氧强度，新设计转炉的炉容比趋于增大，一般

为 $0.9 \sim 1.05 \mathrm{m^3/t}$。

b　高宽比（$H_总/D_壳$）

高宽比是指转炉总高（$H_总$）与炉壳外径（$D_壳$）之比，是决定转炉形状的另一主要参数。它直接影响转炉的操作和建设费用。因此，高宽比的确定既要满足工艺要求，又要考虑节省建设费用。

在最初设计转炉时，高宽比选得较大。生产实践证明，增加转炉高度是防止喷溅、提高钢水收得率的有效措施。但过大的高宽比不仅增加了转炉的倾动力矩，而且厂房高度增高也使建筑造价上升。所以，过大的高宽比没有必要。

在转炉大型化的过程中，$H_总$ 和 $D_壳$ 随着炉容量的增大而增加，但其比值是下降的。这说明直径的增加比高度的增加更快，炉子向矮胖型发展。但过于矮胖的炉型，易产生喷溅，会使热量和金属损失增大。

目前，新设计转炉的高宽比一般在 $1.35 \sim 1.65$ 的范围内选取，小转炉取上限，大转炉取下限。

C　炉型主要尺寸的确定

以筒球型为例，转炉主要尺寸如图 1-3 所示。

a　熔池部分尺寸

（1）熔池直径（D）。熔池直径是指转炉熔池在平静状态时金属液面的直径。目前熔池直径的确定可用一些经验公式进行计算，计算结果还应与容量相近、生产条件相似、技术经济指标较好的炉子进行对比并适当调整。

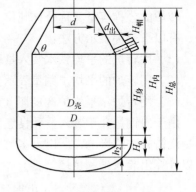

图 1-3　筒球型氧气顶吹转炉主要尺寸

h_2—球缺高度；H_0—熔池深度；
$H_身$—炉身高度；$H_帽$—炉帽高度；
$H_内$—转炉有效高度；$H_总$—转炉总高；
D—熔池直径；$D_壳$—炉壳外径；
d—炉口内径；$d_出$—出钢口直径；
θ—炉帽倾角

我国设计部门推荐的计算熔池直径的经验公式为：

$$D = K \sqrt{\dfrac{G}{t}}$$

式中　D——熔池直径，m；

　　　G——新炉金属装入量，t；

　　　t——吹氧时间，min，可参考表 1-1 来确定；

　　　K——比例系数。

对于 50t 以下的转炉，$K = 1.85 \sim 2.10$；$50 \sim 120\mathrm{t}$ 的转炉，$K = 1.75 \sim 1.85$；200t 转炉，$K = 1.55 \sim 1.60$；250t 以上的转炉，$K = 1.50 \sim 1.55$。

表 1-1　转炉冶炼周期和吹氧时间推荐值

转炉公称容量/t	<30	30 ~ 100	>100	备　注
冶炼周期/min	28 ~ 32	32 ~ 38	38 ~ 45	结合供氧强度、铁水成分和所炼钢种等具体条件确定
吹氧时间/min	12 ~ 16	14 ~ 18	16 ~ 20	

实践表明，上式对中、小型转炉较为适用，对大型转炉有差距，应用时需注意。

另外，也有人利用统计方法，找出现有炉子直径和容量之间的关系，作为计算熔池直径的依据。武汉钢铁设计院推荐如下公式：

$$D = 0.392\sqrt{20 + T}$$

式中　　T——炉子容量，t。

由国外一些 30~300t 转炉实际尺寸统计的结果，得出下面计算公式：

$$D = (0.66 \pm 0.05)T^{0.4}$$

（2）熔池深度 H_0。熔池深度是指转炉熔池在平静状态时，从金属液面到炉底的深度。从吹氧动力学的角度出发，合适的熔池深度应既能保证转炉熔池有良好的搅拌效果，又不致使氧气射流穿透炉底，以达到保护炉底、提高炉龄和安全生产的目的。

对于一定容量的转炉，炉型和熔池直径确定之后，便可利用几何公式计算熔池深度 H_0。

（3）筒球型熔池。筒球型熔池由圆柱体和球缺体两部分组成。考虑炉底的稳定性和熔池有适当的深度，一般球缺体的半径 R 为熔池直径的 1.1~1.25 倍。国外大于 200t 的转炉为 0.8~1.0 倍。当 $R = 1.1D$ 时，金属熔池的体积 $V_熔$ 为：

$$V_熔 = 0.79H_0D^2 - 0.046D^3$$

因而

$$H_0 = \frac{V_熔 + 0.046D^3}{0.79D^2}$$

（4）锥球型熔池。锥球型熔池由倒锥台和球缺体两部分组成，如图 1-4（a）所示。根据统计，球缺体曲率半径 $R = 1.1D$，球缺体高 $h_2 = 0.09D$ 者较多。倒锥台底面直径 d_1 一般为熔池直径（D）的 0.895~0.92 倍，如取 $d_1 = 0.895D$，则在上述条件下，熔池体积为：

$$V_熔 = 0.70H_0D^2 - 0.0363D^3$$

因而熔池深度为：

$$H_0 = \frac{V_熔 + 0.0363D^3}{0.70D^2}$$

（5）截锥型熔池。截锥型熔池如图 10-4（b）所示，其体积为：

$$V_熔 = \frac{\pi h_1}{12}(D^2 + Dd_1 + d_1^2)$$

当锥体顶面直径 d_1 为 $0.7D$ 时，熔池深度为：

$$H_0 = \frac{V_熔}{0.574D^2}$$

b　炉帽部分尺寸

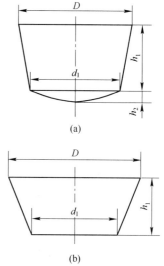

图 1-4　锥球型和截锥型熔池各部位尺寸

（a）锥球型熔池尺寸；（b）截锥型熔池尺寸

D—熔池直径；d_1—倒锥台底面直径；

h_1—锥台高度；h_2—球缺体高度

氧气转炉一般都采用正口炉帽，其主要尺寸有炉帽倾角、炉口直径和炉帽高度。

（1）炉帽倾角 θ。一般取 $60° \sim 68°$，大炉子取下限，以减小炉帽高度。如 $\theta < 53°$，则炉帽砌砖有倒塌的危险；但倾角过大，将导致锥体部分过高，出钢时容易从炉口下渣。

（2）炉口直径 d。在满足兑铁水、加废钢、出渣、修炉等操作要求的前提下，应尽量缩小炉口直径，以减少喷溅、热量损失和冷空气的吸入量。一般炉口直径为：

$$d = (0.43 \sim 0.53)D$$

大转炉取下限，小转炉取上限。

（3）炉帽高度 $H_{帽}$。炉帽的总高度是截锥体高度（$H_{锥}$）与炉口直线段高度（$H_{直}$）之和。设置直线段的目的是为了保持炉口形状和保护水冷炉口，其高度 $H_{直}$ 一般为 $300 \sim 400mm$。炉帽高度的计算公式如下：

$$H_{帽} = H_{锥} + H_{直} = \frac{1}{2}(D - d)\tan\theta + (300 \sim 400)$$

炉帽容积为：

$$V_{帽} = V_{锥} + V_{直} = \frac{\pi}{12}H_{锥}(D^2 + Dd + d^2) + \frac{\pi}{4}d^2 H_{直}$$

c　炉身部分尺寸

转炉在熔池面以上、炉帽以下的圆柱体部分称为炉身。一般炉身直径就是熔池直径。炉身高度 $H_{身}$ 可按下式计算：

$$V_{身} = V_{总} - V_{帽} - V_{熔}$$

$$V_{身} = \frac{\pi}{4}D^2 H_{身}$$

$$H_{身} = \frac{4V_{身}}{\pi D^2}$$

式中　　$V_{总}$——转炉的有效容积，可根据转炉吨位和选定的炉容比确定；

$V_{帽}$，$V_{身}$，$V_{熔}$——分别为炉帽、炉身和金属熔池的容积；

　　　　$H_{身}$——炉身高度，m。

D　出钢口尺寸

转炉设置出钢口的目的是为了便于渣钢分离，使炉内钢水以正常的速度和角度流入钢包中，以利于在钢包内进行脱氧合金化作业和提高钢的质量。

出钢口主要参数包括出钢口位置、出钢口角度及出钢口直径。

（1）出钢口位置。出钢口的内口应设在炉帽与炉身的连接处。此处在倒炉出钢时位置最低，钢水容易出净，又不易下渣。

（2）出钢口角度。出钢口角度是指出钢口中心线与水平线的夹角。出钢口角度越小，出钢口长度就越短，钢流长度也越短，可以减少钢流的二次氧化和散热损失，并且易对准炉下钢包车；修砌和开启出钢口方便。出钢口角度一般在 $15° \sim 25°$，国外不少转炉采用 $0°$。

（3）出钢口直径。出钢口直径可按下列经验公式计算：

$$d_{出} = \sqrt{63 + 1.75T}$$

式中　$d_{出}$——出钢口直径，cm；

　　　T——转炉的炉容量，t。

国内外一些转炉炉型主要工艺参数见表 1-2。

表 1-2　国内外一些转炉炉型主要工艺参数

序号	公称吨位/t			中国					日本	中国		美国	日本	中国
	参数名称	符号	单位	15	20	25	30	50	100	120	150	230	250	300
1	炉壳全高	$H_{总}$	mm	5920	5880	6270	7000	7470	8500	9750	9250	11732	11000	11500
2	炉壳外径	$D_{壳}$	mm	3630		3840	4420	5110	5400	6670	7000	7720	8200	8670
3	炉膛有效高度	$H_{内}$	mm	5171	4900	5530	6220	6491	7672	8150	8480	10600		10458
4	炉膛直径	D	mm	2250	2380	2400	2480	3500	4000	4860	5260	6250	5670	6832
5	炉内有效容积	V	m³	18.14	18.16	20.40	24.30	52.72	80	121	129.1	209.3	193	315
6	炉口直径	d	mm	1070	1000	1100	1100	1850	2200	2200	2500	2360	3000	3600
7	熔池内径	D	mm	2250	2400	2480		3500	4000	4860	5260	6250		6740
8	熔池深度	H_0	mm	800	820	1000	1000	1085		1350	1447	1725		1954
9	熔池面积	S	m²	3.97	4.4	4.52	4.53	9.62	12.57	18.85	21.73	30.70		33.9
10	熔池容积	$V_{熔}$	m³							19.4				33.9
11	炉帽倾角	θ	(°)	60	62	62	65.36			62.1	60			
12	出钢口内径	$d_{出}$	mm	100	100	100	120			170	180			200
13	出钢口倾角		(°)	30		15	45			20	20			15
14	$H_{总}/D_{壳}$			1.63	1.59	1.61	1.66	1.46	1.57	1.46	1.32	1.52	1.45	1.32
15	$H_{内}/D$			2.24	2.01	2.20		1.855	1.92	1.66	1.61	1.72		1.53
16	炉容比 (V/T)			1.21	0.908	0.816	0.81	0.95	0.83	1.01	0.86	0.91	0.774	1.05
17	S/T			0.26	0.22	0.181	0.161	0.192	0.126	0.155	0.145	0.133	0.107	0.122
18	d/D	%		47.6	42	48.5	44	52.9	55	45.3	47.5	53.7		52.7

1.1.2　炉衬

氧气转炉的炉衬一般由工作层、填充层和永久层构成。

工作层是指直接与液体金属、熔渣和炉气接触的内层炉衬，它要经受钢、渣的冲刷、熔渣的化学侵蚀、高温和温度急变、物料冲击等一系列作用；同时工作层不断侵蚀，也将影响炉内化学反应的进行。因此，要求工作层在高温下有足够的强度、一定的化学稳定性和耐急冷急热等性能。

填充层介于工作层和永久层之间，一般用散状材料捣打而成，其主要作用为：减轻内衬膨胀时对金属炉壳产生的挤压作用，拆炉时便于迅速拆除工作层，并避免永久层的损坏。也有一些转炉不设置填充层。永久层紧贴炉壳钢板，修炉时一般不拆除，其主要作用是保护炉壳钢板。该层用镁砖砌成。

1.1.2.1　炉壳

转炉炉壳的作用是承受耐火材料、钢液、渣液的全部重量，保持炉子有固定的形状，倾动时承受扭转力矩。

大型转炉炉壳如图 1-5 所示。由图 1-5 可知，炉壳本身主要由三部分组成：锥形炉帽、圆柱形炉身和炉底。各部分用普通锅炉钢板或低合金钢板成型后，再焊成整体。三部分连接的转折处必须以不同曲率的圆滑曲线来连接，以减少应力集中。为了适应转炉高温作业频繁的特点，要求转炉炉壳必须具有足够的强度和刚度，在高温下不变形、在热应力作用下不破裂。考虑到炉壳各部位受力的不均衡，炉帽、炉身、炉底应选用不同厚度钢板，特别是对大转炉来说更应如此。炉壳各部位钢板的厚度可根据经验选定（见表 1-3）。

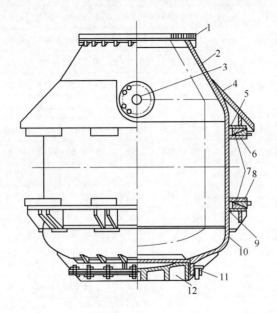

图 1-5　转炉炉壳

1—水冷炉口；2—锥形炉帽；3—出钢口；4—护板；5，9—上下卡板；6，8—上下卡板槽；
7—斜块；10—圆柱形炉身；11—销钉和斜楔；12—可拆卸活动炉底

表 1-3　转炉炉壳各部位钢板厚度

部 位		转炉吨位/t							
		15 (20)	30	50	100 (120)	150	200	250	300
尺寸/mm	炉帽	25	30	45	55	60	60	65	70
	炉身	30	35	45	70	70	75	80	85
	炉底	25	30	45	60	60	60	65	70

A　炉帽

炉帽部分的形状有截头圆锥体形和半球形两种。半球形的刚度好，但制造时需要做胎模，加工困难；而截头圆锥体形制造简单，但刚度稍差，一般用于 30t 以下的转炉。

炉帽上设有出钢口。因出钢口最易烧坏，为了便于修理更换，最好设计成可拆卸式的，但小转炉的出钢口还是直接焊接在炉帽上为好。

在炉帽的顶部，现在普遍装有水冷炉口。它的作用是：防止炉口钢板在高温下变形，提高炉帽的寿命；另外它还可以减少炉口结渣，而且即使结渣也较易清理。

水冷炉口有水箱式和埋管式两种结构。

水箱式水冷炉口用钢板焊成，如图 1-6 所示。在水箱内焊有若干块隔水板，使进入的冷却水在水箱中形成一个回路。同时隔水板也起撑筋作用，以加强炉口水箱的强度。这种水冷炉口在高温下钢板易产生热变形而使焊缝开裂漏水。在向火焰的炉口内环用厚壁无缝钢管使焊缝减少，对防止漏水是有效的。

埋管式水冷炉口是把通冷却水用的蛇形钢管埋铸于灰口铸铁、球墨铸铁或耐热铸铁的炉口中，如图 1-7 所示。这种结构不易烧穿漏水，使用寿命长；但存在漏水后不易修补，且制作过程复杂的缺点。

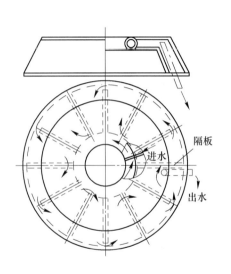

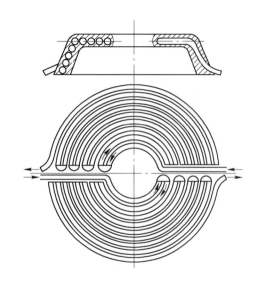

图 1-6　水箱式水冷炉口结构　　　　　　　　图 1-7　埋管式水冷炉口结构

埋管式水冷炉口可用销钉-斜楔与炉帽连接，由于喷溅物的黏结，拆卸时不得不用火焰切割。因此我国中、小型转炉采用卡板连接方式将炉口固定在炉帽上。

在锥形炉帽的下半段还焊有环形伞状挡渣护板（裙板），以防止喷溅出的渣、铁烧损炉帽、托圈及支承装置等。

B　炉身

炉身一般为圆筒形，它是整个转炉炉壳受力最大的部分。转炉的全部重量（包括钢水、炉渣、炉衬、炉壳及附件的重量）通过炉身和托圈的连接装置传递到支承系统上，并且它还要承受倾动力矩，因此用于炉身的钢板要比炉帽和炉底适当厚些。

炉身被托圈包围部分的热量不易散发，在该处易造成局部热变形和破裂。因此，应在炉壳与托圈内表面之间留有适当的间隙，以加强炉身与托圈之间的自然冷却，防止或减少炉壳中部产生变形（椭圆和胀大）。

炉帽与炉身也可以通水冷却，以防止炉壳受热变形，延长其使用寿命。例如有的厂家100t 转炉在其炉帽外壳上焊有盘旋的角钢，内通水冷却。这套炉壳自 1976 年投产至今，炉壳基本上没有较大的变形，仍在服役。

　　C　炉底

炉底部分有截锥形和球缺形两种。截锥形炉底制作和砌砖都较为简便，但其强度不如球缺形好，适用于小型转炉。

炉底部分与炉身的连接分为固定式与可拆式两种。相应地，炉底结构也有死炉底和活炉底两类。死炉底的炉壳，结构简单、重量轻、造价低、使用可靠。但修炉时，必须采用上修。修炉劳动条件差、时间长，多用于小型转炉。而活炉底采用下修炉方式，拆除炉底后，炉衬冷却快，拆衬容易，因此，修炉方便，劳动条件较好，可以缩短修炉时间，提高劳动生产率，适用于大型转炉。但活炉底装、卸都需专用机械或车辆（如炉底车）。

1.1.2.2　炉体支承系统

炉体支承系统包括支承炉体的托圈、炉体和托圈的连接装置，以及支承托圈的耳轴、耳轴轴承和轴承座等。托圈与耳轴连接，并通过耳轴坐落在轴承座上，转炉则坐落在托圈上。转炉炉体的全部重量通过支承系统传递到基础上，而托圈又把倾动机构传来的倾动力矩传给炉体，并使其倾动。

　　A　托圈与耳轴

　　a　托圈与耳轴的作用、结构

托圈和耳轴是用于支承炉体并传递转矩的构件。

对托圈来说，它在工作中除承受炉壳、炉衬、钢水和自重等全部静载荷外，还要承受由于频繁启动、制动所产生的动载荷和操作过程所引起的冲击载荷，以及来自炉体、钢包等热辐射作用而引起的热负荷。如果托圈采用水冷，则还要承受冷却水对托圈的压力。故托圈结构必须具有足够的强度、刚度和韧性才能满足转炉生产的要求。

托圈的结构如图 1-8 所示。它是断面为箱形或开式的环形结构，两侧有耳轴座，耳轴装在耳轴座内。大、中型转炉的托圈多采用箱形的钢板焊接结构，为了增大刚度，中间加焊一定数量的直立筋板。这种结构的托圈受力状况好，抗扭刚度大，加工制造方便，还可通水冷却，使水冷托圈的热应力降低到非水冷托圈的 1/3 左右。

考虑到机械加工和运输的方便，大、中型转炉的托圈通常做成两段或四段的剖分式结构（图 1-8 为剖分为四段加工制造的托圈），然后，在转炉现场再用螺栓连接成整体。而小型转炉的托圈一般是做成整体的（钢板焊接或铸件）。

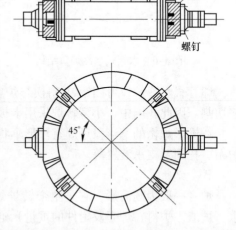

图 1-8　剖分式托圈

转炉的耳轴支承着炉体和托圈的全部重量，并通过轴承座传给地基，同时倾动机构低转速的大扭矩又通过耳轴传给托圈和转炉。耳轴要承受静、动载荷产生的转矩、弯曲和剪切的综合负荷，因此，耳轴应有足够的强度和刚度。

转炉两侧的耳轴都是阶梯形圆柱体金属部件。由于转炉有时要转动 ±360° 角，而水冷炉口、炉帽和托圈等需要的冷却水也必须连续地通过耳轴，同时耳轴本身也需要水冷，这样，耳轴要做成空心的。

b　托圈与耳轴的连接

托圈与耳轴的连接有法兰螺栓连接、静配合连接、直接焊接等三种方式，如图 1-9 所示。

法兰螺栓连接如图 1-9（a）所示。耳轴用过渡配合装入托圈的耳轴座中，再用螺栓和圆销连接、固定，以防止耳轴与孔发生相对转动和轴向移动。这种连接方式连接件较多，而且耳轴需要一个法兰，从而增加了耳轴的制造难度。

静配合连接如图 1-9（b）所示。耳轴有过盈尺寸，装配时用液体氮将耳轴冷缩后插入耳轴座中，或把耳轴孔加热膨胀，将耳轴在常温下装入耳轴孔中。为了防止耳轴与耳轴孔产生转动和轴向移动，传动侧耳轴的配合面应拧入精制螺钉，游动侧采用带小台肩的耳轴。

耳轴与托圈直接焊接如图 1-9（c）所示。这种结构没有耳轴座和连接件，结构简单，重量轻，加工量少。制造时先将耳轴与耳轴板用双面环形焊缝焊接，然后将耳轴板与托圈腹板用单面焊缝焊接。但制造时要特别注意保证两耳轴的平行度和同心度。

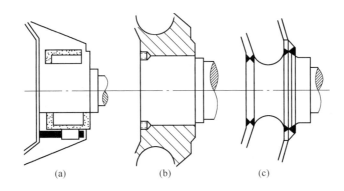

图 1-9　托圈与耳轴的连接方式
（a）法兰螺栓连接；（b）静配合连接；（c）焊接连接

c　炉体与托圈的连接装置

炉体与托圈之间的连接装置应能满足下述要求：

（1）保证转炉在所有的位置时，都能安全地支承全部工作负荷；

（2）为转炉炉体传递足够的转矩；

（3）能够调节由于温度变化而产生的轴向和径向的位移，使其对炉壳产生的限制力最小；

（4）能使载荷在支承系统中均匀分布；

（5）能吸收或消除冲击载荷，并能防止炉壳过度变形；

（6）结构简单，工作安全可靠，易于安装、调整和维护，而且经济。

目前已在转炉上应用的支承系统大致有以下几类：

（1）悬挂支承盘连接装置。悬挂支承盘连接装置如图 1-10 所示，属三支点连接结构，位于两个耳轴位置的支点是基本承重支点，而在出钢口对侧，位于托圈下部与炉壳相连接

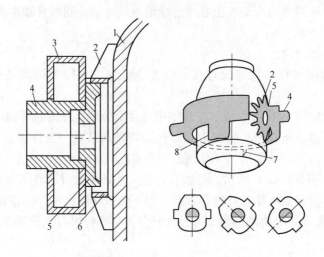

图 1-10　悬挂支承盘连接装置

1—炉壳；2—星形筋板；3—托圈；4—耳轴；5—支承盘；
6—托环；7—导向装置；8—倾动支承器

的支点是一个倾动支承点。

两个承重支点主要由支承盘 5 和托环 6 构成，托环 6 通过星形筋板 2 焊接在炉壳上，支承盘 5 装在托环内，它们不同心，有约 10mm 的间隙。

在倾动支承点装有倾动支承器 8，在与倾动支承器同一水平轴线的炉体另一侧装有导向装置 7，它与倾动支承器构成了防止炉体沿耳轴方向窜动的定位装置。

悬挂支承盘连接装置的主要特征是炉体处于任何倾动位置，都始终保持托环与支承盘顶部的线接触支承。同时，在倾动过程中炉壳上的托环始终沿托圈上的支承盘滚动。所以，这种连接装置倾动过程平稳、没有冲击。此外，结构也比较简单，便于快速拆换炉体。

（2）夹持器连接装置。夹持器连接装置的基本结构是沿炉壳圆周装有若干组上下托架，并用它们夹住托圈的顶面和底部，通过接触面把炉体的负荷传给托圈。当炉壳和托圈因温差而出现热变形时，可自由地沿其接触面相对位移。

图 1-11 所示为双面斜垫板托架夹持器的典型结构。它由四组夹持器组成。两耳轴部位的两组夹持器 R_1、R_2 为支承夹持器，用于支承炉体和炉内液体等的全部重量。位于装料侧托圈中部的夹持器 R_3 为倾动夹持器，转

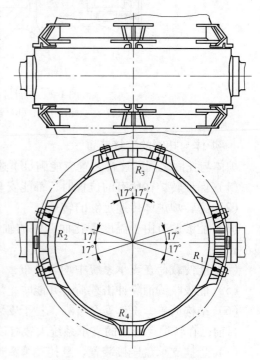

图 1-11　双面斜垫板托架夹持器结构

炉倾动时主要通过它来传递倾动力矩。靠出钢口的一组夹持器 R_4 为导向夹持器，它不传递力，只起导向作用。每组夹持器均有上下托架，托架与托圈之间有一组支承斜垫板。炉体通过上下托架和斜垫板夹住托圈，借以支承其重量。

这种双面斜垫板托架夹持器的连接装置基本满足了转炉的工作要求，但其结构复杂、加工量大，安装调整比较困难。

图 1-12 所示为平面卡板夹持器。它一般由 4～10 组夹持器将炉壳固定在托圈上，其中有一对布置在耳轴轴线上，以便炉体倾转到水平位置时承受载荷。每组夹持器的上下卡板用螺栓成对地固定在炉壳上，利用焊在托圈上的卡座将上下卡板伸出的底板卡在托圈的上下盖板上。底板和卡座的两平面间和侧面均有垫板 3，垫板磨损可以更换。托圈下盖板与下卡板的底板之间留有一定的间隙，这样夹持器本体可以在两卡座间滑动，使炉壳在径向和轴向的胀缩均不受限制。

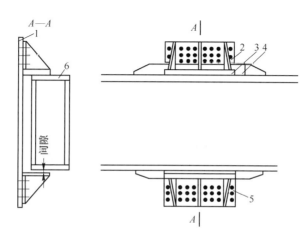

图 1-12 平面卡板夹持器连接结构
1—炉壳；2—上卡板；3—垫板；4—卡座；5—下卡板；6—托圈

（3）薄带连接装置。薄带连接装置（见图 1-13）是采用多层挠性薄钢带作为炉体与托圈的连接件。

由图 1-13 可以看出，在两侧耳轴的下方沿炉壳圆周各装有 5 组多层薄钢带，钢带的下端借螺钉固定在炉壳的下部，钢带的上端固定在托圈的下部。在托圈上部耳轴处还装有一个辅助支承装置。当炉体直立时，炉体是被托在多层薄钢带组成的"托笼"中；炉体的倾动主要靠距耳轴轴线最远位置的钢带组来传递扭矩；当炉体倒置时，炉体重量由钢带压缩变形和托圈上部的辅助支承装置来平衡。托圈上部在两耳轴位置的辅助支承除了在倾动和炉体倒置时承受一定力外，主要是用于炉体对托圈的定位。

这种连接装置的特点是将炉壳上的主要承重点放在了托圈下部炉壳温度较低的部位，以消除炉壳与托圈间热膨胀的影响，减少炉壳连接处的热应力。同时，由于采用了多层挠性薄钢带作为连接件，它能适应炉壳与托圈受热变形所产生的相对位移，还可以减缓连接件在炉壳、托圈连接处引起的局部应力。

B 耳轴轴承座

转炉耳轴轴承是支承炉壳、炉衬、金属液和炉渣全部重量的部件。负荷大、转速慢、

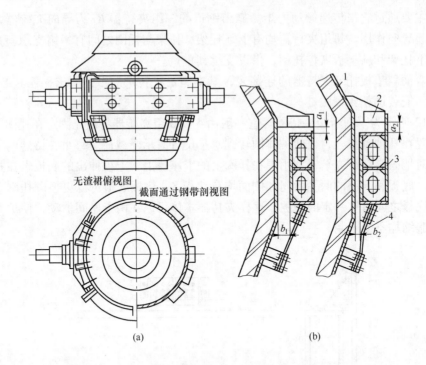

无渣裙俯视图　　截面通过钢带剖视图

(a)　　　　　　　　　　　　　　(b)

图 1-13　薄片钢带连接结构

(a) 薄钢带连接图；(b) 薄钢带与炉体和托圈连接结构适应炉体膨胀情况

1—炉壳；2—周向支承装置；3—托圈；4—钢带

($a_2 - a_1$—炉壳与托圈沿轴向膨胀差；$b_2 - b_1$—炉壳与托圈沿径向膨胀差)

温度高、工作条件十分恶劣。

用于转炉耳轴的轴承大体分为滑动轴承、球面调心滑动轴承、滚动轴承三种类型。滑动轴承便于制造、安装，所以小型转炉上用得较多；但这种轴承无自动调心作用，托圈变形后磨损很快。球面调心滑动轴承是滑动轴承改进后的结构，磨损有所减少。为了有效地克服滑动轴承磨损快、摩擦损失大的缺点，所以在大、中型转炉上普遍采用了滚动轴承。采用自动调心双列圆柱滚动轴承，能补偿耳轴由于托圈翘曲和制造安装不准确而引起的不同心度和不平行度。该轴承结构如图 1-14 所示。

为了适应托圈的膨胀，驱动端的耳轴轴承设计为固定的，而另一端则设计成为可沿轴向移动的自由端。

为了防止污物进入轴承内部，轴承外壳采取双层或多层密封装置，这对于滚动轴承尤其重要。

1.1.2.3　转炉倾动机构

A　转炉倾动机构的工作特点

在转炉设备中，倾动机构是实现转炉炼钢生产的关键设备之一。转炉倾动机构的工作特点是：

(1) 减速比大。转炉的工作对象是高温的液体金属，在兑铁水、出钢等项操作时，要求炉体能平稳地倾动和准确地停位。因此，炉子采取很低的倾动速度，一般为 0.1～1.5r/min。为此，倾动机构必须具有很高的减速比，通常为 700～1000，甚至数千。

（2）倾动力矩大。转炉炉体的自重很大，再加装料重量等，整个被倾转部分的重量达到上百吨或上千吨。如炉容量为 350t 的转炉，其总重达 1450 多吨。要使这样大重量的转炉倾转，就需要很大的倾动力矩。

（3）启动、制动频繁，承受的动载荷较大。转炉的冶炼周期最长为 40min 左右，在整个冶炼周期中，要完成加废钢、兑铁水、取样、测温、出钢、出渣、补炉等一系列操作，这些都涉及转炉的启动、制动。如原料中硅、磷含量高，吹炼过程中倒渣次数增加，则启动、制动操作就更加频繁。

另外，倾动机构除承受基本静载荷的作用外，还要承受由于启动、制动等引起的动载荷。这种动载荷在炉口刮渣操作时，其数值甚至达到静载荷的 2 倍以上。

（4）倾动机构工作在高温、多渣尘的环境中，工作条件十分恶劣。

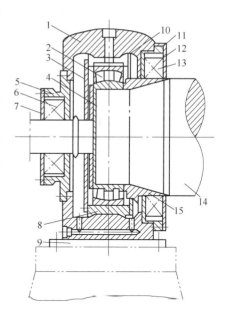

图 1-14　自动调心滚动轴承座
1—轴承座；2—自动调心双列圆柱滚动轴承；3，10—挡油板；4—轴承压板；5，11—轴承端盖；6，13—毡圈；7，12—压盖；8—轴承套；9—轴承底座；14—耳轴；15—甩油推环

B　对倾动机构的要求

根据转炉倾动机构的工作特点和操作工艺的需要，倾动机构应满足以下要求：

（1）在整个生产过程中，必须满足工艺的需要。应能使炉体正反转动 360°，并能平稳而又准确地停在任一倾角位置上，以满足兑铁水、加废钢、取样、测温、出钢、倒渣、补炉等各项工艺操作的要求。并且要与氧枪、副枪、炉下钢包车、烟罩等设备联锁。

（2）根据吹炼工艺的要求，转炉应具有两种以上的倾动速度。转炉在出钢、倒渣、人工测温取样时，要平稳缓慢地倾动，以避免钢、渣猛烈晃动，甚至溅出炉口；当转炉空炉，或从水平位置摇直，或刚从垂直位置摇下时，均可用较高的倾动速度，以减少辅助时间。在接近预定位置时，采用低速倾动，以便停位准确，并使炉液平稳。

一般小于 30t 的转炉可以不调速，倾动转速为 0.7r/min；50～100t 转炉可采用两级转速，低速为 0.2r/min，高速为 0.8r/min；大于 150t 的转炉可采用无级调速，转速在 0.15～1.5r/min。

（3）在生产过程中，倾动机构必须能安全可靠地运转。不应发生电动机、齿轮及轴、制动器等设备事故，即使部分设备发生故障，也应有备用能力继续工作，直到本炉钢冶炼结束。

（4）倾动机构对载荷的变化和结构的变形应有较好的适应性。当托圈产生挠曲变形并引起耳轴轴线出现一定程度的偏斜时，仍能保持各传动齿轮的正常啮合，同时，还应具有减缓动载荷和冲击载荷的性能。

（5）结构紧凑，重量轻，机械效率高，安装、维修方便。

转炉倾动机构随着氧气转炉炼钢生产的发展也在不断地发展和完善，出现了各种形式的倾动机构。

C　转炉倾动机构的类型

倾动机构一般由电动机、制动器、一级减速器和末级减速器组成。就其传动设备安装位置可分为落地式、半悬挂式和全悬挂式等。

a　落地式倾动机构

落地式倾动机构是指转炉耳轴上装有大齿轮，而所有其他传动件都装在另外的基础上，或所有的传动件（包括大齿轮在内）都安装在另外的基础上。这种倾动机械结构简单，便于加工制造和装配维修。

图 1-15 所示为我国小型转炉采用的落地式倾动机构。这种传动形式，当耳轴轴承磨损后，大齿轮下沉或是托圈变形耳轴向上翘曲时，都会影响大小齿轮的正常啮合传动。此外，大齿轮系开式齿轮，易落入灰沙，磨损严重，寿命短。

小型转炉的倾动机构多采用蜗轮蜗杆传动，其优点是速比大、体积小、设备轻、有反向自锁作用，可以避免在倾动过程中因电机失灵而发生转炉自动翻转的危险。同时可以使用比较便宜的高速电机；缺点是功率损失大、效率低。而大型转炉则采用全齿轮减速机，以减少功率损失。图 1-16 所示为我国某厂 150t 转炉采用的全齿轮传动落地式倾动机构。为了克服低速级开式齿轮磨损较快的缺点，将开式齿轮放入箱体中，成为主减速器，该减速器安装在基础上。大齿轮轴与耳轴之间用齿形联轴器连接，因为齿形联轴器允许两轴之间有一定的角度偏差和位移偏差，因此可以部分克服因耳轴下沉和翘曲而引起的齿轮啮合不良。

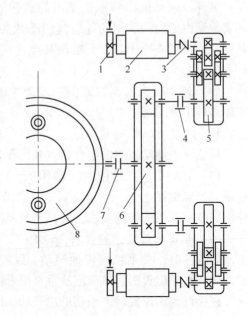

图 1-16　150t 顶吹转炉倾动机构
1—制动器；2—电动机；3—弹性联轴器；
4，7—齿形联轴器；5—分减速器；
6—主减速器；8—转炉炉体

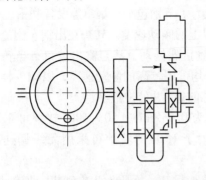

图 1-15　某厂 30t 转炉落地式倾动机构

为了使转炉获得多级转速，采用了直流电动机，此外考虑倾动力矩较大，采用了两台分减速器和两台电动机。

图 1-17 所示为多级行星齿轮落地式倾动机构，它具有传动速比大、结构尺寸小、传动效率较高的特点。

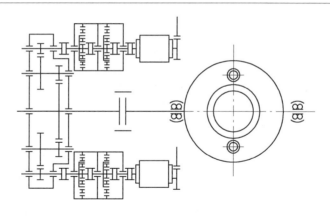

图 1-17　行星减速器的倾动机构

b　半悬挂式倾动机构

半悬挂式倾动机构是在转炉耳轴上装有一个悬挂减速器，而其余的电机、减速器等都安装在另外的基础上。悬挂减速器的小齿轮通过万向联轴器或齿形联轴器与落地减速器相连接。

图 1-18 所示为某厂 30t 转炉半悬挂式倾动机构。这种结构，当托圈和耳轴受热、受载而变形翘曲时，悬挂减速器随之位移，其中的大小人字齿轮仍能正常啮合传动，消除了落地式倾动机构的弱点。

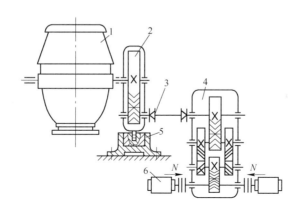

图 1-18　半悬挂式倾动机构
1—转炉；2—悬挂减速器；3—万向联轴器；4—减速器；5—制动装置；6—电动机

半悬挂式倾动机构设备仍然很重，占地面积也较大，因此又出现了悬挂式倾动机构。

c　全悬挂式倾动机构

全悬挂式倾动机构如图 1-19 所示，是把转炉传动的二次减速器的大齿轮悬挂在转炉耳轴上，而电动机、制动器、一级减速器都装在悬挂大齿轮的箱体上。这种机构一般都采用多电动机、多初级减速器的多点啮合传动，消除了以往倾动设备中齿轮位移啮合不良的现象。此外它还装有防止箱体旋转并起缓震作用的抗扭装置，可使转炉平稳地启动、制动和变速，而且这种抗扭装置能够快速装卸以适应检修的需要。

全悬挂式倾动机构具有结构紧凑、重量轻、占地面积小、运转安全可靠、工作性能好的特点。但由于增加了啮合点，加工、调整和对轴承质量的要求都较高。这种倾动机构多为大型转炉所采用。我国上海宝钢的 300t、首钢的 210t 转炉均采用了全悬挂式倾动机构。

　　d　液压传动的倾动机构

　　目前一些先进的转炉已采用液压传动的倾动机构。

　　液压传动的突出特点是：适于低速、重载的场合，不怕过载和阻塞；可以无级调速，结构简单、重量轻、体积小。因此液压传动对转炉的倾动机构有很强的适用性。但液压传动也存在加工精度要求高，加工不精确时容易引起漏油的缺陷。

　　图 1-20 所示为一种液压倾动转炉的工作原理图。变量油泵 1 经滤油器 2 将油液从油箱 3 中泵出，经单向阀 4、电液换向阀 5、油管 6 送入工作油缸 8，使活塞杆 9 上升，推动齿条 10、耳轴上的齿轮 11，使转炉炉体 12 倾动。工作油缸 8 与回程油缸 13 固定在横梁 14 上，当换向阀 5 换向后，油液经油管 7 进入回程油缸 13（此时，工作缸中的油液经换向阀流回油箱），通过活塞杆 15，活动横梁 16，将齿条 10 下拉，使转炉恢复原位。

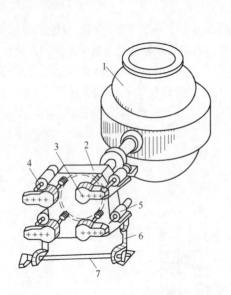

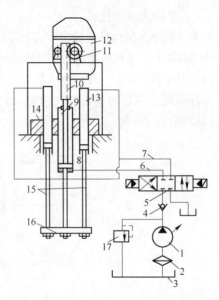

图 1-19　全悬挂式倾动机构
1—转炉；2—齿轮箱；3—三级减速器；
4—联轴器；5—电动机；
6—连杆；7—缓振抗扭轴

图 1-20　转炉液压传动原理示意图
1—变量油泵；2—滤油器；3—油箱；4—单向阀；5—电液
换向阀；6，7—油管；8—工作油缸；9，15—活塞杆；
10—齿条；11—齿轮；12—转炉；13—回程油缸；
14—横梁；16—活动横梁

　　除了上述具有齿条传动的液压倾动机构外，也可用液压电动机完成转炉的倾动。

任务 1.2　转炉辅助设备

1.2.1　氧枪

1.2.1.1　氧枪结构

　　氧枪又称喷枪或吹氧管，是转炉吹氧设备中的关键部件，它由喷头（枪头）、枪身

（枪体）和枪尾组成，其结构如图 1-21 所示。

由图 1-21 可知，氧枪的基本结构是由 3 层同心圆管将带有供氧、供水和排水通路的枪尾与决定喷出氧流特征的喷头连接而成的一个管状空心体。

氧枪的枪尾与进水管、出水管和进氧管相连，枪尾的另一端与枪身的三层套管连接，枪尾还有与升降小车固定的装卡结构，在它的端部有更换氧枪时吊挂用的吊环。

枪身是三根同心管，内层管通氧气，上端用压紧密封装置牢固地装在枪尾，下端焊接在喷头上；外层管牢固地固定在枪尾和枪头之间。当外层管承受炉内外显著的温差变化而产生膨胀和收缩时，内层管上的压紧密封装置允许内层管在其中自由竖直伸缩移动。中间管是分离流过氧枪的进出水之间的隔板，冷却水由内层管和中间管之间的环状通路进入，下降至喷头后转 180°经中间管与外层管形成的环状通路上升至枪尾流出。为了保证中间管下端的水缝，其下端面在圆周上均布着 3 个凸爪，借此将中间管支撑在枪头内腔底面上。同时为了使 3 层管同心，以保证进出水的环状通路在圆周上均匀，还在中间管和内层管的外壁上焊有均布的 3 个定位块。定位块在管体长度方向按一定距离分布，通常每 1～2m 左右放置一环 3 个定位块，如图 1-22 所示。

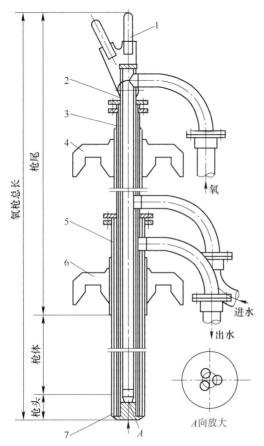

图 1-21 氧枪结构示意图
1—吊环；2—内层管；3—中层管；4—上卡板；
5—外层管；6—下卡板；7—喷头

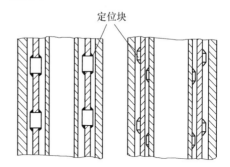

图 1-22 定位块的两种安装形式

喷头在工作时处于炉内最高温度区，因此要求具有良好的导热性并有充分的冷却。喷头决定着冲向金属熔池的氧流特性，直接影响吹炼效果。喷头与管体的内层管用螺纹或焊接连接，与外层管采用焊接方法连接。

1.2.1.2 喷头类型

转炉吹炼时，为了保证氧气流股对熔池的穿透和搅拌作用，要求氧气流股在喷头出口处具有足够大的速度，使之具有较大的动能。以保证氧气流股对熔池具有一定的冲击力和冲击面积，使熔池中的各种反应快速而顺利地进行。显然，决定喷出氧流特征的喷头，包括喷头的类型，喷头上喷嘴的孔型、尺寸和孔数就成为达到这一目的的关键。

目前存在的喷头类型很多，按喷孔形状可分为拉瓦尔型、直筒型、螺旋型等；按喷头孔数又可分为单孔喷头、多孔喷头和介于二者之间所谓单三式的或直筒型三孔喷头；按吹入物质分，有氧气喷头、氧-燃喷头和喷粉料的喷头。由于拉瓦尔型喷嘴能有效地把氧气的压力能转变为动能，并能获得比较稳定的超音速射流，而且在相同射流穿透深度的情况下，它的枪位可以高些，有利于改善氧枪的工作条件和炼钢的技术经济指标，因此拉瓦尔型喷嘴喷头使用得最广。

A　拉瓦尔型喷嘴

a　拉瓦尔型喷嘴的工作原理

拉瓦尔型喷嘴的结构如图 1-23 所示。它由收缩段、缩颈（喉口）和扩张段构成，缩颈处于收缩段和扩张段的交界，此处的截面积最小，通常把缩颈的直径称为临界直径，把该处的面积称为临界断面积。

拉瓦尔喷嘴是唯一能使喷射的可压缩性流体获得超音速流动的设备，它可以把压力能转变为动能。其工作原理是：高压气体流经收缩段时，气体的压力能转化为动能，使气流获得加速度；在临界截面上气流速度达到音速；在扩张段内气体的压力能继续转化为动能和部分消耗在气体的膨胀上。在喷头出口处当气流压力降低到与外界压力相等时，可获得远大于音速的气流速度。设气流的速度和音速之比用马赫数（Ma）表示，则临界断面气体的流速为 $1Ma$，而在出口处气流的速度大于 $1Ma$。通常转炉喷头喷嘴的气体的流出速度为 $(1.8 \sim 2.2)Ma$。

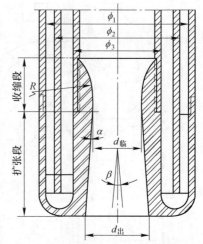

图 1-23　单孔拉瓦尔型喷头

b　单孔拉瓦尔型喷头

单孔拉瓦尔型喷头的结构如图 1-23 所示，仅适用于小型转炉，对容量大、供氧量也大的大中型转炉，由于单孔拉瓦尔喷嘴的流股具有较高的动能，对金属熔池的冲击力过大，因而喷溅严重；同时流股与熔池的相遇面积较小，对化渣不利。单孔喷头氧流对熔池的作用力也不均衡，使炉渣和钢液在炉中发生波动，增强了炉渣和钢液对炉衬的冲刷和侵蚀。故大中型转炉已不采用这种喷头，而采用多孔拉瓦尔型喷头。

c　多孔喷头

大中型转炉采用多孔喷头的目的是为了进一步强化吹炼操作，提高生产率。但欲达到这一目的，就必须提高供氧强度（每吨钢每分钟供氧的立方米数），这就使大中型转炉单位时间的供氧量远远大于小型转炉。为了克服单孔喷头使用在大中型转炉上所带来的一系列问题，人们采用了多孔喷头，分散供氧，很好地解决了这个问题。

多孔喷头包括三孔、四孔、五孔、六孔、七孔、八孔、九孔等，它们的每个小喷孔都是拉瓦尔型喷孔。其中以三孔喷头使用得较多。

三孔拉瓦尔型喷头

三孔拉瓦尔型喷头的结构如图1-24所示。

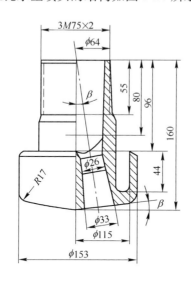
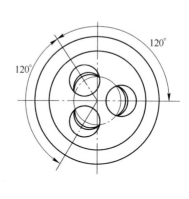

图1-24 三孔拉瓦尔型喷头

三孔拉瓦尔型喷头的3个孔为3个拉瓦尔型喷孔，它们的中心线与喷头的中心线成一夹角β（$\beta = 9° \sim 11°$），3个孔以等边三角形分布，α为拉瓦尔型喷孔扩张段的扩张角。

这种喷头的氧气流股分成3份，分别进入3个拉瓦尔孔，在出口处获得3股超音速氧气流股。

生产实践已充分证明，三孔拉瓦尔型喷头比单孔拉瓦尔型喷头有较好的工艺性能。在吹炼中使用三孔拉瓦尔型喷头可以提高供氧强度、枪位稳定、化渣好、操作平稳、喷溅少，并可提高炉龄，热效率也较单孔的高。

但三孔拉瓦尔型喷头的结构比较复杂，加工制造比较困难，三孔中心的夹心部分易于烧毁而失去三孔的作用。为此加强三孔夹心部分的冷却就成为三孔喷头结构改进的关键。改进的措施有：在喷孔之间开冷却槽，使冷却水能深入夹心部分进行冷却，或在喷孔之间穿洞，使冷却水进入夹心部分循环冷却。这种喷头加工比较困难，为了便于加工，国内外一些工厂把喷头分成几个加工部件，然后焊接组合，称为组合式水内冷喷头，如图1-25所示。这种喷头加工方便，使用效果好，适合于大、中型转炉。另外从工艺上如何防止喷头粘钢，防止出高温钢及化渣不良、低枪操作等对提高喷头寿命也是有益的。

三孔喷头的三孔夹心部分（又称鼻尖部分）易于烧

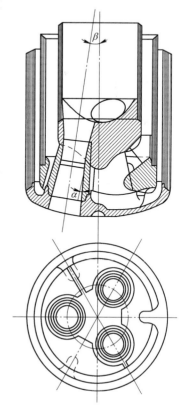

图1-25 组合式水内冷喷头

损的原因是在该处形成了一个回流区，所以炉气和其中包含的高温烟尘不断被卷进鼻尖部分，并附着于喷头这个部分的表面，再加上粘钢，进而侵蚀喷头，逐渐使喷头损坏。

四孔以上喷头

我国 120t 以上中、大型转炉采用四孔、五孔喷头。四孔、五孔喷头的结构如图 1-26 和图 1-27 所示。

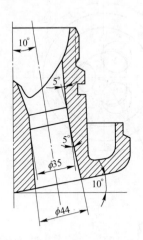

图 1-26　四孔喷头

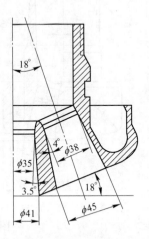

图 1-27　五孔喷头

四孔喷头的结构有两种形式，一种是中心一孔，周围平均分布三孔。中心孔与周围三孔的孔径尺寸可以相同，也可以不同。图 1-26 所示的是另一种结构的四孔喷头，4 个孔平均分布在喷头周围，中心无孔。

五孔喷头的结构也有两种形式，一种是 5 个孔均匀地分布于喷头四周。另一种如图 1-27 所示，其结构为中心一孔，周围平均分布四孔。中心孔径与周围四孔孔径可以相同，也可以不同；中心孔径可以比周围四孔孔径小，也可以比它们大。五孔喷头的使用效果是令人满意的。

五孔以上的喷头由于加工不便，应用较少。

三孔直筒型喷头

三孔直筒型喷头的结构如图 1-28 所示。它是由收缩段、喉口以及 3 个和喷头轴线成 β 角的直筒型孔所构成的，β 角一般为 9° ~ 11°，3 个直筒型的孔的断面积为喉口断面积的 1.1 ~ 1.6 倍。这种喷头可以得到冲击面积比单孔拉瓦尔型喷头大 4 ~ 5 倍的氧气流股。从工艺操作效果上与三孔拉瓦尔型喷头基本相同，而且制造方便，使用寿命较长，我国中小型氧气转炉多采用三孔直筒型喷头。

这种喷头在加工过程中不可避免地会在喉口前后出现"台"、"棱"、"尖"这类障碍物。由于这些东西的存在必然会增加氧气流股的动能损失，同时造成气流膨胀过程中的二次收缩现象，使临界面不在喉口的位置，而在其下的某一断面。若设计加工不当很可能导致二次收缩断面成为意外喉口而明显改变其喷头性能。

B　双流道氧枪

当前，由于普遍采用铁水预处理和顶底复合吹炼工艺，出现了入炉铁水温度下降及铁

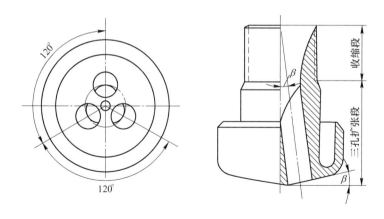

图1-28 三孔直筒型喷头

水中放热元素减少等问题，使废钢比减少。尤其是用中、高磷铁水经预处理后冶炼低磷钢种，即使全部使用铁水，也需另外补充热源。此外使用废钢可以降低炼钢能耗，这就要求能有一种经济、合理的能源作为转炉的补充热源。目前热补偿技术主要有：预热废钢，向炉内加入发热元素，炉内CO的二次燃烧。显然CO二次燃烧是改善冶炼热平衡、提高废钢比最经济的方法。为此近年来，国内外出现了一种新型的氧枪——双流道氧枪。如图1-29和图1-30所示。其目的在于提高炉气中CO的燃烧比例，增加炉内热量，加大转炉装入量的废钢比。

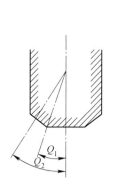

图1-29 端部式双流道氧枪

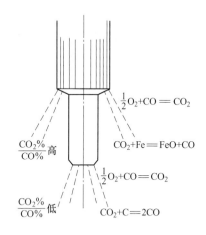

图1-30 顶端式双流道氧枪

双流道氧枪的喷头分主氧流道和副氧流道。主氧流道向熔池所供氧气用于钢液的冶金化学反应，与传统的氧气喷头作用相同。副氧流道所供氧气用于炉气的二次燃烧，所产生的热量不仅有助于快速化渣，还可加大废钢入炉的比例。

双流道氧枪的喷头有两种形式，即端部式和顶端式（台阶式）。

图1-29为端部式双流道氧枪的喷头。它的主、副氧道基本上在同一平面上，主氧道喷孔常为三孔、四孔或五孔拉瓦尔型喷孔，与轴线成9°～11°。副氧道有四孔、六孔、八孔、十二孔等直筒型喷孔，角度通常为30°～35°。主氧道供氧强度（标态）

为 $2.0 \sim 3.5 m^3/(t \cdot min)$；副氧道为 $0.3 \sim 1.0 m^3/(t \cdot min)$；主氧量加副氧量之和的 20% 为副氧流量的最佳值（也有采用 15% ~ 30% 的）。采用顶底复吹转炉的底气吹入量（标态）为 $0.05 \sim 0.10 m^3/(t \cdot min)$。

端部式双流道氧枪的枪身仍为三层管结构，副氧道喷孔设在主氧道外环的同心圆上。副氧流是从主氧道氧流中分流出来的，副氧流流量受副氧流喷孔大小、数量及氧管总压、流量的控制。这既影响主氧流的供氧参数，也影响副氧流的供氧参数，但其结构简单，喷头损坏时更换方便。

图 1-30 为顶端式双流道氧枪的喷头。它的主、副氧流量及底气吹入量参数与端部式喷头基本相同，副氧道喷孔角通常为 20° ~ 60°。副氧道离主氧道端面的距离与转炉的炉容量有关，对于小于 100t 的转炉为 500mm，大于 100t 转炉为 1000 ~ 1500mm（有的甚至高达 2000mm）。喷孔可以是直筒孔型，也可以是环缝型。

顶端式双流道氧枪捕捉 CO 的覆盖面积比端部式有所增大，并且供氧参数可以独立自控，国外的设计多倾向于顶端式双流道氧枪。但顶端式氧枪的枪身必须设计成四层同心套管（中心走主氧、二层走副氧、三层为进水、四层为出水），副氧喷孔或环缝必须穿过进出水套管，加工制造及损坏更换较为复杂。

采用双流道氧枪，炉内 CO 二次燃烧的热补偿效果与转炉的炉容量有关，在 30t 以下的转炉中，二次燃烧率可增加 20%，废钢比增加近 10%，热效率为 80% 左右。100t 以上转炉的二次燃烧率可增加 7%，废钢比增加约 3%，热效率为 70% 左右。二次燃烧对渣中全铁（TFe）含量和炉衬寿命没有影响。但采用副氧流道后，使炉气中的 CO 量降低了 6%，最高可使 CO 含量降低 8%。

1.2.1.3　喷头主要尺寸的计算

喷头的合理结构是氧气转炉合理供氧的基础。氧枪喷头的计算关键在于正确地选择喷头参数。目前三孔拉瓦尔型喷头的计算公式已趋成熟。但由于对氧枪的氧气射流及其与熔池的相互作用所做的大量研究工作主要是在常温下利用冷态模型进行的，因此喷头设计的许多方面仍然依赖于实践经验。

A　对氧枪喷头的要求

对氧枪喷头的要求可归结为以下几点：

（1）提供冶炼所需的供氧强度；

（2）在足够高的枪位下，氧气射流对金属熔池的冲击能量应能满足获得良好冶炼效果所要求的穿透深度和冲击面积；

（3）喷溅小，金属收得率高；

（4）喷头寿命长，炉龄高；

（5）喷头工作可靠、加工制造容易而且经济。

这就要求从喷头喷出的氧气射流具有以下特点：

（1）氧气射流的速度应尽可能大，并沿轴线的衰减尽可能慢；

（2）多孔喷头的诸股射流在与熔池金属表面接触之前，应不相汇合，以保证射流适当分散，反应区不过分集中；

（3）在喷头前沿不出现严重的负压区和强烈的湍流流动，以减少喷头"鼻子"区黏结飞溅的金属和熔融质点的机会；

（4）氧气射流从喷头喷出时，应具有适当的过剩压力，避免产生严重的膨胀和压缩波，使吹炼平稳。

因此，对喷头的设计最终归结为确定合理的喷头喷孔数目 n、喷出孔截面上的马赫数 Ma、喷孔喉口直径 $d_{喉}$ 和扩张段出口直径 $d_{出}$、喷孔轴线与氧枪轴线之间的夹角 β 等几个主要参数。同时还应仔细地设计喷孔形状、喷头端面形状特别是冷却水道。

　　B　喷头参数选择原则

（1）供氧量计算。供氧量的精确计算应根据物料平衡求得。简单计算供氧量主要由每吨钢耗氧量、出钢量和吹炼时间来决定。

$$供氧量(标态) = \frac{每吨钢耗氧量 \times 出钢量}{吹氧时间}(m^3/min)$$

一般铁水每吨钢耗氧量（标态）为 $50 \sim 60m^3/t$，高磷铁水每吨钢耗氧量（标态）在 $60 \sim 70m^3/t$ 范围内选取。

出钢量在一个炉役期中变化很大，做喷头计算时可用转炉公称容量代出钢量计算。

（2）理论计算氧压的确定。理论计算氧压（绝对压力）是指喷头进口处的氧压，是计算喷头喉口和出口直径的重要参数。它与使用氧压不同，理论计算氧压是使用氧压范围中的最低氧压。实验和实践证明，使用氧压允许同理论计算（设计）氧压有一定偏离，即允许使用（操作）氧压在超过理论计算氧压 50% 的范围内，此时仍能保证很好地工作。但不希望低于理论计算氧压，否则会产生较强的激波，使流速和流量大大低于计算数值，影响吹炼效果。

在确定喷头的理论计算氧压时，首先要确定喷头周围环境压力（即炉膛压力）。但在吹炼过程中，炉膛压力是变化的。吹炼初期，即泡沫渣形成以前，炉内充满着炉气，炉膛压力略高出当地大气压；当泡沫渣形成后，喷头便掩埋在泡沫渣中，这时喷头周围环境压力不能按炉膛炉气压力来计算，应该是炉气压力加上喷头上泡沫渣层的压力。目前，在喷头设计中尚未考虑这种情况，有待进行专题研究。由于炉膛炉气压力同大气压接近，因此一般可选炉膛压力为 $(1.01 \sim 1.04) \times 10^5 Pa$ 左右。

（3）喷头出口马赫数的选用。马赫数值的大小决定喷头氧气出口速度，即决定氧射流对熔池的冲击能力。选用过大，则喷溅严重，清渣费时，热损失增加，渣料消耗及金属损失增大，而且转炉内衬及炉底易损坏；选用过低，由于搅拌作用减弱，氧的利用率低，渣中 ΣFeO 含量高，也会引起喷溅。如使用低枪位操作，则会影响枪龄。

对于拉瓦尔型喷头，氧气的出口马赫数 Ma 与喷孔喉口面积 $A_{喉}$（即临界截面面积）和出口面积 $A_{出}$ 之比，以及气体的使用压力 P_0 和出口处气流的压力 $P_{出}$ 之比有关。而且使用压力 P_0 随马赫数 Ma 的增大而增大，特别是当马赫数 $Ma > 2.5$ 时，使用压力 P_0 随马赫数 Ma 的增大而急剧增大，往往会造成特别有害的过膨胀气流。为此，Ma 的设计值最好不大于 2.5。

目前国内推荐马赫数 $Ma = 1.8 \sim 2.1$。小于 15t 转炉，$Ma = 1.8 \sim 1.9$；$15 \sim 50t$ 转炉，$Ma = 1.90 \sim 1.95$；$50 \sim 100t$ 转炉，$Ma = 1.95 \sim 2.0$；大于 120t 转炉，$Ma = 2.0 \sim 2.1$。

（4）喷孔夹角和喷孔间距。喷头孔数和夹角之间的关系建议采用表 1-4 数据。

表 1-4　喷头孔数和夹角之间的关系

孔　　数	3	4	5	>5
夹角 $\beta/(°)$	9 ~ 11	10 ~ 13	13 ~ 15	15 ~ 17

喷孔之间间距过小，氧气射流之间相互吸引，射流向中心偏移，从而使射流中心速度产生衰减。因此在喷头端面，当喷孔中心与氧枪中心轴线之间的距离保持在 (0.8 ~ 1.0) $d_出$（喷孔出口直径）时较为合理。

（5）扩张段的扩张角与扩张段长度。扩张段的扩张角一般取 8° ~ 12°（半锥角 α 为 4° ~ 6°）。

扩张段长度 L 可由计算公式求得：

$$L = \frac{喷孔出口直径 - 喉口直径}{2\tan\alpha}$$

扩张段长度也可由经验数据选定，即扩张段长度/出口直径约为 1.2 ~ 1.5。

（6）喷头喉口的氧流量公式。根据等熵流导出喷头喉口的氧流量公式为：

$$W = \sqrt{\frac{K}{R}\left(\frac{2}{K+1}\right)^{\frac{K+1}{K-1}}} \times \frac{A_喉}{\sqrt{T_0}} \times P_0$$

式中　W——氧气质量流量，kg/s；

　　　K——常数，双原子气体为 1.4；

　　　R——气体常数，259.83 $m^2/(s^2 \cdot K)$；

　　　T_0——氧气滞止温度，K；

　　　$A_喉$——喉口总断面积（对三孔喷头应乘 3），m^2；

　　　P_0——理论计算氧压（绝对压力），MPa。

将有关数据代入上式，并将质量流量 W 换算为体积流量 Q（标态）（m^3/min），则体积流量 Q 为：

$$Q(标态) = 1.782 \frac{A_喉 \times P_0}{\sqrt{T_0}}$$

必须指出，氧流量（Q）公式是根据等熵流导出的喷孔流量公式（等熵流——氧气由理想喷孔流出时的超音速流）。实际喷孔氧流通过时必定有摩擦，不能全绝热，因此应乘以流量系数 C_D 来表示实际氧流量（$Q_实$）与理论氧流量（Q）的偏差。

$$Q_实(标态) = 1.782 \times C_D \times \frac{A_喉 \times P_0}{\sqrt{T_0}}$$

式中　$Q_实(标态)$——喷头喉口实际氧流量，m^3/min；

　　　P_0——使用氧压，在设计喷头时按理论计算氧压选取，Pa；

　　　T_0——氧气滞止温度，K，一般按当地夏天温度选取，$T_0 = 273 + (30 ~ 40)$；

　　　C_D——喷孔流量系数，对单孔喷头 $C_D = 0.95 ~ 0.96$；对三孔喷头 $C_D = 0.90 ~ 0.96$。

（7）三孔拉瓦尔的单个喷孔收缩段尺寸的确定。三孔拉瓦尔的单个喷孔收缩段尺寸对供氧制度基本参数不起主要影响。但是合理尺寸、形状的选择也很重要。

收缩段的半锥角 θ 希望为 $18° \sim 23°$，最大不超过 $30°$。收缩段的长度 L 为喉口直径的 $0.8 \sim 1.5$ 倍。收缩段入口处的直径可由下列公式确定：

$$\tan\theta = \frac{单个喷孔收缩段入口直径 - 喉口直径}{2L}$$

收缩段入口处的直径一般希望为喉口直径的 2 倍左右。

（8）喷孔喉口段长度的确定。喉口段长度的作用：一是稳定气流；二是使收缩段和扩张段加工方便，为此过长的喉口段反而会使阻损增大，因此喉口段长度推荐为 $5 \sim 10mm$。

C 喷头计算实例

例1 计算 120t 转炉用氧枪喷头的主要尺寸（冶炼钢种以低碳钢为主）。

计算步骤如下：

（1）计算氧流量。

根据物料平衡、热平衡计算得每吨金属耗氧量（标态）为 $45.67m^3/t$，氧气利用率取 85%，转炉金属收得率为 90%，则转炉吨钢耗氧量（标态）由计算可得，约为 $60m^3/t$，若吹氧时间取 18min，则氧流量为：

$$Q(标态) = \frac{60 \times 120}{18} = 400(m^3/min)$$

（2）选用喷孔出口马赫数。

马赫数 Ma 选取为 2.0，四孔喷头，喷孔夹角为 $12°$。

（3）理论计算氧压。

理论计算氧压通过查等熵流表来确定，等熵流的实验数据见表 1-5。

表 1-5 等熵流的实验数据

Ma	P/P_0	ρ/ρ_0	T/T_0	A/A_0
1.80	0.1740	0.2868	0.6068	1.430
1.83	0.1662	0.2776	0.5989	1.472
1.85	0.1612	0.2715	0.5936	1.495
1.88	0.1539	0.2627	0.5859	1.531
1.90	0.1492	0.2570	0.5807	1.555
1.93	0.1425	0.2486	0.5731	1.593
1.95	0.1381	0.2432	0.5680	1.619
1.97	0.1339	0.2378	0.5630	1.646
1.99	0.1298	0.2326	0.5589	1.674
2.00	0.1278	0.2300	0.5556	1.688
2.03	0.1220	0.2225	0.5482	1.730
2.05	0.1182	0.2176	0.5433	1.760
2.07	0.1146	0.2128	0.5385	1.790
2.10	0.1094	0.2058	0.5313	1.837
2.30	0.07997	0.1646	0.4859	2.193

Ma	P/P_0	ρ/ρ_0	T/T_0	A/A_0
2.50	0.05853	0.1317	0.4444	2.637
2.70	0.04295	0.1056	0.4068	3.183
3.00	0.02722	0.07623	0.3571	4.235

注：Ma—马赫数；P—转炉炉膛内气体压力，亦即喷孔出口处气流的压力，Pa；P_0—使用氧压，在设计喷头时按理论计算氧压选取，Pa；ρ—进入喷孔前氧气的体积密度，kg/m^3；ρ_0—离开喷孔前氧气的体积密度，kg/m^3；T—进入喷孔前氧气的温度，K；T_0—氧气滞止温度，K；A—喷孔出口总断面积，即 $A_{出}$，m^2；A_0—喷头喉口总断面积，即 $A_{喉}$，m^2。

查等熵流表，当 $Ma = 2.00$ 时，$P/P_0 = 0.1278$，将 $P = 0.0981MPa$ 代入，则使用氧压为：

$$P_0 = \frac{0.0981}{0.1278} \times 10^6 = 0.77 \times 10^6 Pa$$

（4）计算喉口直径（$d_{喉}$）。

每孔氧流量 q（标态）$= \dfrac{Q}{4} = \dfrac{400}{4} = 100 m^3/min$，应用公式

$$q = 1.782 \times C_D \times \frac{A_{喉} \times P_0}{\sqrt{T_0}}$$

令 $C_D = 0.93$，$T_0 = 273 + 35 = 308K$，并将 $P_0 = 0.77 \times 10^6 Pa$ 代入上式：

$$100 = 1.782 \times 0.93 \times \frac{\pi d_{喉}^2}{4} \times \frac{0.77 \times 10^6}{\sqrt{308}}$$

$$d_{喉}^2 = \frac{100 \times 4 \times \sqrt{308}}{1.782 \times 0.93 \times 3.14 \times 0.77 \times 10^6} = 0.001751 m^2 = 17.51 cm^2$$

则 $\qquad\qquad\qquad d_{喉} = 4.18 cm \approx 42 mm$

（5）计算出口直径（$d_{出}$）。

依据 $Ma = 2.0$，查等熵流表得 $A/A_0 = 1.688$

$$A_{出} = 1.688 \times \frac{\pi d_{喉}^2}{4} = 1.688 \times \frac{3.14 \times 42^2}{4} = 2338.63 mm^2$$

$$d_{出} = \sqrt{\frac{4 \times 2338.63}{3.14}} = 54.5 mm \approx 54 mm$$

（6）计算扩张段长度（L）。

取半锥角为 5°：

$$\tan 5° = \frac{54 - 42}{2L}$$

$$L = \frac{54 - 42}{2\tan 5°} = 68.5 mm \approx 68 mm$$

（7）收缩段的长度（$L_{收}$）。

$$L_{收} = 1.2 \times d_{喉} = 1.2 \times 42 = 50.4\text{mm} \approx 50\text{mm}$$

（8）喷孔喉口长度（$L_{喉}$）的确定。

$$L_{喉} = 10\text{mm}$$

根据上面计算出的尺寸，绘制 120t 转炉用喷头如图 1-31 所示。

1.2.2　氧枪升降和更换机构

1.2.2.1　对氧枪升降和更换机构的要求

为了适应转炉吹炼工艺的要求，在吹炼过程中，氧枪需要多次升降以调整枪位。转炉对氧枪的升降机构和更换装置提出以下要求：（1）具有合适的升降速度并可以变速。冶炼过程中，氧枪在炉口以上应快速升降，以缩短冶炼周期。当氧枪进入炉口以下时，则应慢速升降，以便控制熔池反应和保证氧枪安全。目前国内大、中型转炉氧枪升降速度，快速高达 50m/min，慢速为 5～10m/min；小型转炉一般为 8～15m/min。（2）应保证氧枪升降平稳、控制灵活、操作安全。（3）结构简单、便于维护。（4）能快速更换氧枪。（5）应具有安全联锁装置。

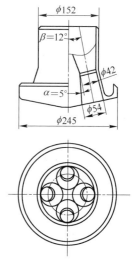

图 1-31　120t 转炉用四孔喷头

为了保证安全生产，氧枪升降机构设有下列安全联锁装置：

（1）当转炉不在垂直位置（允许误差 ±3°）时，氧枪不能下降。当氧枪进入炉口后，转炉不能作任何方向的倾动。

（2）当氧枪下降到炉内经过氧气开、闭点时，氧气切断阀自动打开，当氧枪提升通过此点时，氧气切断阀自动关闭。

（3）当氧气压力或冷却水压力低于给定值，或冷却水升温高于给定值时，氧枪能自动提升并报警。

（4）副枪与氧枪也应有相应的联锁装置。

（5）车间临时停电时，可利用手动装置使氧枪自动提升。

1.2.2.2　氧枪升降装置

当前，国内外氧枪升降装置的基本形式都相同，即采用起重卷扬机来升降氧枪。从国内的使用情况看，它有两种类型，一种是垂直布置的氧枪升降装置，适用于大、中型转炉；另一种是旁立柱式（旋转塔型）升降装置，只适用于小型转炉。

A　垂直布置的氧枪升降装置

垂直布置的升降装置是把所有的传动及更换装置都布置在转炉的上方，这种方式的优点是，结构简单、运行可靠、换枪迅速。但由于枪身长，上下行程大，为布置上部升降机构及换枪设备，要求厂房要高（一般氧气转炉主厂房炉子跨的标高，主要是考虑氧枪布置所提出的要求）。因此垂直布置的方式只适用于大、中型氧气转炉车间。在该车间内均设有单独的炉子跨，国内 15t 以上的转炉都采用这类方式。

垂直布置的升降装置有单卷扬型氧枪升降机构和双卷扬型氧枪升降机构两种类型。

a　单卷扬型氧枪升降机构

单卷扬型氧枪升降机构如图 1-32 所示。这种机构是采用间接升降方式，即借助平衡重锤来升降氧枪，工作氧枪和备用氧枪共用一套卷扬装置。它由氧枪、氧枪升降小车、导轨、平衡重锤、卷扬机、横移装置、钢丝绳滑轮系统、氧枪高度指示标尺等几部分组成。

氧枪 1 固定在氧枪升降小车 2 上，氧枪升降小车沿着用槽钢制成的导轨 3 上下移动，通过钢绳 4 将氧枪升降小车 2 与平衡锤 9 连接起来。

其工作过程为：当卷筒 11 提升平衡锤 9 时，氧枪 1 及氧枪升降小车 2 因自重而下降；当放下平衡锤时，平衡锤的重量将氧枪及氧枪升降小车提升。平衡锤的重量比氧枪、氧枪升降小车、冷却水和胶皮软管等重量的总和要大 20% ~ 30%，即过平衡系数为 1.2 ~ 1.3。

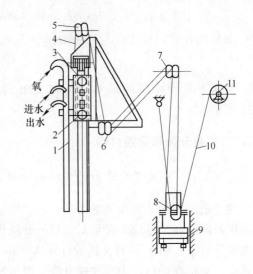

图 1-32　单卷扬型氧枪升降机构
1—氧枪；2—氧枪升降小车；3—导轨；4，10—钢绳；
5~8—滑轮；9—平衡锤；11—卷筒

为了保证工作可靠，氧枪升降小车采用了两根钢绳，当一条钢绳损坏时，另一条钢绳仍能承担全部负荷，使氧枪不至于坠落损坏。

图 1-33 为氧枪升降卷扬机。在卷扬机的电动机后面设有制动器与气缸装置。制动器能使氧枪准确地停留在任何位置上。为了在发生断电事故时能使氧枪自动提出炉外，在制动器电磁铁底部装有气缸。当断电时打开气缸阀门，使气缸的活塞杆顶开制动器，电动机便处于自由状态。此时，平衡锤将下落，将氧枪提起。为了使氧枪获得不同的升降速度，卷扬机采用了直流电动机驱动，通过调节电动机的转速，达到氧枪升降变速。为了操作方便，在氧枪升降卷扬机上还设有行程指示卷筒 7，通过钢绳带动指示灯上下移动，以指示氧枪的升降位置。

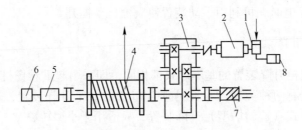

图 1-33　氧枪升降卷扬机
1—制动器；2—电动机；3—减速器；4—卷筒；5—主令控制器；
6—自整角机；7—行程指示卷筒；8—气缸

采用单卷扬型氧枪升降机构的主要优点是设备利用率高。可以采用平衡重锤，减轻电动机负荷，当发生停电事故时可借助平衡锤自动提枪，因此设备费用较低。但需要一套吊挂氧枪的吊具。生产中，曾发生过由于吊具失灵将氧枪掉入炉内的事故。所以，单卷扬型氧枪升降机构不如双卷扬型氧枪升降机构安全可靠。

b 双卷扬型氧枪升降机构

这种升降机构设置两套升降卷扬机，一套工作，另一套备用。这两套卷扬机均安装在横移小车上，在传动中不用平衡重锤，采用直接升降的方式，即由卷扬机直接升降氧枪。当该机构出现断电事故时，用风动马达将氧枪提出炉口。

图1-34为150t转炉双卷扬型氧枪升降传动示意图。双卷扬型氧枪升降机构与单卷扬型氧枪升降机构相比，备用能力大，在一台卷扬设备损坏，离开工作位置检修时，另一台可以立即投入工作，保证正常生产。但多一套设备，并且两套升降机构都需装设在横移小车上，引起横移驱动机构负荷加大。同时，在传动中不适宜采用平衡重锤，这样，传动电动机的工作负荷增大。在事故断电时，必须用风动电动机将氧枪提出炉外，因而又增加了一套压气机设备。

B 旁立柱式（旋转塔型）氧枪升降装置

图1-35为旁立柱式升降装置。它的传动机构布置在转炉旁的旋转台上，采用旁立柱固定、升降氧枪，旋转立柱可移开氧枪至专门的平台进行检修和更换氧枪。

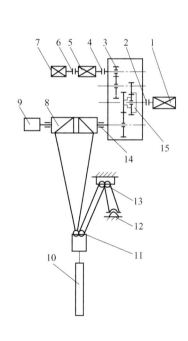

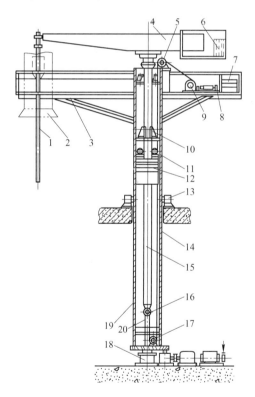

图1-34 双卷扬型氧枪升降传动示意图
1—快速提升电机；2,4—带联轴节的液压制动器；3—圆柱齿轮减速器；5—慢速提升电机；6—摩擦片离合器；7—风动电动机；8—卷扬装置；9—自整角机；10—氧枪；11—滑轮组；12—钢绳断裂报警；13—主滑轮组；14—齿形联轴节；15—行星减速器

图1-35 旁立柱式（旋转塔型）氧枪升降装置
1—氧枪；2—烟罩；3—桁架；4—横梁；5—滑轮；6，7—平衡锤；8—制动器；9—卷筒；10—滑轮；11—导向辊；12—配重；13—挡轮；14—回转体；15—钢丝绳；16，17—滑轮；18—向心推力轴承；19—立柱；20—钢丝绳

旁立柱式升降装置适用于厂房较矮的小型转炉车间，它不需要另设专门的炉子跨，占

地面积小，结构紧凑。缺点是不能装备备用氧枪，换枪时间长，吹氧时氧枪振动较大，氧枪中心与转炉中心不易对准。这种装置基本能满足小型转炉炼钢车间生产上的要求。

1.2.2.3　氧枪更换装置

换枪装置的作用是在氧枪损坏时，能在最短的时间里将备用氧枪换上投入工作。

换枪装置基本上都是由横移换枪小车、小车座架和小车驱动机构三部分组成。但由于采用的升降装置形式不同，小车座架的结构和功用也明显不同，氧枪升降装置相对于横移小车的位置也截然不同。单卷扬型氧枪升降机构的提升卷扬与换枪装置的横移小车是分离配置的；而双卷扬型氧枪升降机构的提升卷扬则装设在横移小车上，随横移小车同时移动。

图 1-36 为某厂 50t 转炉单卷扬型换枪装置。在横移小车上并排安装有两套氧枪升降小车，其中一套对准工作位置，处于工作状态；另一套备用。如果氧枪烧坏或发生其他故障，可以迅速开动横移小车，使备用氧枪小车对准工作位置，即可投入生产。整个换枪时间约为 1.5min。由于升降装置的提升卷扬不在横移小车上，所以横移小车的车体结构比较简单。

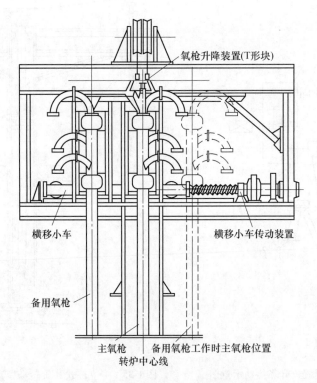

图 1-36　某厂 50t 转炉单卷扬型换枪装置

双卷扬型氧枪升降机构的两套提升卷扬都装设在横移小车上。如我国 300t 转炉，每座有 2 台升降装置，分别装设在 2 台横移换枪小车上。一台横移小车携带氧枪升降装置处于转炉中心的操作位置时，另一台处于等待备用位置，每台横移小车都有各自独立的驱动装置。当需要换枪时，损坏的氧枪与其升降装置脱离工作位置，备用氧枪与其升降装置进入工作位置。换枪所需时间约为4min。

1.2.3　氧枪各操作点的控制位置

转炉生产过程中，为了能及时、安全和经济地向熔池供给氧气，氧枪应根据生产情况处于不同的控制位置。图1-37所示为某厂120t转炉氧枪在行程中各操作点的标高位置。各操作点的标高系指喷头顶面距车间地平轨面的距离。

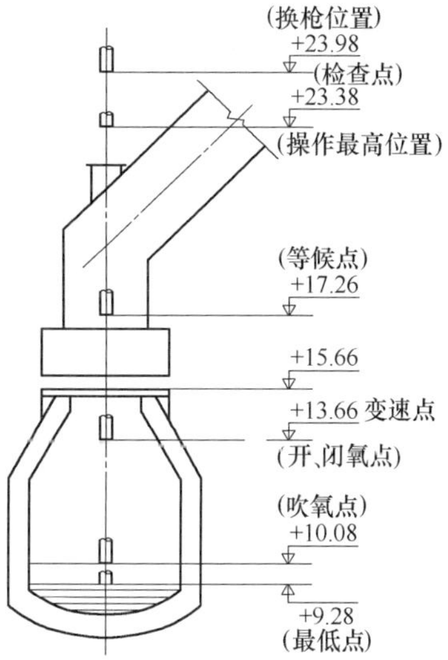

氧枪各操作点标高的确定原则：

（1）最低点。最低点是氧枪下降的极限位置，其位置取决于转炉的容量，对于大型转炉，氧枪最低点距熔池钢液面应大于400mm，而对中、小型转炉应大于250mm。

（2）吹氧点。此点是氧枪开始进入正常吹炼的位置，又叫吹炼点。这个位置与转炉的容量、喷头类型、供氧压力等因素有关，一般根据生产实践经验确定。

（3）变速点。在氧枪上升或下降到此点时就自动变速。此点位置的确定主要是保证安全生产，又能缩短氧枪上升和下降所占用的辅助时间。

（4）开、闭氧点。氧枪下降至此点应自动开氧，氧枪上升至此点应自动停氧。开、闭氧点位置应适当，过早地开氧或过迟地停氧都会造成氧气的浪费，若氧气进入烟罩也会引起不良影响；过迟地开氧或过早地停氧也不好，易造成氧枪粘钢和喷头堵塞。一般开、闭氧点可与变速点在同一位置。

（5）等候点。等候点位于炉口以上。此点位置的确定应以氧枪不影响转炉的倾动为准，过高会增加氧枪上升和下降所占用的辅助时间。

（6）最高点。最高点是氧枪在操作时的最高极限位置，它应高于烟罩上氧枪插入孔的上缘。检修烟罩和处理氧枪粘钢时，需将氧枪提升到最高位置。

（7）换枪点。更换氧枪时，需将氧枪提升到换枪点。换枪点高于氧枪操作的最高点。

图 1-37　氧枪在行程中各操作点的位置

（换枪位置）
+23.98
（检查点）
+23.38
（操作最高位置）
（等候点）
+17.26
+15.66
+13.66 变速点
（开、闭氧点）
（吹氧点）
+10.08
+9.28
（最低点）

1.2.4　供料系统设备

铁水是转炉炼钢的主要原料。按所供铁水来源的不同可分为：化铁炉铁水和高炉铁水两种。由于化铁炉需二次化铁，能耗与熔损较大，已被国家明令淘汰。

高炉向转炉供应铁水的方式有混铁炉、混铁车、铁水罐直接热装等。

1.2.4.1　铁水罐车供应铁水

高炉铁水流入铁水罐后，运进转炉车间。转炉需要铁水时，将铁水倒入转炉车间的铁水包，经称量后用铁水吊车兑入转炉。其工艺流程为：

高炉→铁水罐车→前翻支柱→铁水包→称量→转炉

铁水罐车供应铁水的特点是设备简单，投资少。但是铁水在运输及待装过程中热损失严重，用同一罐铁水炼几炉钢时，前后炉次的铁水温度波动较大，不利于操作，而且粘罐现象也较严重；另外对于不同高炉的铁水，或同一座高炉不同出铁炉次的铁水，或同一出铁炉次中先后流出的铁水来说，铁水成分都存在差异，使兑入转炉的铁水成分波动也较大。

我国采用这种供铁方式的主要是小型转炉炼钢车间。

1.2.4.2　混铁炉供应铁水

采用混铁炉供应铁水时，高炉铁水罐车由铁路运入转炉车间加料跨，用铁水吊车将铁水兑入混铁炉。当转炉需要铁水时，从混铁炉将铁水倒入转炉车间的铁水包内，经称量后用铁水吊车兑入转炉。其工艺流程为：

高炉→铁水罐车→混铁炉→铁水包→称量→兑入转炉

由于混铁炉具有储存铁水、混匀铁水成分和温度的作用，因此这种供铁方式，铁水成分和温度都比较均匀，特别是对调节高炉与转炉之间均衡供应铁水有利。

1.2.4.3　混铁车供应铁水

混铁车又称混铁炉型铁水罐车或鱼雷罐车，由铁路机车牵引，兼有运送和储存铁水的两种作用。

采用混铁车供应铁水时，高炉铁水出到混铁车内，由铁路将混铁车运到转炉车间倒罐站旁。当转炉需要铁水时，将铁水倒入铁水包，经称量后，用铁水吊车兑入转炉。其工艺流程为：

高炉→混铁车→铁水包→称量→转炉

采用混铁车供应铁水的主要特点是：设备和厂房的基建投资以及生产费用比混铁炉低，铁水在运输过程中的热损失少，并能较好地适应大容量转炉的要求，还有利于进行铁水预处理（预脱磷、硫和硅）。但是，混铁车的容量受铁路轨距和弯道曲率半径的限制不宜太大，因此，储存和混匀铁水的作用不如混铁炉。这个问题随着高炉铁水成分的稳定和温度波动的减小而逐渐获得解决。近年来世界上新建大型转炉车间采用混铁车供应铁水的厂家日益增多。

A　混铁炉

混铁炉是高炉和转炉之间的桥梁。具有储存铁水、稳定铁水成分和温度的作用，对调节高炉与转炉之间的供求平衡和组织转炉生产极为有利。

a　混铁炉构造

混铁炉由炉体、炉盖开闭机构和炉体倾动机构三部分组成。

（1）炉体。混铁炉的炉体一般采用短圆柱炉型，其中段为圆柱形，两端端盖近于球面形，炉体长度与圆柱部分外径之比近于 1。炉体包括炉壳、托圈、倒入口、倒出口和炉内砖衬等。

炉壳用 20~40mm 厚的钢板焊接或铆接而成。两个端盖通过螺钉与中间圆柱形主体连接，以便于拆装修炉。炉内耐火砖衬由外向内依次为硅藻土砖、黏土砖和镁砖。

在炉体中间的垂直平面内配置铁水倒入口、倒出口和齿条推杆的凸耳。倒入口中心与垂直轴线呈 5° 倾角，以便于铁水倒入和混匀。倒出口中心与垂直轴线约成 60° 倾角。在工作中，炉壳温度高达 300~400℃，为了避免变形，在圆柱形部分装有 2 个托圈。同时，炉体的全部重量也通过托圈支承在辊子和轨座上。

为了铁水保温和防止倒出口结瘤，炉体端部与倒出口上部配有煤气、空气管，用火焰加热。

（2）炉盖开闭机构。倒入口和倒出口都有炉盖。通过地面绞车放出的钢绳绕过炉体上的导向滑轮去独立地驱动炉盖的开闭。因为钢绳引上炉体时，钢绳引入点处的导向滑轮正好布置在炉体倾动的中心线上，所以当炉体倾动时，炉盖状态不受影响。

（3）炉体倾动机构。目前混铁炉普遍采用的一种倾动机构是齿条传动倾动机构。齿条与炉壳凸耳铰接，由小齿轮传动，小齿轮由电动机通过四对圆柱齿轮减速后驱动。

　　b　混铁炉容量和座数的配置

目前国内混铁炉容量有 300t、600t、1300t 三种。混铁炉容量应与转炉容量相配合。要使铁水保持成分的均匀和温度的稳定，要求铁水在混铁炉中的储存时间为 8~10h，即混铁炉容量相当于转炉容量的 15~20 倍。

由于转炉冶炼周期短，混铁炉受铁和出铁作业频繁，混铁炉检修又不能影响转炉的正常生产，因此，一座经常吹炼的转炉配备一座混铁炉较为合适。

　　B　混铁车

混铁车由罐体、罐体支承及倾翻机构和车体等部分组成。

罐体是混铁车的主要部分，外壳由钢板焊接而成，内砌耐火砖衬。通常罐体中部较长一段是圆筒形，两端为截圆锥形，以便从直径较大的中间部位向两端耳轴过渡。罐体中部上方开口，供受铁、出铁、修砌和检查出入之用。罐口上部设有罐口盖保温。

根据国外已有的混铁车，罐体支承有两种方式。小于 325t 的混铁车，罐体通过耳轴借助普通滑动轴承支承在两端的台车上；325t 以上的混铁车，其罐体是通过支承滚圈借助支承辊支承在两端的台车上。罐体的旋转轴线高于几何轴线约 100mm 以上，这样罐体的重心无论是空罐或满罐，总能保持在旋转轴线以下。

罐体的倾翻机构通常安装在前面台车上，由电动机、减速机及开式齿轮组成。带动罐体一起转动的大齿轮安装在传动端的耳轴上。

混铁车的容量根据转炉的吨位确定，一般为转炉吨位的整数倍，并与高炉出铁量相适应。目前，我国使用的混铁车最大公称吨位为 260t 和 300t，国外最大公称吨位为 600t。

任务 1.3　电弧炉炼钢设备

1.3.1　电弧炉简介

电弧炉炼钢是靠电极和炉料间放电产生的电弧，使电能在弧光中转变为热能，并借助辐射和电弧的直接作用加热并熔化金属和炉渣，冶炼出各种成分的钢。如图 1-38 所示。

直流电弧炉广泛采用当代电弧炉的各种先进技术，例如水冷炉壁和水冷炉盖、导电横臂、偏心炉底出钢、氧-燃烧嘴、造泡沫渣等。

随着炼钢技术的不断发展，炼钢电弧炉的形式也在不断发展变化，但大致可以分为以

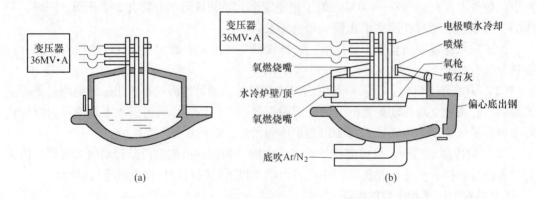

图 1-38　电弧炉结构

（a）1965 年；（b）1990 年

下几类：

（1）根据炉衬耐火材料的不同，可以分成碱性电弧炉和酸性电弧炉。碱性电弧炉的炉衬用碱性耐火材料镁砖、白云石砖砌筑，或用镁砂、焦油沥青混合物打结而成。炉盖大都用高铝砖砌筑。冶炼时造碱性渣，造渣材料以石灰为主，能有效地去除钢中的有害元素磷、硫，能生产各种优质钢和合金钢。特别是高合金钢只能用碱性电弧炉冶炼，所以碱性电弧炉应用较广。酸性电弧炉的炉衬用酸性耐火材料硅砖砌筑，或用石英砂与水玻璃打结而成。炉盖用硅砖砌筑。冶炼过程不能去除磷、硫，所以酸性电弧炉炼钢用原料的磷、硫应低于成品钢的要求，这限制了酸性电弧炉的应用。但酸性电弧炉生产率高，钢液的铸造性能好，生产成本低。酸性电弧炉主要用于铸钢厂。

（2）根据电弧炉的电源的不同，可分为交流电弧炉和直流电弧炉。直流电弧炉的技术研究始于 19 世纪 70 年代，但长期以来，由于没有大功率整流设备，而使直流电弧炉的生产、应用受到限制，在近百年的电弧炉的发展历史中，三相交流电弧炉一直占主导地位。目前广泛应用的三相交流电弧炉仍存在着一系列严重缺点，如功率因数低、电弧稳定性差、对电网冲击大、噪声大、环境污染严重、电极和电能消耗高等。20 世纪 70 年代以来，大功率可控硅整流装置日趋完善，直流电弧炉重新获得发展。现在，直流电弧炉技术发展迅速。

（3）根据电弧炉功率水平的高低，将电弧炉划分为（低功率、中等功率）普通功率（RP）、高功率（HP）、超高功率（UHP）电弧炉。电弧炉功率水平用变压器的额定容量（kV·A）与电炉公称容量（t）或实际出钢量（t）之比来表示。

1.3.2　电弧炉炉体构造

电弧炉的炉体构造主要是由冶炼工艺决定的，同时又与电炉的容量、功率水平和装备水平有关。基本结构如图 1-39 所示。

炉体是电弧炉最主要的装置，用来熔化炉料和进行各种冶金反应。电弧炉炉体由金属构件和

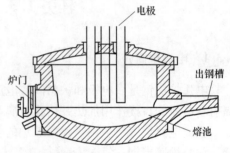

图 1-39　电弧炉炉体构造

耐火材料砌筑成的炉衬两部分组成。

1.3.2.1　炉体的金属构件

炉体的金属构件包括炉壳、炉门、出钢槽和电极密封圈等。

A　炉壳

炉壳是由不同厚度的钢板焊接而成的金属壳体。炉壳除了承受炉衬和炉料的全部重量外，还要承受顶装料时产生的强大冲击力，同时还要承受炉衬热膨胀而引起的热应力。通常，炉壳大部分区域的温度约为200℃。炉衬局部烧损时炉壳温度更高。因此，要求炉壳有足够的机械强度和刚度。

炉壳包括炉身、炉壳底和加固圈三部分（见图1-40），一般是用钢板焊接而成，所用钢板厚度与炉壳内径有关，根据经验大约为炉壳内径的1/200。

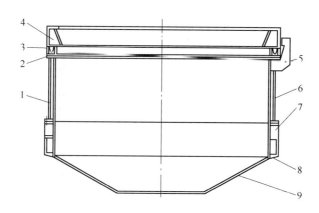

图 1-40　炉壳、炉盖圈简图

1—炉身；2—加固圈；3—凸圈；4—炉盖圈；5—止挡块；6—炉身冷却水道；
7—连接螺栓；8—炉体回转导轨；9—炉壳底

炉身通常做成圆筒形。炉壳底有平底、截锥形底和球形底三种。球形底结构较合理，它的刚度大，所用耐火材料最少，所以国外许多大型电炉都采用球形底，但球形底制造比较困难，成本高。锥形底虽然刚度比球形的差，但较易制造，所以目前应用仍较普遍。平底最易制造，但刚度较差，易变形，砌筑时耐火材料消耗较大，已很少采用。炉壳上沿的加固圈用钢板或型钢焊成，在大中型电炉上都采用中间通水冷却的加固圈。有的电炉在渣线以上的炉壳均通水冷却，使炉壳变成一个夹层水冷却壳。在加固圈上部有一个砂封槽，使炉盖圈插入槽内，并填以镁砂使之密封。为了防止炉子倾动时炉盖滑落，炉壳上安装阻挡用螺栓或挡板。

若炉底装有电磁搅拌装置时，炉壳底部钢板应采用非磁性耐热不锈钢或弱磁性钢。

在炉壳钢板上钻有许多分布均匀的透气小孔，以排除烘烤时的水分。

B　炉门

炉门供观察炉内情况及扒渣、吹氧、取样、测温、加料等操作用。通常只设一个炉门，与出钢口相对。大型电弧炉为了便于操作，常增设一个侧门，两个炉门的位置互成90°。炉门装置包括炉门、炉门框、炉门槛及炉门升降机构（见图1-41）。对炉门的要求是：结构严密，升降简便、灵活，牢固耐用，各部件便于装卸。

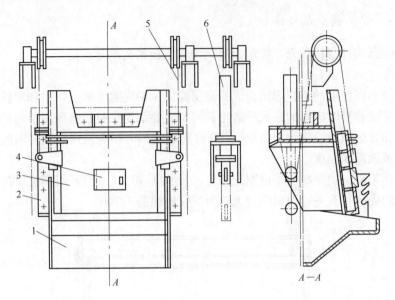

图 1-41　炉门结构

1—炉门槛；2—"Π"形焊接水冷门框；3—炉门；4—窥视孔；5—链条；6—升降机构

炉门用钢板焊成，大多做成空心水冷式，这样可以改善炉前工作环境。炉门框是用钢板焊成的"Π"形水冷箱。其上部伸入炉内，用以支承炉门上部的炉墙。将炉门框的前壁与炉门贴合面做成倾斜的，与垂直线成 8°~12°夹角，以保证炉门与炉门框贴紧，防止高温炉气、火焰大量喷出，减少热量损失和保持炉内气氛。同时，在炉门升降时还可起到导向作用，防止炉门摆动。炉门槛固定在炉壳上，上面砌有耐火材料，作为出渣用。

炉门升降机构有手动、气动、电动和液压传动等几种方式。3t 以下的小炉子一般采用手动升降机构，它是利用杠杆原理进行工作的。气动的炉门升降机构其炉门悬挂在链轮上，压缩空气通入气缸带动链轮转动而打开炉门，在要关闭时将压缩空气放出，炉门依靠自重下降而关闭。电动和液压传动的炉门升降比气动的构造复杂，但能使炉门停在任一中间位置，而不限于全开全闭两个极限位置，有利于操作并可减少热损失。

C　炉盖圈

炉盖圈用钢板焊成，用来支承炉盖耐火材料。为了防止变形，炉盖圈应通水冷却。水冷炉盖圈的截面形状通常分为垂直形和倾斜形两种。倾斜形内壁的倾斜角为 22.5°，这样可以不用拱脚砖，如图 1-42 所示。

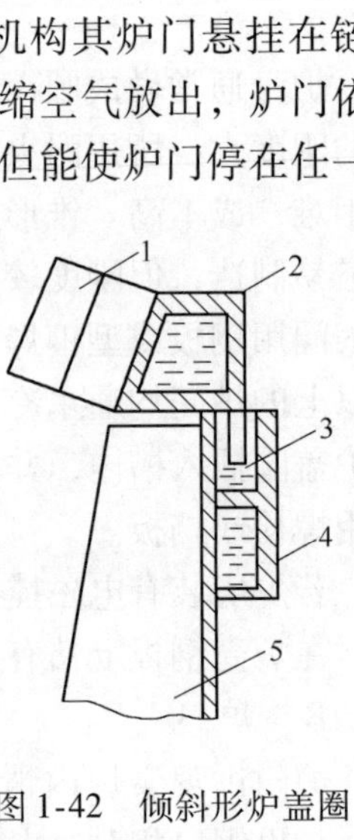

炉盖圈的外径尺寸应比炉壳外径稍大些，以使炉盖全部重量支承在炉壳上部的加固圈上，而不是压在炉墙上。炉盖圈与炉壳之间必须有良好的密封，否则高温炉气会逸出，不仅增加炉子的热损失和使冶炼时造渣困难，而且容易烧坏炉壳上部和炉盖圈。在炉盖圈外沿下部设有刀口，使炉盖圈能很好地插入

图 1-42　倾斜形炉盖圈

1—炉盖；2—炉盖圈；3—砂槽；4—水冷加固圈；5—炉壁

到加固圈的砂封槽内。

D 出钢口和出钢槽

出钢口正对炉门,位于液面上方。出钢口直径为 $\phi 120 \sim 200$,冶炼过程中用镁砂或碎石灰块堵塞,出钢时用钢钎将口打开。

出钢槽由钢板和角钢焊成,固定在炉壳上,槽内砌有大块耐火砖。出钢槽目前大多数厂采用预制整块的流钢槽砖砌成,使用寿命长,拆装也方便。出钢槽的长度在保证顺利出钢的情况下,应尽可能短些,以减少出钢时钢液的二次氧化和吸收气体。为了防止出钢口打开后钢水自动流出及减少出钢时对钢包衬壁的冲刷作用,出钢槽与水平面成 $8° \sim 12°$ 的倾角。

在现代电弧炉上已没有出钢槽,而采用偏心炉底出钢。

E 电极密封圈

为了使电极能自由升降和防止炉盖受热变形时折断电极,要求电极孔的直径比电极的直径大 $40 \sim 50mm$。电极与电极孔之间这样大的空隙会造成大量的高温炉气外逸,不仅会增加热损失,而且使炉盖上部的电极温度升高,氧化激烈,电极变细而易折断,因此采用电极密封圈。此外,电极密封圈还可冷却电极孔四周的炉盖,延长炉盖寿命;并且有利于保持炉内的气氛,保证冶炼过程的正常进行。

电极密封圈(见图 1-43)的形式很多,常用的是环形水箱式,它是钢板焊成的。有些电炉上采用无缝钢管弯成的蛇形管式密封圈,这种密封圈密封性差,易被烧坏,现在已很少采用。国外尚有采用气封式电极密封圈的,从气室喷出压缩空气或惰性气体冷却电极,并阻止烟气逸出。

为避免密封圈内形成闭合磁路而产生涡流,大型电弧炉的密封圈用无磁性耐热钢板制作。密封圈及其水管应与炉盖圈或金属水冷却盖绝缘,以免导电起弧使密封圈击穿。

1.3.2.2 电弧炉炉衬

炉衬指电弧炉熔炼室的内衬,包括炉底、炉壁和炉盖三部分。炉衬的质量和寿命直接影响电弧炉的生产率、钢的质量和生产成本。炉衬所用的耐火材料有碱性和酸性两种。目前绝大多数电弧炉衬采用碱性炉衬,结构如图 1-44 所示。

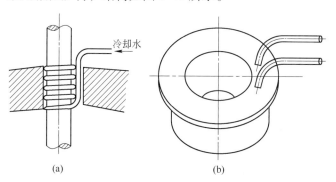

图 1-43 电极密封圈
(a)蛇形管式;(b)环形水箱式

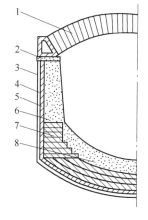

图 1-44 碱性电炉炉衬
1—高铝砖;2—填充物(镁砂);3—钢板;
4—石棉板;5—黏土砖;6—镁砂打结炉壁;
7—镁砖永久层;8—镁砂打结炉底

1.3.3 电弧炉的机械设备

1.3.3.1 炉体倾动机构

为出钢、出渣，炉体应能倾动，因此必须设置倾动机构。一般电炉前倾角（出钢口侧）不大于45°，为缩短水冷电缆，有的大型电炉采用30°的前倾角。后倾角（出渣侧）不大于10°～15°。前述炉底出钢电炉的倾角则大为减小，仅为出渣后倾7°～10°。倾动机构的工作特点是负荷重。为安全起见，倾动速度应低而平稳。

倾动机构按传动方式可分为液压传动、电机传动。液压传动能很好地满足上述要求，所以得到广泛采用。

图1-45为75t电炉液压传动倾动机构。炉体（图中假想线所示）置于摇架4的4个锥形支承辊7上，并用定位辊8定位。定位辊装在偏心轴上，以便调整定位。摇架下部有两

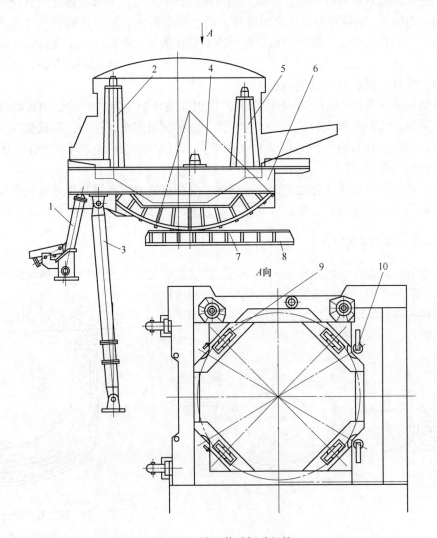

图1-45 液压传动倾动机构

1—支承装置；2—塔形立柱；3—液压缸；4—摇架；5—短销；6—导轨；7，9—支承辊；8，10—定位辊

个弧形板支承在导轨 6 上，当液压缸 3 动作时，推动着摇架连同炉体沿导轨倾动，为防止倾动时摇架滑动，在导轨上钻有许多销孔，同时在弧形板上相应地装着短销 5。液压缸 3 现多为单向柱塞缸，为防止炉渣等损坏密封、方便维修，此液压缸封闭端在上面，缸体与摇架铰接，柱塞与基础铰接。当炉子处于水平原位装料时，摇架以至于整个电炉应采用其他支承或锁紧装置来增加炉子的稳定性。如图 1-45 采用支承装置 1，使炉子处于 4 点支承状态，炉子倾动时，此支承装置用液压缸带动使之脱开。

1.3.3.2　炉体回转机构

按操作需要，有的电炉还配置了炉体回转机构。图 1-46 为 75t 电炉的回转机构，液压缸 5 及定滑轮组 1、9 均置于摇架平台上，液压缸活塞固定在长活塞杆 3 上，活塞杆两端分别铰接着动滑轮组 2、7，两根钢丝绳 4、6 分别绕过这两个动滑轮组，钢绳的一端固定在炉壳（图中以假想线标出）上，另一端固定在定滑轮组座上。当需要回转炉体时，提起炉盖、电极，使液压缸动作，左边的动滑轮组 2 向左运动，使钢丝绳 4 放松，与此同时右边动滑轮组 7 也向左运动，使钢丝绳张紧并带着炉体在托轮上按逆时针方向回转。其回转角度为 ±30°。

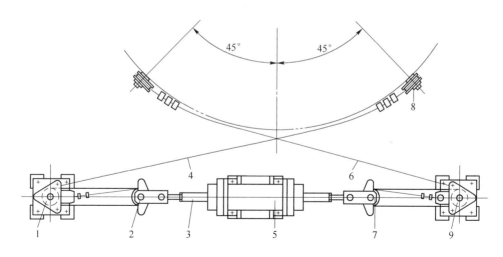

图 1-46　炉体回转机构
1，9—定滑轮组；2，7—动滑轮组；3—活塞杆；4，6—钢丝绳；
5—液压缸；8—绳端固定装置

这种回转机构适用于整体吊换炉壳。因钢丝绳处于炉壳附近，温度较高，易损坏。

设置回转机构的主要目的是为了加速炉料熔化。随着炉料的熔化，电极从炉料上部逐渐伸向炉底，而使炉料形成"井"。有了回转机构就可多打几口"井"，以改善炉料加热，加速熔化。但这一效益与炉料状况（轻型废钢或大块废钢）有关。当回转炉体时，必须停止供电、提起电极和炉盖，此时不但不能达到加速熔化的目的，反而增加了热损失。此外，还增加了整体吊换炉体的麻烦。所以是否设置回转机构还有待于实践验证。

1.3.3.3　电极装置

每座电炉装有3套电极装置。它们都装在框架中,依电炉的装料系统不同,此框架可以是旋转的、移动的或固定的。有的小容量电炉则将电极装置直接固定在炉壳上。

电极通过装于炉盖中央部位的3个电极密封圈伸入炉膛内。电极的分布既要能均匀地加热熔化炉料,又不致使炉衬产生过热。通常把它们布置在等边三角形的顶点上,且中间电极处于距电炉变压器最近的那个顶点上。三角形的外接圆称为电极分布圆,其直径一般为熔池堤坡直径的25%~30%。

电极装置的作用是夹紧、放松电极,输送电流,升降电极。

图1-47为75t炉盖旋开式电炉的电极装置简图。它包括电极夹持器(也称电极把持器,由夹头本体、夹紧操纵机构等组成),电极升降系统(横臂、立柱、升降液压缸等)。

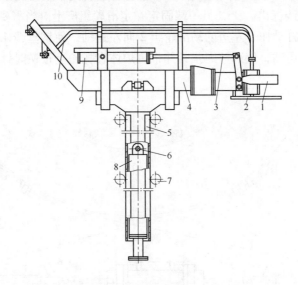

图1-47　电极装置

1—电极夹头;2—挡焰水套;3—操纵杠杆系统;4—横臂;5—立柱;6—铰链;

7—导向轮;8—升降液压缸;9—电极放松气缸;10—水冷导电铜管

电极装置是电炉的重要部件,直接关系到电炉工作的好坏。在整个冶炼过程中,电极的上下位置需随时而又准确地进行调节,以适应炉况的变化,而电极的自动调节效果取决于选用先进的自动调节系统以及合理设计电极装置的结构。电极装置的工作条件是极其恶劣的:它工作在炉子高温区,受到强烈的热辐射;其上的导电部件(导电铜管、水冷电缆等)通有强大的电流,使许多铁磁构件受到感应磁场的强烈影响,同时由于"短路"时电流冲击,使挠性水冷电缆以致整个电极装置经常产生强烈振动。因此电极装置的结构应具有很大的系统刚性;可靠而又合理的绝缘,电磁感应最小;安装、调节、维修方便;某些零、部件需通水冷却。

A　电极夹持器

电极夹持器的作用是夹紧电极,在电极消耗一些后又能松开夹头放下电极;输送电流,电流经水冷导电铜管、夹头本体传给电极。

B　电极升降系统

a　横臂和立柱

横臂和立柱如图 1-47 所示。

b　电极升降机构

冶炼过程中，随炉况变化需频繁地调节电极与炉料间的相对位置，以缩短熔化时间，减少电能和电极损耗，使电炉在高效率下工作。为此，对电极升降机构提出以下要求：

（1）合适的升降速度，且能自动调节。

（2）启动、制动快，过渡时间短。

（3）系统应处于稳定调节。

1.3.3.4　炉顶装料系统

炉顶装料是将炉料装于料筐内，用料筐由炉顶装入炉内，其优点是：

（1）缩短装料时间，提高电炉生产能力，降低耗电量；

（2）改善工人劳动条件；

（3）减少废钢处理工作，大块废钢、松散炉料均可装入炉内；

（4）比炉门装料能更好地利用炉膛空间，实现合理布料。

要实现炉顶装料，就必须使炉盖与炉体能产生相对水平位移，将炉膛全部露出。为此有三种办法：炉盖旋开、炉体开出和炉盖开出。因炉盖开出时的振动会波及炉盖、电极，已较少应用。无论采用哪种形式，其结构上必须使电极、炉盖既能与炉体同时倾动，又能与炉体产生相对水平位移。

A　炉盖旋开式装料系统

炉盖旋开式电炉日益广泛地得到采用，因为它具有设备重量轻、造价低、制造较容易；占厂房面积小，车间布置合理；旋开炉盖的时间短，装料时间短；振动小、炉盖、电极使用寿命较长等优点。就炉盖旋开机构与摇架的关系，有以下两种形式：

（1）基础分开的炉盖旋开式炉顶装料系统，炉盖升降旋转机构安装在独立的基础上，与炉子摇架没有直接联系。该系统由两部分组成：旋转框架，炉盖升降旋转机构。

（2）整体基础的炉盖旋开式炉顶装料系统。其特点是炉体、电极装置、炉盖升降旋转机构全部设置在巨大而又坚固的摇架平台上。旋转框架上装有炉盖提升机构、电极立柱导轮，及立柱锁定装置。此旋转框架固定在旋转框架平台上，平台下面有炉盖旋转机构，旋转框架平台可在摇架上转动。

B　炉体开出式装料系统

炉顶装料是将炉料一次或分几次装入炉内，为此必须事先将炉料装于专用的容器内，目前多用料筐装料，而特大型电炉则是用加料槽装料。为保护炉衬，加速炉料熔化，装料时需注意将大块的、重的炉料装在炉子中间，而将轻的炉料装在炉子的底部及四周。

目前有两种料筐：扇形活底式（见图 1-48）和柔性底式（见图 1-49）。扇形活底式料筐由刚性筐体 1 和两个扇形活动底 2 组成。装料时，用钢绳把两个活动底拉开，料就掉入炉内。柔性底式料筐是由刚形筐体 1 和数个钢板制成的扇形链片 2 组成，用废钢绳或小圆钢把扇形链片锁在一起。装料时，将钢绳烧断或抽掉，或用脱锁装置 3 将链片脱开，料就掉入炉内。目前我国多用后者。

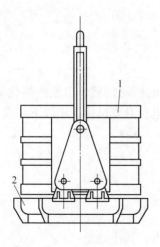

图 1-48　扇形活底式料筐

1—筐体；2—扇形底

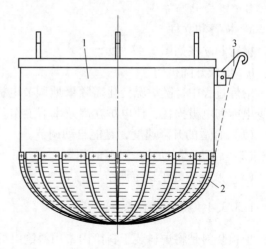

图 1-49　柔性底式料筐

1—刚性筐体；2—柔性链片；3—脱锁装置

1.3.4　电弧炉的电气设备

电弧炉炼钢是靠电能转变为热能使炉料熔化并进行冶炼的，电弧炉的电气设备就是完成这个能量转变的主要设备。电弧炉的电气设备主要分为两大部分，即主电路和电极升降自动调节系统。

1.3.4.1　电弧炉的主电路

由高压电缆至电极的电路称电弧炉的主电路，如图 1-50 所示。主电路的任务是将高压电转变为低压大电流输给电弧炉，并以电弧的形式将电能转变为热能。主电路主要由隔离开关、高压断路器、电抗器、电炉变压器及低压短网几部分组成。

A　隔离开关和高压断路器

隔离开关和高压断路器都是用来接通和断开电弧炉设备的控制电器，可统称为高压开关设备。

a　隔离开关

隔离开关主要用于电弧炉设备检修时断开高压电源，有时也用来进行切换操作。常用的隔离开关是三相刀闸开关（见图 1-51），基本结构由绝缘子、刀闸、拉杆、转轴、手

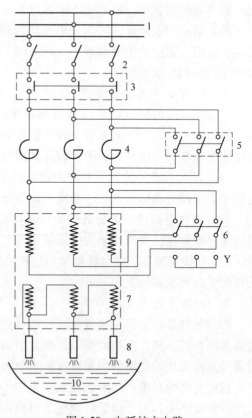

图 1-50　电弧炉主电路

1—高压电缆；2—隔离开关；3—高压断路器；4—电抗器；
5—电抗器短路开关；6—电压转换开关；7—电炉变压器；
8—电极；9—电弧；10—金属

柄和静触头组成。隔离开关没有灭弧装置，必须在无负载时才可接通或切断电路，因此隔离开关必须在高压断路器断开后才能操作。电弧炉停电、送电时的开关操作顺序是：送电时先合上隔离开关，后合上高压断路器；停电时先断开高压断路器，后断开隔离开关。否则刀闸和触头之间将产生电弧、烧坏设备和引起短路或人身伤亡事故等。为了防止误操作，常在隔离开关与高压断路器之间设有连锁装置，使高压断路器闭合时隔离开关无法操作。

隔离开关的操作机构有手动、电动和气动三种。当进行手动操作时，应戴好绝缘手套，并站在橡皮垫上以保证安全。

b　高压断路器

高压断路器用于高压电路在负载下接通或断开，并作为保护开关在电气设备发生故障时

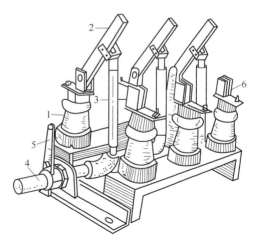

图 1-51　三相刀闸式隔离开关
1—绝缘子；2—刀闸；3—拉杆；
4—转轴；5—手柄；6—夹子

自动切断高压电路。高压断路器具有完善的灭弧装置和足够大的断流能力。

在电炉冶炼的开始和终了，在冶炼过程中调压、扒渣、接长电极等操作时，都需操作断路器使电炉停电或通电。可见高压断路器的操作是极其频繁的。电弧炉对高压断路器的要求是：断流容量大，允许频繁操作，工作安全可靠，便于维修和使用寿命长。

电弧炉使用的断路器有以下几种：

（1）高压油开关。油开关的结构如图 1-52 所示，油开关的触头浸泡在绝缘性能良好的变压器油中，以防止氧化，并使触头得到散热，以及保证高压触头间和对地绝缘的可靠。触点的动作靠电磁力完成。当负载下的高压断路器断开时，开关装置的各触点之间便会产生电弧，电弧对接触点有破坏作用。变压器油在电弧作用下分解和蒸发而产生大量蒸汽，迫使电弧熄灭。

油开关的优点是制造方便、价格便宜。但由于触点每动作一次都要产生电弧，使部分油料分解炭化，油色混浊和变黑，导致油的绝缘性能降低。同时由于油的分解还产生大量气体，其中有 70% 易燃易爆的氢气。油开关触头每动作 1000 次左右，需进行换油和检修触头。油开关由于寿命短，维护工作量大，易发生火灾和爆炸，有逐渐被淘汰的趋势。

（2）电磁式空气断路器。电磁式空气断路器又称磁吹开关，其灭弧装置为磁吹螺管。电磁式空气断路器的结构如图 1-53 所示。三相高压电源分别连接静弧触头和动弧触头的尾部，且并列安装在同一基础上。当触头分开产生电弧后，便在压气皮囊喷出的气体和强磁场的作用下，使电弧迅速上升、拉长，进入电弧螺管，并受到隔弧板和大气介质的冷却最后熄灭。

电磁式空气断路器与油开关相比，其开关时间短，不会发生起火、爆炸及产生过电压现象，工作平衡可靠，适于频繁操作。触头及灭弧室因频繁受电弧烧蚀，所以必须定期维修更换。

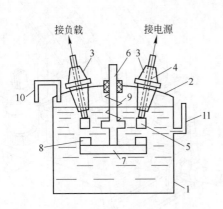

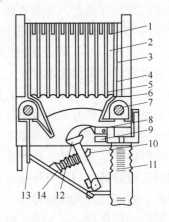

图 1-52　油开关构造

1—钢箱；2—盖子；3—套管绝缘子；4—铜导电杆；

5—固定接触子；6—活动杆；7—铜横条；

8—活动接触子；9—弹簧；

10—排气管；11—油表管

图 1-53　CN2-10 型电磁式空气断路器的结构

1—冷却片；2—电弧螺管；3—隔弧板；4—H 形小弧角；

5—V 形小弧角；6—引弧角；7—双"Ⅱ"形磁系统；

8—静弧触头；9—主触头；10—喷嘴；11—绝缘子；

12—动弧触头；13—硬连接；14—压气皮囊

（3）真空断路器。真空断路器是一种比较先进的高压电路开关，可以较好地满足电炉功率不断增大的要求，在电弧炉上已被推广使用，如图 1-54 所示。

真空断路器在运行时，应特别注意观察真空灭弧室的真空度是否下降。当灭弧室内出现氧化铜颜色或变暗失去光泽时，就可间接判断真空度已下降。通过观察分闸时的弧光颜色，也可判断真空度是否下降，正常情况下电弧呈蓝色，真空度降低后则呈粉红色。当发现真空度降低时，应及时停电检查、处理。

B　电弧炉变压器的特点及构造

电炉变压器负载是随时间变化的，电流的波动很厉害，特别是在熔化期，电炉变压器经常处于冲击电流较大的尖峰负载。电炉变压器与一般电力变压器比较，具有如下特点：

（1）变压比大，一次电压很高而二次电压又较低。

（2）二次电流大，高达几千至几万安培。

（3）二次电压可以调节，以满足冶炼工艺的需要。

（4）过载能力大，要求变压器有 20% 的短时过载能力，不会因一般的温升而影响变压器寿命。

（5）有较高的机械强度，经得住冲击电流和短路电流所引起的机械应力。

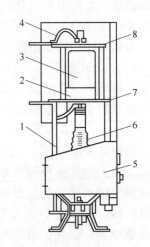

图 1-54　真空断路器

1—绝缘杆；2—绝缘碗；3—真空灭弧室；4—绝缘隔板；5—外罩；6—绝缘子；7—绝缘撑板；8—压板

电炉变压器主要由铁芯、线圈、油箱、绝缘套管和油枕等组成。铁芯的作用是导磁，它用含硅量高、磁导率高、电阻率大的硅钢片叠成，并两面涂漆以减小损耗。电炉变压器的铁芯大多采用三相心式结构，心式结构消耗材料较少，制造工艺又较简单。二次线圈接成"△"形,这样可减小短路时线圈的机械应力;一次线圈为方便调压可接成"Y"形或"△"形。装配好的线圈和铁芯浸在油箱内的油中。变压器油起绝缘和散热作用。线圈的引出线接到油箱外部时要穿过瓷质绝缘套管,以便将导电体与油箱绝缘。油箱上部还有油枕,起储油和补油作用。油枕上还设有油位计和防爆管。

C　电抗器

电抗器串联在变压器的一次侧,其作用是增加电路中感抗,以达到稳定电弧和限制短路电流的目的。

在电弧炉炼钢的熔化期,经常由于塌料而引起电极间的短路,短路电流常超过变压器额定电流的许多倍,导致变压器寿命降低。串联电抗器后,短路电流限制在额定电流的3倍以下。在这个电流范围内,电极的自动调节装置能够保证提升电极降低负载,而不致跳闸停电,也起到了稳定电弧的作用。

电抗器的导磁体不同于变压器的导磁体,它分成许多单独的铁芯环,这些铁芯环由轭铁互相连接起来,如图 1-55 所示。铁芯环用胶布板做的衬垫分隔开,这使电抗器的磁路不易饱和,在大电流下仍具有很大的感抗。

电抗器具有很小的电阻和很大的感抗,能在有功功率损失很小的情况下限制短路电流和稳定电弧。但是,因为它的电感量大,使无功功率增大,降低了功率因数,从而影响了变压器的输出功率,因而电抗器的接入时机和使用时间必须加以控制,一旦电弧燃烧稳定,就必须及时切除,以减少无功功率损耗。

电抗器与电炉变压器一样,同处于重负荷工作状态下,对它也有热稳定性和机械强度的要求。电抗器也需要冷却和维护。小炉子的电抗器可装在电

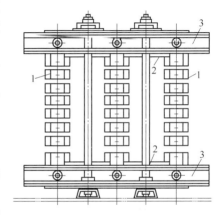

图 1-55　电抗器结构
1—铁芯环; 2—轭铁; 3—轭铁压梁

炉变压器箱体内部,大些的炉子则单独设置电抗器。对 20t 以上的电炉,则因主电路本身的电抗百分数已经很大,无需专门设置电抗器。

D　短网

短网是指从电炉变压器低压侧引出线至电极这一段线路。这段线路为 10~20m,但导体截面很粗,通过的电流很大,短网中的电阻和感抗对电炉装置和工艺操作影响很大,在很大程度上决定了电炉的电效率、功率因数以及三相电功率的平衡。

短网的结构如图 1-56 所示,主要由硬铜母线(铜排)、软电缆和炉顶水冷导电铜管三部分组成。电极有时也算做短网的一部分。由于短网导体中电流大,特别是经常性的冲击性短路电流使导体之间存在很大的电动力,所以目前绝大多数电弧炉的短网采用铜来制造。

因为在短网中通有巨大的电流,减小短网中的电阻和感抗,对减小电能损失具有重大意义。一般从隔离开关至电极这段主电路上的电能损失为 7%~14%,短网上的电能损失占 4.5%~9.5%,电极上的电能损失为 2%~5%。为了减少短网的电阻和感抗,要尽量缩短短网的长度;各接头处要紧密连接,尤其是电极与夹头、电极与电极之间,应该紧密

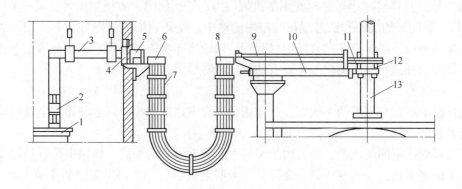

图 1-56　中小容量电弧炉短网结构

1—电炉变压器；2—补偿器；3—矩形母线束；4—电流互感器；5—分裂母线；6—固定集电环；

7—可绕软电缆；8—移动集电环；9—导电铜管；10—电极夹持器横臂；

11—供给电极夹板的软编线束；12—电极夹持器；13—电极

连接，以减少接触电阻；导体要有足够大的截面，而且一般采用管状和板状导体以减少电流的集肤效应；短网的各相导体尽可能互相靠近，但导体与粗大的钢结构应离得远一些；尽可能采用水冷电缆。

1.3.4.2　电极升降自动调节系统

A　电极

电极的作用是把电流导入炉内，并与炉料产生电弧，将电能转化为热能。电极要传导很大的电流，电极上的电能消耗约占整个短网上的电能消耗的 40% 左右。电极工作时受到高温、炉气氧化及塌料撞击等作用，工作条件极为恶劣，所以对电极提出如下要求：

（1）导电性能良好，电阻系数小，以减少电能损失。

（2）在高温下具有足够的机械强度。

（3）具有良好的抗高温氧化能力。

（4）几何形状规整，且表面光滑，接触电阻小。

目前绝大多数电弧炉均采用石墨电极。石墨电极通常又分为一般功率电极和高功率电极，其理化指标要求不一样。

电极的价格很贵，电极的消耗直接影响着钢的生产成本。国家规定的电极消耗指标为每吨钢消耗电极 6kg，但由于各厂情况不一样，所以电极消耗指标也相差很大。电极消耗的主要原因是折断、氧化以及炉渣和炉气的侵蚀，以及在电弧作用下的剥落和升华。为了降低电极消耗，主要应提高电极本身质量和加工质量，缩短冶炼时间，防止因设备和操作不当引起的直接碰撞而损伤电极。降低电极消耗的具体措施是：

（1）减少由机械外力引起的折断和破损，避免因搬运和堆放，炉内塌料和操作不当引起的折断和破损，尤其应重点保护螺纹孔和接头的螺纹。

（2）电极应存放在干燥处，谨防受潮。受潮电极在高温下易掉块和剥落。

（3）装电极时要拧紧、夹牢，以免松弛脱落。有的厂在电极连接端头打入电极销子加以固定，还有的厂在两根电极的缝间涂抹黏结剂，也可防止电极松动。另外，对接电极时，用力要平衡、均匀，连接处要保持清洁。

（4）减少电极周界的氧化消耗。电极周界的氧化消耗约占总消耗的 55% ~ 75%。石墨电极从 550℃ 开始氧化，在 750℃ 以上急剧氧化。减少周界氧化的措施是，加强电炉的密封性，减少空气侵入炉内；尽量减少炽热电极在炉外暴露时间，并可采取以下几种石墨电极保护技术：

1）浸渍电极；

2）涂层电极；

3）水冷复合电极；

4）水淋式电极，在电极夹头下方采用环形喷水器向电极表面喷水，使水沿电极表面下流，并在电极孔上方用环形管（风环）向电极表面吹压缩空气使水雾化。这样在降低电极温度的同时，又能减少侧壁的氧化，从而降低电极消耗。

B　电极升降自动调节装置

电弧炉输入的功率在二次电压一定的情况下是随电弧长度的变化而改变的。这是因为电弧长度与二次电流有关，电弧长则电流小，电弧短则电流大。冶炼过程中，由于炉料熔化塌落、钢水沸腾等原因，电极与炉料之间的电弧长度不断发生变化。特别是在熔化期，电弧极不稳定，经常发生断弧和短路现象，不利于电弧炉的正常工作。

电极自动调节装置的作用就是快速调节电极的位置，保持恒定的电弧长度，以减少电流波动，维持电弧电压和电流比值的恒定，使输入功率稳定，从而缩短冶炼时间和减少电能消耗。

常用的电极自动调节器有电机放大机式、可控硅—直流电机式、可控硅—交流力矩电机式、可控硅—电磁转差离合器式、电液随动式等。近年来，又研制成功交流调速式和计算机控制的调节器等新型调节器。

思 考 题

（1）转炉炉壳由哪几部分组成？简述它们的作用及要求。

（2）水冷炉口有哪两种，各有何特点？

（3）炉体的支撑系统包括哪些装置？简述它们的结构及连接方式。

（4）供氧系统由哪些主要设备组成？

（5）简述氧枪的结构、喷头有哪些类型，为何三孔拉瓦尔型喷头能得到广泛应用？

（6）电弧炉主要的电器设备包括哪些？

学习情境 2

装 入 制 度

学习任务：
(1) 转炉炼钢原料；
(2) 转炉的装入制度。

任务 2.1 转炉炼钢原料

转炉炼钢的原料主要是铁水，其次还配用部分废钢。

2.1.1 铁水

铁水是氧气顶吹转炉的主原料，一般占装入量的 70% 以上。铁水的物理热和化学热是氧气顶吹转炉炼钢过程中的唯一热源。因此，铁水的温度和化学成分应符合一定要求，以简化和稳定冶炼操作，并获得良好的技术经济指标。

2.1.1.1 对铁水温度的要求

铁水温度的高低标志着其物理热的多少。较高的铁水温度，不仅能保证转炉吹炼顺利进行，同时还能增加废钢的配加量，降低转炉的生产成本。因此，希望铁水的温度尽量高些，一般应保证入炉时仍在 1250~1300℃ 以上。

另外，还希望兑入转炉时的铁水温度相对稳定。因为，若相邻炉次的铁水温度变化较大，则需要花费一定时间对废钢的加入量进行相应的调整，这对冶炼操作和生产调度都会带来不利的影响。

2.1.1.2 对铁水成分的要求

转炉炼钢的适应性较强，可将各种成分的铁水吹炼成钢生产成本，铁水的成分应该合适而稳定。

A 铁水的含硅量

铁水中的硅，是转炉炼钢的主要发热元素之一。根据转炉炼钢的热平衡计算，铁水中的含酸量每增加 0.1%，废钢比可增加 1.3%~1.5%。对于大、中型转炉用废钢做冷却剂时，铁水含硅量以 0.5%~0.8% 为宜。小型转炉的热损较大，铁水的含硅量可以高些；用矿石做冷却剂时，因其含有较多的二氧化硅，铁水含硅量应适当降低。

若含硅量低于0.5%，铁水的化学热不足，会导致废钢比下降，小容量转炉甚至不能正常吹炼。另外，铁水含硅量过低时，石灰溶解困难，而且渣量也较少，这不仅不利于硫和磷的去除，同时还会因渣量少而对钢液的覆盖效果差，吹炼时金属飞溅严重，导致冶炼收得率下降。

反之，如果铁水含硅量高于0.8%，不仅会增加造渣材料的消耗，而且使炉内的渣量偏大。理论计算表明，铁水中的含硅量每增加0.1%，吹炼1t铁水要增加2kg多的二氧化硅，同时还需要多加6kg的石灰，渣量则增加8kg。某厂的统计结果表明，当铁水含硅量为0.55%~0.65%时，渣量占装入量的12%，若铁水含硅量增加到0.95%~1.00%，渣量则增加到装入量的15%以上。过多的渣量容易引起喷溅，增加金属损失。另外，铁水含硅量高时，初期渣的碱度低，对炉衬的侵蚀作用加剧，同时，初期渣中的二氧化硅含量高，这会使渣中的FeO、MnO含量相对降低，容易在石灰块表面生成一层熔点为2130℃的$2CaO \cdot SiO_2$外壳，阻碍石灰熔化，降低成渣速度，不利于早期的去磷。

应该指出的是，目前国内多数炼钢厂所用铁水的含硅量普遍偏高。一些钢厂铁水的含硅量超过了1.2%，个别的甚至达到了1.5%。对于含硅量过高的铁水应进行预脱硅处理，以改善转炉的脱磷条件，并减少渣量。

B　铁水的含锰量

铁水中的锰是一种有益元素，主要体现在锰氧化后生成的氧化锰能促使石灰溶解，促进初渣形成而减少萤石的用量，有利于提高炉龄和减轻氧枪粘钢。有资料表明，如果将铁水中的锰含量从0.3%提高到0.9%，萤石的用量可以减少82%。不过，当铁水中的含锰量超过1%时，炉渣太稀，也不利于转炉的吹炼操作。

我国大多数钢铁厂所用铁水的含锰量都不高，多低于0.3%。提高铁水含锰量的方法主要是向高炉的原料中配加锰矿石，但这将会使炼铁生产的焦比升高和高炉的生产率下降，对于铁水增锰的合理性还需要做详细的技术经济对比。因此，目前对铁水含锰量不宜提硬性要求。

C　铁水的含磷量

磷会使钢产生"冷脆"现象，是钢中的有害元素之一。氧气顶吹转炉单渣法冶炼时的脱磷效果为85%~95%，考虑到出钢后回磷和铁合金带入的磷，因此希望铁水的含磷量小于0.15%~0.20%，最高不能超过0.40%。

如果铁水的含磷量过高，则需采用双渣法冶炼，这将会恶化转炉生产的技术经济指标。由于高炉生产不能去磷，矿石带入炉内的磷会全部进入生铁，因此应通过选矿、配料等措施控制铁水的含磷量。

D　铁水的含硫量

硫会使钢产生"热脆"现象，也是钢中的有害元素。氧气顶吹转护的脱硫效果很差，单渣法冶炼时的脱硫率仅为30%~35%，而通常要求钢液的含硫量在0.03%以下，因此一般希望铁水含硫量低于0.04%~0.05%。

铁水含硫高时，对其进行预脱硫处理是经济有效的脱硫方法，因此现代转炉炼钢厂普遍采用这一工艺措施。

国内一些钢厂的铁水成分见表2-1。

表 2-1　国内一些钢厂的铁水成分　　　　　　　　（%）

元　素	Si	Mn	P	S	V	Ti
首　钢	0.40 ~ 0.65	0.40 ~ 0.70	0.20	0.03 ~ 0.05		
上钢一厂	0.50 ~ 1.00	0.30 ~ 0.60	0.65	0.04 ~ 0.07		
武　钢	0.50 ~ 0.80	≤0.30	≤0.15	≤0.02		
马　钢	0.50 ~ 1.00		<0.40	≤0.07	0.25 ~ 0.30	
攀　钢	≤1.25	0.30 ~ 0.50	0.15 ~ 0.30	0.05 ~ 0.07	0.20 ~ 0.60	0.50

同铁水温度一样，铁水的成分也应相对稳定，以方便冶炼操作和生产调度。

除了温度和成分的要求外，还希望兑入转炉的铁水尽量少带渣，因为高炉渣中含有大量的硫。特别是铁水预处理后的炉渣应扒干净，否则将会使预脱硫的效果大打折扣。

2.1.2　废钢

废钢是转炉炼钢的另一种金属炉料，不过在此它是作为冷却剂使用的。顶吹转炉炼钢中，主原料铁水的物理热和化学热足以把熔池的温度从 1250 ~ 1300℃ 加热到 1600℃ 左右的炼钢温度，且有富余热量。废钢就是被用来消耗这些富余热量，以调控始点温度。

转炉所用废钢多为外购废钢。其来源广泛，大小悬殊，外形各异，且多有混杂。因而应针对所购废钢的特点，进行相应的加工处理，以满足转炉对入炉废钢的基本要求：清洁、少锈、无混杂、不含有色金属，最大长度不得超过炉口直径的 1/2，最大截面积要小于炉口面积的 1/5。根据转炉容量不同，废钢块的单重波动范围为 150 ~ 2000kg。

任务 2.2　转炉的装入制度

转炉的装入制度，包括装入量、废钢比的确定及装料顺序。

2.2.1　装入量的确定

转炉的装入量是指每炉装入铁水和废钢两种金属炉料的总量。生产实践表明，对于不同容量的转炉以及同一转炉在不同的生产条件下，都有其不同而合理的装入量。装入量过大，意味着炉容比即转炉的有效容积和金属装入量之比偏小，会导致吹炼过程中的喷溅加剧而被迫降低供氧强度，从而使氧射流对熔池的搅拌力下降，成渣变慢，炉衬寿命缩短。反之，若装入量过小，不仅使转炉的生产能力得不到充分的发挥，产量低；而且由于熔池过浅，使炉底容易被氧气射流冲蚀而过早损坏。目前控制氧气顶吹转炉装入量的方法有以下三种：

（1）定量装入法。所谓定量装入，是指在整个炉役期内每炉的装入量保持不变的装料方法。

这种装料方法的优点是：生产组织简单，便于实现吹炼过程的计算机自动控制，而且吊车的起重能力及厂房结构等都能得到充分利用。对于大型企业这一优点尤为明显。其问题是，容易造成炉役前期的装入量偏大而熔池较深，炉役后期的装入量则偏小而熔池较浅。转炉容量越小，炉役前后期转炉的横断面积与有效容积的差别越大，这一问题也就越突出。因此，定量装入法适合于大型转炉。

（2）定深装入法。所谓定深装入，是指在一个炉役期间，随着炉衬的侵蚀炉子实际容积不断扩大而逐渐增加装入量，以保证熔池深度不变的装料方法。

该法的优点是，氧枪操作稳定，有利于提高供氧强度并减轻喷溅，既不必担心氧气射流冲蚀炉底，又能充分发挥转炉的生产能力。不过，定深装入法的装入量和出钢量变化频繁，生产组织难度大。但是，可以把一个炉役期分为几个阶段，使熔池深度变化限制在一定的范围内，这便是所谓的分阶段定量装入法。

（3）分阶段定量装入法。该法是根据炉衬的侵蚀规律和炉膛的扩大程度，将一个炉役期划分成 3~5 个阶段，每个阶段实行定量装入，装入量逐段递增。吊车的起重能力和厂房结构需按最大装入量设置。

分阶段定量装入法大体上保持了比较适当的熔池深度，可以满足冶炼工艺的要求；又保证了装入量的相对稳定，便于组织生产，因此中小转炉炼钢厂普遍采用此法。在确定各阶段的装入量时应考虑下列因素：

首先，熔池深度要合理。生产实践证明，熔池的深度 H 为氧气射流对熔池的最大冲击深度 h 的 1.5~2.0 倍时较为合理，既能防止氧气射流冲蚀炉底，同时又能保证氧气射流对熔池有良好的搅拌。国内一些转炉的熔池深度值见表 2-2。

表 2-2　国内一些转炉的熔池深度值

装入量/t	50	80	100	200
熔池深度/mm	1050	1190	1250	1650

其次，炉容比（V/T）要合适。转炉生产率的高低以及吹炼中的喷溅情况都和炉容比的大小密切相关。目前，国内外转炉的炉容比通常为 0.8~1.0。一般说来，转炉容量小、铁水含硅或含磷高、供氧强度大，及用矿石或氧化铁皮作冷却剂时，炉容比取上限；反之，则取下限。国内一些钢厂转炉的炉容比见表 2-3。

表 2-3　国内一些钢厂转炉的炉容比

厂　名	天　钢	上　钢	太　钢	武　钢	本　钢	攀　钢	鞍　钢
转炉容量/t	20	30	50	50	120	120	150
炉容比/m³·t⁻¹	0.85	0.98	0.97	1.05	0.91	0.90	0.86

另外，当采用模铸时，为了保证钢锭的浇高并尽量减少注余，装入量还应该与锭型及支数很好地配合。

$$装入量 = \frac{钢锭单重 \times 钢锭支数 + 浇注损失}{冶炼收得率} - 铁合金用量 \times 合金回收率$$

可见，满足铸锭所要求的装入量与锭型、钢种、浇注方法、原材料条件和操作水平等因素有关；同时，装入量的逐段递增量应与所浇钢锭支数的增加量密切配合。表 2-4 为太钢原 50t 转炉的装入制度。

表 2-4　太钢原 50t 转炉的装入制度

炉 龄	1		20 ~ 50		>50	
锭型/t	5.5	7.0	5.5	7.0	5.5	7.0
支 数	8	6	9	7	10	8
装入量/t	51	49	56.5	55.5	62.5	63.5
熔池深度/mm	920	900	950 ~ 1000	950 ~ 1000	920 ~ 1040	920 ~ 1040

2.2.2　废钢比

废钢的加入量占金属料装入量的百分比称为废钢比。提高废钢比,可以减少铁水的用量,从而有助于降低转炉的生产成本;同时可减少石灰的用量和渣量,有利于减轻吹炼中的喷溅,提高冶炼收得率;还可以缩短吹炼时间、减少氧气消耗和增加产量。

影响废钢比的因素很多,如铁水的温度和成分、所炼钢种、冶炼中的供氧强度和枪位、转炉容量的大小和炉衬的厚薄等。国内各厂因生产条件、管理水平及冶炼品种等不同,废钢比大多波动在 10% ~ 30% 之间。具体的废钢比数值可根据本厂的实际情况通过热平衡计算求得,这一内容将在"温度控制"一章中介绍。

2.2.3　装料顺序

氧气顶吹转炉的装料顺序,一般情况下是先加废钢后兑铁水,以避免废钢表面有水或炉内渣未倒净装料时引起爆炸。炉役后期,炉衬已变薄,为使其免受废钢的直接冲击,在确认废钢干燥及渣已倒净或已加石灰稠化的条件下,可先兑铁水后加废钢。

思 考 题

(1) 装入制度包括哪些内容?
(2) 装入制度的类型有哪几种?
(3) 转炉炼钢确定装入量时应考虑的因素有哪些?

供 氧 制 度

学习任务:
(1) 熔池内氧的来源;
(2) 杂质元素的氧化方式;
(3) 转炉的供氧制度;
(4) 电弧炉的供氧工艺;
(5) 硅、锰的氧化;
(6) 碳氧反应及脱碳工艺。

炼钢的主要任务之一,就是要将金属炉料中的杂质元素如碳、磷等降低到钢种规格所要求的程度。无论是电炉炼钢还是转炉炼钢,完成这一任务的工艺手段都是氧化精炼,也就是说,炼钢生产首先要有一个氧化过程。为此,冶炼中需要向炉内供氧。

炼钢过程中,特别是在转炉的吹炼中,氧气射流带有很大的动能和动量,通过调节供氧制度可以改变熔池的搅拌情况,因此,供氧是炼钢的基本操作。

供入炉内的氧,可以三种不同的形态存在,即气态、溶于钢液和溶解在渣中。习惯上常用 $\{O_2\}$ 表示以气态存在的氧;溶于钢液的氧则用 $[O]$ 或 $[FeO]$ 表示,而溶解在渣中的氧一般用 (ΣFeO) 或近似地用 (FeO) 来表示。

氧在钢、渣两相中的溶解符合分配定律,即定温下平衡时二者之比为一常数:

$$(FeO) \Longrightarrow [O] + Fe$$

$$\lg K = \lg \frac{w[O]}{a_{(FeO)}} = -\frac{6320}{T} + 2.734$$

式中　　$w[O]$ ——钢液中氧的质量分数,%;

　　　　$a_{(FeO)}$ ——渣中氧化铁的活度。

任务 3.1　熔池内氧的来源

不同的炼钢方法向熔池供氧的方式也不尽相同。综合来看,熔池内的氧主要来源于直接吹氧、加矿分解和炉气传氧三个方面。

3.1.1　吹入氧气

直接吹入氧气是炼钢生产中向熔池供氧的最主要方法。目前炼钢所用氧气是由工业制氧机分离空气所得。通常，要求氧气的含氧量不得低于 99.5% 、水分不能超过 $3g/m^3$，而且具有一定的压力。

炼钢供氧的主要内容之一，是研究如何合理地向熔池吹氧气，为氧气流股与金属熔池之间的物理及化学作用创造最佳条件。具体地讲，就是根据炼钢方法、原材料情况、所炼钢种、炉容大小及氧源压力等条件，确定氧枪的类型、结构和尺寸，以及吹炼过程中氧枪的位置和工作氧压。

转炉炼钢的主原料是铁水，其含碳量高达 4.0% 以上。为了获得较高的脱碳速度，缩短冶炼时间，采用高压氧气经水冷氧枪从熔池上方垂直向下吹入的方式供氧；而且氧枪的喷头是拉瓦尔型的，工作氧压 0.7~1.2MPa，氧气流股的出口速度高达 450~500m/s，即属于超音速射流，以使得氧气流股有足够的动能去冲击、搅拌熔池，改善脱碳反应的动力学条件，加速反应的进行。在转炉内超音速射流向前流动，与周围的介质进行物质变换和能量交换，其流速逐渐变慢，断面积逐渐增大，温度逐渐升高。故而，有人称之为"喇叭状的火炬"。

电炉炼钢的主原料是废钢，炉料的含碳量是根据冶炼需要人为配加的，相对于铁水的含碳量要低许多。因此，较简便的方法是用普碳钢焊管作为吹氧管，从炉门口倾斜插入熔池进行吹氧，工作氧压为 0.4~1.0MPa，氧气流股的出口速度一般为 300~350m/s。有的电炉也配置水冷氧枪或底吹油冷氧枪，其目的是为了在炉料中配用一定量的铁水。

3.1.2　加入铁矿石和氧化铁皮

铁矿石有赤铁矿和磁铁矿之分，它们的主要成分分别是 Fe_2O_3 和 Fe_3O_4。氧化铁皮是铸钢和轧钢过程中从钢锭或钢坯上剥落下来的碎铁片，又称铁鳞，其主要成分是 Fe_2O_3，还有部分的 Fe_3O_4。这些固体氧化剂加入熔池后，升温、熔化并溶解，可提高炉渣中氧化亚铁（FeO）的含量，并部分地转入金属从而向熔池供氧。

由于铁矿石和氧化铁皮熔化及分解时会吸收大量的热。所以，在电弧炉炼钢中，加矿氧化仅是向熔池供氧的辅助手段，且有逐渐取消的趋势；而在氧气顶吹转炉炼钢中，铁矿石和氧化铁皮则多是作为冷却剂或造渣剂使用的。

炼钢对铁矿石的要求是含铁要高、有害杂质要低：

Fe	SiO2	S	P	H2O
≥55%	≤8%	≤0.10%	≤0.10%	≤0.5%

另外，铁矿石的块度要合适，一般为 30~80mm，而且使用前必须在 500℃ 以上的高温下烘烤 2h 以上。

炼钢对氧化铁皮成分的要求是：

Fe	SiO2	S	P	H2O
≥70%	≤3%	≤0.04%	≤0.05%	≤0.5%

比较而言，氧化铁皮的含铁量高、杂质少，但黏附的油污和水分较多，因此使用前须在 500℃ 以上的高温下烘烤 4h 以上。

3.1.3　炉气传氧

由化合物分解压的概念可知，如果炼钢炉内炉气中氧的分压 P_{O_2} 大于渣中氧化亚铁的

分解压 $P_{O_2}^{(FeO)}$，同时又大于钢液中氧化铁的分解压 $P_{O_2}^{[FeO]}$，即：

$$P_{O_2} > P_{O_2}^{(FeO)} > P_{O_2}^{[FeO]}$$

那么，气相中的氧就会不断地传入熔池。

有关研究表明，炼钢温度下，氧化性熔渣中的（FeO）分解压 $P_{O_2}^{(FeO)}$ 约为 10^{-2}Pa，钢液中［FeO］的分解压 $P_{O_2}^{[FeO]}$ 为 $10^{-4} \sim 10^{-5}$Pa；而氧气顶吹转炉炉气中氧的分压 P_{O_2} 接近于 101325Pa。在电弧炉炼钢的氧化期，熔池上方气相中氧的分压约为 $10^2 \sim 10^4$Pa。可见，在氧化精炼过程中．炼钢炉内具备了炉气向熔池传氧的条件，气相中的氧会不断地传入熔渣和钢液。具体的传氧过程将在任务 3.4 中介绍。

任务 3.2　杂质元素的氧化方式

所谓杂质元素，是指钢液中除铁以外的其他各种元素，如硅、锰、硫、磷等。在目前的吹氧炼钢中，它们的氧化方式有两种：直接氧化和间接氧化。

3.2.1　直接氧化

所谓直接氧化，是指吹入熔池的氧气直接与钢液中杂质元素作用而发生的氧化反应。反应的趋势如何，取决于各杂质元素与氧的亲和力的大小。钢中常见杂质元素的直接氧化反应如下：

$$\{O_2\} + 2[Mn] =\!=\!= 2(MnO)$$
$$\{O_2\} + [Si] =\!=\!= (SiO_2)$$
$$\{O_2\} + 2[C] =\!=\!= 2\{CO\}$$
$$\{O_2\} + [C] =\!=\!= \{CO_2\}$$
$$5\{O_2\} + 4[P] =\!=\!= 2(P_2O_5)$$

研究发现，杂质元素的直接氧化反应发生在熔池中氧气射流的作用区或氧射流破碎成小气泡被卷入金属内部时。当然，此处同时也会发生铁的氧化反应：

$$\{O_2\} + 2[Fe] =\!=\!= 2(FeO)$$

3.2.2　间接氧化

所谓间接氧化，是指吹入熔池的氧气先将钢液中的铁元素化成氧化亚铁（FeO），并按分配定律部分地扩散进入钢液，然后溶解到钢液中的氧再与其中的杂质元素作用而发生的氧化反应。

杂质元素的间接氧化反应发生在熔池中氧气射流作用区以外的其他区域，其反应过程如下。

（1）在氧气射流的作用区铁被氧化：

$$2[Fe] + \{O_2\} =\!=\!= 2(FeO)$$

（2）渣中的氧化亚铁扩散进入钢液：

$$(FeO) \Longrightarrow [O] + [Fe]$$

（3）溶入钢液的氧与杂质元素发生反应：

$$[O] + [Mn] \Longrightarrow (MnO)$$

$$2[O] + [Si] \Longrightarrow (SiO_2)$$

$$5[O] + 2[P] \Longrightarrow (P_2O_5)$$

$$2[O] + [C] \Longrightarrow \{CO_2\}$$

$$[O] + [C] \Longrightarrow \{CO\}$$

另外，在熔池内钢液与溶渣两相的界面上，渣相的（FeO）也可以将钢液中的杂质元素氧化。例如钢液中锰 [Mn] 的氧化反应为：

$$(FeO) + [Mn] \Longrightarrow (MnO) + [Fe]$$

实际上，上式也属于间接氧化反应。因为它不是气态的氧与钢液中的杂质元素直接作用，而是以产生氧化亚铁为先决条件，具有间接氧化的典型特征。因此，有人提出了间接氧化的广义概念；间接氧化是指钢中的 [O] 或渣中的（FeO）与钢液中的杂质元素间发生的氧化反应。

关于杂质元素的主要氧化方式问题，一直存在着较大的分歧。不过，目前大多数的研究者认为，炼钢熔池内的杂质元素以间接氧化为主，即使在直接氧化条件十分优越的氧气转炉炼钢中也是如此。因为，吹入熔池的氧气主要集中在氧气射流的作用区及其附近区域，而不是高度弥散分布在整个熔池中；加之钢液中铁元素占到 94% 左右，与氧气接触的熔池的表面大量存在的是铁原子，所以，在氧气射流的作用区及其附近区域，大量进行的是铁元素的氧化反应，而不是杂质元素的直接氧化反应。

任务 3.3　转炉的供氧制度

氧气转炉炼钢的供氧方式，主要是直接向熔池吹氧气。对于氧气顶吹转炉，其供氧制度就是根据生产条件确定合适的供氧强度、供氧压力和枪位等工艺参数；若是复吹转炉则还要选用合适的底吹气体及合理的底部供气方式。

3.3.1　供氧强度

所谓供氧强度，是指单位时间内向每吨金属供给的标准状态氧气量，即：

$$供氧强度(m^3/(t \cdot min)) = \frac{每吨金属需氧量(m^3/t)}{供氧时间(min)}$$

式中，每吨金属的需氧量，可根据有关化学反应由金属原料成分和吹炼终点的钢液成分求得。举例如下：

已知装入量中铁水占 90%，废钢占 10%，吹炼 D_2F 钢。转炉炼钢的渣量一般为 12% ~ 15%，本例取 13%，渣中的（ΣFeO）为 13%，于是铁的氧化量为 $(13\% \times 13\% \times 56/72) \times 1.30\%$ 左右。其他各元素的氧化量见表 3-1。每吨金属各元素耗氧量见表 3-2。

表 3-1　各元素的氧化量　　　　　　　　　　　　　　　　　　　(%)

项　目	$w[C]$	$w[Si]$	$w[Mn]$	$w[P]$	$w[Fe]$
金属原料成分	3.70	0.70	0.40	0.20	
终点钢液成分	0.20		0.20	0.02	
各元素氧化量	3.50	0.70	0.20	0.18	1.30

表 3-2　每吨金属各元素耗氧量

元　素	氧化量/%	氧化产物	耗　氧　量
C[①]	35.0	CO_2	$35.0\% \times 15\% \times 32/12 = 14.00\%$
		CO	$35.0\% \times 85\% \times 16/12 = 39.66\%$
Si	7.0	SiO_2	$7.0\% \times 32/28 = 8.00\%$
Mn	2.0	MnO	$2.0\% \times 16/55 = 0.58\%$
P	1.80	P_2O_5	$1.8\% \times 80/62 = 2.32\%$
Fe	13.0	FeO	$13.0\% \times 16/56 = 3.71\%$
共　计	58.8		68.27%

① 碳的氧化过程中有 15% 生成 CO_2，85% 生成 CO。

由于每标准立方米氧气的质量为 1.43kg，假定所用氧气的纯度为 99.6%，则每吨金属所耗标准状态的氧气量为：

$$\frac{68.27}{99.6\% \times 1.43} = 48\text{m}^3$$

这个数字是根据化学反应方程式计算出来的，它仅是耗氧量的主要部分，实际上，生产中还有一部分耗氧量未被考虑，例如炉内一部分 CO 燃烧成 CO_2 所需的氧气量、炉气中所含的自由氧以及喷溅物的含氧量等。这部分耗氧量随操作条件（如喷枪位置、工作氧压、供氧强度等）、喷头结构、炉容比的大小以及原材料条件等的变化而变化，无法进行精确计算。根据统计结果，理论计算值仅为总耗氧量75%~85%。所以，每吨金属的需氧量为：

$$\frac{48}{75\% ~ 85\%} = 64.0 ~ 56.5\text{m}^3$$

供氧时间主要与转炉的容量大小有关，而且随着转炉容量增大供氧时间增加，其次，原材料条件、造渣制度、所炼钢种及喷头结构等对供氧时间也有一定的影响。通常情况下，容量小于 50t 的转炉取 12~16min，50t 转炉取 16~18min；容量大于 120t 的转炉则取 18~20min。

例如，容量为 30t 的氧气顶吹转炉，使用三孔拉瓦尔型喷头供氧，采用单渣法操作生产 20 钢，每吨金属料消耗标准状态的氧量取 56m³，吹氧时间按 16min 考虑，则：

$$供氧强度 = \frac{56}{16} = 3.5\text{m}^3/(\text{t} \cdot \text{min})$$

可见，每吨金属料的需氧量一定时，缩短吹氧时间可以提高供氧强度，从而可强化转炉的吹炼过程，提高生产率。提高供氧强度可以通过改进喷头设计来实现，但是，实际生产中喷头的直径已定，只有通过提高供氧压力来增加氧气射流的速度，才能把相同的氧气量吹入熔池。然而，这样势必会增加冶炼中产生喷溅的可能性和喷溅的程度。生产实践表明，容量小于 12t 的转炉，其供氧强度一般为 $4.0 \sim 4.5 m^3/(t \cdot min)$；$30 \sim 50t$ 的转炉，供氧强度为 $2.8 \sim 4.0 m^3/(t \cdot min)$；$120 \sim 150t$ 的转炉，供氧强度通常为 $2.5 \sim 3.5 m^3/(t \cdot min)$。国外大型转炉的供氧强度一般为 $2.5 \sim 4.0 m^3/(t \cdot min)$。

3.3.2　供氧压力

氧气的压力是转炉炼钢中供氧操作的一个重要参数。对于同一氧枪来说，提高氧气压力可增加供氧强度而缩短冶炼时间。但是，枪位一定时，过分增大氧气压力会引起严重喷溅；同时，氧气射流对熔池的冲击深度也会增加，有冲蚀炉底的危险。合适的供氧压力，一般是先凭经验选定，然后在使用中修正。

转炉中涉及的氧气压力主要是喷头前的绝对压力 P_0 和使用压力 $P_用$（表压）。喷头前的氧压 P_0 是设计喷头和确定吹炼制度时的原始参数。根据经验，小型转炉的 P_0 一般为 $0.4 \sim 0.7 MPa$，大容量转炉的 P_0 则为 $0.8 \sim 1.1 MPa$。

通常所说的供氧压力，是指转炉车间内氧气压力测定点的表压值，又称使用压力，转炉车间内的氧压测定点通常位于枪尾软管前的输氧管上，氧气流股从测定点开始，经输氧管、枪尾软管、枪身到喷头前这一段的阻力损失一般为 $0.15 \sim 0.25 MPa$。因此，使用压力 $P_用$ 与喷头前压力 P_0 间的关系为：

$$P_用 = P_0 - 0.1 + (0.15 \sim 0.25)(MPa)$$

实际供氧压力允许有约 45% 的正偏差，特别是在采用分阶段定量装入法时，应相应提高供氧压力，以增大供氧量。

3.3.3　枪位及其控制

转炉炼钢中的枪位，通常定义为氧枪喷头至平静熔池液面的距离。这一距离较大时，称枪位高；反之，称枪位低。定义中之所以要以"平静熔池"为标准，是因为吹炼过程中实际熔池的液面一直在上下波动。

枪位的高低是转炉吹炼过程中的一个重要参数，它不仅与熔池内钢液环流运动的强弱有直接关系，而且对转炉内的传氧情况有重大影响。因此，控制好枪位是供氧制度的核心内容，是转炉炼钢的关键所在。

3.3.3.1　枪位与溶池内钢液环流的关系

转炉炼钢中，高压、超音速的氧气射流连续不断地冲击熔池，在熔池的中央冲出一个"凹坑"，该坑的深度常被叫做氧气射流的冲击深度，坑口的面积被称为氧气射流的冲击面积；与此同时，到达坑底后的氧气射流形成反射流股，通过与钢液间的摩擦力引起熔池内的钢液进行环流运动。钢液的环流运动极大地改善了炉内化学反应的动力学条件，对加速冶炼过程具有重要意义。不同的供氧操作，氧气射流对熔池的冲击效果也不同，熔池内钢液的环流程度也有所不同。

吹炼过程中，采用低枪位或高氧压的吹氧操作称为"硬吹"。硬吹时，氧气射流与熔池间的作用情况如图 3-1（a）所示。由于吹炼时的枪位较低或氧压较高，氧气射流与熔池接触时的速度较快、断面积较小，因而熔池的中央被冲出一个面积较小而深度较大的作用区。该作用区内的温度高达 2200~2700℃，而且钢液被粉碎成细小的液滴，从坑的内壁的切线方向溅出，形成很强的反射流股，从而带动钢液进行剧烈的循环流动，几乎使整个熔池都得到了强有力的搅拌。

反之，采用高枪位或低氧压的吹氧操作称为"软吹"。软吹时，氧气射流与熔池间的作用情况如图 3-1（b）所示。由于吹炼时的枪位较高或氧压较低，与熔池接触时氧气射流的速度较慢，断面积较大，因而其冲击深度较小，冲击面积较大；同时所产生的反射流股也较弱，钢液中因此而形成的环流也就相对较弱，即氧气射流对熔池的搅拌效果较差。

图 3-1 所示是氧气流股与熔池作用的示意图。

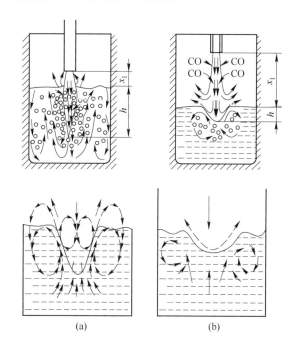

图 3-1 氧气流股与熔池的作用
（a）硬吹；（b）软吹

从硬吹和软吹的效果来看，吹氧过程中改变氧压与调整枪位具有相同的作用。为此，转炉的吹氧操作可有以下三种类型。

（1）恒氧压变枪位操作。所谓恒氧压变枪位操作，是指在一炉钢的吹炼过程中氧气的压力保持不变，而通过改变枪位来调节氧气射流对熔池的冲击深度和冲击面积，以控制冶炼过程顺利进行的供氧方法。

生产实践证明，恒氧压变枪位的吹氧操作能根据一炉钢冶炼中各阶段的特点灵活地控制炉内的反应，吹炼平稳、金属损失少，去磷和去硫效果好。为此，目前国内各厂普遍采用这种吹氧操作。

应该指出的是，随着炉龄的增长，熔池容积变大，装入量已按阶段增多，氧气的压力也应该逐段递增，以便使不同装入量的吹炼时间相差不大，供氧强度大致相同。

（2）恒枪位变氧压操作。所谓恒枪位变氧压操作，是指在一炉钢的吹炼过程中，喷枪的高度，即枪位保持不变，仅靠调节氧气的压力来控制冶炼过程的吹氧方法。

恒枪位变氧压的吹氧操作，在吹炼条件比较稳定的情况下简单可行。但是，调节氧气的压力不如调节枪位的效果明显，尤其是大幅度降低氧气的压力会影响吹炼时间。因此，吹炼条件如铁水的成分、温度等波动较大时，不宜采用该种吹氧操作。

（3）变枪位变氧压操作。变枪位变氧压操作是在炼钢中同时改变枪位和氧压的供氧方法。调控手段的增加会改善调控的灵敏性和准确性，试验表明，变枪位变氧压操作，不但化渣迅速，而且还可以提高吹炼前期和吹炼后期的供氧强度，缩短吹氧时间。但是，变氧压与变枪位的效果互相影响，要准确控制炉内反应则需更高的技术水平和操作水平。

综上所述，目前国内普遍采用的是分阶段恒氧压变枪位操作，低枪位吹炼时，钢液的环流强，几乎整个熔池都能得到良好的搅拌；反之，高枪位吹炼时，钢液的环流弱，氧气射流对熔池的搅拌效果差。

3.3.3.2　枪位对炉内传氧的影响

氧气顶吹转炉内的传氧方式有两种：直接传氧和间接传氧。它们分别发生在不同的吹氧条件即枪位下。

A　直接传氧

所谓直接传氧，是指吹入溶池的氧气被钢液直接吸收的传氧方式。硬吹时，转炉内的传氧方式主要是直接传氧，其传氧的途径有以下两种。

a　通过金属液滴直接传氧

硬吹时，氧气射流强烈冲击熔池而溅起来的那些金属液滴被气相中的氧气氧化，其表面形成一层 FeO 渣膜。这种带有 FeO 渣膜的金属滴很快落入熔池，并随其中的钢液一起进行环流而成为氧的主要传递者。其传氧过程如下：

（1）吹入炉内的氧与溅起的金属液滴接触，气态的氧被金属液滴表面吸附并分解成原子态的氧：

$$\frac{1}{2}\{O_2\} = O_{吸附}$$

（2）被吸附的原子态的氧使金属液滴表面氧化，产生 FeO 渣膜；同时，有一部分原子态的氧溶入金属液滴之中：

$$O_{吸附} \nearrow \quad +[Fe] = (FeO) \\ \searrow \quad [O]$$

（3）进行环流运动的过程中，金属液滴表面的 FeO 渣膜大量消耗于沿途的杂质元素的间接氧化，余者则进入渣中；与此同时，溶于金属液滴内的氧也将周围的杂质元素氧化。

b　通过乳浊液直接传氧

高压氧气射流自上而下进入熔池，在将熔池冲出一凹坑的同时，射流的末端也被碎裂成许多小气泡。这些小氧气泡与被氧气射流击碎的金属液和熔渣一起形成三相乳浊液，其中的金属液滴可将小气泡中的氧直接吸收：

$$\frac{1}{2}\{O_2\} = [O]$$

由于熔池的乳化,极大地增加了钢液、熔渣、氧气三者之间的接触面积,据估算一般情况下可达$0.6\sim1.5m^2/kg$,从而会大大加快炉内的传氧速度。这也是氧气顶吹转炉比电弧炉的冶炼速度快许多的主要原因。图3-2为氧气顶吹转炉熔池及乳化相的示意图。

由上述的传氧过程可知,低枪位吹氧时,氧气射流大量地直接向熔池传氧,因而杂质元素的氧化速度较快。

B　间接传氧

所谓间接传氧,是指吹入炉内的氧气经熔渣传入钢液的传氧方式。

软吹时,因为氧气射流对金属熔池的冲击相对较弱,冲击深度较小,不仅生成的金属液滴和小气泡的数量较少,而且熔池的乳化程度也较低,因而氧气射流的直接传氧作用大为减弱。但是,此时氧气射流与熔池的作用面积相对较大,因此,"熔池先被氧气射流氧化,继而再将氧传给钢液"的间接传氧作用则会明显加强。具体的传氧过程如下。

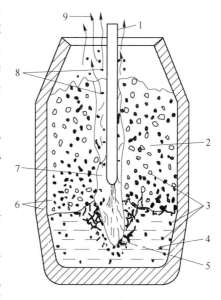

图3-2　氧气顶吹转炉熔池及乳化相
1—氧枪;2—气-渣-金属乳化相;3—CO气泡;
4—金属熔池;5—火点;6—金属液滴;
7—由作用区释放出的CO气泡;8—溅出的
金属液滴;9—离开转炉的烟尘

(1) 炉渣中的低价氧化铁被氧气射流氧化成高价氧化铁:

$$2(FeO) + \frac{1}{2}\{O_2\} = (Fe_2O_3)$$

(2) 含有Fe_2O_3的炉渣被吹离作用区,在与别处的钢液接触时被铁还原成低价氧化铁:

$$(Fe_2O_3) + [Fe] = 3(FeO)$$

(3) 当渣中的(FeO)含量较高时,按分配定律部分地转入钢液:

$$(FeO) = [O] + [Fe]$$

由间接传氧过程可知,转炉炼钢中采用高枪位吹氧时,氧气射流的间接传氧作用得以加强,使得渣中的(FeO)含量较高而化渣能力较强;但由于氧气射流的直接传氧作用大为减弱,杂质元素的氧化速度较慢。还应指出的是,如果枪位过高,传氧的速度将大大降低。

3.3.3.3　枪位控制

转炉炼钢中枪位控制的基本原则是,根据吹炼中出现的具体情况及时进行相应的调整,力争做到既不出现"喷溅",又不产生"返干",使冶炼过程顺利到达终点。

A　一炉钢吹炼过程中枪位的变化

一炉钢吹炼过程中的不同阶段,转炉内的熔渣组成、钢液成分、熔池温度及所进行的化学反应等均不相同，因此向炉内供氧的条件即枪位和氧压也应不同。在目前的供氧压力 0.6~1.2MPa 情况下三孔拉瓦尔喷头氧枪的枪位（H, mm）在吹炼中的变化范围与喷头喉直径（d, mm）的经验关系式为：

$$H = (35 ~ 55)d$$

而枪位的变化规律通常是：高—低—高—低。

　　吹炼前期，炉内反应的主要特点是，铁水中的硅迅速氧化，渣中的酸性氧化物（SiO_2）快速增加，同时熔池温度尚低，此时要加入大量石灰尽快形成碱度不低于 1.5~1.7 的熔渣，缩短酸性渣的过渡时间，以减轻炉衬损失和增加前期的去磷量。所以，吹炼前期应采用较高的枪位，使渣中的氧化铁（FeO）稳定在 25% 左右，迅速在所加入的石灰表面形成熔点仅为 1205℃ 的 $CaO \cdot FeO \cdot SiO_2$，加速石灰的熔化和溶解。若枪位过低，将会导致渣中的（ΣFeO）不足而在石灰块的表面生成熔点高达 2130℃ 的 $2CaO \cdot SiO_2$，阻碍石灰的熔化。但枪位也不可过高，以免渣中的（ΣFeO）浓度过大，炉渣严重泡沫化而产生喷溅。最佳的枪位应该是使炉内的熔渣适当泡沫化，即乳浊液涨至炉口附近而又不喷出。

　　吹炼中期，炉内的渣子已经化好，硅、锰的氧化已近结束，熔池温度也已较高，碳氧反应开始加速；此时应适当降低枪位，以防产生严重喷溅，同时配合脱碳反应所需的供氧条件。但必须指出的是，激烈的脱碳反应会消耗大量的（FeO）。如果渣中的（ΣFeO）降低过多，会使炉渣的熔点升高甚至出现 $2CaO \cdot SiO_2$ 固态颗粒增多，这种现象称为炉渣"返干"。炉渣出现严重返干时，会影响硫、磷的继续去除，甚至发生"回磷"现象；同时，还会因钢液表面裸露而出现金属飞溅的情况。为此，吹炼中期的枪位也不宜过低。合适的枪位是使渣中的（ΣFeO）保持在 10%~15% 的范围内。

　　吹炼后期，炉内的碳氧反应已较弱，因炉渣严重泡沫化而产生喷溅的可能性较小，此时主要的任务是调整好炉渣的氧化性和流动性，继续去磷；同时，通过高温、高碱度的炉渣去除钢液中的硫；准确控制终点。所以，该阶段应先适当提枪化渣，而接近终点时再适当降枪，以加强对熔池的搅拌，均匀钢液的成分和温度；同时，降低终渣的（ΣFeO）含量，提高金属和合金的收得率，并减轻熔渣对炉衬的侵蚀。

　　B　生产条件改变时调节枪位的基本原则

　　实际生产中，生产条件千变万化，枪位也不能一成不变，而应根据具体情况进行相应的调整。影响枪位的因素主要是熔池深度、铁水的温度和成分、石灰的质量及用量、供氧压力等。

　　渣量一定时，熔池越深，渣层就越厚，渣子也就越难化渣；同时，吹炼中熔池液面上涨的也越多。因此，枪位的控制应在不引起喷溅的条件下相应高些，以免化渣困难。生产中，凡是影响熔池深度的因素发生变化时，均需相应地调节枪位。例如，炉料的铁水配比高时，冶炼中渣量大，熔池的深度增加，枪位应相应提高；炉役后期，熔池变浅，枪位应相应低些。

　　铁水温度低时，开吹后应先低枪位提温，然后再提枪化渣；铁水的含硅量高时，渣量大，吹炼前期的枪位不宜过高，以免发生严重喷溅。

　　当石灰的质量低劣或因铁水含磷高而加入量较大时，冶炼中化渣困难，枪位应相应提高；反之，化渣时的枪位适当低些。

就氧气射流对熔池的作用而言，提高氧压与降低枪位的效果相同。因此，供氧压力因故不足时，枪位应相应低些；反之，枪位应相应高些。

另外，喷头的结构有单孔和多孔之分。比较而言，单孔喷头的化渣能力差，枪位应控制高些；反之，采用多孔喷头吹氧时，枪位应相对低些。不过，生产中喷头的结构已经确定，因而它对枪位的影响不必考虑。

3.3.4　复吹转炉的底部供气制度

3.3.4.1　复吹转炉简介

顶底复合吹炼技术是近年来氧气转炉炼钢技术的重要发展。20 世纪 70 年代中期，法国钢铁研究院发明了这项技术，并在 1977 年第八届国际氧气顶吹炼钢会议上介绍了氧气顶吹转炉底部吹入氩气搅拌熔池的冶金效果。会后，卢森堡、比利时、英国、美国和日本等国先后进行了半工业性实验，证实了法国钢铁研究院的结论。

氧气转炉的顶底复合吹炼法，可以通过选择不同的底吹气体的种类和数量及顶枪的供氧制度，得到冶炼不同原料和钢种的最佳复合吹炼工艺，从而取得良好的冶金效果和经济效益，并且在现有的顶吹转炉上稍加改造即可投产。因此，该技术在全世界范围内得到了迅速的发展。

我国对转炉顶底复合吹炼技术的研究开始于 1979 年。近年来，这一技术在我国得到了空前的普及，不仅新建的均为顶底复吹转炉，而且现有的其他氧气转炉已经或正在改成复合吹炼转炉；同时，复合吹炼的钢种已达 200 多个，各项技术经济指标也不断提高。

按照底吹气体的性质不同，大致可以将它们分为以下两类：

(1) 底吹惰性气体。用于底吹的惰性气体有 Ar、N_2、CO_2 或者它们的混合气体，吹气的方式多采用透气元件法，即通过炉底埋设的透气元件吹入。透气元件有环形、直狭缝形、集束管形等多种。底吹惰性气体的目的是为了加强对熔池的搅拌，以改善冶炼过程，减少喷溅，缩短冶炼时间等。

(2) 底吹氧气或氧气和石灰粉。由于底吹的气体是氧气，所以必须使用双层套管式喷嘴，其内层通氧、外层通碳氢化合物，如轻柴油、天然气、丙烷等，它们与高温钢液接触时裂解而吸热，对喷嘴起冷却作用。底吹氧气的目的在于，加强对熔池搅拌的同时促进炉内的脱碳反应。如果底吹氧气的同时喷吹石灰粉，还会强化熔池的去硫、去磷过程。

由于底吹氧的喷嘴技术复杂，因此只有生产超低碳钢和低碳不锈钢的转炉才采用顶底吹氧的复吹法。

3.3.4.2　复合吹炼的基本原理与工艺

生产实践表明，在保持顶吹氧的同时，通过底部供气元件向金属熔池吹入适量的气体，可以有效地改善对熔池的搅拌情况，有助于促进金属与炉渣间的平衡，不仅可以降低终渣的（FeO），而且吹炼过程平稳、冶炼时间短，所以现代转炉大都采用顶吹氧、底吹惰性气体搅拌的复吹操作。这种转炉原则上和顶吹转炉的工艺操作是一致的。

在氧气顶吹转炉的吹炼过程中，钢液与炉渣之间的有关反应因物质扩散慢而远未达到平衡，如果从转炉底部吹入气体强化对熔池的搅拌，这种不平衡的情况将会得到极大的改善。因为底吹气体从熔池下部向上逸出时，使炉内原有的钢液环流得以加强；同时，从底部吹入的惰性气体是以极小的气泡形式进入金属熔池的，并均匀地分布于整个熔池中，它们是良好的碳氧反应地点，即有助于脱碳反应的进行，从而可以使其反应产物 CO 气泡引起的熔池沸腾更为剧烈。这些都有利于强化对熔池的搅拌；促进炉内的异相反应达到或接近平衡，降低渣中的（FeO）。渣中（FeO）的降低不仅意味着氧气的消耗下降、金属的收得率提高及铁合金的用量减少，而且冶炼中产生喷溅的可能性下降，吹炼过程平稳。

在氧气顶吹转炉的吹炼过程中，炉渣的形成及其成分的控制是通过调节枪位的高低来实现的。为了熔化渣料和避免冶炼中产生喷溅或出现"返干"，不得不频繁地改变枪位，以调控渣中的（FeO）含量。而底吹惰性气体的复合吹炼工艺，只需通过调整底吹气体的流量而不必改变顶吹氧枪的枪位，就能有效地控制转炉的吹炼过程。

由于对熔池的搅拌功能已基本上被底吹的惰性气体所取代，因此顶吹氧枪的作用主要是向熔池输送氧气，尤其是可以使用软吹枪位供氧，有助于提高从熔池中逸出的 CO 的燃烧率，增加转炉的废钢比。

生产中，底吹气体种类的选用应根据所炼钢种的质量要求和气体的来源和价格而定，而总用量不大于顶吹气体的 5%，供气压力在 0.5MPa 以上，供气强度为 $0.01 \sim 0.15 m^3/$（min·t）。随着吹炼的进行，金属中的含碳量降低，脱碳速度下降，底吹气体的搅拌作用应加强，因此冶炼的中、前期可采用小气量，而后期则应加大底吹气量。全部吹入氩气时成本太高，而全程吹入氮气则会使钢中的氮含量增加，因此，目前国内多采用前期吹氮、后期吹氩（无氩气时用二氧化碳代替）的底吹工艺。

3.3.4.3　复合吹炼的冶金效果

与顶吹转炉相比，复吹转炉增加了底部供气，加强了对熔池的搅拌，降低了熔渣与钢液之间异相反应的不平衡程度，可以在渣中（ΣFeO）含量较低的情况下完成去磷的任务，同时因炉渣中的（ΣFeO）含量较低，吹炼终点时钢液的残锰量较高；在整个吹炼过程中，熔渣和金属的混合良好，不仅可以加速杂质元素的氧化，而且基本消除了熔池内成分与温度不均匀的现象，大大减轻吹炼中的喷溅，使冶炼过程迅速而平稳。另外，复合吹炼中，CO 的二次燃烧率提高 6% 左右，炉子的热效率高。

由于上述冶金过程的改善，复吹工艺可以取得如下技术经济效果：

钢铁料消耗降低 0.5% ~1.5%，Fe-Mn、Fe-Si 消耗降低约 1kg/t 钢，铝的消耗约降低 0.3kg/t 钢，石灰消耗降低 1.5 ~3.0kg/t 钢，萤石消耗降低 4kg/t 钢，白云石消耗降低 9 ~15kg/t 钢；氧气消耗降低 8% 左右；金属收得率提高 1.0% ~1.5%。

一般情况下，废钢比可由顶吹转炉的 10% 左右提高到 30%；使用多流道的氧气喷嘴，废钢比可以提高到 40%；如果再采用喷吹煤粉和废钢预热等措施，废钢比可以达到 60%。

另外，复吹转炉钢的品种广泛，可以冶炼高碳钢，也能生产超低碳钢，还可以直接吹炼不锈钢和高牌号电工钢等合金钢；同时，复吹转炉钢的硫、磷及非金属夹杂物的含量比顶吹转炉钢也有所降低。

任务 3.4　电弧炉的供氧工艺

电弧炉炼钢的供氧方式有直接吹氧、加矿供氧、炉气传氧三种。目前，生产中以直接吹氧为主。

3.4.1　吹氧操作

向炉内直接吹入氧气是强化电弧炉炼钢过程的有效措施。吹氧的目的主要有两个：助熔和脱碳。在一炉钢冶炼的不同阶段，吹氧的目的不同，其吹氧方法也有所不同。

3.4.2　吹氧助熔

3.4.2.1　作用

吹氧助熔是电弧炉炼钢熔化期的主要操作之一，其作用主要有以下 3 个：

（1）吹入的氧气可与炉料中的碳、硅、锰等元素发生氧化反应放出大量的热，加热并熔化炉料；

（2）可以用氧枪切割大块炉料和处理"搭桥"，使其掉入熔池增加受热面积，加速熔化；

（3）相当于为炉内增加了一个活动的热源，在一定程度上弥补了电弧炉的"点热源"加热不均匀的不足，有助于炉料的熔化。

生产实践表明，吹氧助熔可以缩短熔化时间 20～30min，每吨钢的电耗降低 80～100kW·h。为此，吹氧助熔技术被国内外各电弧炉炼钢厂普遍采用。

3.4.2.2　具体操作

吹氧助熔的具体操作是，吹氧管斜插在钢、渣两相的界面处，以切割大块炉料为主；吹氧管喷口距炉料 50～100mm 为宜，不可太近更不能触及炉料，以防被飞溅的钢、渣烧伤。

另外，吹氧助熔时应注意以下两个问题：

一是开始吹氧的时机。只有当炉料达到一定温度，具备了发生剧烈的氧化反应的条件时才能开始吹氧助熔。通常是炉门口的炉料已经发红、炉体向前倾斜一定角度可见钢液时进行。

二是氧气的压力，根据生产经验，助燃时合适的吹氧压力应为 0.4～0.6MPa。

过早吹氧或使用的氧压过高，并不能进一步缩短熔化时间，相反会增加氧气消耗和炉料的烧损；吹氧过晚或使用的氧压过低，则不能充分发挥吹氧助熔的作用。

3.4.3　吹氧脱碳

3.4.3.1　作用

吹氧脱碳是电弧炉炼钢氧化期的主要操作之一。此时的吹氧，降低钢液的碳含量并非真正的目的，而是吹炼钢液的手段。因为，电炉氧化期吹氧脱碳具有以下作用：

（1）碳的氧化是一个较强的放热反应，利用脱碳反应放出的热量配合电能加热完成氧化期使熔池温度达到高于出钢温度 10～20℃ 的任务；

（2）脱碳产生的 CO 气泡会引起熔池沸腾，可以去除钢液中的气体和非金属夹杂物；

（3）吹入的高压氧气与炉内因吹氧而产生的 CO 气泡一起剧烈地搅拌钢液，使熔池产生乳化现象，可强化去磷过程，电弧炉吹氧时熔池的乳化现象如图 3-3 所示。

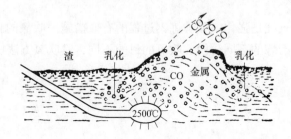

图 3-3　电弧炉吹氧时熔池的乳化现象

3.4.3.2　传氧过程

吹氧脱碳时，熔池内的传氧过程同转炉中的乳浊液直接传氧类似：

（1）吹入熔池的氧气泡被包围它的钢液吸收：$\frac{1}{2}\{O_2\} = [O]$；

（2）溶入钢液的氧与钢中的碳发生反应：$[O] + [C] = \{CO\}$。

3.4.3.3　具体操作

吹氧脱碳时，一般情况下吹氧管以 30° 左右的角度倾斜插入钢液面以下 100～150mm 处；若钢液含磷量高，可适当浅吹，甚至面吹，以增加渣中（FeO）的含量。吹氧管的位置要适当移动，以利于熔池的均匀沸腾。

氧气的压力通常为 0.6～1.0MPa。较高的氧压可以缩短氧化时间，钢液升温也较快；但氧压过高会引起熔池剧烈沸腾，使钢液裸露而吸气，影响钢的质量。

3.4.4　加矿方法

在电弧炉炼钢中，尤其是原料含磷高或者冶炼低硫钢时，目前多采用矿氧综合氧化法，即除了直接吹氧外还使用铁矿石向熔池供部分氧。加矿的目的有以下 3 个：

（1）配合吹氧对钢液进行脱碳；

（2）利用矿石高温下分解吸热的特点控制熔池温度；

（3）增加渣中的（FeO），强化去磷。

铁矿石的主要成分是 Fe_3O_4 和 Fe_2O_3，加入熔池后按下列次序分解：

$$3(Fe_2O_3) = 2(Fe_3O_4) + \frac{1}{2}\{O_2\}$$

$$(Fe_3O_4) = 3(FeO) + \frac{1}{2}\{O_2\}$$

（Fe_2O_3）在 1383℃时将全部分解完毕，铁矿石中的各种氧化物 Fe_2O_3、Fe_3O_4、FeO 及分解时放出的气态的氧都可以与钢液中的碳、磷发生氧化反应。因此，铁矿石在熔池内是边分解边熔化，同时又参与氧化。于是，铁矿石加入炉内后的传氧方式有以下两种：

（1）当所加矿石的块度较大时，它会沉入到炉渣与钢液两相的界面处，大约有 50% 的氧直接供给钢液，其余一半以（FeO）形式进入渣中。

（2）当加入的矿石的块度较小或加入的是氧化铁皮时，将主要是增加渣中的（FeO）含量，然后按分配定律部分地转入钢液。

使用铁矿石供氧时，其用量为每吨钢液 15kg 左右。同时，加矿操作时要特别注意其分解吸热的特点，务必遵循"高温（熔池温度高于 1550℃）、分批（间隔 5min 以上）、少量（每批用量不大于钢液量的 2%）"的加矿原则。否则会使熔池的温度下降过多，脱碳反应速度急剧下降甚至停止，导致渣中（FeO）积聚，待熔池温度升高后发生爆发式碳氧反应而酿成事故。

3.4.5　炉气的传氧过程

电弧炉炼钢的熔化期和氧化期，炉气也会向熔池供氧，不过所占比例很小。根据传氧过程不同，炉气向熔池传氧分为两个阶段。

在渣面尚未形成的熔化前期，金属炉料将会被周围的氧化性炉气直接氧化。其传氧过程是，废钢在炉内被加热而温度渐高，同时其表面被炉气氧化而形成氧化层，且厚度逐渐增加。当废钢表面的温度升高到一定程度时，便熔化、滴落，新的表面又继续被氧化。如此反复，炉料逐渐熔化，炉气中的氧也不断地传给废钢而被带入熔他。

渣面形成后的熔化期以及氧化期，钢液完全被熔渣覆盖。此时，炉气中的氧只能通过熔渣向钢液传递，其传氧过程如图 3-4 所示。

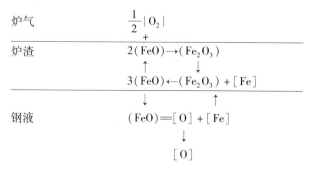

图 3-4　炉气通过炉渣传氧的过程

（1）炉气中的氧向渣面扩散；

（2）在气-渣界面渣中的（FeO）被氧化成（Fe_2O_3）；

（3）（Fe_2O_3）从气-渣界面向下扩散至渣-钢界面；

（4）在渣-钢界面渣中的（Fe_2O_3）被钢中的铁还原成（FeO）；

（5）渣中的（FeO）按分配定律一部分在渣-钢界面分解并溶于钢液，即（FeO）+ [O]+[Fe]，余者则向上扩散至气-渣界面参与下一个传氧循环。

由上述传氧过程可知，氧从气相经渣相向金属相的传输过程，是通过渣中（FeO）的氧化→扩散→还原的过程完成的。为使这一过程顺利进行，应充分注意下列影响因素：

（1）炉气中氧气的分压越大，（FeO）被氧化成（Fe$_2$O$_3$）的速度越快，则传氧的速度越快；

（2）炉渣传氧的限制性环节是（Fe$_2$O$_3$）及（FeO）在渣层中的扩散，因此，将碱度控制在 1.87 左右使渣中（FeO）的活度最大，控制较高的温度和较薄的渣层使（Fe$_2$O$_3$）及（FeO）在渣中的扩散阻力减小等，都有助于加快氧的传输；

（3）强烈的熔池沸腾，可成倍增加气-渣和渣-钢两相的界面积，会使氧的传输速度大为加快。

任务 3.5　硅、锰的氧化

炼钢所用原料（即铁水和废钢）中含有一定数量的硅和锰，而且两者与氧的亲和力均较大。因此，无论是在电炉冶炼中还是在转炉吹炼中，都会发生硅和锰的氧化反应。

3.5.1　硅的氧化

硅在铁液中可以无限溶解，但是两者形成的是非理想溶液。不过，在硅含量不高时，对亨利定律的偏离并不大，$a_{[Si]} \approx w[Si]_\%$。在所有的杂质元素中，硅与氧的亲和力最大。炼钢过程中，硅的氧化产物是只溶于炉渣而不溶于钢液的酸性氧化物 SiO$_2$。

在炼钢过程中，硅的氧化方式主要是间接氧化。有关的热力学数据如下：

$$[Si] + 2(FeO) \Longrightarrow (SiO_2) + 2[Fe], \quad \Delta G^{\ominus} = -351.71 + 0.0128T(kJ/mol)$$

$$\lg K_{Si} = \lg \frac{a_{(SiO_2)}}{w[Si]_\% \cdot a_{(FeO)}^2} = \frac{183600}{T} - 6.68 \tag{3-1}$$

当熔池未被炉渣覆盖以及直接向熔池吹氧时，炉料中的硅还会被氧气直接氧化反应式如下：

$$[Si] + \{O_2\} \Longrightarrow (SiO_2), \quad \Delta G^{\ominus} = -827.13 + 0.228T(kJ/mol)$$

$$\lg K'_{Si} = \lg \frac{a_{(SiO_2)}}{w[Si]_\% \cdot p_{O_2}} = \frac{43210}{T} - 11.90 \tag{3-2}$$

由式（3-1）和式（3-2）可见，硅的直接氧化和间接氧化均为强放热反应，所以硅的氧化反应是在温度相对较低的冶炼初期进行的。

转炉炼钢中，铁水中的硅在开吹的几分钟内便几乎全被氧化；同时，硅元素氧化放出的热量还是转炉炼钢的主要热源之一。不过，硅的氧化反应对脱碳有很大的影响。生产中发现，如果铁水含硅较高，即使炉温早已升到碳氧化所需的温度，脱碳反应也要等到钢液中的硅含量低于 0.15% 时才能激烈进行。

电炉炼钢中，废钢中的硅氧化得也十分迅速。如果熔化期采取吹氧助熔措施，到炉料熔清时其中的硅已被氧化掉 90%。

综上可知，冶炼温度一定时，硅的氧化程度取决于其氧化产物 SiO$_2$ 在渣中的存在状态。冶炼初期，渣中存在较多的碱性氧化物是（FeO），因此，SiO$_2$ 先与其结合成硅酸铁：

$$2(FeO) + (SiO_2) = (2FeO \cdot SiO_2)$$

在目前的碱性操作中,随着石灰的熔化,$(2FeO \cdot SiO_2)$ 中的 FeO 逐渐被碱性更强的 CaO 所置换,生成硅酸钙:

$$(2FeO \cdot SiO_2) + 2(CaO) = (2CaO \cdot SiO_2) + 2(FeO)$$

炼钢温度下,$2CaO \cdot SiO_2$ 十分稳定,渣中 (SiO_2) 的活度很低(小于 0.1)。因此,炉料中的硅氧化得很彻底,而且即使到了冶炼后期温度升高后,也不会发生 SiO_2 的还原反应。实际生产中,电炉炼钢的氧化末期及转炉吹炼结束时钢液中的硅含量为 0.02% ~ 0.03%,甚至更低。

如果是酸性操作,渣中的 (SiO_2) 高达 50% ~ 60%,熔渣通常被 SiO_2 所饱和。冶炼中,不仅炉料中的硅氧化得不彻底,而且炉温升高后还会发生还原反应。

例如,在原来曾经采用过的酸性平炉炼钢法中,硅的还原量可达 0.3% ~ 0.4%。

3.5.2　锰的氧化

锰在铁液中可以无限溶解,而且与铁形成的溶液近似于理想溶液,即在定量讨论时可以用锰在钢中的质量百分浓度 $w[Mn]_\%$ 近似地代替它的活度 $a_{[Mn]}$。锰与氧的亲和力不如硅与氧的亲和力大,冶炼中它被氧化成只溶于炉渣的弱碱性氧化物 MnO。

炼钢过程中,锰的氧化方式也是以间接氧化为主。其氧化反应方程式及相关的热力学数据如下:

$$[Mn] + (FeO) = (MnO) + [Fe],\ \Delta G^\ominus = -123.35 + 0.056T(kJ/mol)$$

$$\lg K_{Mn} = \lg \frac{a_{(MnO)}}{w[Mn]_\% \cdot a_{(FeO)}} = \frac{6440}{T} - 2.95 \tag{3-3}$$

式中　　$w[Mn]_\%$——钢液中锰的质量分数。

同样,冶炼时炉料中的锰也会被氧气直接氧化一部分:

$$[Mn] + \frac{1}{2}\{O_2\} = (MnO),\ \Delta G^\ominus = -361.15 + 0.107T(kJ/mol)$$

$$\lg K'_{Mn} = \lg \frac{a_{(MnO)}}{w[Mn]_\% \cdot p_{O_2}^{1/2}} = \frac{18860}{T} - 5.56 \tag{3-4}$$

由式 (3-3) 和式 (3-4) 可见,锰的间接氧化和直接氧化也都是放热反应,因此锰的氧化反应也是在冶炼的初期进行的。不过因氧化过程中放热较少,锰氧化的激烈程度不及硅。在电炉冶炼中,熔化期炉料中的锰约有半数以上被氧化;而在转炉吹炼中,铁水中的锰 80% 左右也是在开吹后几分钟内被氧化掉的。

炼钢中锰的氧化程度也取决于其氧化产物 MnO 在熔渣中的存在状态。在目前生产上所采用的碱性操作中,由于渣中存在着大量的强碱性氧化物 (CaO),显弱碱性的氧化锰大部分以自由的 (MnO) 存在,因而冶炼中锰氧化得远不如硅那么彻底;而且转炉吹炼后期熔池温度升高后还会发生锰的还原反应。熔渣的碱度越高、(FeO) 含量越低以及熔池温度越高,还原出的锰越多,吹炼结束时钢液中的锰含量即"余锰"就越高。

在高碱度渣中,(FeO) 和 (MnO) 可以近似地认为是理想溶液的组元。于是可简化为:

$$\lg K_{Mn} = \lg \frac{a_{(MnO)}}{w[Mn]_\% \cdot a_{(FeO)}} = \frac{6440}{T} - 2.95 \tag{3-5}$$

式中　$a_{(MnO)}$，$a_{(FeO)}$——分别为渣中氧化锰和全氧化铁的质量分数。

　　式（3-5）可用于计算转炉吹炼结束时，钢液中的"余锰"量。不过，生产实践中发现，炉渣的碱度高于 2.4 时，上式的计算值与实际的"余锰"量基本相符，而且碱度越高越接近；而当炉渣的碱度值低于 2.4 时，计算值偏大，这是由于有较多的（MnO）与值中的（SiO_2）结合成了稳定的硅酸盐的缘故。

　　在电炉冶炼中，由于采取自动流渣的换渣操作，不存在锰的还原问题，氧化末期钢中的残碳、残锰量通常在 0.1% 左右。

任务 3.6　碳氧反应及脱碳工艺

3.6.1　碳氧反应

3.6.1.1　碳氧反应在炼钢中的作用

　　碳氧反应是贯穿于整个炼钢过程的一个主要反应。炼钢的重要任务之一，就是通过向金属熔池供氧，把金属中的碳含量降至所炼钢种的终点要求。同时，大量的碳氧反应产物 CO 气体从熔池中逸出，会引起熔池剧烈的沸腾，从而对炼钢过程具有如下作用：

　　（1）CO 气体逸出引起的沸腾对熔池具有强烈的搅拌作用，可强化熔池的传质与传热过程，促进钢液、熔渣的成分和温度的均匀；

　　（2）碳氧反应对熔池的搅拌可加快反应物和生成物的扩散，并增大炉渣和金属的反应界面，能使熔池内的物理化学反应加速进行；

　　（3）上浮的 CO 气体可携带和促进钢中的气体和非金属夹杂物上浮，有利于提高钢的质量；

　　（4）大量 CO 气体通过渣层使炉渣泡沫化和熔池中的气体、炉渣、金属三相乳化，可大大加速炼钢反应。

　　还应指出的是，炼钢生产的速度与脱碳反应速度紧密相关，如氧气转炉中的脱碳速度比电弧炉快，所以氧气转炉炼钢时间短、产量高，但是氧气转炉炼钢过程中，脱碳速度过大，其产物 CO 气体的大量排出及其不均匀性造成熔池上涨，也是产生钢渣喷溅的主要原因。

　　另外，脱碳反应同炼钢过程中的其他元素的氧化反应有密切的联系，熔渣的氧化性、钢中氧含量等也受脱碳反应的影响。

3.6.1.2　碳氧反应的热力学

　　碳氧反应的热力学主要研究碳氧反应方程式及其平衡常数、碳氧浓度积、熔池内的碳氧关系、碳氧反应的热效应、渣况及真空对碳氧反应的影响等。

　　A　碳氧反应式及其平衡常数

　　如前所述，炼钢过程中熔池内的碳有两种氧化方式，在氧气炼钢条件下，金属熔池中少部分碳可在反应区与气态氧接触而发生直接氧化，其反应式为：

$$[C] + \frac{1}{2}\{O_2\} = \{CO\}, \Delta G^\ominus = -152570 - 34T$$

$$\lg K'_C = \lg \frac{p_{CO}/p^\ominus}{a_{[C]}(p_{O_2}/p^\ominus)^{1/2}} = \lg \frac{p_{CO}/p^\ominus}{w[C]_\% \cdot f_C(p_{O_2}/p^\ominus)^{1/2}} = \frac{7965}{T} + 1.77 \quad (3\text{-}6)$$

式中　　p_{CO}——气相中 CO 的分压，Pa；

$\quad\quad p_{O_2}$——气相中 O_2 的分压，Pa；

$\quad\quad p^\ominus$——标准大气压，101325Pa；

$\quad\quad a_{[C]}$——碳的活度；

$\quad\quad w[C]_\%$——钢液中碳的质量分数，%；

$\quad\quad f_C$——碳的活度系数。

而熔池中的大部分碳是与溶解在金属中的氧相互作用而被间接氧化的，其反应式为：

$$[C] + [O] = \{CO\}, \Delta G^\ominus = -22200 - 38.34T$$

$$\lg K_C = \lg \frac{p_{CO}/p^\ominus}{a_{[C]} \cdot a_{[O]}} = \lg \frac{p_{CO}/p^\ominus}{w[C]_\% \cdot f_C \cdot w[O]_\% \cdot f_O} = \frac{1160}{T} + 2.003 \quad (3\text{-}7)$$

式中　　$w[O]_\%$——钢液中氧的质量分数。

从式（3-7）可知，碳的间接氧化反应为弱放热反应，在炼钢温度下其平衡常数会随温度的升高而略有下降。现将 1500~2000℃ 之间的不同温度分别代入式（3-7）中，计算结果将证实这一分析结论：

$t/℃$	1500	1600	1700	1800	1900	2000
K_C	454	419	389	362	339	324

B　碳氧浓度积

为了分析炼钢过程中溶解在钢液中碳浓度和氧浓度之间的平衡关系，常将 p_{CO} 取为 101325Pa，且因为当钢液的含碳量较低时，f_C 和 f_O 均接近 1，因此取 $a_{[C]} = w[C]_\%$，$a_{[O]} = w[O]_\%$，则式（3-7）中的平衡常数表达式可以简化为：

$$K_C = \frac{1}{a_{[C]} \cdot a_{[O]}} = \frac{1}{w[C]_\% \cdot w[O]_\%} \quad (3\text{-}8)$$

为了讨论方便，以 m 代表式（3-8）中的 $1/K_C$，则式（3-8）可写成：

$$m = w[C]_\% \cdot w[O]_\%$$

故称 m 为碳氧浓度乘积。此时，m 值也具有化学反应平衡常数的性质，即在一定温度和压力下，钢液中碳与氧的质量百分浓度之积是一个常数，而与反应物和生成物的浓度无关。在 1600℃、101325Pa 下，实验测定的结果是 $m = 0.0023$。

根据上述讨论，可以作出某一温度下 $w[C]_\%$ 和 $w[O]_\%$ 之间的关系曲线，如图 3-5 所示。

（1）$w[C]_\%$ 和 $w[O]_\%$ 之间呈双曲线关系。温度一定时，当钢中的碳含量高时，与之相平衡的氧含量就低；反之，当钢中碳含量低时，与之相平衡的氧含量就高。当 $w[C]_\% \leqslant 0.4\%$ 时，随着钢中碳含量的降低，氧含量升高得越来越快，尤其是当 $w[C]_\% < 0.1\%$ 时，与之相平衡的氧含量急剧增高。

（2）温度对钢液中的碳氧关系影响不大，图 3-5 中 1540℃和 1650℃两条不同温度的碳氧关系曲线的位置十分接近，说明当钢中碳含量一定时，与其相平衡的氧含量受温度的影响很小。

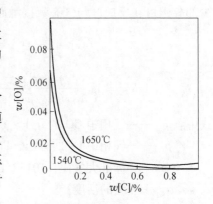

在含碳量相同的情况下，气相中 CO_2 的体积百分数 φ_{CO_2} 将随着温度升高而降低，在同一温度下又将随碳含量的增加而降低。在炼钢温度下，只有当碳含量低于 0.1% 时，气相中 CO_2 才能达到 1% 以上，可见炼钢熔池中碳的氧化产物绝大部分为 CO。所以一般性讨论时，可近似地取 $p_g \approx p_{CO}$。

因为 C-O 反应产物为气体 CO 和 CO_2，$p_g = p_{CO} + p_{CO_2}$，所以当温度一定时 C-O 平衡还要受到 p_g 或 p_{CO} 变

图 3-5　常压下平衡时 C 和 O 的关系

化的影响。当 $p_{CO} \neq 101325Pa$ 时，C-O 平衡关系如图 3-6 所示。其中，图 3-6（a）为高压情况，图 3-6（b）为低压情况。

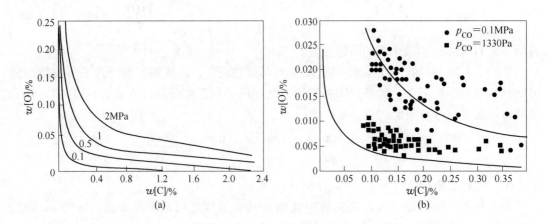

图 3-6　压力对 C-O 平衡的影响

（a）$p_{CO} > 101325Pa$ 的高压情况；（b）$p_{CO} < 101325Pa$ 的低压情况

C　溶池中的实际碳氧关系

在氧气转炉和电弧炉氧化期的取样分析证明，熔池中的实际氧含量 $w[O]_{\%实际}$ 高于在该情况下与碳平衡的含氧量 $w[O]_{\%平衡}$，即：

$$w[O]_{\%平衡} > w[O]_{\%实际}$$

$$w[C]_\% \cdot w[O]_{\%实际} > w[C]_\% \cdot w[O]_{\%平衡}（m \text{ 值}）$$

图 3-7 表示氧气转炉熔池中实际的 $w[C]_\%$ 与 $w[O]_\%$ 的关系。从图 3-7 可以看出，不同的操作条件下，熔池中的实际氧含量可高于或低于与碳相平衡的氧含量。

过剩氧 $\Delta w[O]_\%$ 随钢液的含碳量不同而不同。钢液的含碳量越低，则过剩氧 $\Delta w[O]_\%$ 越小，即 $w[O]_{\%实际}$ 越接近于与碳平衡的含氧量 $w[O]_{\%平衡}$。

过剩氧 $\Delta w[O]_\%$ 随 p_{CO} 的变化而变化。$p_{CO} < 101325Pa$ 时，$\Delta w[O]_\%$ 为负值。如底吹氧气转炉或底吹 Ar、N_2 等搅拌气体的顶底复吹转炉，因脱碳产物中 $p_{CO} < 101325Pa$ 和熔池受

到强烈的搅拌，$w[O]_{\%实际}$ 低于 $p_{CO} = 101325Pa$ 时与碳平衡的值。

正因为熔池中的碳和氧基本上保持着平衡的关系，即碳高时氧低，因此，在含碳量较高的冶炼初期，增加向熔池的供氧量，只能提高脱碳速度而不会增加钢液中的氧含量；冶炼后期，要使含碳量降低到 0.15% ~ 0.20%，则必须维持钢液中有较高的氧含量。

实际炼钢炉内的脱碳反应均是在氧化渣下进行的，已知与渣平衡的金属中氧含量为：

$$w[O]_{\%渣} = a_{(FeO)} \cdot w[O]_{\%max}$$

实际上，$w[O]_{\%渣}$ 也随熔池中碳含量的变化而变化，并存在下列关系：

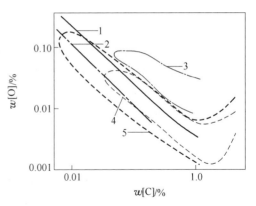

图 3-7 实际炼钢熔池中碳氧关系
1—$p_{CO} = 0.1MPa$；2—$p_{CO} = 0.04MPa$；
3—80t LD；4—230t Q-BOP；5—5t Q-BOP

$$w[O]_{\%平衡} < w[O]_{\%实际} < w[O]_{\%渣}$$

这个氧浓度差正是熔池中氧不断地从渣向金属传递和脱碳反应不断进行的动力。要想使熔池含碳量低至 0.05%，必须提高熔池中的氧含量，同时还要有很高的熔池温度和渣中氧化铁浓度。熔池的实际含氧量由氧的供给速度和消耗速度之差来决定，与反应动力学密切相关。

D 碳氧反应的热效应

研究碳氧反应的热效应，主要是要了解温度对碳氧反应的复杂影响，并获得热力学计算所需的数据。现对炼钢过程中常见的几个碳氧反应的热效应 $\Delta H^{\ominus}$ 讨论如下：

（1）气态氧和钢中碳相互作用的热效应：

$$1/2\{O_2\} + [C] = \{CO\}, \qquad \Delta H^{\ominus} = -152.47kJ$$

这是一个放热反应，因此一般认为碳的氧化热是转炉炼钢的一个重要热源。

（2）渣中的氧化铁和钢中碳相互作用的热效应：

$$(FeO) + [C] = [Fe] + \{CO\}, \qquad \Delta H^{\ominus} = 85.31kJ$$

可见，钢液与炉渣之间的多相反应是一个吸热反应，提高温度有利于反应向生成物方向进行。转炉炼钢中激烈的碳氧反应要等到炉内温度较高后方能进行，电炉炼钢中规定加矿氧化温度必须大于 1550℃ 等，其原因均在于此。

（3）钢中的氧和碳相互作用的热效应：

$$[C] + [O] = \{CO\}, \qquad \Delta H^{\ominus} = -35.61kJ$$

这是一个弱放热反应，降低温度有利于反应向生成物方向自发进行。例如，浇注沸腾钢时，随着钢锭模内钢水温度的下降及碳和氧在结晶前沿的浓聚，钢液中的碳氧反应自发进行，引起钢锭模内的钢水沸腾。

E 渣况与碳氧反应的关系

对于炼钢熔池内的碳氧反应，除反应物的浓度即 $w[O]_\%$、$w[C]_\%$ 和熔池温度外，炉渣的成分、碱度和渣量对碳氧反应也有着重要的影响。

　　炉渣成分中对碳氧反应影响较大的是氧化铁的含量 $w(\text{FeO})$。渣中的 $w(\text{FeO})$ 越高，通过渣-钢界面进入熔池向反应区传输的氧也越多，对碳氧反应越有利。而且随着碳氧反应的进行，必须逐渐增加渣中的 $w(\text{FeO})$，因为，在一定温度和压力下进行碳氧反应时，由碳氧浓度积的概念可知，随着钢中碳含量的不断降低，与之相平衡的氧含量则不断提高，为了使碳氧反应继续进行和保持合适的脱碳速度就必须增加渣中的 $w(\text{FeO})$，保证钢中的实际含氧量能大于平衡值。

　　在电弧炉氧化期，通常采用加铁矿石和氧化铁皮的方法来增加渣中氧化铁的含量。而在氧气顶吹转炉中则是通过变化枪位来调节渣中氧化铁的含量，高枪位操作时，可使渣中氧化铁含量增加；而低枪位操作时，熔池搅拌激烈，消耗氧化铁的速度增大，渣中氧化铁含量下降，在这种情况下，炉渣不再是传氧的介质。电弧炉直接向熔池吹氧时，也有上述类似的规律，但程度远不如转炉来得剧烈。

　　F　真空条件下的碳氧反应

　　真空吹氧脱碳原理为：在真空条件下，由于外界压力的降低，为碳氧反应创造了良好的热力学条件。真空条件下碳氧反应的热力学规律如下。

　　真空条件下，钢液中的碳氧反应式是：

$$[\text{C}] + [\text{O}] \xrightarrow{\hspace{1.5cm}} \{\text{CO}\}$$

$$\lg K_{\text{C}} = \lg \frac{p_{\text{CO}}/p^{\ominus}}{a_{[\text{C}]} \cdot a_{[\text{O}]}} = \lg \frac{p_{\text{CO}}/p^{\ominus}}{w[\text{C}]_{\%} \cdot f_{\text{C}} \cdot w[\text{O}]_{\%} \cdot f_{\text{O}}} = \frac{1160}{T} + 2.003 \qquad (3\text{-}9)$$

$$m = w[\text{C}]_{\%} \cdot w[\text{O}]_{\%} = \frac{p_{\text{CO}}/p^{\ominus}}{K_{\text{C}} \cdot f_{\text{C}} \cdot f_{\text{O}}} \qquad (3\text{-}10)$$

　　根据式（3-9）和式（3-10）在 1600℃ 时，$K_{\text{C}} = 419$。当 f_{C}、f_{O} 均设为 1，$p_{\text{CO}} = 101325\text{Pa}$ 时，$m = 2.3 \times 10^{-3}$。在温度一定时，碳氧反应受到 p_{CO} 或总压力变化的影响。在 $p_{\text{CO}} < 101325\text{Pa}$ 时，碳氧平衡关系如图 3-6（b）所示。只要降低 p_{CO}，$w[\text{C}]_{\%}$ 与 $w[\text{O}]_{\%}$ 的积就减小。例如，在 1600℃ 的温度条件下，当 $p_{\text{CO}} = 1013.25\text{Pa}$ 时，$m = 2.3 \times 10^{-3}$。这就表明在真空条件下使 p_{CO} 降低，平衡向生成 CO 气体的方向移动，碳氧反应的能力增强。所以在真空条件下冶炼不锈钢时，通过顶吹氧气脱碳，并通过包底吹氩促进钢液循环，能容易地把碳降到 0.02% ~0.06% 范围内，而钢液中的铬几乎不氧化。

3.6.2　碳氧反应的动力学

　　碳氧反应的动力学主要研究碳氧反应的机理和生产中最为关心的脱碳速度问题。

　　熔池中的碳氧反应是一个多相反应，为了实现这个反应，必须一方面向反应区及时供氧和供碳，另一方面反应产物 CO 必须及时排出。在炼钢炉内，金属与炉气之间隔有一层炉渣，反应产物 CO 不可能直接进入气相，而只能在熔池内部以气泡的形式析出，使整个反应机理变得极为复杂。一般认为脱碳过程要经过以下 3 个步骤：

　　（1）熔池内的 [C] 和 [O] 向反应区即金属液气泡界面扩散；

　　（2）[C] 和 [O] 在气泡表面吸附并进行化学反应，生成 CO 气体；

　　（3）生成的 CO 进入气泡，气泡长大并上浮排出。

　　可见，熔池中碳的氧化反应是个复杂的多相反应，包括传质、化学反应及新相生成等几个环节。那么，碳氧反应受哪个环节控制呢？

3.6.2.1　CO 气泡的生成

碳氧反应产物 CO 在金属中溶解度很小，只有以 CO 气泡形式析出，才能使碳氧反应顺利进行。

在均匀的钢液中能否生成 CO 气泡？

由溶液的基本理论可知，要在一个均匀的钢液中生成一个 CO 气泡新相，一个首要的条件是要求生成新相的物质 CO 在钢液中有一定的过饱和度。因为物质在溶液中以过饱和状态存在时，其自由能要大于它纯态时的自由能，这样，在它以一个新相面析出的过程中，自由能的变化量为负值时，该过程才能自发进行。

其次，在一个均匀的液相中要析出一个新相，而且这个新相能够长大，还要求最早生成的种核能够达到一定的尺寸，即要达到"临界半径"。大于临界半径的种核长大过程中的自由能变化为 ΔG 负值，小于临界半径的种核长大过程中的自由能变化为正值。后者即使种核能够生成，也将重新溶化于溶液中。

过饱和度和临界半径之间存在着一定关系，如果析出物质在溶液中的过饱和度很大，那么新相析出时所要求的临界半径就比较小；反之，就要求种核具有比较大的临界半径。在冶炼过程中，钢液中的 CO 不可能达到很大的过饱和度，这就要求 CO 在析出时先要形成半径较大的种核，也就是说，在溶液中的某些地方，在某一瞬间，在一个很小的体积内聚集大量的形核质点。显然，该现象出现的几率是非常小的。

在炼钢熔池中如果要有气泡生成，则气泡内的气体必须克服作用于气泡的外部压力才能形成。假设由于某些条件，在钢液中形成了半径达到临界尺寸的 CO 种核，则生成的 CO 种核所受到的压力是：

$$p'_{CO} \geq p_{气} + \rho_{钢} g h_{钢} + \rho_{渣} g h_{渣} + (2\sigma_{钢})/r$$

式中　p'_{CO}——CO 气泡所受到的压力，MPa；

　　　$p_{气}$——炉气压力，约为 0.1MPa；

　　　$\rho_{钢}$，$\rho_{渣}$——钢液和炉渣的密度，$\rho_{钢} = 7 \times 10^3 kg/m^3$、$\rho_{渣} = 3 \times 10^3 kg/m^3$；

　　　$h_{钢}$，$h_{渣}$——分别为气泡上方钢液和渣层的厚度，m；

　　　$\sigma_{钢}$——钢液的表面张力，$\sigma_{钢} = 1.5 N/m$；

　　　r——CO 气泡的半径，钢液中 CO 气泡的临界半径约为 $10^{-9} m$。

在上式中，由表面张力引起的附加压力一项即为：

$$(2\sigma_{钢})/r = 2 \times 1.5 \times 10^3 \times 10^{-3}/10^{-9} MPa = 3.0 \times 10^3 MPa$$

CO 气泡析出时需要克服的压力如此巨大，可见，在均匀的钢液内部形成 CO 气泡是不可能的，碳氧反应只可能在现成的气泡表面进行。

实际生产中发现，熔池内 CO 气泡的生成并不困难。那么，不同的炼钢炉内碳氧反应究竟在什么地方进行，CO 气泡到底在何处生成？现简要分析如下。

A　氧气转炉内的碳-氧反应机理

氧气顶吹转炉的碳氧反应形式及 CO 气泡的生成地点，大致可分为高速氧射流作用区、金属与炉渣的相界面、金属—炉渣—气体三相乳浊液中、炉衬耐火材料的孔隙中及

CO 气泡表面五种情况, 如图 3-8 所示。

第一, 在高速氧射流作用区, 氧射流末端被弥散成小气泡, 它是生成 CO 的现成表面, 所以该区域能发生碳氧反应。其间接氧化反应式为:

$$\frac{1}{2}\{O_2\} =\!=\!= [O]$$

$$[C] + [O] =\!=\!= \{CO\}$$

或有少量的碳直接氧化, 其反应式为:

$$[C] + \frac{1}{2}\{O_2\} =\!=\!= \{CO\}$$

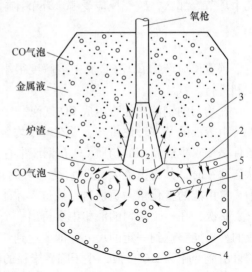

图 3-8　氧气顶吹转炉内 CO 气泡可能形成地点
1—氧射流作用区; 2—炉渣-金属界面;
3—金属-炉渣-气体乳浊液; 4—炉底和炉壁的
粗糙表面; 5—沸腾熔池中的气泡表面

吹炼条件下, 由于金属熔池的循环运动, 不断更新金属液表面层, 形成连续地供氧, 使得碳氧反应连续不断地进行, 对于整个熔池来说, 在氧流作用区碳的氧化占 10% ~ 30%。

第二, 在氧射流冲击不到的地方, 仍有炉渣与金属的界面存在, 特别在冶炼初期, 当矿石、石灰以及其他渣中未熔弥散质点与金属液接触时, 接触界面上的微孔中存有少量气体。该处是碳氧反应的现成表面, 有部分碳在此被氧化, 其反应式为:

$$(FeO) + [C] =\!=\!= [Fe] + \{CO\}$$

由于液态炉渣的迅速形成, 固体小颗粒的消失, 炉渣金属界面上再难以出现新的气泡种核, 所以该区域脱碳时间短暂, 脱碳量极少。

第三, 高压氧气流股冲击熔池时, 从熔池中飞溅出大量的金属液滴, 其中很大一部分从氧射流作用区飞出而直接散落在炉渣中, 形成金属-炉渣-气体三相乳浊液。由于金属液滴高度弥散在炉渣中呈乳浊状态, 其接触面相当大, 供氧和供碳条件极为有利, 加之乳浊液中又有现成的气泡表面, 所以乳浊液内碳氧反应十分迅速。研究表明, 乳浊液中金属液滴含量最高可达 70%, 一般平均达到 30% 左右, 即在吹炼过程的任何时刻都约有 30% 的金属被乳化; 在整个吹炼过程中, 几乎全部金属部要经过乳化, 金属液中的碳约有 2/3 是在乳浊液中被氧化的。所以, 氧气顶吹转炉中的碳氧反应主要发生在乳浊液中。

第四, 炉衬耐火材料的粗糙表面也是较好的生成 CO 气泡种核的地方, 该处以下列反应形式进行碳的氧化:

$$[C] + [O] =\!=\!= \{CO\}$$

但此处的供氧条件比氧射流作用区和金属-炉渣-气体三相乳浊液中的供氧条件要差。

第五, 氧流作用区飞溅出的大颗粒金属液滴, 能穿过乳浊液重新落入熔池, 参与熔池中钢液的循环运动。由于这些液滴表面被氧化而形成一层铁质氧化渣膜, 而在内部碳氧反应已有 CO 析出, 所以这些金属液滴实际上已转变成为含 CO 的空心球体。这些球体在参与熔池的循环运动过程中, 其氧化膜熔于熔池或受冲刷而剥落, 于是留下的就是一个 CO

气泡。由于金属液滴的数量很多，这样形成的 CO 气泡也很多，加上熔池中来自其他区域的 CO 气泡，新的碳氧反应会在这些气泡表面继续进行，引起熔池的更强烈的沸腾。

    B   真空精炼时的碳氧反应机理

真空精炼时，熔池内产生气泡的极限深度，假设真空处理无渣的钢液，忽略很低的气相压力，则可以用下式表示：

$$p'_{CO} \geqslant \rho_{钢} g h_{钢} + (2\sigma_{钢})/r$$

式中 p'_{CO}——CO 气泡所受的压力，MPa；

        $\rho_{钢}$——钢液的密度，$\rho_{钢} = 7 \times 10^3 \text{kg/m}^3$；

        $h_{钢}$——气泡上方钢液的厚度，m；

        $\sigma_{钢}$——钢液的表面张力，$\sigma_{钢} = 1.5\text{N/m}$；

        r——CO 气泡的半径，m。

在真空精炼时，薄壁小孔的尺寸为 $1.5 \times 10^{-4}\text{m}$，则：

$$p'_{CO} \geqslant \rho_{钢} g h_{钢} + (2\sigma_{钢})/r$$

$$\geqslant 7 \times 10^3 \times 9.8 \times h_{钢} + (2 \times 1.5 \times 10^3 \times 10^{-3})/(1.5 \times 10^{-4})$$

$$\geqslant (6.86 \times 10^4 \times h_{钢} + 2.0 \times 10^4)\text{Pa}$$

对于未脱氧的钢液，其氧含量接近与碳相平衡的数值，即碳氧反应生成的 CO 气泡分压 $p'_{CO} = 1.01 \times 10^5 \text{Pa}$，则气泡生成的极限深度为：

$$h_{钢} \leqslant (1.01 \times 10^5 - 2.0 \times 10^4)/(6.86 \times 10^4) = 1.18\text{m}$$

即处理钢液时，CO 气泡生成的区域不可能超过钢液深度 1.18m。

对于脱过氧的钢液，气泡生成的区域应该更浅。例如：在 30CrMnSi 钢中不用铝脱氧时，钢中氧与硅相平衡的氧含量 0.006%，此时碳氧反应产生的 CO 气泡分压 p'_{CO} 可根据下式计算。当温度为 1600℃时，$K_C = 419$，设 $f_C = f_O = 1$，与 $w[\text{C}]_\% = 0.3$ 的钢液相平衡的 CO 压力 p'_{CO} 为：

$$p'_{CO} = w[\text{C}]_\% \cdot w[\text{O}]_\% \cdot K_C \cdot f_C \cdot f_O \cdot p^{\ominus}$$

$$= 0.3 \times 0.006 \times 419 \times 101325 = 7.64 \times 10^4 \text{Pa}$$

此时，生成 CO 气泡的极限深度为：

$$h_{钢} \leqslant (7.64 \times 10^4 - 2.0 \times 10^4)/(6.86 \times 10^4) = 0.82\text{m}$$

如果每吨钢用 0.5kg 铝补充脱氧，类似计算可得到 $h_{钢} \leqslant 0.1\text{m}$。

综上所述，在生成气相核心的最适宜条件下，也不可能超过熔池深度 1.18m；当用硅脱氧的钢进行真空处理时，气泡核心生成的区域仅在 0.82m 深度内薄壁处；当超过此深度就不能生成气泡；而在用铝脱氧的钢液内部，碳氧反应几乎不可能。所以，真空吹氧脱碳对钢中的硅含量有一定的限制。

实际上，工业性的真空精炼还必须考虑有 100 ~ 200mm 厚的渣层覆盖在钢液面上，这层渣的静压力 $\rho_{渣} g h_{渣}$ 不能忽视，它会进一步降低对真空室内压力变化的敏感度。有关研究指出，熔池表面层约 100mm 处钢液的碳氧反应最为激烈，称为活泼层。如果不能保证底部钢液及时上升，上层碳氧反应将很快趋于平衡。因此，在真空下要使碳氧反应顺利进行，必须采用包底吹氩或电磁搅拌的方法使钢液循环运动，促使底部钢液参与循环而进行碳氧反应。

3.6.2.2　化学反应与扩散

理论研究认为，对于新相生成顺利的反应，其限制性环节可由反应的表现活化能来判断。

当表现活化能 $E > 400kJ/mol$ 时，吸附和化学反应是控制环节，整个过程处于化学动力学阶段；当表现活化能 $E \leqslant 150kJ/mol$ 时，则过程受扩散控制，整个过程处于扩散阶段；而当表现活化能处于 $150kJ/mol < E < 400kJ/mol$ 时，过程同时受扩散和化学反应控制，整个过程处于扩散与化学动力学混合阶段。

根据有关文献报道，碳氧反应的表观活化能 E 波动在 $63 \sim 96kJ/mol$ 之间（或小于 $120kJ/mol$），因此可以认为碳氧反应过程处在扩散阶段，即钢液中的碳或氧向反应区扩散是整个反应的控制环节。实际上，高温下碳氧反应是非常迅速的，是个瞬时反应。

3.6.2.3　[C] 和 [O] 的扩散

由于 [C] 和 [O] 在气泡和金属界面上的化学反应进行得很迅速，可以认为在气泡和金属界面上二者接近于平衡。但是，在远离相界面处的 [C] 和 [O] 的浓度比气泡表面上的浓度大很多，于是形成浓度梯度，使 [C] 和 [O] 不断地向气泡界面扩散。

在碳和氧的扩散中，究竟哪一个更慢而对碳氧反应起控制作用？研究表明，二者的扩散速度比为：

$$a = \frac{v_{Cmax}}{v_{Omax}} \approx \frac{w[C]}{w[O]} \cdot \frac{\sqrt{D_C}}{\sqrt{D_O}}$$

式中　v_C, v_O——分别为碳和氧在钢液中的扩散速度，m/s；

　　　D_C, D_O——分别为碳和氧在钢液中的扩散系数，均属于 $10^{-9} \sim 10^{-8} m^2/s$ 数量级，但 $D_C > D_O$。

另外，根据钢液中的碳氧平衡关系，只要 $w[C] > 0.05\%$（实际生产中碳氧反应未达到平衡，临界含碳量要高于 0.05%），钢液中的碳含量便大于氧含量，因此有 $v_C > v_O$。

由以上分析得出，在炼钢的大部分时间内，[O] 的扩散为碳氧反应的控制步骤；而当含碳量过低时，[C] 的扩散将成为碳氧反应的控制步骤。

3.6.3　碳氧反应速度

碳氧反应速度常用单位时间内从金属液中氧化的碳的质量分数来表示，符号 r_C，单位为 $\%/min$ 或 g/min。

如前所述，碳氧反应过程是由 3 个阶段组成的。第二阶段，即碳氧之间的化学反应在炼钢的高温下非常迅速；第三阶段，即碳氧反应生成的 CO 分子进入气相离开反应区所需时间也比较短，整个碳氧反应速度主要受第一阶段所控制，即受 [C] 和 [O] 向反应区扩散速度的控制。

碳和氧两者的扩散速度的相对大小，需要通过实验来判断。由感应炉吹氧实验得出的碳氧反应速度随含碳量的变化曲线，在不同的吹氧条件下均有一拐点，如图 3-9 所示。拐点处的碳含量称为临界含碳量，用 $w[C]_{临界}$ 表示。实验中的 $w[C]_{临界}$ 值受多种因素影响，变化范围很大。

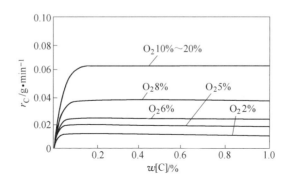

图 3-9　不同吹氧条件下碳氧反应速度随碳含量的变化

由图 3-9 可以看出：

（1）当金属中的含碳量低于 $w[C]_{临界}$ 时，碳氧反应速度 r_C 随含碳量的下降而显著地降低，这时 [C] 的扩散速度将决定整个碳氧反应的速度，r_C 与 $w[C]$ 成比例，即 $r_C = kw[C]$，k 为比例系数；

（2）当金属中的含碳量高于 $w[C]_{临界}$ 时，[O] 的扩散速度决定着整个碳氧反应速度，r_C 与 $w[C]$ 成比例，即 $r_C = k'w[O] \approx k'p_{O_2}$，$k'$ 为比例系数。因此，随着供氧量（或 p_{O_2}）的增加，r_C 也相应地增大。

显然，临界含碳量可理解为：碳氧反应速度 r_C 取决于供氧量的高碳范围与碳扩散的低碳范围之间的碳的交界值，临界含碳量 $w[C]_{临界}$ 越低，脱碳越容易。在常压实验时，临界含碳量 $w[C]_{临界} = 0.15\% \sim 0.20\%$。当 $w[C]$ 降到 $0.15\% \sim 0.20\%$ 以下时，发现碳氧反应速度 r_C 大大降低，继续脱碳很困难；在真空减压条件下吹氧脱碳时，临界含量碳量可低至 $0.02\% \sim 0.03\%$。这说明，真空条件对冶炼超低碳钢十分有利。

在吹氧条件下，供氧速度远大于铁矿石供氧，所以吹氧氧化的脱碳速度比加矿石氧化的脱碳速度要快得多。氧气顶吹转炉的脱碳速度一般为 $(0.1\% \sim 0.4\%)/min$，最高可达 $0.6\%/min$ 以上；而电弧炉的脱碳速度为 $(0.02\% \sim 0.04\%)/min$，两者最多相差 10 倍以上。其主要原因是顶吹转炉供氧速度很快，单位时间内输入氧量多，炉内存在大量的金属-炉渣-气体三相乳浊液，CO 气体的生成和排出条件好；而电弧炉吹氧时氧流作用区范围较小，钢液-炉渣-气体的乳化程度差，所以吹氧脱碳速度比氧气顶吹转炉小得多，而使用矿石脱碳，在钢液与炉衬接触界面处反应时，[C] 和 [O] 的扩散距离更长，脱碳速度更慢。

在真空吹氧脱碳时，由于临界含碳量很低，脱碳速度与 [C] 的扩散关系不大，在保证供氧量的条件下，冶炼真空度是影响碳氧反应速度的主要因素。提高开始吹氧时的真空度，可改变钢中碳和硅的氧化次序，使碳优先氧化，缩短吹氧脱碳时间。而停吹氧时真空度高，临界终点碳量就低。可见，提高真空度可以加快脱碳速度。如果在钢包炉真空吹氧的同时进行包底吹氧，既搅拌钢液又能形成气泡种核，会使得脱碳反应速度非常迅速。

3.6.4　转炉脱碳工艺

氧气顶吹转炉是通过顶吹纯氧进行脱碳的，其脱碳工艺的核心内容是吹炼中脱碳速度及终点碳的控制。

3.6.4.1　吹炼中的脱碳速度及其控制

根据吹炼过程中金属成分（主要为碳含量）、炉渣成分、熔池温度随吹炼时间变化的规律，可将吹炼过程大致分为三个时期，即吹炼初期、吹炼中期、吹炼后期，如图 3-10 所示。

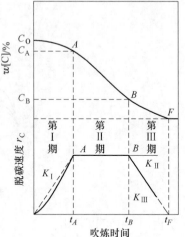

图 3-10　脱碳速度与吹炼时间的关系

A　吹炼初期

在吹炼初期，虽然铁水中含碳量很高，有利于碳的氧化，但由于熔池平均温度低于 1500℃，碳处于不活泼状态，且硅、锰含量较高，所以开吹以硅、锰的氧化为主，碳氧反应受到抑制而脱碳速度较低。

随着吹炼的进行，硅、锰含量逐渐下降，其氧化速度渐慢，则脱碳速度 r_C 近似地以直线上升，即正常情况下吹炼初期的脱碳速度与时间成正比，即：

$$r_C = -\frac{\mathrm{d}w[C]_\%}{\mathrm{d}t} = k_1 t$$

式中　t——吹炼时间，min；

k_1——系数，但不是常数，与铁水中的硅含量、铁水温度以及吹炼条件等因素有关。

由于吹炼初期金属中硅、锰的氧化优先于脱碳反应，当钢中总硅量即 $w[Si]_\% + 0.25 w[Mn]_\%$ 大于 1.5 时，脱碳反应速度 r_C 几乎接近于零；当总硅量降低或一开始就比较低时，则碳氧反应速度就增加；当 $w[Si]_\%$ 约为 0.10 时，脱碳反应速度 r_C 达到最大值，吹炼初期结束而进入吹炼中期。

当炉渣起泡并有小铁粒从炉口喷溅出来时，这是吹炼初期结束的标志，应适当降低氧枪高度。通常吹氧初期占总的吹炼时间的 20% 左右。提高供氧强度、降低铁水中硅、锰含量，能缩短吹炼初期的时间。

B　吹炼中期

吹炼中期，铁水中的硅、锰已氧化结束，熔池温度也已较高，进入碳的激烈氧化阶段。此时。供给的氧气几乎全部消耗于脱碳，脱碳速度就主要取决于供氧强度，而且始终保持最高水平，基本不变。因此，吹炼中期的脱碳反应速度可表示为：

$$r_C = -\frac{\mathrm{d}w[C]_\%}{\mathrm{d}t} = k_2 \cdot I_{O_2}$$

式中　k_2——由供氧强度、枪位等因素所决定的常数；

I_{O_2}——供氧强度，$m^3/(t \cdot min)$。

随着供氧强度的增加，脱碳速度会显著增加，这一点已被实验所证实。

供氧强度相同时，枪位的高低对脱碳速度也有一定的影响。降低枪位，可增加氧气射流对熔池的穿透深度，提高氧气的利用率。

C　吹炼后期

吹炼后期，钢水中的碳含量已很低，脱碳速度随着钢中碳含量的减少而呈直线下降。因此，吹炼后期的脱碳速度可表示为：

$$r_C = -\mathrm{d}w[C]_\% / \mathrm{d}t = k_3 \cdot w[C]_\%$$

式中　　k_3——由供氧强度和枪位高低决定的常数。

该阶段的脱碳速度之所以与钢液中的碳含量成正比，是因为此时的碳含量已降低到了临界值以下，碳的扩散成了脱碳反应的控制环节。

最后，应根据火焰状况、供氧数量及吹炼时间等因素判断吹炼终点，并适时提枪停止供氧。根据取样分析结果，决定出钢或补吹时间。

3.6.4.2　终点碳的控制

所谓终点碳，是指吹炼到达终点时钢液中的含碳量，亦即出钢时钢液应有的碳含量。终点的含碳量可按下式确定：

终点碳 = 钢种规格的含碳中限 - 脱氧时的合金增碳量

终点碳的控制是转炉吹炼后期的重要操作，目前常用的控制方法有两种，即拉碳法和增碳法。

A　拉碳法

拉碳法是将熔池中钢液的含碳量一直脱到出钢要求，即终点碳时停止吹氧的操作方法。拉碳法的主要优点是：

（1）终渣的全 FeO 含量较低，金属的收得率高，且有利于延长炉衬寿命；

（2）终点钢液的含氧低，脱氧剂用量少，而且钢中的非金属夹杂物少；

（3）冶炼时间短，氧气消耗少。

B　增碳法

增碳法是在吹炼平均含碳量大于 0.08% 的钢种时，一律将钢液的碳脱至 0.05% ~ 0.06% 时停吹，而后出钢时向钢包内加增碳剂增碳至钢种规格要求的操作方法。

增碳法的主要优点是：

（1）终点容易命中，省去了拉碳法终点前倒炉取样及校正成分和温度的补吹时间，因而生产率较高；

（2）终渣的 $\Sigma w(\mathrm{FeO})$ 含量高，渣子化得好，去磷率高，而且有利于减轻喷溅和提高供氧强度；

（3）热量收入多，可以增加废钢的用量。

采用拉碳法的关键在于，吹炼过程中及时、准确地判断或测定熔池的温度和含碳量，努力提高一次命中率；而采用增碳法时，则应寻求含硫低、灰分少和干燥的增碳剂。

3.6.5　电弧炉脱碳工艺

电弧炉炼钢中，炉料熔清后钢液中的气体及夹杂物含量较高，一般情况下 $w[H] =$

$(4.5 \sim 7.0) \times 10^{-4}\%$，$w[N] \approx (0.6 \sim 1.2) \times 10^{-2}\%$、夹杂物总量高达 0.030% 左右，对钢的质量极为不利；同时，熔清时熔池温度偏低且极不均匀，熔池热对流差、升温困难。因此需要通过脱碳操作，产生 CO 气体使熔池沸腾，达到去气、去夹杂、提高并均匀熔池温度的目的。因此，配料时就必须把炉料的含碳量配到高出所炼钢种碳规格上限的一定数量，使炉料熔清时钢液含碳量高出规格下限 0.3% ~ 0.4% 左右，以满足氧化期脱碳量的要求。

电弧炉炼钢通过三种氧化操作方法向炉内供氧以脱除钢液中的碳，它们分别是加矿脱碳、吹氧脱碳和矿-氧综合脱碳。

3.6.5.1　加矿脱碳

加矿脱碳属于间接供氧方式。其基本做法是向炉内加入铁矿石，使炉渣中具有足够的（FeO）含量，通过扩散传氧的方式使钢液中的碳及其他元素氧化。由于矿石的熔化与分解及（FeO）的扩散均要吸收热量，所以这个碳氧反应的总过程是吸热的，其热化学方程式为：

$$(FeO) + [C] =\!=\!= [Fe] + \{CO\}, \qquad \Delta H^{\ominus} = 85.31 kJ$$

A　矿石脱碳的具体过程

矿石加入熔池后，其脱碳过程分以下三步完成：

(1) 加入炉内的矿石，在渣中转变为 FeO，然后按分配定律部分地扩散到钢液中；

(2) 钢液中的碳和氧在气泡容易生成的地方进行反应，生成 CO 气泡；

(3) CO 气泡脱离反应区上浮，在上升过程中逐渐长大、逸出熔池液面而进入炉气，并引起熔池激烈的沸腾。

B　加矿脱碳工艺

加矿脱碳的操作要点是：高温、薄渣、分批加矿、均匀沸腾。

因为加矿脱碳反应为吸热反应，所以加矿脱碳开始时必须要有足够高的熔池温度，一般应高于 1550℃。同时，为了避免熔池急剧降温，矿石应分批加入，每批矿石加入量约为钢液重量的 1.0% ~ 2.0%，而在前一批矿石反应开始减弱时，再加入下一批矿石，间隔时间需 5 ~ 7min。如果矿石的加入速度太快或一次加入全部矿石，会急剧降低熔池温度使碳氧反应难以进行，甚至停止；而当温度升高后，钢液会突然发生剧烈沸腾，造成严重喷溅，甚至引起跑钢事故。所以，要避免低温加矿和一次加矿过量。

加矿脱碳原则上是在高温和薄渣下进行，但是考虑到钢液的继续脱磷与升温，温升速度应先慢后快，渣量控制应先多后少，而且还要有足够的碱度及良好的流动性。黏稠的熔渣不仅不利于（FeO）的扩散及 CO 气泡的排除，特别是在钢液温度不太高的情况下，熔池容易出现"寂静"，即加矿后熔池不沸腾的现象。这时应立即停止加矿，用萤石调整熔渣的流动性并升温。

使熔池均匀激烈地沸腾是达到上述一系列目的的关键，可以通过调整矿石的每批加入量和批次的间隔时间来控制。

在脱碳初期，流动性良好的炉渣在 CO 作用下呈泡沫状，会经炉门自动流出，应及时补加渣料。

3.6.5.2 吹氧脱碳

A 吹氧脱碳的工艺特点

电弧炉的吹氧脱碳，通常是用吹氧管从炉门插入熔池并吹入氧气。吹入熔池的氧的脱碳方式分为间接氧化和直接氧化两种，且以间接氧化为主。

吹入钢液中的高压氧气流以大量弥散的气泡形式在钢液中捕捉气泡周围的碳，并在气泡表面进行反应。与此同时，氧气泡周围形成的 FeO 与钢液中的碳作用，反应产物也进入气泡中。而 [FeO] 的出现与扩散，又提高了钢液中的氧含量。因此，碳的氧化不仅仅在直接吹氧的地方进行，熔池中的其他部位也在进行。

无论是间接氧化还是直接氧化，吹氧脱碳的特点是纯氧直接吹入熔池，供氧速度快，脱碳速度也较快，一般为 $(0.03\% \sim 0.05\%)/min$，而且吹氧脱碳的速度与熔池温度、氧气压力、钢液中的碳含量等因素有关。通常情况下，随着熔池温度的升高，脱碳速度加快；适当提高氧气的压力，可以强化对熔池的搅拌，加速反应物 [C] 和 [O] 的扩散，扩大反应的面积，因而也能加速脱碳反应的进行，表 3-3 列出了某厂吹氧压力与脱碳速度的统计数据。

表 3-3 吹氧压力与脱碳速度

吹氧压力/MPa	吹氧时碳含量 $w[C]/\%$	脱碳速度 $w[C]/\% \cdot min^{-1}$
0.7 ~ 0.8	0.51 ~ 0.67	0.0345
0.45 ~ 0.5	0.50 ~ 0.70	0.0291

吹氧前钢液的含碳量对脱碳速度也有较大的影响，如图 3-11 所示。脱碳速度随钢中含碳量增加而增加，这一特点与氧气顶吹转炉吹炼中期基本维持最大脱碳速度的情况不同。

当吹氧管直径确定后，供氧量与吹氧压力有一定的比例关系，因此供氧量对脱碳速度的影响与吹氧压力的影响相似。氧气的消耗量还与钢液内含碳量高低有直接关系，如果吹氧前钢液中的碳含量较低，氧化单位碳量所消耗的氧量则相对较高，如图 3-12 所示。

B 加矿脱碳与吹氧脱碳的比较

加矿脱碳和吹氧脱碳的主要差别在于氧的供应方式不同和氧化铁的传递方向不同。

加矿脱碳时是以 (FeO) 的形式向熔池供氧。矿石加入炉内沉在钢渣界面上，熔化、分解后一部分溶解在钢液中，即 [O] + [Fe]，可近似地看作 [FeO]；另一部分上浮至炉渣中，即 (FeO)。钢液中的 [FeO] 会与其中的碳等元素发生反应，[FeO] 的浓度将不断降低，为了补充钢液中的 [FeO]，炉渣中的 (FeO) 要向钢液中扩散，即 (FeO) → [FeO]。因此，加矿脱碳能使钢水沸腾比较均匀且范围较广，有利于去除夹杂和有害气体；加之，该过程要吸收大量的热量，因此加矿脱碳也有利于去磷。但铁矿石本身也含有一定的杂质，会使钢水受到污染；同时加矿的吸热反应也促使电力消耗增加。另外，由于矿石分解出的氧化铁要通过炉渣扩散到钢水中起作用，达到平衡所需的反应时间较长，因此加入矿石较长时间以后脱碳反应仍在进行，往往取样分析后还有降碳现象。

吹氧脱碳时，氧气直接与钢水中的碳等各种元素发生反应，生成的氧化铁再向渣中扩散，即 [FeO] → (FeO)，因而沸腾范围不如加矿脱碳来得广泛，需经常移动吹氧管以弥补

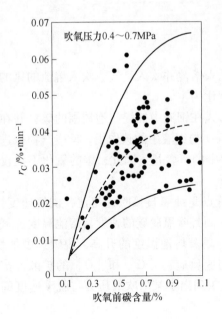
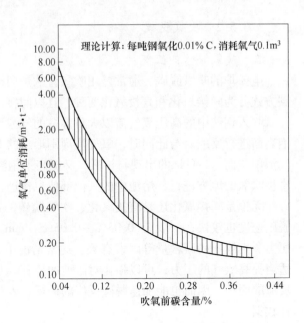

图 3-11　吹氧前钢液含碳量对脱碳速度的影响　　　图 3-12　氧化 0.01% 的碳所消耗的氧量

其不足；同时，因为吹氧脱碳为放热反应，且渣中氧化铁又少，不利于去磷，这就要求脱磷任务必须在熔化末期或氧化初期钢液的温度不太高的情况下就已完成。但是，氧气比较纯净，有利于提高钢的质量；同时，吹氧脱碳的冶炼时间短，可提高产量 20% 以上，电耗降低 15% ~ 30%，电极消耗降低 15% ~ 30%，总成本约降低 6% ~ 8%。

在相同条件下，加矿脱碳和吹氧脱碳的情况比较见表 3-4。

表 3-4　电弧炉加矿脱碳和吹氧脱碳的比较

方　法	脱碳速度/% · min^{-1}	对温度的影响	脱磷条件	电　耗	钢中过剩氧	铁　损
加矿脱碳	0.01	降温	好	多	多	少
吹氧脱碳	0.015 ~ 0.04	升温	差	少	少	多

还应指出的是，当钢液中的碳含量降低到 0.10% 以下时，与之平衡的氧含量将急剧上升；同时，与钢液中碳相平衡所需的渣中的氧化铁含量也大幅增加。这时如果要保持一定的脱碳速度，就必须增加供氧量。加矿脱碳受其降温作用的影响，一次不能加得太多，且渣中（FeO）向钢中的扩散转移速度很慢；而吹氧脱碳不受这种限制，因此当钢液中的碳含量降到 0.10% 以下时，吹氧脱碳优于加矿脱碳，两者的速度相差显著。生产实践证明，在冶炼低碳或超低碳的钢时，吹氧氧化很容易把钢中的碳迅速降到很低的水平，同时合金元素的氧化损失也比矿石氧化得少，这使得利用返回吹氧法冶炼高合金钢来回收炉料中的贵重合金元素成为可能。

3.6.5.3　矿-氧综合脱碳

鉴于上述加矿脱碳和吹氧脱碳各有特点，目前生产上多采用矿-氧综合氧化法。

矿-氧综合脱碳可以加大向熔池供氧的速度并扩大碳氧反应区；减少钢中氧向渣中的

转移，同时由于氧气流股的搅动作用，使 FeO 的扩散速度加快，所以这种综合脱碳工艺能使钢液的脱碳速度成倍地高于单独加矿或吹氧的脱碳速度。

具体操作过程中，矿石的加入应分批进行，且先多后少，最后全用氧气；吹氧停止后进行净沸腾。

3.6.5.4　净沸腾

当温度和成分符合要求之后，停止吹氧或加矿，让熔池进入微弱的自然沸腾状态，称为净沸腾。

造成熔池净沸腾的原因是钢液中的过剩氧和碳继续反应的结果。净沸腾可以降低钢液中的残余含氧量，减轻还原期的脱氧任务，并使气体、夹杂物充分上浮。

净沸腾的时间约为 5 ~ 10min，在沸腾结束前 3min，充分搅拌熔池，然后进行测温及取样分析，准备扒除氧化渣。

在冶炼低碳结构钢时，由于钢中过剩氧量多，可按调锰至 0.20% 计算加锰铁合金进行预脱氧，使碳不再继续被氧化。有人认为，加高碳锰铁可以出现一个二次沸腾，对进一步去气、去夹较为有利；也有人认为，加入硅锰合金进行预脱氧的效果更好，不仅钢液的含氧量低，而且脱氧产物容易上浮。

3.6.5.5　氧化终点碳的控制

氧化终点碳的控制，包括氧化终点碳的确定和氧化终点碳的判断两方面的内容。

A　氧化终点碳的确定

氧化终点的碳含量，一般应控制在低于钢种规格成分下限的一定值。因为还原期加铁合金（主要是锰铁和铬铁）及碳粉脱氧，都可能使钢液增碳。

通常终点碳量可用下式确定：

$$w[C]_{终点} = w[C]_{成品规格下限} - (0.03\% ~ 0.08\%)$$

成品规格下限减去数值的大小，取决于钢中合金元素含量，碳素钢一般减去 0.03%，随着合金元素含量增加减去的数值增大，其至超过 0.08%。

例如冶炼 45 钢，成品的碳含量为 0.42% ~ 0.50%，锰含量为 0.50% ~ 0.80%，硅含量为 0.17% ~ 0.37%，氧化终点碳应控制在多少呢？

若使用高碳锰铁（含 C 7%，Mn 70%）将钢液调 Mn 至 0.50%，合金增碳量约为 0.05%；还原期加碳粉脱氧，按经验增碳 0.01% ~ 0.03%，所以总计增碳量为 0.07% 左右，若要求成品碳控制在 0.45%，则氧化终点的碳应该控制在 0.38% 左右。

B　氧化终点钢液碳含量的判断

依据钢种特点确定了合适的终点碳含量后，生产中还需准确判断钢液的实际含碳量，才能控制好终点碳。如果因判断失误，氧化末期取样分析钢液含碳过低，则扒除氧化渣后必须先进行增碳操作，不仅要延长冶炼时间 10 ~ 15min，还会增加钢中的夹杂物和气体含量。如果因判断失误，进入还原期后发现钢液含碳过高，将被迫进行重氧化操作，不仅要延长冶炼时间、增加劳动强度、浪费原材料，而且还会使钢液过热。

氧化终点碳的判断主要依靠化学分析、光谱分析及其他仪器来确定，一般在沸腾流渣两次后取样分析。但在实际操作中，为了缩短冶炼时间，电弧炉炼钢工还可根据渣况、炉温、加矿或吹氧的数量与时间、流渣、换渣及碳火花等各方面情况判断出钢液的碳含量，常用的判断方法主要有以下几种：

（1）根据供氧参数来估计钢中的碳含量。具体做法是，依据冶炼中的吹氧压力、吹氧管插入深度、耗氧量或矿石的加入量、钢液温度等，先估算氧化 1min 或一段时间内的脱碳量，然后结合吹氧时间及熔清时钢液的碳含量估计钢中的碳含量。此法使用方便、估计准确，故生产中应用较多。

（2）根据吹氧时炉内冒出的黄烟的情况来估计钢中的碳含量。吹氧时炉内冒出的黄烟浓、多，说明钢液的碳含量高；反之，则表明钢液的碳含量已较低。当碳含量小于 0.30% 时，黄烟非常淡。

（3）根据吹氧时炉门喷出来的火星粗密或稀疏来估计钢水的含碳量。一般来说，火花分叉多、火星粗密时钢液的含碳量较高；反之，钢液的含碳量较低。

（4）根据样勺内碳火花的粗密、细疏来估计钢水含碳量。吹氧过程中，从炉内取出一勺钢液，拨开液面上的渣子，如果冒出的碳火花粗密，说明钢液含碳高；反之，则表明钢液含碳低。

（5）根据吹氧时电极孔冒出的火焰状况判断钢中碳含量。返回吹氧法冶炼高合金钢时，常用该方法判断钢液的含碳量。一般情况下，碳含量高则火焰长，反之则火焰短。当棕白色的火焰收缩，且熔渣与渣线接触部分有一沸腾圈时，钢液的碳含量一般小于 0.10%。在返回吹氧法冶炼铬镍不锈钢时，当棕白色的火焰收缩、带有紫红色火焰冒出且炉膛中烟气不大、渣面沸腾微弱时，钢液的碳含量约为 0.06% ~ 0.08%；如果熔渣突然变稀，这是过吹的象征，碳含量一般小于 0.03%。碳低则熔渣变稀，这种现象在冶炼超低碳钢时经常遇到。

（6）根据试样断口的特征判断钢中的碳含量。从炉内取出一勺钢液倒入长方形样模内，凝固后取出放入水中冷却，然后打断，可根据试样断面的结晶大小和气泡形状来估计钢中碳含量的高低。

（7）根据钢饼表面特征估计钢中的碳含量。这种方法主要用于低碳钢的冶炼上。一般是舀取钢液，不经脱氧即轻轻倒在铁板上，然后根据形成钢饼的表面特征来估计碳含量。

以上几种方法都是估计含碳量的经验方法，经验丰富的炼钢工经常是几种方法并用，互相印证，估计的碳含量往往只有 0.01% ~ 0.02% 的误差。

3.6.6　电弧炉返回吹氧法冶炼不锈钢的脱碳工艺

电弧炉采用返回吹氧法冶炼不锈钢时，钢液中含有 10% 以上的铬，其脱碳工艺具有一定的特殊性，即脱碳的同时要尽量避免铬被氧化。

3.6.6.1　脱碳保铬理论

A　铬在钢和渣中的存在形式

铬是重要的合金元素，许多合金钢，特别是不锈钢中都含有铬。

溶解在铁液中的铬以［Cr］形式存在。因铬原子与铁原子的半径相近，所以铬在铁液中的溶解度很大，而且铁-铬二元系形成近似理想溶液。在钢液中，铬的活度系数主要受钢中［C］和［O］的影响。钢液凝固时，铬还会与钢中碳形成碳化铬，以 Cr_4C、$Cr_{12}C_6$ 形式存在于固态钢中。

炉渣中铬的氧化物存在形式比较复杂。一般认为，炼钢温度下铬的氧化物在碱性炉渣中以（Cr_2O_3）的形式出现，并能与其中的碱性氧化物（MeO）形成（MeO·Cr_2O_3）尖晶石类盐；而在酸性渣中则以（CrO）存在，并能与渣中的（SiO_2）形成硅酸铬（CrO·SiO_2）。

铬的氧化物在酸性渣和碱性渣中的溶解度都不大，一般不超过 10%；而且它们的熔点都很高，如 $FeCrO_4$ 的熔点在 1990~2112℃ 之间，Cr_2O_3 的熔点则高达 2275℃，所以，熔池中有少量的铬氧化就会有固态的铬的氧化物析出，而且析出物的种类因钢液中的含铬量不同而异。当含铬量 $w[Cr] < 3\%$ 时，析出物是 $FeCr_2O_{4(s)}$；当 $w[Cr] > 3\%$ 时，则以 $Cr_3O_{4(s)}$ 或 $Cr_2O_{3(s)}$ 析出。析出的固态质点会使炉渣的黏度急剧增加，这是返回吹氧法冶炼不锈钢时经常会遇到问题之一。

B 含铬钢液的脱碳理论

a 铬的氧化反应

按熔池中铬的含量不同，其氧化反应的热力学数据如下：

$w[Cr] < 3\%$ 时

$$2[Cr] + 4[O] + Fe_{(l)} =\!=\!= FeCr_2O_{4(s)}, \quad \Delta G^\ominus = -1022700 + 438.8T$$

$$\lg K = \lg a_{[Fe]} \cdot a_{[Cr]}^2 \cdot a_{[O]}^4 = \frac{-53420}{T} + 22.92$$

$w[Cr] \geqslant 3\%$ 时

$$2[Cr] + 3[O] =\!=\!= Cr_2O_{3(s)}, \quad \Delta G^\ominus = -843100 + 371.8T$$

$$\lg K = \lg a_{[Cr]}^2 \cdot a_{[O]}^3 = \frac{-44040}{T} + 19.42$$

b 碳和铬的选择氧化

含碳、铬的金属熔池中，铬和碳的氧化关系是一个重要的实际问题。在冶炼不锈钢时，希望碳优先被氧化，即脱碳保铬，以提高铬的回收率；而在吹炼含铬生铁时，则希望脱铬保碳，使脱铬后的半钢碳含量保持在 3.2% 以上，以便继续冶炼成钢，现从热力学角度对碳和铬的选择氧化关系进行分析。

碳、铬氧化反应的热力学数据如下：

$$[C] + [O] =\!=\!= \{CO\}, \quad \Delta G_C^\ominus = -22200 - 38.34T \tag{3-11}$$

$$2/3[Cr] + [O] =\!=\!= 1/3Cr_2O_{3(s)}, \quad \Delta G_{Cr}^\ominus = -281033 + 123.9T \tag{3-12}$$

根据热力学函数的可加和性，将式（3-11）和式（3-12）合并得：

$$Cr_2O_{3(s)} + 3[C] =\!=\!= 2[Cr] + 3\{CO\}, \quad \Delta G^\ominus = -776500 - 486.82T \tag{3-13}$$

当 $\Delta G^\ominus = 0$ 时，表示钢液中铬和碳有相等的氧化趋势，其所对应的温度称碳、铬的氧化转换温度，令式（3-13）中的 $\Delta G^\ominus = 0$，可求得碳、铬的氧化转换温度为：

$$T_{转} = 776500/486.82 = 1595K(1322℃)$$

就是说，当反应条件处于标准状态即：$w[Cr] = 1\%$、$w[C] = 1\%$、$p_{CO} = 101325Pa$ 时，

在高于 1322℃ 的温度条件下吹氧钢中的碳将优先氧化。

实际生产中，钢液的含铬量通常在 10% 以上，而钢中的含碳量都是低于 1%，甚至低于 0.1%。因此，即使熔池温度在 1600℃ 以上，吹氧脱碳时也不可避免地要有部分铬烧损。具体的碳、铬氧化转换温度，应该运用下式等温方程式计算：

$$\Delta G = \Delta G^{\ominus} + RT \ln \frac{a_{Cr}^2 \cdot (p_{CO}/p^{\ominus})^3}{a_{[C]}^3 \cdot a_{(Cr_2O_3)}}$$

通过实验得到高铬钢液吹氧脱碳时铬碳比与温度的关系为：

$$\lg \frac{w[Cr]_\%}{w[O]_\%} = \frac{-13800}{T} + 8.76$$

根据上式可以算出不同温度下钢中碳和铬的定量关系。如图 3-13 所示，钢中铬含量一定时，碳含量随温度的提高而降低。

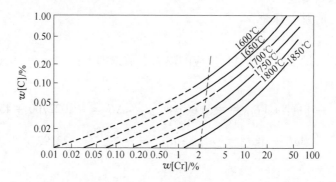

图 3-13　在不同的脱碳温度下钢中含铬量和含碳量的关系

由图 3-13 可知，在 1600℃、$w[C] = 0.10\%$ 时，含铬最多只能达到 2% 左右，这满足不了冶炼不锈钢的要求。当把温度提高到 1770℃ 时，与 $w[C] = 0.10\%$ 平衡的 $w[Cr] = 10\%$；当把温度提高到 1800℃ 时，与 $w[C] = 0.10\%$ 平衡的 $w[Cr] = 18\%$。也就是说，要使钢液的碳含量降至 0.01%，且还要保证钢液含铬为 18% 时，此时熔池温度必须高于 1800℃。因此在冶炼一般不锈钢时，必须在高温下吹氧脱碳，以达到脱碳保铬的目的。

应指出的是，冶炼超低碳不锈钢时需要把碳降到 0.10% 以下，这时仅仅靠提高温度不能保证铬的回收，还要降低 p_{CO} 才有可能，这就是 VOD 炉真空吹氧脱碳和 AOD 炉氩氧混吹脱碳冶炼超低碳不锈钢的理论依据。

3.6.6.2　高铬钢液的脱碳工艺

高铬钢液的脱碳工艺包括配料要求、吹氧操作和终点碳含量控制三方面的内容，现以返回吹氧法冶炼 18-8 型不锈钢为例分别加以说明。

A　配料要求

电弧炉采用返回吹氧法工艺冶炼不锈钢时，炉料中要配入大量的含铬返回钢及部分高碳铬铁，使钢中有较高的铬含量，以减少还原期补加铬铁量；同时，还可以减少价格昂贵的微碳铬铁的用量。但随着炉料中配铬量的增加，$w[Cr]/w[C]$ 的比值增大，为了脱碳保铬，就应提高开始吹氧温度，同时吹氧终点的熔池温度也得提高，这将给操作造成困难并影响炉体寿命。目前一般配铬量为 10% ~ 13%。

根据脱碳保铬理论可知，当铬的含量一定时，较高的碳含量可使熔池在较低的温度下就开始吹氧操作，可以加速炉料的熔化；但配碳量过高，将延长吹氧时间，一般配碳量为 0.30% 左右。

含镍的不锈钢，由于镍在钢中不会被氧化，又能提高碳的活度，所以应按规格要求全部配入炉料中，以利于吹氧脱碳并降低脱碳温度。

高铬钢液中，磷和氧的亲和力比铬小，吹氧脱碳时钢液温度又很高，因而返回吹氧法几乎没有脱磷能力。所以，炉料中含磷量越低越好，起码不要超过 0.025%。

由于硅氧化能放出大量的热，而且有利于保铬，因此炉料的配硅量可高达 1% 左右，这对提高铬的回收率是有好处的。

B　吹氧操作

a　开始吹氧脱碳的温度

开始吹氧的温度是脱碳保铬的关键。合适的开始吹氧温度可以根据 $w[Cr]/w[C]$ 比与温度的关系来选择。例如，熔清后钢液含铬 10%，含碳 0.30%，其铬、碳比 $w[Cr]/w[C] = 33$，代入式 $\lg \dfrac{w[Cr]_\%}{w[O]_\%} = \dfrac{-13800}{T} + 8.76$ 计算，可得理论开始吹氧温度为 1633℃；由于钢液中配有 10% 左右的镍和一定量的硅，所以开始吹氧温度可定为等于或高于 1600℃。

b　脱碳速度

在吹氧过程中，脱碳保铬的目的能否达到关键在于能否保证一定的脱碳速度。而脱碳速度取决于吹氧压力及单位时间内向钢液的供氧量。实际生产中，通常将吹氧压力提高到 0.8 ~ 1.2MPa，并采用双管或多管齐吹操作增加供氧量的办法来达到一定的脱碳速度。当 $w[C] < 0.10\%$ 时，碳含量低于碳氧反应的临界含碳量，增加供氧量已不是主要问题。此时应提高吹氧压力，强化对熔池的搅拌，加速碳向反应区的扩散。

在吹氧终了时，熔池温度已经相当高，通常在 1800℃ 以上。从电极孔冒出的火焰明显收缩无力且呈棕褐色，熔池表面沸腾微弱且只冒小泡，熔池白亮，炉渣也明显黏稠。这表明钢中含碳已降至 0.06% 以下。有经验的炼钢工应根据炉前情况，迅速做出判断，决定是否停止吹氧。吹氧过程中的炉况特征见表 3-5。

表 3-5　高铬钢液吹氧脱碳过程的特征

$w[C]/\%$	$r_C/\% \cdot min^{-1}$	特　征
>0.15	0.01	有白亮碳焰从炉门电极孔冒出，钢水激烈大翻，渣子稠，有泡沫
0.09 ~ 0.15	0.005	炉门火焰渐收，时隐时现，电极孔有褐色火星；熔池面有小气泡，渣渐稀
<0.09	0.002	火焰全收，电极孔冒褐色烟；熔池白亮，反射极强

C　终点碳的控制

对于无特殊要求的不锈钢，根据成品要求对终点碳进行控制（注意扣除铁合金增碳量）。

例如 1Cr18Ni9Ti 钢的含碳量要求低于 0.12%，氧化终点的碳含量可控制在 0.04% ~

0.08%。终点碳太高，成品钢的含碳量会由于还原和出钢过程中的增碳而出格；终点碳控制过低，特别是终点碳小于 0.035% 时，钢液中铬的烧损将显著增加，影响铬的回收率。

3.6.7　VOD 炉脱碳工艺

钢液的真空吹氧精炼简称 VOD 法（真空-吹氧-脱碳），主要用于冶炼不锈钢、耐热钢和其他合金钢等。

3.6.7.1　真空吹氧脱碳的特点

VOD 精炼的实质是真空处理和顶吹氧气相结合的冶炼工艺。虽然在它的钢包底部也进行吹氩，但不是为了稀释氧气和降低 CO 的分压力，而是为了强化搅拌以促进钢液的循环。

不锈钢中铬的含量很高，采用传统的返回吹氧法冶炼时，钢液的脱碳比较困难，铬和碳一起被氧化而生成 CrO 和 Cr_2O_3。但是在进行真空吹氧脱碳时，熔池中的 CrO 和 Cr_2O_3 将和钢液中的碳发生反应而被还原，反应式如下：

$$(CrO) + [C] = [Cr] + \{CO\}$$

$$(Cr_2O_3) + 3[C] = 2[Cr] + 3\{CO\}$$

反应中 CO 的分压力因真空泵的作用而降低，使反应的平衡向右移动，因此钢中的铬不会被氧化，甚至还能从渣中还原。

钢液经 VOD 精炼后，不仅可以获得碳含量很低的钢，且又不消耗大量的铬；同时，钢中的气体和非金属夹杂物也随着脱碳反应的进行而得到去除。

3.6.7.2　真空吹氧脱碳工艺

VOD 炉可以和任何炼钢炉搭配双联，以下介绍氧气转炉和电弧炉的初炼钢水的真空吹氧脱碳工艺。

　A　初炼钢水

　a　氧气转炉作为初炼炉

将脱硫铁水、废钢和镍等原料倒入转炉，开始吹氧进行一次脱碳，并去除铁水中的硅和磷；出钢后进行除渣操作，以防回磷；然后倒回转炉内，并加入按规格配入的高碳铬铁，再进行熔化和二次脱碳。终点碳不能太低，否则铬的烧损严重，通常控制在 0.4% ~ 0.6%；停吹温度保持在 1770℃ 以上。最后将初炼钢水倒入钢包内。

　b　电弧炉作为初炼炉

炉料中配入部分高碳铬铁和部分不锈钢返回料，配碳量在 1.5% ~2.0%；含铬量按规格上限配入，以减少精炼期补加低碳铬铁的量，镍则按规格要求配入。在电弧炉内吹氧脱碳到 0.3% ~0.6% 范围，初炼钢水合碳量不能过低，否则将增加铬的氧化损失；但也不能过高，否则在真空吹氧脱碳时，碳氧反应过于剧烈，会引起严重飞溅，使金属收得率降低，并影响作业率。在吹氧结束时，应对初炼炉渣进行还原，回收部分铬，以减少初炼炉中铬的烧损。初炼钢水倒入钢包炉后，扒除全部炉渣。

B　真空吹氧脱碳

将盛有初炼钢水的钢包移至真空盖下，合上真空盖，开动抽气泵，同时包底吹氩搅拌钢液。当炉内压力减小到 20～6.67kPa 时进行吹氧脱碳。随着碳氧反应进行，可根据观察到的炉内碳氧反应引起的沸腾程度，逐级开动真空泵，将真空度调整到 13.33～1.33kPa 范围内。精炼中，钢液中的碳含量可根据真空度、抽气量、抽出气体组成的变化等进行判断，在减压条件下很容易将终点碳降至 0.03% 以下。终点碳的准确含量通常用固体氧浓差电池进行测定。

吹氧结束后，继续吹氩搅拌，在真空下进行碳脱氧反应并进一步去气，而后进行取样和测温。如果温度过高，可加入本钢种返回料降温，并加入脱氧剂和石灰等造渣材料，同时加入合金调整成分，然后继续进行真空脱气；当钢液的化学成分和温度符合要求时，精炼结束，即刻进行浇注。通常精炼时间约需 1h。

3.6.7.3　VOD 炉精炼工艺分析

为了顺利完成 VOD 的精炼任务，具体操作中要控制好钢液温度，并努力提高脱碳程度和铬的回收率，下面结合实际生产进行分析。

A　影响真空脱碳的因素

生产中发现，影响脱碳程度的因素主要有以下几个：

（1）临界含碳量。临界含碳量越低，脱碳越容易进行。而具体的临界含碳量数值与钢液中的铬含量、冶炼真空度、钢液温度以及是否吹氩等因素有关，冶炼真空度及温度越高，临界含碳量就越低。通常情况下，对于 18-8 型不锈钢而言，VOD 法精炼时的临界含碳量在 0.02%～0.06% 之间波动，而电弧炉返回吹氧法冶炼时的临界含碳量大于 0.15%。例如，国内某厂吹氧时的平均真空度为 6.67～13.3kPa，采用水冷拉瓦尔喷枪硬吹，并配有氩气搅拌，其临界含碳量为 0.02%～0.03%。可见在 VOD 精炼条件下，冶炼含碳量小于 0.03% 的超低碳不锈钢是十分容易的。

（2）真空度。真空度是影响钢中碳含量的重要因素，真空度越高，钢中碳含量越低。提高开吹时的真空度，可以改变钢中碳与硅的氧化次序，使碳优先氧化，从而缩短吹氧时间；而停止吹氧时真空度越高，终点碳含量越低。

（3）其他因素。真空下脱碳的程度还与供氧量有关，耗氧量越大，钢中碳含量将降得越低，但要考虑可能会增加铬的烧损；提高钢液温度和限制初炼钢液中的含硅量，同样能降低钢中碳含量。此外，在精炼后期进行造渣、脱氧、调整成分等操作，都会使碳含量增加，所以这些操作都应在真空下进行，以防增碳。

总之，真空脱碳时应当把提高真空度放在首位，而供氧量要控制适当，以免增加铬的烧损，有条件时可加大供氩量，而脱碳后的钢液温度应控制在 1700～1750℃ 之间。

B　影响铬回收率的因素

VOD 法精炼高铬钢液时，铬的回收率波动在 97.5%～100% 之间。如果将初炼炉内铬的损失一并计算，则铬的回收率波动在 93%～96% 之间。为了提高铬的回收率，应注意以下几个问题：

（1）提高真空度。真空度对铬回收率的影响情况见表 3-6。

表 3-6　真空度对铬回收率的影响

真空度/kPa				精炼炉铬的回收率/%
开始吹氧时	脱碳期平均值	停止吹氧时	碳脱氧时	
6.67 ~ 13.33	2.67 ~ 8.0	< 0.667	0.107 ~ 0.16	约 100
20 ~ 24	6.67 ~ 20	< 2.67	0.133 ~ 0.4	96

从表 3-6 中数据可知，真空度较高时，精炼后铬的回收率也较高。可见，提高真空度是提高回收率的有效手段。

（2）控制合理的吹氧量和终点碳。生产实践表明，当初炼钢液含碳量为 0.3% ~ 0.6% 时，供氧量控制在 $10m^3/t$ 左右较为合适。因为吹入钢液的氧除了氧化碳外，同时也氧化部分铬，所以供氧量增加必然会增大铬的烧损。

吹氧终点碳的控制一般不宜低于临界含碳量值过多，否则会由于脱碳速度减慢而增加铬的氧化；而且钢液的含碳量在随后的真空下碳脱氧时还会继续下降。因此，在吹氧后期，当钢中含碳量达到临界值时，应该适当地减少供氧量，以免造成铬的大量烧损。

（3）还原精炼。进行适当的还原精炼是提高铬回收率的另一项重要工艺措施。真空吹氧结束后，此时渣中必然含有一定量的氧化铬，通常渣中（Cr_2O_3）的含量约为 5%。因此，应及时加入石灰等造渣材料和适量的粉状强脱氧剂，获得碱度大于 2 的碱性还原渣，进行还原精炼，使渣中的部分氧化铬还原进入钢液。

（4）提高初炼炉内铬的回收率。首先，初炼渣的碱度要大于 2，因为当碱度 $B < 2$ 时，渣中的铬以硅酸盐的形式存在，活度低而有利于铬的氧化，使初炼钢液铬的回收率明显降低。

其次，应对初炼炉渣进行还原。初炼炉内吹氧脱碳后铬的烧损约 2% ~ 4%，如果初炼渣量为 3%，则在初炼渣中（Cr_2O_3）的含量约为 11% ~ 22%。所以，在吹氧结束后，必须对初炼渣进行还原。另外，初炼炉内吹氧终点碳不能控制过低，以免增加铬的烧损量。

总之，通过提高精炼炉的真空度、适当控制供氧量、调整初炼炉渣和精炼炉渣的碱度及对炉渣进行脱氧还原、合理控制初炼炉吹氧量和终点的含碳量，使铬总回收率达到 93% 并非难事，但要进一步提高铬的回收率，则较为困难。

C　温度控制

由高铬钢液中碳、铬氧化理论可知，温度越高越有利于脱碳，但过高的温度会缩短钢包及炉内衬的寿命，所以操作中要注意控制升温。温度控制可从下列几个方面考虑。

（1）提高真空度和控制开吹温度。提高吹氧脱碳过程中的平均真空度，可以降低停吹后的钢液温度，开吹温度适当低些也是降低精炼后钢液温度的一个重要手段，表 3-7 是实测得到的数据。

表 3-7　吹氧真空度、开吹温度与钢液温度的关系

开吹温度/℃	吹氧平均真空度/kPa	处理后钢液温度/℃
1580 ~ 1600	5.87	1670
1580 ~ 1600	8.53 ~ 30.53	≥1800
1535 ~ 1560	3.60	1600
1535 ~ 1560	7.6 ~ 21.006	1710 ~ 1713
1535 ~ 1560	22.40	1750

但是，应以提高真空度为主要手段，而不能过分强调降低开吹温度。因为开吹温度过低，将使脱碳速度降低，铬的烧损增加。通常认为开吹温度控制在 1550 ~ 1580℃为宜。

（2）适当控制供氧量。过多的供氧量，除了用于脱碳外，还会增大包括铬在内的其他元素的氧化，钢液的温度也会相应升高，所以适当控制供氧量和精炼后期逐渐减少供氧量是非常必要的。

另外，真空脱碳反应结束后，如温度过高，可加入渣料、本钢种返回料、合金等冷料降温；也可事先适当降低钢包的烘烤温度，但不能低于 700 ~ 800℃，以免烘烤不良而增加钢中的氢含量。

3.6.7.4 真空吹氧精炼终点碳的判断

目前多数炉子是用固体氧浓差电池测定气相中的氧分压的变化，从而判断钢中碳氧反应的情况。当钢液所进行的碳氧反应发生变化时，气相中的氧分压就随之改变，此时固体氧浓差电池产生的浓差电势就在电位表上显示出来。

其规律为：开始吹氧时，由于氧化钢中的硅，炉气中的氧分压与空气中的氧分压相等，电势为零，所以浓差电势停在零位不动。随后碳氧反应开始，电势指针离开零位上升，吹氧 2 ~ 3min 后，碳氧反应激烈，指针在数秒钟内跃升到高峰值，随后较稳定地保持这一数值。而后电势指针从高峰突然跌落到较低的数值，且较稳定地保持这一数值。电势指针从高峰突然跃落，说明钢中碳含量已降低到临界值，这时钢中碳氧反应骤然减弱，脱碳速度突然大大减慢，熔池中有极高的超平衡氧，应该立即停止吹氧。随着超平衡氧与钢中碳的继续氧化，电势继续缓慢下降直至零，表示钢中碳氧反应结束。如果等到电势完全到零后再停止吹氧，无疑会因过多吹氧而使铬的氧化增加。

停吹氧后，真空度很快增高，数分钟内即可使钢液在低压下进行碳脱氧反应，再次发生沸腾现象，此时氧浓差电池的电势出现第二次峰值。当电势从第二次峰值下跌时，说明碳氧反应停止，达到了真空保持期的终点。

此外，观察真空管道里的温度也能判断精炼过程的进行情况。开吹后，钢中碳、硅、铝、锰等元素不断被氧化而放热。尤其是碳被氧化后，生成的气相反应产物 CO 的析出，使管道温度以明显的速度上升；而当碳氧反应停止，热量就不再被 CO 气体大量带出来，则管道温度也就不再上升，或者开始下降。因此，真空管道内的温度变化，可以作为精炼过程中碳氧反应变化的参考数值。

3.6.8 AOD 炉脱碳工艺

钢液的氩氧吹炼法简称 AOD 法（氧气-氩气脱碳），是用氩-氧混合气体脱除钢中的碳、气体及夹杂物生产不锈钢的精炼方法。其最突出的优点，是在非真空下吹炼而具有真空精炼的效果，可用廉价的高碳铬铁冶炼出优质的低碳不锈钢。

3.6.8.1 氩-氧精炼原理

AOD 法利用氩、氧两种气体进行吹炼，如前所述，其精炼原理是利用吹入的氩气降低 CO 气体的分压的方法来提高碳氧反应的能力，从而达到脱碳保铬的目的。一般多是以混合气体的形式从炉底侧面吹入熔池，但也有分别同时吹入的。

3.6.8.2　氩-氧混合脱碳工艺

A　初炼钢水

初炼炉的原料中，用含铬返回废钢和高碳铬铁将铬配到规格上限，以保证精炼终点铬含量在规格中限，最后可以不加或少加微碳铬铁。炉料中的含碳量不论多少均能获得极低的终点碳，但从操作简便和减少氮气、氧气的消耗量考虑不宜太高，但不能低于常压下 Cr-C 平衡的 $w[C]$ 值，以减少熔化炉料时铬的烧损，通常配碳量为 1.0% ~ 1.5%。此外，炉料中要配入约 0.5% 的硅，如炉料中碳低则配硅量要增加，以起到保铬升温的作用。但是，高铬钢液无法氧化去磷，因此炉料中含磷量要严格控制，应低于规格上限 0.005%。

初炼钢水的温度应大于 1550℃，最好提高到 1600 ~ 1650℃，可以为高温下氩-氧混吹脱碳创造有利条件。通常情况下，炉料熔化后应用硅铬粉、硅钙粉、硅铁粉及少量铝粉进行还原。

B　氩-氧精炼工艺

初炼钢水倒入 AOD 炉后，吹入氩-氧混合气体开始精炼。氩气在精炼中起着特殊的作用：第一阶段的主要作用是搅拌，第二阶段的作用则是强化脱碳、脱气。为此，可通过控制供氩流量和供氧流量的比值（q_{Ar}/q_{O_2}）合理地控制输入钢水的氩气量，达到脱碳保铬的目的。

一般地，随着 q_{Ar}/q_{O_2} 的比值提高，p_{CO} 降低，有利于脱碳保铬的进行。因此，在钢水中的 $w[C] > 0.10\%$ 之前，q_{Ar}/q_{O_2} 的比值可在 1/4、1/3、1/2、1 之间变换；当钢水中 $w[C] < 0.10\%$ 以后，应将 q_{Ar}/q_{O_2} 的比值提高到 2。随着 q_{Ar}/q_{O_2} 的比值进一步增大，钢水中碳含量将降得更低。为了获得超低碳的钢，q_{Ar}/q_{O_2} 的比值可为 3、4，甚至单吹氩气。

在整个吹炼过程中，氧气的压力可根据脱碳速度的要求调节；而氩气压力不能过大，以免引起飞溅和使氩气的利用率降低。精炼气体的消耗量因初炼钢水和精炼终点的碳含量不同而异。例如，精炼 20t 钢液，终点碳控制在 0.03% ~ 0.05% 时，氧的消耗量为 15 ~ 25m³/t，氩的消耗量为 12 ~ 23m³/t。通常氧化 0.01% C 需氧气 1.5m³，氧化 0.01% Si 需氧气 1.0m³。

 思 考 题

(1) 写出硅的间接氧化反应方程式，并分析其在碱性操作中的氧化规律。

(2) 写出锰的间接氧化反应方程式，并分析其在碱性操作中的氧化规律。

(3) 碳氧反应在炼钢过程中有哪些作用？

(4) 平衡时钢中碳和氧的浓度有何关系，如何表示？

(5) 实际熔池中碳氧反应的必要条件是什么？

(6) 真空条件及氩-氧吹炼对碳氧反应有何影响？

（7）碳氧反应一般分哪几个步骤进行？

（8）氧气顶吹转炉、电弧炉和钢包精炼炉内碳氧反应在哪些区域进行，为什么？

（9）简述电弧炉加矿脱碳和吹氧脱碳的操作要点。

（10）解释下列名词的含义：碳氧浓度乘积、净沸腾、过剩氧、临界含碳量、脱碳速度、VOD 法、AOD 法。

（11）炉外精炼不锈钢对初炼钢水有什么要求？

（12）简述真空脱碳和氩-氧脱碳的工艺要求。

学习情境 4

造渣制度

学习任务：

(1) 炼钢用辅原料；

(2) 炉渣组成对石灰溶解的影响；

(3) 造渣制度；

(4) 脱磷；

(5) 脱硫。

所谓造渣，是指通过控制入炉渣料的种类和数量，使炉渣具有某些性质，以满足熔池内有关炼钢反应需要的工艺操作。

生产实践表明，造渣是完成炼钢过程的重要手段，造好渣是炼好钢的前提。因为如果渣子造不好，会严重影响炉内的物化反应，不仅去除硫、磷等杂质元素困难，而且还会降低炉龄、延长冶炼时间、增加原材料消耗等。

就炉渣的化学性质而言，目前的炼钢渣主要有氧化渣和还原渣两种。为了强化去磷和去硫过程，两者均为碱性渣；不同的是，它们对渣中（FeO）的含量要求不同。

任务 4.1 炼钢用辅原料

炼钢用辅原料主要指造渣材料、氧化剂、冷却剂和增碳剂等。

4.1.1 造渣剂

炼钢生产所用造渣材料，主要是石灰、萤石、生白云石、菱镁矿、合成造渣剂、锰矿石、石英砂等。

4.1.1.1 石灰

石灰是目前碱性炼钢法的主要造渣材料，使用的目的是获得碱性炉渣，以去除钢中的磷和硫。石灰是由主要成分为 $CaCO_3$ 的石灰石煅烧而成。对炼钢用石灰的基本要求是：CaO 尽量高、SiO_2 及 S 等杂质尽量低、活性要好、新鲜干燥、块度合适，具体分析如下。

A　石灰的成分

石灰中的有用成分是 CaO，从使用的目的来看，当然是 CaO 含量越高越好，而有害成分 SiO_2 及 S 越低越好。不同的炼钢厂考虑到当地石灰石的质量问题，对石灰成分的具体要求不相同。一般来说，石灰的有效碱应不低于 80% ~ 85%，SiO_2 不超过 2.5%，S 低于 0.2%。

所谓有效碱，是指石灰中可利用的氧化钙的含量，即应扣除石灰中所含二氧化硅的消耗量，即：

$$w(CaO)_{\%有效} = w(CaO)_{\%石灰} - B \times w(SiO_2)_{\%石灰}$$

B　石灰的活性

所谓"活性"，是指石灰与熔渣的反应能力，它是衡量石灰在渣中溶解速度的指标。这一要求对于冶炼速度很快的氧气顶吹转炉来说尤为重要。

石灰的"活性"与生产石灰时的煅烧温度有关。石灰石的分解温度为 880 ~ 910℃，如果煅烧温度控制在 1050 ~ 1150℃ 时，烧成的石灰晶粒细小（仅 1μm 左右）、气孔率高（可达 40% 以上），呈海绵状，"活性"很好，称为软烧石灰或轻烧石灰。软烧"活性"石灰加入熔池后，由于其比表面积大而熔化快，成渣早，有利于前期去磷，而且冶炼过程顺利。如果煅烧温度控制在远高于石灰石的分解温度时，烧成的石灰晶粒级大（达 10μm 左右）、气孔率低（仅 20% 左右），甚至石灰表面包有一层熔融物，称为过烧石灰或硬烧石灰。过烧石灰入炉后，熔化慢，成渣晚，不利于冶炼操作。如果燃烧温度低于 900℃，由于烧成温度低，石灰烧不透，核心部分仍是石灰石，称为生烧石灰。生烧石灰入炉后，其中残留的石灰石要继续分解吸热，不仅成渣慢而且对熔池升温不利。

从理论上讲，评价石灰活性的正确方法，是将石灰加入到一定温度的熔渣中，经过一定时间间隔后，测定未熔化的石灰质（重）量，然后根据石灰在炉渣中的溶解速度判断其活性。但是，这种方法过于复杂和困难，通常用石灰与水的反应速度，即石灰的水活性来表示。大量的研究表明，石灰的水活性能近似反映其在熔渣中的溶解速度。因此，水活性已作为石灰的重要质量指标之一被列为常规检验项目。石灰的水活性的检验方法主要有以下三种：

第一种是 AWWA 法，它是将 100g 石灰加入到盛有 400mL 25℃ 水的烧杯中，并不断搅拌，3min 后测量溶液的温度，升温值大于 40℃ 的为活性指标合格。

第二种是 ASTM 法，它是将 76g 石灰放入盛有 360g 24℃ 水的保温瓶中，并不断搅拌，记录达到最高温度所用的时间，小于 10min 的为活性指标合格。

第三种方法叫做盐酸法，它是取 2000mL 40℃ 的水倒入 3000mL 的烧杯中，加入 8 ~ 10 滴酚酞指示剂后，将 50g 石灰倒入烧杯中并开始计时，同时不断地加入盐酸使溶液保持中性，记录添加到 10min 时所消耗的盐酸的毫升数，大于 180mL 的为活性指标合格。我国各冶金企业用该法测定石灰的活性。

C　石灰的块度

对于石灰的块度，转炉炼钢一般要求为 5 ~ 40mm，而电炉炼钢使用时，则以 30 ~ 60mm 为宜。块度过大时，熔化慢，成渣晚。尤其是在转炉炼钢中，有时甚至在出钢时渣中尚有未化透的石灰块，不仅造成材料浪费，而且给冶炼操作带来诸多不便，如去磷、去硫困难，产生喷溅等。块度过小，则易被炉气带走。混有许多粉末的石灰已吸收了大量的水分，应禁止使用。

另外，炼钢所用石灰还应新鲜干燥。由于石灰容易吸收空气中的水分而粉化，加之转炉炼钢的石灰用量大，通常在转炉车间附近建有石灰窑，现烧现用。电弧炉炼钢所用石灰多从厂外运来，应采用密闭容器储存和运输，而且使用前高温烘烤。

4.1.1.2　萤石及其代用品

萤石在炼钢中是作为溶剂使用的，即使用的目的是化渣和稀渣。萤石的主要成分是 CaF_2，纯 CaF_2 的熔点仅 1400℃左右，并能与 CaO 及 $2CaO \cdot SiO_2$ 结合成低熔点的化合物，因而它能加速石灰熔化和消除炉渣"返干"，而且作用迅速。此外，萤石能与硫反应生成挥发性的化合物，因而它还具有一定的脱硫作用。

对于炼钢用萤石，一般要求其 CaF_2 不低于 85%，SiO_2 不超过 4%，CaO 不超过 5%，S 小于 0.2%，块度 10～80mm，且应保持清洁、干燥、不混杂。用于电炉炼钢时，还应在 100～200℃ 的温度下干燥 4h 以上，注意温度不宜过高，以防萤石崩裂。

自然界的萤石因成分不同而呈多种颜色。其中，翠绿透明的萤石质量最好；白色的次之；带有褐色条纹或黑色斑点的萤石含有硫化物杂质，其质量最差。

应该指出的是，炼钢中使用萤石也存在一些问题。一是萤石的稀渣作用持续时间不长，随着氟的挥发而逐渐消失，而且挥发物对人体及炉衬都有一定的危害。二是萤石用量大时，炉渣过稀，会严重侵蚀炉衬；在转炉炼钢中过多使用萤石，还易引起严重喷溅。三是萤石的资源短缺，价格昂贵。因此，近年来各炼钢厂一直在寻求萤石的代用品。目前，转炉炼钢中多用铁矾土和氧化铁皮代替萤石。但是，它们的化渣和稀渣速度不及萤石，消耗的热量也比萤石多；而且氧化铁皮表面粘有油污，铁矾土含有较多的 SiO_2 和 H_2O，均会对冶炼产生不利影响。铁矾土的主要成分是 Al_2O_3，炼钢造渣使用时，通常要求其中 Al_2O_3 的含量大于 50%，SiO_2 的含量尽量低，并且清洁、干燥。

电弧炉炼钢中常用废黏土砖代替萤石，它是模铸系统使用过的汤道砖、注管砖等，又叫火砖块。其主要成分是：SiO_2 58%～70%，Al_2O_3 27%～35%，Fe_2O_3 1.3%～2.2%。黏土砖块对（MgO）含量高的熔渣的稀渣效果比萤石还好，而且是就地取材，废物利用。但是，黏土砖块的稀渣作用是以降低熔渣的碱度为代价的。因此，对于因碱度太高而导致熔渣过熟的情况，使用黏土砖块较好。

4.1.1.3　合成渣料

合成渣料是转炉炼钢中的新型造渣材料。它是将石灰和熔剂按一定比例混合制成的低熔点、高碱度的复合造渣材料，即把炉内的造渣过程部分地，甚至全部移到炉外进行。显然，这是一个提高成渣速度、改善冶炼效果的有效措施。

目前，国内使用较多的合成渣料是冷固结球团。它是用主要成分为 FeO（67%左右）、Fe_2O_3（16%左右）的污泥状的转炉烟尘配加一定的石灰粉、生白云石粉和氧化铁皮，在成球盘上造球，尔后在 200～250℃ 的温度下烘干固结而成。该合成渣料的成分均匀、碱度高（5～13）、熔点低（1180～1360℃），而且遇高温会自动爆裂，因此加入转炉后极易熔化，能很快形成高碱度、强氧化性和良好流动性的熔渣。

国外有的钢厂在燃烧石灰时掺入一定量的氧化铁皮，获得掺有 FeO 的黑皮石灰。这种黑皮石灰也是一种合成渣料。岩相分析发现，其自外而内大致可分为三层：外层是厚度达 10mm、成分为 $2CaO \cdot Fe_2O_3$ 的渣化层，中间是掺有大量 FeO 的松散层，最里面为活性石层。生产实践表明，这种掺有 FeO 的黑皮石灰加入转炉后成渣快，去磷效果好。

4.1.1.4 白云石

白云石是碳酸钙和碳酸镁的复合矿物，高温下分解后的主要组分为 CaO 和 MgO，还有一些 SiO_2、Al_2O_3 和 Fe_2O_3。

近年来，转炉炼钢中广泛采用加入一定数量的白云石来代替部分石灰的造渣工艺。采用白云石造渣工艺的主要目的是延长炉衬寿命，其基本原理是根据氧化镁在渣中有一定溶解度的特点，向炉内加入一定数量的白云石，使渣中的（MgO）接近饱和，从而减弱熔渣对镁质炉衬中 MgO 的溶解；另一方面，冶炼中随着炉渣碱度的提高，渣中 MgO 达到饱和状态而有少量的固态氧化镁颗粒析出，使后期炉渣的黏度明显升高，出钢后利用溅渣护炉技术将部分黏稠的炉渣挂在炉衬表面，形成保护层，可以减轻下炉钢冶炼前期低碱度渣对炉衬的侵蚀。生产实践表明，加白云石造渣可以大幅度提高炉龄，而且，渣中（MgO）含量控制在 6%～8% 较为适宜，过高的（MgO）会给冶炼带来一些问题，诸如炉底上涨、粘枪、去磷和去硫的效率下降等。

对于转炉炼钢用白云石，一般要求其 MgO 含量在 20% 以上，CaO 含量不低于 30%，硫、磷杂质元素含量要低，块度以 5～40mm 为宜。应指出的是，生白云石入炉后遇高温而分解，并吸收大量的热。因此，白云石造渣时以采用轻烧白云石为好。

4.1.2 冷却剂

通常氧气顶吹转炉炼钢过程的热量有富余，因而根据热平衡计算应加入一定数量的冷却剂，以准确地命中终点温度。氧气顶吹转炉用冷却剂有废钢、生铁块、铁矿石、氧化铁皮、球团矿、烧结矿、石灰石和生白云石等，其中主要为废钢、铁矿石。

石灰石、生白云石作冷却剂使用时，其分解、熔化均能吸收热量，同时还具有脱磷、硫的能力。当废钢与铁矿石供应不足时，可用少量的石灰石和生白云石作为补充冷却剂。

4.1.3 造还原渣的材料

造还原渣所用的材料可分为基本渣料和还原剂两大类。

造还原渣的基本渣料是石灰、萤石、废黏土砖块等。对它们的要求与造氧化渣时的要求基本相同，但还原期没有去气能力。因此，所用的各种材料均需要严格烘烤。

造还原渣的通常做法是：基本渣料化好后，向渣面撒加粉状还原剂，脱除渣中的氧，使熔渣的 FeO 含量降低到 1% 以下，因此还原剂又称为氧化剂。常用的粉状脱氧剂有炭粉、碎电石块和硅铁粉；对于某些特殊要求的钢，还有用硅钙粉、铝粉造还原渣。

（1）炭粉。炭粉是造还原渣时最常用的脱氧剂，其脱氧反应为

$$C_{\text{粉}} + (FeO) = \{CO\} + [Fe]$$

用炭粉脱氧时，由于脱氧产物是 CO 气体，不会污染钢水。炭粉有焦炭粉、木炭粉、电极粉等几种。造还原渣时广泛使用的是焦炭粉，它是由冶金焦炭经破碎、研磨加工而成的，最大的优点是价格便宜。木炭粉的密度小、灰分少、硫含量低，用它脱氧时钢液不会增碳，但价格太贵，个别企业仅在冶炼优质低碳合金结构时用它作脱氧剂。电极粉是由炼

钢中折断的废电极加工而成，其碳含量高、灰分少、硫含量低、密度大，但来源有限，生产中常作为增碳剂使用。炭粉的粒度以 0.5 ~ 1mm 为宜，过大时容易下沉，钢液增碳严重；过小时则不易加入炉内，损失太大。另外，使用前要进行干燥，去除水分。

（2）电石。电石的主要成分是 CaC_2，它具有较强的脱氧能力并有脱硫作用。使用电石造还原渣可以缩短还原时间，提高生产率。电石的脱氧及脱硫反应式为：

$$(CaC_2) + 3(FeO) = (CaO) + 3[Fe] + 2\{CO\}$$

$$3[FeS] + 2(CaO) + (CaC_2) = 3(CaS) + 3[Fe] + 2\{CO\}$$

电石是暗灰色、不规则的块状固体，电炉炼钢使用时的块度一般为 10 ~ 70mm。电石极易受潮粉化，因此必须放在密闭的容器内保存、运输，而且使用过程中也要注意防潮。

（3）硅铁粉。硅铁粉是由硅铁合金磨制而成的。炼钢上使用的硅铁合金有含硅 45%和含硅 75%两种，加工硅铁粉常用含硅 75%的硅铁合金，其硅含量高、密度小，造还原渣时能浮在渣中还原其中的 FeO 而不使钢液明显增硅。硅铁粉的脱氧反应：

$$Si_{粉} + 2(FeO) = 2[Fe] + (SiO_2)$$

硅铁粉的粒度应不大于 1mm；使用前也必须在 100 ~ 200℃的温度下干燥 4h 以上，保证水分不超过 0.2%。

（4）硅钙粉。硅钙粉由硅钙合金磨制成，是一种优良的脱氧剂。它的脱氧及脱硫能力极强，而且不会使钢液增碳，因此渣中冶炼中、低碳高级合金钢和含钛、硼结构钢时被广泛使用。由于硅钙粉的密度小，造还原渣时钢液不易增硅，故常与硅铁粉配合使用。硅钙粉的粒度应不大于 1mm；使用前也必须进行干燥，力争水分不大于 0.2%。此外，硅钙粉与硅铁粉的外观相似，不易分辨，使用和保管时要防止两者混乱。

（5）铝粉。铝粉的脱氧能力很强，主要用于低碳不锈钢的冶炼和某些低碳合金结构钢的还原精炼，以提高合金元素的收得率和缩短还原时间。其脱氧反应为：

$$2Al_{粉} + 3(FeO) = (Al_2O_3) + 3[Fe]$$

电炉炼钢要求铝粉的粒度不超过 0.5mm；使用前也要干燥，保证水分不大于 0.2%。

4.1.4　造氧化渣的目的及要求

氧气顶吹转炉和电炉的熔化期与氧化期的炉渣均为氧化渣。炼钢中，造氧化渣的主要目的是为了去除钢中的磷，并通过氧化渣向熔池传氧。

炼钢中的去磷过程，主要是在钢-渣两相的界面上进行的。因此，造氧化渣，就是要设法使熔渣具有适于脱磷反应的理化性质；同时，还要精心控制造渣过程，即在冶炼过程中随温度的变化调整熔渣的成分，使熔渣的物理性质和化学性质得以良好的配合，以充分去除钢中的磷，并减少炉渣对炉衬的侵蚀。炼钢过程对氧化渣的要求是：较高的碱度、较强的氧化性、适量的渣量、良好的流动性及适当泡沫化。

（1）碱度的控制。碱度是炉渣酸碱性的衡量指标，是炼钢中有效去磷的必需条件。碱度常用的表示方法是渣中的（CaO）与（SiO_2）质量比，即 $w(CaO)_\% / w(SiO_2)_\%$。

理论研究表明，渣中的（ΣFeO）含量相同的条件下，碱度为 1.87 时其活度最大，炉渣的氧化性最强。实际生产中正是根据这一理论并结合具体工艺来控制炉渣碱度的。氧气顶吹转炉炼钢中，通常是将碱度控制在 2.4～2.8 的范围内；对于原料含磷较高或冶炼低硫钢种的情况，碱度则控制在 3.0 以上。电弧炉炼钢的熔化期，炉渣的碱度一般控制在 2.0 左右；进入氧化期后，随着温度的升高，碱度逐渐提高到 2.5～3.0，而氧化的中、后期以脱碳为主，通常又将碱度降低到 2.0 左右。

（2）渣中的（ΣFeO）含量。渣中（ΣFeO）含量的高低，标志着炉渣氧化性的强弱及去磷能力的大小。碱度一定时，炉渣的氧化性随着渣中（ΣFeO）含量的增加而增强。但是，过高的（ΣFeO）含量炉渣显得太稀，会使钢液吸气及吹炼中产生喷溅的可能性增大；同时，还会加速炉衬的侵蚀、增加铁的损耗等。因此，生产中通常将渣中的（ΣFeO）含量控制在 10%～20% 之间。氧气顶吹转炉炼钢中（ΣFeO）有时高达 30%，但是要求终渣中的（ΣFeO）在满足石灰完全溶解的条件下尽量低。

（3）渣量的控制。在其他条件不变的情况下，增大渣量可增加冶炼过程中的去磷率。但是，过大的渣量不仅增加造渣材料的消耗和铁的损失，还会给冶炼操作带来诸多不便，如喷溅、粘枪等。因此，生产中渣量控制的基本原则是，在保证完成脱磷、脱硫的条件下，采用最小渣量操作。氧气顶吹转炉炼钢时，一般情况下适宜的渣量约为钢液量的 10%～12%，必要时可采用双渣操作；电炉氧化期的渣量一般应为钢液量的 3%～5%，必要时采用从炉口自动流渣的方法进行换渣操作。

（4）炉渣的流动性。对于去磷、去硫这些双相界面反应来说，物质的扩散是其限制性环节，保证熔渣具有良好的流动性十分重要。影响炉渣流动性的主要因素是温度和成分。但是，去磷反应是放热反应，不希望温度太高，因此，生产中应适当增加渣中的（FeO）和（CaF_2）等稀渣成分的含量，使碱性氧化渣在温度不高的情况下也具有良好的流动性，满足去磷的需要。

（5）炉渣的泡沫化。泡沫化的炉渣，使钢-渣两相的界面积大为增加，改善了去磷反应的动力学条件，可加快去磷反应速度。但应避免炉渣的严重泡沫化，以防喷溅发生。

4.1.5　造渣材料用量的计算

4.1.5.1　石灰的加入量

计算石灰加入量的基本方法是，先根据金属炉料含硅量计算出渣中（SiO_2）的质量，再依据炉渣的碱度求得石灰的质量。

电弧炉炼钢及转炉吹炼含磷量小于 0.3% 的低磷铁水时，炉渣的碱度 B 用 $w(CaO)_\% / w(SiO_2)_\%$ 表示，石灰加入量的计算公式如下：

$$石灰加入量 = \frac{1000 \times w[Si] \times X \times 60/28 \times B}{w(CaO)_{有效}} （kg/t）$$

式中　　$w[Si]$——炉料中硅的质量分数；

　　　　X——炉料中硅被氧化的百分数，转炉吹炼时可取 100%，电炉炼钢可取 90%；

　　　　60/28——SiO_2 的分子质量与 Si 的原子质量之比，表示 1kg Si 氧化后可生成 60/28kg 的 SiO_2。

例 1　电弧炉冶炼 45 钢，炉料的含硅量为 0.5%，炉渣的碱度按 2.0 控制，所用石灰的主要成分为 CaO：90%，SiO_2：2.0%。试计算 1000kg 炉料应加多少千克的石灰？

解　　　石灰加入量 $= \dfrac{1000 \times 0.5\% \times 90\% \times 60/28 \times 2.0}{90\% - 2.0 \times 2.0\%} = 22.4 kg$

例 2　转炉吹炼 20 钢，铁水含硅 0.7%，含磷 0.25%，终渣碱度要求 3.0，石灰的有效碱为 80%。试求 1000kg 铁水需加石灰多少千克？

解　　　石灰加入量 $= \dfrac{1000 \times 0.7\% \times 100\% \times 60/28 \times 3.0}{80\%} = 56.25 kg$

转炉吹炼中、高磷铁水时，应该用 $w(CaO)_\% / \{w(SiO_2)_\% + w(P_2O_5)_\%\}$ 表示熔渣的碱度。此时，石灰加入量的计算公式为：

$$石灰加入量 = \dfrac{1000 \times (w[Si]_\% \times 60/28 + w[P]_\% \times 0.93 \times 142/62) \times B}{w(CaO)_{\%有效}} \quad (kg/t)$$

式中　142/62——每氧化 1kg 的磷可生成 142/62kg 的 P_2O_5；

　　　0.93——转炉炼钢的去磷率，一般为 90% ~ 95%，取 93%。

例 3　铁水的含硅量为 0.7%，含磷量为 0.62%，石灰的有效碱为 82%，终渣碱度按 3.2 控制。计算每 1000kg 铁水需加石灰多少千克？

解　石灰加入量 $= \dfrac{1000 \times (0.7\% \times 60/28 + 0.62\% \times 0.93 \times 142/62) \times 3.2}{82\%} = 110 kg$

转炉炼钢中使用部分矿石作为冷却剂或电炉炼钢中加矿氧化时，由于铁矿石中含有一定数量的 SiO_2，为保证炉渣的碱度不变应补加适量的石灰。每千克矿石需补加石灰的数量按下式计算：

$$补加石灰量 = \dfrac{w(SiO_2)_{\%矿石} \times B}{w(CaO)_{\%石灰}} \quad (kg/kg)$$

例 4　铁矿石中 SiO_2 的含量为 8%，碱度按 3.0 控制，石灰的有效碱为 80%。试计算每加入 1kg 的矿石应补加石灰多少千克？

解　　　补加石灰量 $= \dfrac{8\% \times 3.0}{80\%} = 0.3 kg$

4.1.5.2　白云石的加入量

转炉炼钢加白云石造渣时，由于白云石中含有一定数量的 CaO，因而在求出白云石的加量后应相应地减少石灰的用量，现举例说明其计算过程。

例 5　已知铁水的含硅量为 0.85%，含磷量为 0.2%；石灰中 CaO 的含量为 89%，SiO_2 的含量为 1.2%，MgO 的含量为 3.0%；白云石中 CaO 的含量为 32%，MgO 的含量为 21%，SiO_2 的含量为 1.3%；终渣的碱度为 3.5，MgO 的含量为 6%，渣量为装入量的 15%，炉衬的侵蚀量为装入量的 0.9%，炉衬中 MgO 的含量为 37%，CaO 的含量为 55%。试求每 1000kg 铁水的白云石加入量和石灰加入量？

解　（1）计算石灰的需要量：

$$石灰的需要量 = \dfrac{1000 \times 0.85\% \times 60/28 \times 3.5}{89\% - 3.5 \times 1.2\%} = 75 kg$$

（2）计算白云石的加入量：

$$白云石的需要量 = \dfrac{1000 \times 15\% \times 6\%}{21\%} = 43 kg$$

$$石灰带入的 MgO 折合成白云石的数量 = \frac{75 \times 3.0}{21\%} = 11kg$$

$$炉衬带入的 MgO 折合成白云石的数量 = \frac{1000 \times 0.9\% \times 37\%}{21\%} = 16kg$$

$$白云石的加入量 = 43 - 11 - 16 = 16kg$$

（3）计算石灰的加入量：

$$白云石带入的 CaO 折合成石灰的量 = \frac{16 \times 32\%}{89\% - 3.5 \times 1.2\%} = 6kg$$

$$炉衬带入的 CaO 折合成石灰的数量 = \frac{1000 \times 0.9\% \times 55\%}{89\% - 3.5 \times 1.2\%} = 6kg$$

$$石灰的加入量 = 75 - 6 - 6 = 63kg$$

由上述的计算结果可知，转炉炼钢中采用白云石造渣工艺时，白云石的用量约为石灰用量的1/4。

4.1.5.3　熔剂的加入量

萤石的加入量，在转炉炼钢中一般不得超过石灰用量的15%，并希望尽量少用或不用；而在电炉炼钢中，则是视炉内的渣况凭经验添加，调整好炉渣的流动性即可。

转炉炼钢中若用氧化铁皮部分地代替萤石，其用量可根据炉温和化渣情况按装入量的1%~5%考虑。

另外，铁矿石在转炉炼钢中是作为冷却剂使用的，但是有较高的化渣能力，常同渣料一起加入，其用量一般为装入量的2%~5%。

任务4.2　炉渣组成对石灰溶解的影响

加速石灰熔化、迅速成渣是炼钢，尤其是转炉炼钢中的重要任务。影响石灰在渣中的溶解速度的因素主要是石灰的质量、熔池温度及熔渣的组成。而实际生产中，熔池温度的允许波动范围并不大，对石灰溶解速度的调控能力较为有限。因此，在目前各厂已普遍采用了活性石灰及合成渣料的情况下，通过控制炉渣的成分来影响石灰的溶解速度是最为直接、方便和快捷的方法。

理论研究表明，对于炼钢所用渣系而言，石灰在渣中的溶解速度和熔渣组成之间的关系可用下式表示：

$$J_{CaO} = K[w(CaO)_\% + 1.35w(MgO)_\% - 1.09w(SiO_2)_\% + 2.75w(FeO)_\% + 1.9w(MnO)_\% - 39.1]$$

式中　　　　　　　　　　　　　　　　　　J_{CaO}——石灰在渣中的溶解速度，$kg/(m^2 \cdot s)$；

$w(CaO)_\%, w(MgO)_\%, w(SiO_2)_\%, w(FeO)_\%, w(MnO)_\%$——渣中相应氧化物的质量分数数值；

K——比例系数。

熔渣组成对石灰溶解速度的影响，实际上是通过影响熔渣的黏度而间接起作用的。

4.2.1　（CaO）和（SiO₂）

渣中的（CaO）含量对石灰溶解速度的影响具有极值性，如图4-1中Ⅳ所示。渣中

（CaO）的含量小于 30% ~ 35% 时，石灰的溶解速度随其增加而增大。这是因为石灰溶解过程的限制性环节是物质的扩散，当（CaO）的含量小于 30% 时，渣中存在着大量的复合阴离子，增加渣中（CaO）的含量会使这些复合阴离子解体，引起炉渣的黏度下降，如图 4-2 中Ⅳ所示，可改善石灰溶解的动力学条件，因而会加速石灰的溶解。当渣中 CaO 含量大于 35% 时，随着（CaO）的进一步增加，会使炉渣的平均熔点逐渐升高，碱度不断上升，从而影响石灰的熔化速度。

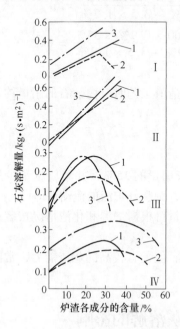

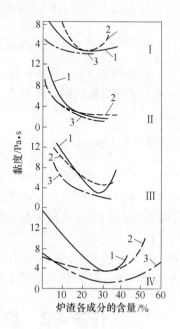

图 4-1　炉渣成分对石灰溶解速度的影响
　　　　Ⅰ—MnO；Ⅱ—FeO；Ⅲ—SiO₂；Ⅳ—CaO；
1—吹炼时间 0 ~ 33% ,1400℃;2—吹炼时间 34% ~ 67% ,
1500℃；3—吹炼时间 68% ~ 100%，1580℃

图 4-2　炉渣成分对其黏度的影响
　　　Ⅰ—MnO；Ⅱ—FeO；Ⅲ—SiO₂；Ⅳ—CaO；
1—吹炼时间 0 ~ 33% ,1400℃;2—吹炼时间 34% ~ 67% ,
1500℃；3—吹炼时间 68% ~ 100%，1580℃

　　渣中（SiO_2）的含量对石灰溶解速度的影响如图 4-1 中Ⅲ所示。当渣中（SiO_2）的浓度低时，随着（SiO_2）含量增加，石灰的溶解速度增大。这是因为该条件下增加（SiO_2）会使炉渣的熔点降低，黏度下降，如图 4-2 中Ⅲ所示；同时它还可与（FeO）一起促使石灰熔化，反应产物是熔点仅为 1205℃ 左右的 $CaO \cdot FeO \cdot SiO_2$。当（$SiO_2$）大于 25% 时，进一步增加其含量，不仅会在石灰表面形成 $2CaO \cdot SiO_2$ 硬壳，而且会增加渣中复合阴离子的数量，导致炉渣碱度上升而减缓石灰的溶解。

4.2.2　（FeO）和（MnO）

　　如图 4-1 中Ⅱ所示，随着渣中 FeO 含量的增加，石灰的溶解速度直线增大。其原因有三：一是（FeO）可与渣中其他组元生成低熔点的盐，能有效地降低炉渣的黏度，如图 4-2 中Ⅱ所示；二是因（FeO）是炉渣的表面活性物质，可增强炉渣对石灰的润湿和渗透；三是（FeO）可与 CaO 及 $2CaO \cdot SiO_2$ 作用生成低熔点的化合物而使它们熔化。

　　（MnO）对石灰熔化速度的影响与（FeO）类似，但不如其作用大，如图 4-1 中Ⅰ和图

4-2 中 Ⅰ 所示。

4.2.3 （MgO）

如图 4-3 所示，少量的（MgO）含量，有利于石灰的熔化。其原因在于，渣中有氧化镁存在时可生成熔点仅为 1550℃ 的化合物 $3CaO \cdot MgO \cdot 2SiO_2$ 和熔点更低（1390℃）的化合物 $CaO \cdot MgO \cdot SiO_2$，不仅可以降低炉渣的黏度，同时还能避免阻碍石灰熔化的 $3CaO \cdot SiO_2$ 生成。当氧化镁的含量大于 6% 时，渣中的 MgO 处于过饱和状态，会析出固态的氧化镁颗粒，使炉渣的黏度增大而不利于石灰的溶解。

另外，渣中的（CaF_2）也具有极强的化渣和稀渣作用。

通常情况下，在碱性氧化渣中提高 CaO、MgO、Cr_2O_3 等组元的含量，会使炉渣的流动性

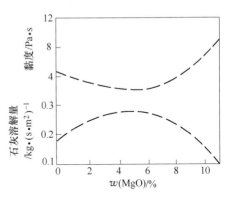

图 4-3 （MgO）含量与石灰溶解量及黏度的关系

变差，而适当增加 CaF_2、Al_2O_3、SiO_2、FeO 等组元的含量时，则会改善炉渣的流动性。在炼钢的温度范围内，炉渣的碱度愈高，其流动性愈差。

任务4.3 造渣制度

所谓造渣，是指通过控制入炉渣料的种类和数量，使炉渣具有某些性质，以满足熔池内有关炼钢反应需要的工艺操作。

生产实践表明，造渣是完成炼钢过程的重要手段，造好渣是炼好钢的前提。因为如果渣子造不好，会严重影响炉内的物化反应，不仅去除硫、磷等杂质元素困难，而且还会降低炉龄、延长冶炼时间、增加原材料消耗等。

就炉渣的化学性质而言，目前的炼钢渣主要有氧化渣和还原渣两种。为了强化去磷和去硫过程，两者均为碱性渣；不同的是，它们对渣中（FeO）的含量要求不同。

造渣制度包括两方面的问题：一是选择合适的造渣方法；二是将渣料合理地加入炉内。

4.3.1 转炉的造渣方法及选用

目前，转炉炼钢的造渣方法共有四种，即单渣法、双渣法、双渣留渣法及石灰粉法，选择的依据是原材料的成分和所炼钢种。

4.3.1.1 单渣法

在冶炼过程中只造一次渣，中途不倒渣、不扒渣，直到终点出钢的造渣方法称为单渣法。单渣法操作的工艺简单，冶炼时间短，生产率高，劳动强度小。但其去除硫、磷的效率低些，一般情况下去硫率为 30%～40%，去磷率为 90% 左右。

单渣法适合于使用含磷、硫、硅较低的铁水或冶炼对硫、磷要求不高的一般碳素钢和低合金钢。

4.3.1.2　双渣法

所谓双渣法，是指在吹炼中途倒出部分炉渣，然后补加渣料再次造渣的操作方法。双渣操作的特点是，炉内始终保持较小的渣量，吹炼中可以避免因渣量过大而引起的喷溅，且渣少易化；同时又能获得较高的去硫、去磷效率。通常双渣法的总去硫率可达 50% ~ 60%，总去磷率可达 92% ~ 95%。

双渣法操作适合于铁水含硅、磷、硫量较高，或者生产高碳钢和低磷钢种。

采用双渣法操作时，要注意两个问题：一是倒出炉渣的数量。一般是根据铁水成分和冶炼钢种的要求所决定的去硫和去磷任务的大小，倒出 1/2 或 2/3 的炉渣。二是倒渣时机。理论上应选在渣中的磷含量最高、（FeO）含量最低的时候进行倒渣操作，以获得较高去磷率、低铁损的理想效果。生产实践表明，吹炼低碳钢时，倒渣操作应该在钢中含碳量降至 0.6% ~ 0.7% 时进行，因为此时炉渣已基本化好，磷在渣、钢之间的分配接近平衡；同时脱碳速度已有所减弱，渣中（FeO）的浓度较低（约12%）。吹炼中、高碳钢时，倒渣操作则应提前到钢液含碳量为 1.2% ~ 1.5% 时进行，否则后期化渣困难，去磷的效率低。

无论吹炼低碳钢还是高碳钢，可在倒渣前 1min 适当提枪或加些萤石改善炉渣的流动性，以便于倒渣操作。

4.3.1.3　双渣留渣法

双渣留渣法是指将上一炉的高碱度、高温度和较高（FeO）含量的终渣部分地留在炉内，以便加速下一炉钢初渣的形成并在吹炼中途倒出部分炉渣再造新渣的操作方法。倒渣时机及倒渣量与双渣法相似，但是由于留渣，初渣早成使前期的去硫及去磷效率高，总去硫率可达 60% ~ 70%，总去磷率更是高达 95% 左右。

采用双渣留渣法时，兑铁水前应先加一批石灰稠化所留炉渣，而且兑铁水时要缓慢进行，以防发生爆发式碳氧反应而引起严重喷溅。若上一炉钢终点碳过低，一般不宜留渣。

4.3.1.4　喷吹石灰粉法

喷吹石灰粉造渣，是在冶炼的中、后期以氧气为载体，用氧枪将粒度为 1mm 以下的石灰粉喷入熔池且在中途倒渣一次的操作方法。该法的倒渣操作，一般选在钢液含碳量为 0.6% ~ 0.7% 时进行。由于喷吹的是石灰粉末，成渣速度更快，前期去硫、去磷的效率更高，使得总去硫效率达 70%。但该法需要破碎设备，而且粉尘量大，劳动条件恶劣；石灰粉容易吸收空气中的水，制备、运输及管理均较困难。

应当指出，氧气顶吹转炉虽能将高磷铁水炼成合格的钢，但技术经济指标较差。与吹炼中、低磷铁水相比，每吨良锭的钢铁料消耗高 30 ~ 100kg，石灰多用 40 ~ 100kg，炉龄也大幅降低；相同容量转炉的产量也仅为吹炼低磷铁水时的 70% ~ 80%。另外，单渣法生产稳定、操作简单、便于实行计算机控制。因此，对于含硅、磷及硫较高的铁水，入炉前进行预处理使之达到单渣法操作的要求，既合理又经济。

4.3.2 渣料的分批和加入时间

为了加速石灰的熔化，渣料应分批加入。否则会造成熔池温度下降过多，且石灰块表面形成一层金属凝壳而推迟成渣，加速炉衬侵蚀并影响去硫和去磷。

单渣操作时，渣料通常分两批加入。正常情况下，第一批渣料在开吹的同时加入，其组成是：石灰为全部的 $1/2 \sim 2/3$，铁矿石为总加入量的 $1/3$，萤石则用全部的 $1/3 \sim 1/2$。其余的为第二批渣料，一般是在硅及锰的氧化基本结束、头批渣料已经化好、碳焰初起的时候加入。如果第二批渣料加入过早，炉内温度还低且头批渣料尚未化好又加冷料，势必造成渣料结团，炉渣更难很快化好；反之，如果加入过晚，正值碳的激烈氧化时期，渣中的（ΣFeO）较低，第二批渣料难化，容易产生金属飞溅；同时，由于渣料的加入使炉温降低，碳氧反应将被抑制，导致渣中的氧化铁积聚，一旦温度上升，必会发生爆发式碳氧反应而引起严重喷溅。第二批渣料可视炉内情况一次加入或分小批多次加入。分小批多次加入无疑对石灰熔化是有利的，但是，最后一小批料必须在终点前 $3 \sim 4min$ 加入，否则所加渣料尚未熔化就要出钢了。

4.3.3 转炉炼钢的渣况判断

对于转炉炼钢，炉内渣况良好的基本条件有两个。第一是不出现"返干"现象；第二是不发生喷溅，特别是严重喷溅。无论是"返干"还是喷溅，一旦出现均会严重影响炉内的化学反应，甚至酿成事故。因此转炉炼钢的渣况判断的重点，应放在对将会发生的"返干"或喷溅的预测上，以便及时处理和避免发生。预测判断的方法有经验预测和声呐控渣仪预测两种。

4.3.3.1 经验预测

通常情况下，渣料化好、渣况正常的标志是：炉口的火焰比较柔软，炉内传出的声音也柔和、均匀。这是因为，如果渣已化好、化透时，炉渣被一定程度地泡沫化了，渣层较厚。此时氧枪喷头埋没在泡沫渣中吹炼，氧气射流从枪口喷出及其冲击熔池时产生的噪声大部分被渣层吸收，而传到炉外的声音就较柔和；同时，从熔池中逸出的 CO 气体的冲力也大为减弱，在炉口处燃烧时的火焰也就显得较为柔软。

如果炉口的火焰由柔软逐渐向硬直的方向发展，炉内传出的声音也由柔和渐渐变得刺耳起来，表明炉渣将要出现"返干"现象。这是枪位过低或较低的枪位持续时间过长，激烈的脱碳反应大量消耗了渣中的氧化铁所致。此时，迅速调高枪位并酌情加入适量萤石，便可避免"返干"的出现。

如果炉内传出的声音渐渐变闷，炉口处的火焰也逐渐转暗且飘忽无力；同时，还不时地从炉口溅出片状泡沫渣，说明炉渣正在被严重泡沫化，渣面距炉口已经很近，不久就要发生喷溅。生产中发现，第二批料加入过晚易出现此种现象。其原因是，当时炉内的碳氧反应已较激烈，加入冷料后使炉温突然下降，抑制了碳氧反应，使渣中的氧化铁越积越多；随着温度渐渐升高，熔池内的碳氧反应又趋激烈，产生的 CO 气体逐渐增多，炉渣的泡沫化程度也就越来越高。此时，迅速调低枪位消耗渣中多余的氧化铁即可避免喷溅的发生。

4.3.3.2　声呐控渣仪预测

近年来，一些大型钢厂使用声呐控渣仪对转炉炼钢中的两大难题（即"返干"和喷溅）进行预测和预报，并取得了不错的效果。

在与声呐控渣仪配用的音强化渣软件中，储存有如图 4-4 所示的音强化渣图。该图的横坐标是吹炼时间，纵坐标是相对噪声强度。图中绘有"两线一区"。靠近图上方的一条线叫做喷溅预警线，该线相当于炉内渣面接近炉口的位置，当实际吹炼的噪声强度曲线向上穿越此线时，计算机会发出喷溅预警。略靠下方的一条线叫做"返干"预警线，该线相当于炉内渣面低于氧枪喷头的位置，当实际吹炼的噪声强度曲线向下穿越此线时，计算机则会发出"返干"预警。位于两条预警线之间的镰刀形区域为正常渣况区。另外该图下方还附有相应的枪位变化图。

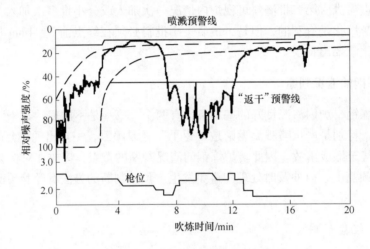

图 4-4　出现"返干"现象的音强化渣图

声呐控渣仪的工作原理是：在炉口附近安装定向取声装置和声呐仪采集炉口噪声，对其进行信号转换、选频、滤波、放大、整形后输入计算机，由计算机在其显示器上的音强化短图中绘制冶炼过程中的噪声强度曲线，间接地反映渣层厚度或渣面的高低，同时对吹炼过程中可能发生的喷溅或"返干"进行预报，并由报警装置发出声、光信号。

音强化渣应用软件具有"自适应"的微调功能，在任何一座转炉上运行几炉后就可以将"二线一区"调节到适合当前炉况的正确位置。

4.3.4　炉渣泡沫化

有大量微小气泡存在的熔渣呈泡沫状，这样的渣子人们称为泡沫渣。据测定，泡沫渣中气泡的体积通常要大于熔渣的体积，可见泡沫渣中的渣子是以气泡的液膜的形式存在的。另外，泡沫渣中往往还悬浮有大量的金属液滴。

4.3.4.1　泡沫渣的作用

炉渣被泡沫化后，钢、渣、气三相之间的接触面积大为增加，可使传氧过程及钢、渣间的物化反应加速进行，冶炼时间大大缩短；同时，炉渣的泡沫化，使得在不增加适量的情况下渣的体积显著增大，渣层的厚度成倍增加，对炉气的过滤作用得以加强，可减少炉气带出的金属和烟尘，提高金属收得率。泡沫渣的这些作用在转炉炼钢中表现得尤为突出。在电炉炼钢中，一般要求泡沫渣的厚度要达到弧柱长度的2.5倍以上，以实现埋弧操作。因而它还具有以下特殊作用。

A　可以采用高电压、小电流的长弧操作

熔渣不发泡时，渣层薄，不能完全屏蔽电弧，大量的热量会辐射到炉壁上严重影响炉衬寿命，因而不得不采用低电压、大电流供电的短弧操作；而熔渣泡沫化后能完全埋没电弧，可以放心采用长弧操作。采用长弧操作，可为电炉炼钢带来一系列好处：

（1）长弧操作可以增加电炉的输入功率。近年来为了加速炉料熔化、缩短冶炼时间，向炉内输入的电功率不断增大，实行高功率、超高功率供电。如果仍采用短弧操作，因电压低而电流值极大，对电极材料的要求大大提高，使得电极消耗增加；而长弧操作时，电压高，电流就相对较小，因而可以超高功率供电。

（2）由于采用长弧操作，电流相对较小，电炉供电的功率因数 $\cos\varphi$ 值可大幅提高。

（3）由于泡沫渣对电弧的屏蔽作用，可提高电弧加热熔池的热效率，同时炉衬的热负荷下降，使用寿命延长。

有关资料指出，在容量为60t、配以60MV·A变压器的超高功率电炉上采用长弧泡沫渣操作后，功率因数从0.63增加到0.88，热效率由30%～40%提高到60%～70%；补炉材料可节约50%，炉衬寿命可提高20余炉；同时，炉壁热负荷几乎不变，而若不采用泡沫渣，如图4-5所示，炉壁热负荷将增加1倍以上。

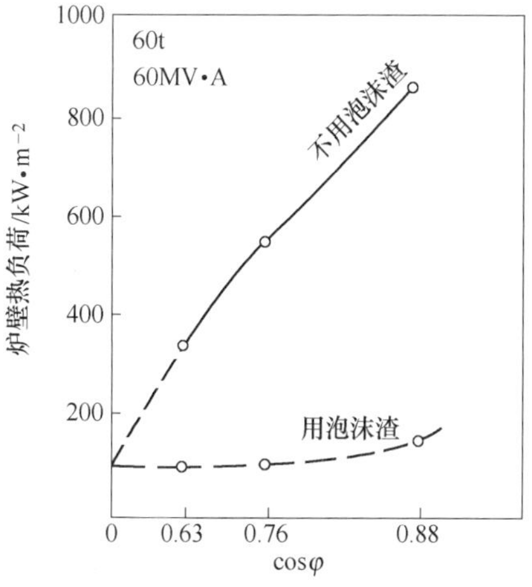

另外，采用泡沫渣长弧操作，可以大幅降低电极消耗。其原因有两个：一是由于电极消耗与电流的平方成正比，而长弧操作的电流较小；二是泡沫渣使处于高温状态的电极端部埋在渣中，可以减少其直接氧化损失。

图4-5　炉壁的热负荷与泡沫渣的关系

B　可以缩短冶炼时间并降低电耗

由于泡沫渣的埋弧作用及其对熔池的覆盖作用加大，钢水升温快，可以缩短冶炼时间并降低电能消耗。国内一些炼钢厂的普通功率电炉采用泡沫渣操作后，平均每炉钢的冶炼时间缩短了30min左右，生产率提高了15%左右，平均每吨钢的电能消耗下降了20～70kW·h。

C　可以降低钢液的含气量尤其是含氮量

由于使炉渣泡沫化需要更大的脱碳量和脱碳速度，冶炼中的去气效果明显改善；同时，由于采用泡沫渣埋弧操作，炉内氮的分压显著降低，钢液的吸氮量大大减少，因而采用泡沫渣冶炼后钢中的含氮量大幅降低。实验表明，采用泡沫渣冶炼时成品钢中的含氮量仅为非泡沫渣操作的1/3。

4.3.4.2　炉渣泡沫化的条件及影响因素

A　熔渣泡沫化的条件

使熔渣呈泡沫状（即泡沫化）的原因比较复杂，目前研究尚不透彻，但是必须具备的条件有两个：

（1）要有足够的气体进入熔渣，这是熔渣泡沫化的外部条件。向熔渣吹入气体或熔池内有大量气体通过钢-渣界面向渣中转移均可促使炉渣泡沫化。例如熔池内的碳氧反应，因其反应的产物是 CO 气体，而且要通过渣层向外排出，因而具有促使熔渣起泡的作用。

（2）熔渣本身要有一定的发泡性，这是熔渣泡沫化的内部条件。而衡量炉渣发泡性的标准有两个：

1）泡沫保持时间，它是测量泡沫渣由一个高度降到另一个高度时所用的时间，又称为泡沫寿命。泡沫寿命越长，熔渣的发泡性越好。

2）泡沫渣的高度，它是测量在一定的吹气速度下泡沫渣所能达到的最大高度，该值越大炉渣的发泡性越好。

虽然两种衡量标准所测定的实验参数不同，但都在一定程度上体现了熔渣发泡性的本质，即渣中气泡的稳定性，亦即熔渣使进来的小气泡能较长时间地滞留其中，不至于迅速合成大气泡从渣中排出而使泡沫消除的能力。

B　影响炉渣泡沫化程度的因素

实际生产中，熔渣的泡沫化程度是形成泡沫渣的外部条件和内部条件共同作用的结果。外部条件主要是进气量和气体种类，而内部条件（即炉渣的发泡性）则是由其本身的性质决定的。

在熔渣的诸多性质中，炉渣的表面张力和黏度对其发泡性的影响最大而且直接，其他性质都是通过影响炉渣的黏度和表面张力而间接影响炉渣的发泡性的。炉渣的表面张力越小，其表面积就越易增大，即小气泡越易进入使之发泡。增大炉渣的黏度，将增加气泡合并长大及从渣中逸出的阻力，渣中气泡的稳定性增加。总的看来，影响炉渣泡沫化程度的因素主要有以下四个：

（1）进气量和气体的种类。熔渣的成分及温度一定时，在不使熔渣泡沫破裂或产生喷溅的条件下，适当增加进入炉渣的气体流量，会使炉渣的泡沫化程度增加。在实际生产条件下，电炉炼钢的吹氧量与炉渣发泡高度之间的关系如图4-6所示。

由图4-6可见，在相同的冶炼条件下随吹氧量增大，炉渣的发泡高度直线增大。

此外，气体的种类对熔渣的泡沫化程度也有一定的影响。在向熔渣吹入的各种气体中，对熔渣泡沫化程度影响作用的大小顺序是还原性气体、中性气体、氧化性气体。这主要是和这些气体与炉渣之间的表面张力依次增大

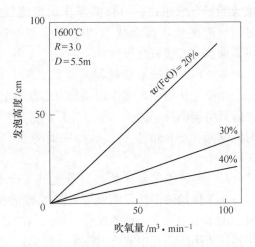

图4-6　吹氧量与炉渣发泡高度的影响

有关。

（2）熔池温度。随着熔池温度升高，熔渣的黏度降低，泡沫寿命缩短，其他条件相同时，炉渣的泡沫化程度下降。有关研究指出，温度升高 100℃，泡沫寿命下降 70%。

（3）熔渣的碱度及（FeO）含量。许多研究都指出，对于 CaO-FeO-SiO$_2$ 系熔渣，碱度在 1.8~2.0 之间时炉渣的发泡能力最强，即其他条件相同时炉渣的泡沫化程度最高。

这是因为碱度为 1.87 时，渣中有适量的 2CaO·SiO$_2$ 固态颗粒生成，它不仅可以作为生成气泡的核心，另一方面，2CaO·SiO$_2$ 吸附在气泡表面时，具有降低表面张力和增大渣膜黏度的作用，因而有利于熔渣发泡。

研究还发现，碱度在 1.8~2.0 之间时，渣中氧化铁含量的变化对熔渣的发泡能力几乎无影响；而当碱度远离 1.8~2.0 时，氧化铁含量为 20% 的炉渣比含氧化铁 40% 的炉渣更易发泡，这是由于过高的氧化铁会使炉渣的黏度严重下降的缘故。因此，生产中一般选择氧化铁含量 20% 左右、碱度在 1.8~2.0 之间的炉渣作为泡沫渣的基本要求。

（4）熔渣的其他成分。由上述分析可知，凡是影响 CaO-FeO-SiO$_2$ 系熔渣表面张力和黏度的成分，都会影响炉渣的发泡性能。例如，适当增加渣中的氧化镁含量，会使炉渣的强度增大，从而可改善炉渣的发泡性能。又如，渣中五氧化二磷含量较高时，炉渣的表面张力较低，其发泡性较好。再如，对于（CaF$_2$）来说，增加其含量可以降低炉渣的碱度，但同时又会使炉渣的表面张力下降。因此，氟化钙对炉渣发泡性的具体影响取决于这两方面作用的相对大小。有关研究表明，在碱度为 1.8~2.0 之间时，渣中（CaF$_2$）含量以 5% 为界：低于 5% 时，增加渣中（CaF$_2$）含量对炉渣的发泡有利，这说明此时是（CaF$_2$）对表面张力的影响起主导作用；当（CaF$_2$）含量高于 5% 时，再增加渣中（CaF$_2$）含量会降低炉渣的发泡能力，显然此时是（CaF$_2$）对强度的影响起主导作用。

C　转炉炼钢中的泡沫渣控制

在转炉炼钢中，由于脱碳量及脱碳速度均很大，形成泡沫渣的气体来源充足；加上为了去除硫和磷，炉渣的碱度及（FeO）含量均较高，具备了形成泡沫渣的良好条件，因此，转炉吹炼中炉渣的泡沫化是必然现象。

熔渣泡沫化后，无疑会给转炉生产带来许多好处，如加速炉内反应、提高生产率、提高金属收得率等。但是，如果炉渣过分泡沫化则会溢出炉外，甚至产生喷溅，不仅影响炉衬寿命和正常生产，严重时还会造成人身及设备的安全事故。因此，生产中应根据转炉内泡沫渣的变化规律，合理地控制熔渣的泡沫化程度。

a　转炉内泡沫渣的变化规律

卡持提尔基在 6t 转炉上研究了一炉钢冶炼过程中炉渣泡沫化程度的变化情况，如图 4-7 所示。

开吹初期，由于渣量较小、脱碳速度不大，炉渣的泡沫化程度较低。

吹炼进行到全程的 25% 时间后，脱碳速度逐渐增加，加之渣量已较大，炉渣的泡沫化程度也逐渐增加，并渐渐埋没氧枪喷头。

当吹炼进行到全程的 50%~60% 时间时，渣面高度达最大值，并有溢出炉口的趋势，这是因为此时炉内的脱碳速度达到峰值，且熔渣的碱度也恰好在 1.8~2.0 左右，形成了炉渣泡沫化的最佳条件。

吹炼后期，由于熔池温度已高，炉渣的碱度也达 3.0 左右；加之钢液的含碳量已低，

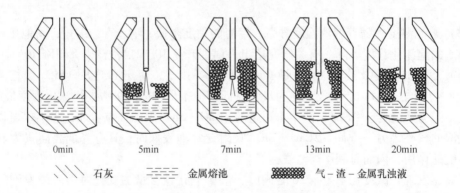

0min　　　　5min　　　　7min　　　　13min　　　　20min

╲╲╲ 石灰　　━━━ 金属熔池　　▓▓▓ 气 – 渣 – 金属乳浊液

图 4-7　顶吹氧气转炉各阶段泡沫化情况

脱碳速度逐渐下降，炉渣的泡沫化程度也随之逐渐降低，并趋于消失。

b　转炉炼钢中的泡沫渣控制

转炉吹炼的初期和末期，炉渣的泡沫化程度较低，一般不至于造成溢渣和喷溅。因而控制的重点是防止吹炼中期出现严重的泡沫化现象。生产实践表明，吹炼中期炉温偏低时，容易发生炉渣的严重泡沫化现象。因为炉温偏低时，炉内的碳氧反应被抑制，渣中聚集的（FeO）越来越多，温度一旦上来便会发生激烈的碳氧反应，过量的 CO 气体充入炉渣，使渣面上涨并从炉口溢出；严重时会发生爆发式的碳氧反应，大量的 CO 气体携带泡沫渣从炉口喷出，形成所谓的喷溅。为此，生产中应从以下几个方面着手控制好转炉内的泡沫渣。

（1）要尽可能保证吹炼初期转炉热行。吹炼初期转炉热行，初渣易早成，可使炉内反应正常，元素氧化速度适当，从而避免吹炼中期炉温还上不来的现象。比如铁水温度偏低时，应先采用较低的枪位提温，待温度上来后再提枪化渣。再如，铁矿石、氧化铁皮或其他固态氧化剂等要分批多次加入，以免使熔池温度下降过多而抑制炉内的碳氧反应。

（2）应尽量改善原料质量。生产中贯彻精料方针，对控制好炉内泡沫渣也有很大帮助。比如采用活性石灰、合成渣料等材料造渣，化渣时渣中的（FeO）就可以控制得低些，从而会使熔渣的泡沫化程度有所降低。再如控制铁水含量在 0.5% ~ 0.8% 之间，使转炉在最适宜的渣量下吹炼，可以避免因渣量过大而产生的严重泡沫化现象。

（3）要合理地控制枪位。在枪位控制上，应是在满足化渣的条件下尽量低些，切忌枪位过高和较高枪位下长时间化渣，以免渣中（FeO）过高。

如发现炉渣已经严重泡沫化了，应先短时提枪，借助氧气射流的机械冲击作用，使泡沫破裂，减轻喷溅；而后立即硬吹一定时间，使渣中（FeO）的含量降低到正常范围。

D　电弧炉炼钢中的造泡沫渣工艺

我国有关在电弧炉内造泡沫渣的实验和研究工作始于 20 世纪 80 年代。不少企业掌握了这项技术，并在生产中广泛应用。

a　造泡沫渣的方法

关于造泡沫渣的方法，包括所用渣料及发泡剂的种类、加入量和加入方式等，各企业摸索出了适合自身生产条件的操作方法，归纳起来有以下三种。

（1）原来的造氧化渣工艺基本不变，需要时向炉内加入发泡剂。所用的发泡剂通常由

50% ~85% 的 CaO 和 50% ~15% 的炭粉配制而成，个别厂还配入一定数量的 $CaCO_3$。该方法操作简单，易于掌握，便于推行。但是泡沫渣的稳定性差些，需严格控制炉渣成分。

（2）造泡沫渣的过程贯穿于熔化期和氧化期。该工艺使用配比即石灰：萤石：焦炭为 $(0.86 ~ 0.90) : (0.01 ~ 0.08) : (0.05 ~ 0.10)$ 的复合造渣材料。用量为每吨钢加 15 ~ 30kg，分 5~10 批加入，其中焦炭粒可随钢铁料一起装入。操作中加大用氧量，并在渣料中配入适量的氧化铁皮。这种方法从冶炼全局出发，冶炼过程稳定，炉渣泡沫化效果也比前一种好得多。

（3）喷粉造泡沫渣。该法是在氧化的中、后期，向钢-渣两相的界面处喷吹粒度小于 3mm 的炭粉、碳化硅粉和硅铁粉。这种造泡沫渣的方法效果最好，但需配备喷吹设备。

实际生产中，为了取得更理想的效果，常将上述三种方法结合使用。比较典型的造泡沫渣的操作过程如下：

装料前在炉底加入料重 2% ~4% 的石灰，使熔清后熔渣的碱度达到 1.8 ~2.0。同时，随料按每吨钢加入 5~15kg 的碎焦炭块，提高配碳量；并在炉料底部按每吨钢装入 6kg 的氧化铁皮。炉底形成熔池后即可开始吹氧助熔，氧气压力为 0.5 ~0.7MPa；并不时向钢-渣界面吹氧，提高（FeO）含量。中期，自动流渣以提高去磷率，并补加石灰以保持渣量和碱度。熔化末期按每吨钢喷吹炭粉 4~6kg，并吹氧造泡沫渣，埋弧升温，同时尽量采用高电压、大功率供电。

对于直流电弧炉，因为废钢要和炉底的底电板接触导电，所以不能在装料前向炉底加石灰，所需石灰应在炉底形成熔池后逐渐加入炉内，其余操作与上述相同。

b 电炉炼钢造泡沫渣应注意的问题

炉渣的发泡性能是由其本身的性质所决定的，而炉渣的成分一定时，其泡沫化程度与气体源产生气体的速度成正比。因而，造泡沫渣时应从炉渣成分和气体产生速度两方面来控制。比较而言，炉渣成分的调节范围有限且见效慢，而气体来源的控制则相对容易、灵活，因此当炉渣的泡沫化程度不佳时，可通过加快产生气体速度的方法，使炉渣的泡沫化程度提高。

生产中增加气体来源的方法有两种：一是利用碳氧反应产生 CO 气体，为此应提高炉料配碳量并强化用氧。不过配碳量也不可过高，以防脱碳时间过长，一般情况下比传统工艺所要求的配碳量略高即可。吹氧操作应以浅吹为主，辅以适当的深吹。浅吹易于生成大量的 CO 小气泡，利于泡沫渣的稳定，而深吹能强化搅拌，促进熔池成分、温度均匀，但深吹过多会产生大量体积较大的气泡使炉渣严重泡沫化而难以控制。二是通过向渣中加炭粉及碳酸盐，如 $CaCO_3$、Na_2CO_3 等产生 CO、CO_2 气泡。由于碳酸盐分解时会吸收大量的热量（1kg $CaCO_3$ 分解时所吸收的热量相当于 0.4kW·h 的电能），因此碳酸盐的用量不可过多，以免增加电耗。

任务 4.4 脱 磷

磷是钢中的长存元素之一，由于它会使钢产生"冷脆"及恶化钢的焊接性能和冷弯性能等，所以常被视为有害元素而需要在冶炼中脱除。

钢中的磷主要来源于铁水和生铁块等炼钢原料。这是由于高炉生产的还原过程不能去磷，炼铁原料即铁矿石和焦炭中的磷几乎全部被还原到铁液之中。另外，炼钢生产的其他金属料如废钢、铁合金等，也含有一定数量的磷。

磷在钢中以［Fe_2P］形式存在，通常用［P］来表示。

4.4.1　磷对钢性能的影响

对于绝大多数的钢来说，磷是有害的；但在特定条件下，钢中的磷也有可利用的一面。

4.4.1.1　钢中磷的危害性

磷对钢的危害主要表现为使钢产生"冷脆"现象。实验发现，随着钢中磷含量的增加，钢的塑性和韧性降低，即钢的脆性增加。由于低温时脆性更为严重，所以称为"冷脆"。

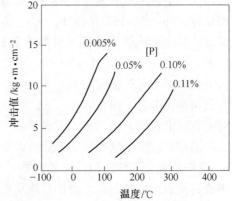

造成"冷脆"现象的原因是，磷能显著扩大固-液相之间的两相区，使磷在钢液凝固结晶时成分偏析很大，先结晶的晶轴中磷含量较低，而大量的磷在最后凝固的晶界处以 Fe_2P 形式析出，形成高磷脆性夹层，使钢的塑性和冲击韧性大大降低。

钢的冲击韧性与磷含量、温度之间的关系如图4-8所示。

由图4-8可见，温度一定时，钢的冲击值随含磷量增加而减小；含磷一定时，钢的冲击值随温度的降低而减小。

图4-8　钢的冲击韧性与磷含量、温度之间的关系

由于磷在固体钢中的扩散速度极小，为此因磷高而造成的"冷脆"即使采用扩散退火也难以消除。

有关试验证实，随着钢中［C］、［N］、［O］含量的增加，磷的这种有害作用随之加剧。图4-9为碳钢中氮、磷含量对冲击值的影响，图4-10为铬镍钢中磷、碳含量对冲击值的影响。

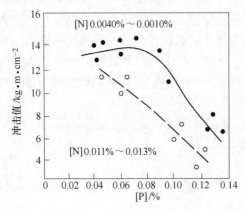

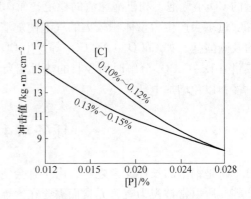

图4-9　钢中氮、磷含量对冲击值的影响　　　　图4-10　铬镍钢中磷、碳含量对冲击值的影响

　　另外，钢中磷含量高时，还会使钢的焊接性能变坏，冷弯性能变差。鉴于磷对钢性能的不良影响，按照用途不同，对钢的磷含量做了如下限制：普通碳素钢[P]≤0.045%；优质碳素钢[P]≤0.035%；高级优质钢[P]≤0.030%，有时要求小于0.020%。

　　随着生产的发展，各行业对钢质量的要求越来越高，钢中磷含量的限制也越来越严格，某些特殊用途的钢种甚至要求[P]≤0.010%，而纯净钢更是要求[P]为0.0015%～0.0030%。

4.4.1.2　钢中磷的有益作用

　　实际上，磷的存在对钢的性能有一定的影响，因此，磷可以在钢中作为合金元素使用。在美国为了提高低碳镀锡薄板的强度，常使磷含量达到0.08%左右。因为溶解在钢中的磷可以提高钢的强度和硬度，而且其强化作用仅次于碳。

　　我国鞍钢生产的MnPRE钢，含磷量高达0.08%～0.13%，其抗大气腐蚀能力比普通钢有显著的提高，可用于制造车辆、焊管、油罐车及其他要求耐大气腐蚀比较严格的地方。该钢的稀土元素含量为2%左右，它的加入是为了抑制磷的"冷脆"危害。

　　自动车床与标准件的生产，要求钢材具有良好的切削加工性能，以便提高加工速度。由于磷具有改善钢的切削性能的作用，为此，易切削钢的含磷量均较高。例如上钢生产的Y15Pb钢，要求含磷量0.09%左右，该钢用于制作汽车轮胎螺母及发电机火刷等。

　　即使是磷导致的脆性，也是可以利用的。例如炮弹钢中适当提高磷的含量，可增加钢的脆性，从而使爆炸时碎片增多，杀伤力更大。

　　另外，磷还可以改善钢液的流动性，因此采用离心法铸造钢管或制作薄壁结构的铸钢件时，均希望钢水有较高的含磷量。

4.4.2　脱磷反应

　　就脱磷而言，炼钢生产中主要是依靠氧化的方式进行；其次，还有目前尚处于实验阶段的还原性去磷方式。

4.4.2.1　氧化脱磷

　　磷在钢液中能够无限溶解，而它的氧化物 P_2O_5 在钢中的溶解度却很小。因此，要去除钢中的磷，可设法使磷氧化生成 P_2O_5 进入炉渣，并固定在渣中。

　　钢中的磷和氧反应有以下几种情况，现分析其进行的可能性。

　　A　钢中磷被氧气直接氧化

　　钢中磷被氧气直接氧化的反应式为：

$$2[P] + \frac{5}{2}\{O_2\} = \{P_2O_5\}, \quad \Delta G^\ominus = -1326119 + 520.91T(J/mol)$$

　　从上式的热力学数据可知，在1600℃的炼钢温度下其标准自由能变化 $\Delta G^\ominus$ 的负值不大（-350N/mol），加之熔池中磷的含量远低于标准状态，所以吹入熔池的氧不可能直接氧化钢中的磷。

B　钢中磷与钢中氧反应

钢中磷与钢中氧的反应式为：

$$2[P] + 5[O] = \{P_2O_5\}, \qquad \Delta G^\ominus = -740359 + 535.34T(\text{J/mol})$$

或　$$2[P] + 5[FeO] = (P_2O_5) + 5[Fe], \qquad \Delta G^\ominus = -704418 + 558.94T(\text{J/mol})$$

1600℃的温度下，上述两个反应的标准自由能变化值均大于零，因此炼钢过程中钢中的磷与氧间的反应也不可能发生。

综上所述，钢液中的磷不可能被溶解在钢中的氧或气态的氧氧化。

4.4.2.2　炉渣脱磷

A　炉渣的脱磷反应

实践证明，炼钢过程中的脱磷反应发生在渣-钢界面和氧气顶吹转炉的乳浊液中，是被渣中的（FeO）氧化的。其反应式为：

$$2[P] + 5(FeO) = (P_2O_5) + 5[Fe], \qquad \Delta G^\ominus = -1495194 + 684.92T(\text{J/mol})$$

生成物 P_2O_2 的密度（2390kg/m³）较小，且几乎不溶于钢液，所以一旦生成，即上浮转入渣相，由于冶炼初期渣中较多的碱性氧化物是（FeO），因此进入炉渣的 P_2O_5 便和 FeO 结合成磷酸铁盐，即：

$$(P_2O_5) + 3(FeO) = (3FeO \cdot P_2O_5), \qquad \Delta H^\ominus = -128030\text{J/mol}$$

上述反应的总反应式可写为：

$$2[P] + 8(FeO) = (3FeO \cdot P_2O_5) + 5[Fe]$$

由生成热 $\Delta H^\ominus$ 判断，渣中的 (P_2O_5) 和 $(3FeO \cdot P_2O_5)$ 都不稳定，炼钢过程中会随着熔池温度的不断升高而逐渐分解，使磷又回到钢液之中。所以在炼钢温度下，以氧化铁为主的炉渣其脱磷能力很低。

为了使脱磷过程进行得比较彻底，防止已被氧化的磷大量返回钢液，目前的做法是向熔池中加入一定量的石灰，增加渣中强碱性氧化物 CaO 的含量，使五氧化二磷和氧化钙生成较稳定的磷酸钙，从而提高炉渣的脱磷能力。在实际生产中，随着石灰的熔化，炉渣的碱度逐渐升高，渣中游离的（CaO）逐渐增加，此时将发生如下置换反应：

$$(3FeO \cdot P_2O_5) + 3(CaO) = (3CaO \cdot P_2O_5) + 3FeO$$

$$(3FeO \cdot P_2O_5) + 4(CaO) = (4CaO \cdot P_2O_5) + 3FeO$$

所以，碱性氧化渣脱磷的总反应式为：

$$2[P] + 5(FeO) + 3(CaO) = (3CaO \cdot P_2O_5) + 5[Fe]$$

或　　　　　　$$2[P] + 5(FeO) + 4(CaO) = (4CaO \cdot P_2O_5) + 5[Fe]$$

B　炉渣脱磷反应的平衡常数

很多研究者指出，脱磷反应中不管其生成物是 $4CaO \cdot P_2O_5$ 还是 $3CaO \cdot P_2O_5$，脱磷平衡常数值可以认为是一样的。以反应式 $2[P] + 5(FeO) + 4(CaO) = (4CaO \cdot P_2O_5) + 5[Fe]$ 的脱磷反应为例，其平衡常数表达式为：

$$K_P = \frac{a_{(4CaO \cdot P_2O_5)}}{a_{[P]}^2 a_{(FeO)}^5 a_{(CaO)}^4}$$

由于炉渣和钢液成分会对平衡产生影响，而各研究者一般又都是在简化的条件下做实验，所以脱磷反应平衡常数的经验公式很多，现举例如下。

（1）启普曼研究认为炉渣脱磷平衡常数与温度之间的关系为：

$$\lg K = \lg \frac{x_{(4CaO \cdot P_2O_5)}}{w[P]^2 \cdot x_{(FeO)}^5 \cdot x_{(CaO)'}^4} = \frac{40067}{T} - 15.06 \qquad (4-1)$$

式中　x_i——炉渣中组元 i 的摩尔分数；

（CaO）′——炉渣中的自由氧化钙；

$w[P]$——钢液中磷的质量分数，%。

（2）温克勒格将式（4-1）中的 $x_{(FeO)}$ 换算成 $w[O]$，得出：

$$\lg K_P' = \lg \frac{x_{(4CaO \cdot P_2O_5)}}{w[P]^2 \cdot w[O]^5 \cdot x_{(CaO)'}^4} = \frac{71667}{T} - 28.73 \qquad (4-2)$$

C　磷在钢、渣间的分配系数

磷在金属与熔渣之间的分配系数 L_P 有许多种表示法，如 $w(4CaO \cdot P_2O_5)/w[P]^2$、$w(P_2O_5)/w[P]^2$、$w(P_2O_5)/w[P]^2$、$w(P)/w[P]$ 等，它们的计算公式各不相同，均由实验获得。例如：

$$\lg \frac{w(P)_\%}{w[P]_\%} = \frac{22350}{T} - 16 + 2.5\lg[\Sigma w(FeO)_\%] + 0.08w(CaO)_\% \qquad (4-3)$$

式（4-3）是黑勒于 1970 年在 1570 ~ 1680℃、$w(CaO) > 24\%$ 的实验条件下获得的。

磷的分配系数的大小可以表示炉渣的脱磷能力的强弱，该比值越大，即炉渣中的磷含量较高，钢液中的磷含量较低，说明炉渣的脱磷能力就越强，钢液脱磷越彻底。

4.4.3　影响炉渣脱磷的主要因素

从脱磷反应的平衡常数式可以得出：

$$w[P]_\% = \sqrt{\frac{a_{(4CaO \cdot P_2O_5)}}{K_P f_{[P]}^2 f_{(FeO)}^5 w(FeO)_\%^5 f_{(CaO)}^4 w(CaO)_\%^4}}$$

实际生产中，影响脱磷反应的因素很多。分析脱磷反应的平衡条件和磷的分配系数可知，炉渣成分和温度是影响脱磷反应的主要因素；此外，炉渣黏度、渣量和炉料含磷量等，也对脱磷反应有一定程度的影响。

4.4.3.1　炉渣成分的影响

炉渣成分对脱磷反应的影响主要反映在渣中（FeO）含量和炉渣碱度上。

渣中的（FeO）是脱磷的首要条件，如果渣中没有氧化铁或氧化铁含量很低，就不可能使磷氧化。但是，纯氧化铁炉渣只有很小的去磷作用，因为（3FeO·P_2O_5）在高温（大于 1475℃）下不稳定，它会分解或被硅、锰还原。而（4CaO·P_2O_5）在 1710℃的温度下也比较稳定，即炼钢温度下它分解的可能性不大。所以（CaO）是脱磷的充分条件。

不过，炉渣的（FeO）和（CaO）含量不是可以任意提高的，它们之间有一个恰当的比值，如图 4-11 所示。由图 4-11 可以看出，当渣中的氧化铁含量一定时，磷的分配系数随着炉渣强度的增加而增大，但有一定的限度；只有在提高炉渣碱度的同时，增加渣中氧化铁的含量保证炉渣具有良好的流动性，才会取得最佳的去磷效果。常压下及温度为 1600℃时，$B > 3.0$ 以后再提高碱度对脱磷基本上不再发生作用。

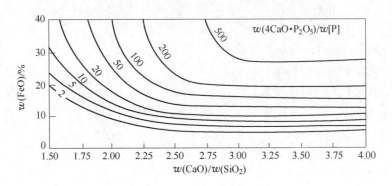

图 4-11　碱度与（FeO）含量及 L_P 的关系

碱度一定的条件下，渣中的（FeO）含量较低时，磷在钢渣之间的分配系数 L_P 随着渣中（FeO）含量的增加而升高，而且在（FeO）含量为 16% 时达到最大值，再进一步提高时 L_P 反而会下降，如图 4-12 所示。这是因为（FeO）是去磷反应的氧化剂，同时它还能加速石灰熔化成渣和降低炉渣的黏度，所以增加（FeO）含量对脱磷有利。但是渣中的（FeO）含量过高，会使渣中的（CaO）含量下降，导致渣中不稳定的（$3FeO \cdot P_2O_5$）增多，稳定的（$4CaO \cdot P_2O_5$）减少，反而使渣中脱磷反应降低。在生产中发现，一般情况下，$B = 2.5 \sim 3.0$、$w(FeO) = 15\% \sim 20\%$ 时，脱磷效果较好。

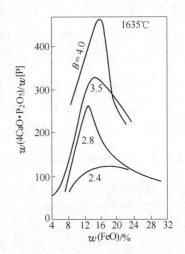

图 4-12　碱度、（FeO）含量对磷分配系数的影响

熔渣中的（MnO）、（MgO）也是碱性氧化物，但其脱磷作用不及（CaO）；同时，它们在渣中的浓度相应降低，反而对去磷不利。强碱性渣中增加 MgO 的含量还会使黏度显著增高，使脱磷速度减慢。研究表明，渣中的 $w(MnO) \le 12\%$、$w(MgO) \le 6\%$ 对去磷有一定帮助，继续增加它们的含量，磷的分配系数会急剧下降。

溶渣中（SiO_2）和（Al_2O_3）含量的增加，将降低炉渣的碱度，所以对脱磷不利。在冶炼初期，由于金属中硅的迅速被氧化，渣中含有大量的（SiO_2），不利于迅速提高炉渣碱度，因此通常要限制炉料含硅量；炼钢操作中，在保证炉渣碱度的前提下，有时加入一些铝矾土（主要成分是 Al_2O_3）来加速化渣和增加炉渣的流动性，对脱磷有一定好处。

4.4.3.2　温度的影响

脱磷反应是强放热反应，升高温度会使其平衡常数的数值减小，去磷的效率下降，如图 4-13 所示。

图 4-14 更直观地表达出了渣中氧化铁、炉渣碱度和温度对脱磷的影响，图中的 3 条曲线分别表示温度为 1550℃、1600℃、1650℃ 及磷的分配系数 L_P =100 时的情况。由此可见，温度降低 50℃ 或 100℃ 时，在（FeO）含量相同的条件，用较低的碱度可以达到同样的脱磷效果。生产中随着熔池温度的升高，提高炉渣的碱度，可以取得同样的脱磷效果。

由以上的分析可知，从热力学条件来看，降低温度有利于去磷反应的进行。但是，应该辩证地看待温度的影响，尽管升高温度会使去磷反应的平衡

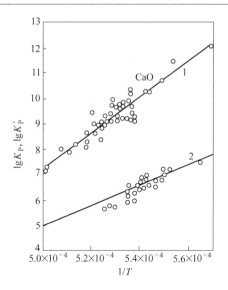

图 4-13　温度对脱磷平衡的影响
1—$\lg K_P'$；2—$\lg K_P$

常数 K_P 值减小，然而与此同时，较高的温度能使炉渣的黏度下降、加速石灰的成渣速度和渣中各组元的扩散速度，强化了磷自金属液向炉渣的转移，其影响可能超过 K_P 值的降低。当然，温度过高时，K_P 值的下降将起主导作用，会使炉渣的去磷效率下降，钢中的磷含量升高。因此将温度维持在一个合适的范围内，保证石灰基本熔化并使炉渣有较好的流动性，对脱磷过程最为有效。生产实践表明，去磷的合适温度范围是 1450～1550℃。

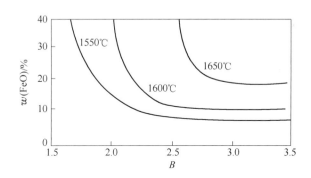

图 4-14　温度、炉渣碱度和（FeO）含量对脱磷的影响

4.4.3.3　炉渣黏度的影响

因为炼钢熔池中的脱磷反应主要是在炉渣与金属液两相的界面上进行的，所以反应速度与炉渣黏度有关。通常情况下，炉渣黏度越低，反应物（FeO）向钢-渣界面的扩散转移速度就越快，反应产物（P_2O_5）离开界面溶入炉渣的速度也越快。因此，在脱磷所要求的高碱度条件下，应及时加入稀渣剂改善炉渣的流动性，以促进脱磷反应的顺利进行。但必须注意，所加稀渣剂不能过量，否则炉渣黏度过低，将严重侵蚀炉衬，不仅会降低炉衬的使用寿命，而且还使渣中 MgO 含量增加，稀渣剂的作用消失后炉渣反而变得更稠。

4.4.3.4　渣量的影响

随脱磷反应的进行，渣中（P_2O_5）的浓度不断升高，炉渣脱磷能力逐渐下降，在一定条件下，增大渣量必然会使渣中（P_2O_5）的浓度降低。破坏磷在钢-渣间分配的平衡性，促进脱磷反应继续进行，使钢中的磷含量进一步降低。但渣量过大，会使钢液面上渣层过厚而减慢去磷速度，同时还压抑了钢液的沸腾，使气体及夹杂物的排除受到影响。因此，在电弧炉炼钢中，当炉料中的磷含量高时采用自动流渣操作，而在转炉炼钢中，如果铁水磷含量高采用双渣操作。它们的基本原理是一样的，即在保证炉内渣量合适的条件下增加炉渣的总量，可以提高炉渣的去磷率。图 4-15 所示为渣量对脱磷的影响。由图 4-15 可见，当炉渣的碱度 $R = 1.8$，$w(FeO) = 15\%$，钢中原始含磷量 $w[P] = 0.050\%$ 时，若要将磷脱到 0.010%，即 $w[P]_{最终} = 0.010\%$，必须

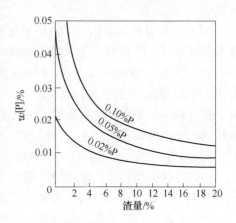

图 4-15　渣量对脱磷的影响

要有 14% 的渣量才能达到。如果采取换渣操作，第一次控制渣量为 4%，则钢中的磷可从 0.050% 降到 0.020%；然后，扒渣再造 5% 的新渣，则钢中的 [P] 从 0.020% 降到 0.010%。可见，采用一次换渣，用 9% 的渣量就可以达到 14% 渣量同样的效果。所以采用一次造渣达到脱磷目的做法是不合理的。

4.4.3.5　原料磷含量对钢中含磷量的影响

以 100kg 炉料为例，磷的平衡关系为：

炉料中的磷量 = 钢中的磷量 + 渣中的磷量

即　　　　　　　$100w[P]_{\%料} = Q_钢 w(P)_\% + Q_渣 w(P)_\%$

因为　　　　　　$w(P)_\% = 0.437w(P_2O_5)_\%$，　$w(P_2O_5)_\% = L_P w[P]_\%$

所以　　　　　　$100w[P]_{\%料} = Q_钢 w[P]_{\%料} + 0.43Q_渣 L_P w[P]_\%$

$$w[P]_\% = 100w[P]_{\%料} / (Q_钢 + 0.437Q_渣 L_P) \tag{4-4}$$

式中　$w[P]_{\%料}$——炉料中磷的质量分数，%；

　　　　$Q_钢$——钢水的质量，kg；

　　　　$Q_渣$——炉渣的质量，kg。

从式（4-4）可以看出，在磷的分配系数一定时，钢中的磷含量主要取决于炉料的含磷量和渣量。因此，要减少钢中的含磷量，不仅应该在冶炼中创造去磷的适宜条件，努力多去，而还应贯彻精料原则，原料中尽量少带磷，即采用低磷铁水。

4.4.4　还原性脱磷

当金属中含有较多的铬、硅等较易氧化的元素时，会使氧化脱磷变得非常困难，以至于完全失效。这是由于钢中的铬、硅等元素会比磷优先氧化并使熔池迅速升温，从而使钢中的磷得到保护而不被氧化。因此在电弧炉采用返回吹氧法冶炼含铬合金钢时，有人提出

了在还原条件下进行脱磷的设想。

炉渣氧化性脱磷是将钢中的磷氧化成 P_2O_5，并与碱性氧化物结合成为磷酸盐而固定在炉渣之中，所以磷在炉渣中以正五价形态存在；而还原性脱磷时，钢中磷是通过生成磷化物转入炉渣而被去除的，即磷在炉渣中以负三价形态存在。

表 4-1 为几种磷化物的生成热、密度、熔点及其磷的价态值。

表 4-1　各种磷化物的性质

磷化物	P_2O_5	Ca_3P_2	Mg_3P_2	Ba_3P_2	AlP	Fe_3P	Fe_2P	Mn_3P	Na_3P
磷的价态	+5	−3	−3	−3	−3				−3
$-\Delta H_{298}^{\ominus}/\text{kJ} \cdot \text{mol}^{-1}$	1492	506	464	494	164.4	164	160	130	133.9
密度/$\text{g} \cdot \text{cm}^{-3}$	2.39	2.51	2.06	3.18	2.42	6.80		6.77	1.74
熔点/℃	580	1320		3080		1220	1370	1327	

由表 4-1 可以看出，磷能同碱土金属生成比 Fe_3P、Fe_2P 更稳定且密度小的化合物，这说明它们在还原条件下是可以脱磷的。比较而言，在碱土金属中来源充足、价格较为便宜的是钙，它和钢中常见元素的反应自由能见表 4-2。

表 4-2　钙与钢中常见元素的反应自由能

反　应　式	$\Delta G^{\ominus}/\text{J} \cdot \text{mol}^{-1}$	$\lg(p_{Ca} \cdot a_i^x)$
$\{Ca\} + [O] = CaO_{(s)}$	$-669469 + 194.23T$	$\lg(p_{Ca} \cdot a_{[O]}) = -34951/T + 10.14$
$\{Ca\} + [S] = CaS_{(s)}$	$-570996 + 171.40T$	$\lg(p_{Ca} \cdot a_{[S]}) = -29810/T + 8.948$
$\{Ca\} + \frac{2}{3}[N] = \frac{1}{3}Ca_3N_2$	$-316128 + 151.92T$	$\lg(p_{Ca} \cdot a_{[N]}^{2/3}) = -1654/T + 7.931$
$\{Ca\} + \frac{2}{3}[P] = \frac{1}{3}Ca_3P_2$	$-284141 + 134.90T$	$\lg(p_{Ca} \cdot a_{[P]}^{2/3}) = -14834/T + 7.62$
$\{Ca\} + 2[C] = CaC_{2(s)}$	$-266699 + 142.56T$	$\lg(p_{Ca} \cdot a_{[C]}^2) = -13923/T + 7.443$
$\{Ca\} + 2[Si] = CaSi_2$	$-152077 + 131.88T$	$\lg(p_{Ca} \cdot a_{[Si]}^2) = -7939/T + 6.885$

根据表 4-2 中的热力学资料分析，钙与氧的反应能力最大，其次是硫、氮、磷、碳、硅。也就是说，在脱氧良好的钢液中钙才能与其他元素发生反应，否则钙就大量地消耗在脱氧上。

另外，钙的沸点较低（1492℃），所以用金属钙进行脱磷应将钢水温度控制在 1480℃以下，这在冶炼不锈钢时是极为困难的；而且金属钙的成本也较高，所以生产中常用硅钙合金或电石（CaC_2）作为脱磷剂。

还原性脱磷主要用于冶炼含磷高的不锈钢钢液，主要有以下两种方案：

（1）硅钙合金脱磷。硅钙合金脱磷，使用的材料为 Ca-Si 粉。加入的时间应选在钢液用强脱氧剂脱氧之后、炉渣中氧化铁含量较低之时，以提高钙的利用率；加入的方法是用一定压力的氩气作为载流气体，将 Ca-Si 粉喷入钢液之中。

（2）电石脱磷。采用 CaC_2 进行脱磷时，要求钢液温度为 1575～1680℃，钢中碳的活度在 0.02～0.3 之间，脱磷率 η_P 可达 50% 以上，如图 4-16 所示。

试验还表明，当钢水温度波动于 1580～1600℃ 时，CaC_2-CaF_2 渣系中 CaF_2 的配比以 10%～25% 为好，它既有较高的脱磷率，又是半熔融状态的炉渣，可以减少对

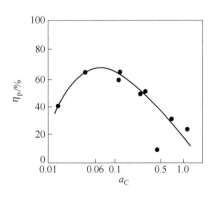

图 4-16　碳的活度对脱磷的影响

耐火材料的侵蚀。

但应指出，还原脱磷后的炉渣必须进行处理，否则遇水将会产生有害气体 PH_3：

$$(Ca_3P_2) + 3H_2O \Longrightarrow 3(CaO) + 2\{PH_3\}$$

处理的办法是对炉渣吹氧，使之按下列反应变得对人身健康无害：

$$(Ca_3P_2) + \frac{3}{2}\{O_2\} \Longrightarrow 3(CaO) + 2\{P\}$$

当然，还原脱磷后直接向钢水面的炉渣吹氧，必然会氧化部分合金元素和增加钢中的含氧量，可将其扒出并倾倒于普碳钢液面上进行吹氧氧化。但是这种方法操作很不方便。

4.4.5　转炉脱磷工艺

转炉炼钢所用原料以铁水为主，一般情况下配入 10% ~ 30% 的废钢，所以炉料中含磷量较高，即冶炼中的脱磷任务较重。

转炉的脱磷工艺主要包括选择合适的造渣方法和吹炼中控制好枪位。

4.4.5.1　造渣方法及其脱磷效率

氧化脱磷的关键，是在偏低的温度下造出流动性良好的碱性氧化渣。在转炉炼钢中，首先是要根据铁水的磷含量和冶炼钢种对磷的要求选择合适的造渣方法。按照含磷量不同，一般将铁水分为低磷铁水、中磷铁水、高磷铁水。

前已述及，氧气顶吹转炉的造渣方法有单渣法、双渣法、双渣流渣法和喷吹石灰粉法，它们的操作工艺不同，脱磷效率也存在较大差异。

单渣法操作时，脱磷效率通常在 90% 左右。

采用双渣操作，吹炼过程中要倒出或扒出部分炉渣（约 1/3 ~ 2/3），然后重新加入渣料造渣，该操作方法具有以下好处：

（1）吹炼前期的温度较低、渣中（FeO）含量较高，对脱磷十分有利，倒渣可以将含磷高的前期炉渣倒去一部分，提高脱磷效率；

（2）初期渣中的（SiO_2）含量较高，倒出后有利于保持去磷所要求的高碱度，也可以减轻对炉衬的侵蚀；

（3）可以消除大渣量引起的喷溅，使去磷反应能持续进行。

倒渣的时机应该选择在渣中含磷量最高、含铁量最低的时刻，以达到脱硫效率最好、铁损最少的效果。双渣法操作脱磷效率通常可达 92% ~ 95%。

双渣留渣法操作，将上一炉高碱度、高氧化铁、高温度和流性好的终渣留一部分在炉内，可以加速初期渣的形成，提高倒渣前的去磷量。表 4-3 是转炉终渣成分的一个实例，可见转炉终渣留在炉内对提高下炉钢的前期去磷率有利。通常双渣留渣法的脱磷率为 95% 左右，增加不明显，而且兑铁水时易发生喷溅，一般不用。

表 4-3　转炉终渣成分实例　　　　　　　　　　　　　　　　（%）

FeO	SiO_2	CaO	MgO	P_2O_5	MnO
16.7	16.9	51.6	5.8	2.7	6.3

此外，吹炼高磷铁水时，为加快成渣速度，可以采用喷吹石灰粉造渣；并可根据钢液成分决定吹炼过程中是否摇炉倒渣及倒渣次数，一般能使磷降到 0.03% 以下。但这种方法

不仅需要一套喷粉设备，而且粉尘量大、劳动条件差，石灰粉又极易吸收空气中的水分，管理、输送均较困难。

　　根据以上的分析比较。单渣法操作简单、稳定，便于实现自动控制，因此对于含磷量高的铁水，最好是进行预处理，使其符合单渣法冶炼的要求。

4.4.5.2　吹炼过程中磷的变化规律

　　转炉炼钢过程中，钢液中的磷含量总的来说是逐渐降低的。但是，由于炉内反应的复杂性和工艺参数对炼钢反应影响的多重性，钢液中的磷含量不会是简单的直线下降，而且即使是同样的原料条件，各炉的磷含量的变化情况也不尽相同。

　　A　枪位变化对脱磷反应的影响

　　生产实践证明，在转炉吹炼过程中，影响脱磷反应的主要因素是渣中氧化铁的含量，而渣中氧化铁含量的高低主要取决于枪位的控制。

　　由前面对脱磷反应的分析可知，流动性良好的碱性氧化渣是炉渣脱磷的基本条件，因此造好渣是完成脱磷任务的关键。在转炉吹炼过程中，不但铁水中的碳、硅、锰等元素被氧化，铁液滴和液面上的铁本身也被氧化而生成氧化铁，这对加速炉内的石灰熔化，尽早形成脱磷所需的碱性氧化渣十分有利；同时，开吹后不久，在熔池表面就产生的气体和渣液组成的乳浊液泡沫层，其中夹带有大量的铁水滴（可高达炉内铁水的1/3），极大地增加了钢-渣两相的界面积，能使脱磷反应加速进行。然而，这种流动性良好而且具有一定程度泡沫化的碱性氧化渣的生成，与吹炼中的枪位控制有直接关系。适当提高枪位，能使渣中的氧化铁含量增加，不仅可以保证脱磷所需的热力学条件，而且还有助于石灰熔化、降低炉渣的黏度及使炉渣适当泡沫化，改善脱磷的动力学条件；但枪位较高时，氧气射流对熔池的搅拌作用减小，脱碳速度较慢，同时氧气的利用率也较低。

　　反之，如果枪位控制的较低，碳氧反应激烈，脱碳速度很快，易使渣中的氧化铁含量不足而易出现炉渣"返干"现象，这对脱磷极为不利。

　　图4-17所示表明了渣中的氧化铁对去磷速度和脱碳速度的影响。图4-18所示是某厂采用单渣法的操作实例。

　　图4-18中的曲线1，表示由于吹炼前

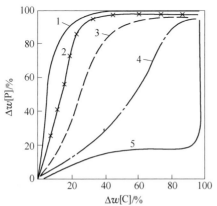

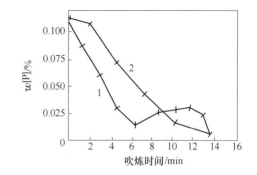

图4-17　渣中的氧化铁对去磷速度和脱碳速度的影响

1—40%～50% FeO；2—25%～30% FeO；

3—15%～20% FeO；4—8%～9% FeO

图4-18　不同的造渣过程对磷含量变化的影响

期的枪位控制合理，化渣良好，所以去磷速度较大；但吹炼中期由于未能及时提枪，炉渣出现"返干"现象，产生了回磷；而到了后期，由于采取了有效的消除"返干"的措施，使炉渣的流动性变好，加之炉渣碱度的进一步提高，钢中的磷又有所降低。

图中的曲线 2 表示因化渣不好，前期的去磷速度不及曲线 1，但其后炉渣一直保持良好状态，没有"返干"，所以能始终保持较快的去磷速度。

可见，造渣过程对去磷的影响较大而且直接。为此，目前一些工厂应用音频化渣仪来控制吹炼过程中的枪位，使炉渣始终保持化渣良好的状态。

B　吹炼中磷的变化规律及分析

吹炼过程中钢液中的磷及其他元素含量的变化情况如图 4-19 所示。由图 4-19 可见，钢液中含磷量的变化大致可分为以下三个阶段：

(1) 吹炼初期。吹炼的最初阶段，由于硅、锰与氧的亲和力比磷大，所以要等到铁液中的硅、锰含量降到较低时磷才开始氧化，而且氧化速度不大，为 $(0.007\% \sim 0.016\%)/\min$，该阶段熔池的温度比较低，这对脱磷是一个极有利的条件，因此决定吹炼初期脱磷效率的主要因素是成渣情况，保证迅速造成具有较高碱度和高氧化铁的、流动性良好的、一定数量的炉渣，可以使脱磷过程快速进行。为此，该阶段应适当地提高枪位，使渣中的氧化铁含量达到 $18\% \sim 25\%$。但过高的枪位会减弱氧气射流对熔池的搅拌，对于脱碳和脱磷都是不利的。

影响初期脱磷效率的另一个因素是铁水中的硅含量。如果铁水含硅量过高。不仅由于硅的氧化要消耗大量的氧化铁，使渣中（FeO）的浓度较大幅度地下降；同时，硅的氧化产物进入渣中使二氧化硅的活度 $a_{(SiO_2)}$ 过大而阻碍石灰的熔解，导致吹炼初期脱磷的缓滞阶段拖长。实验发现，当铁水的含硅量大于 0.3% 时，便开始影响脱磷的进行。为此，应力争使铁水中的硅含量不过高。

由于熔池温度较低及硅、锰的氧化，该阶段的脱碳速度也不大。

(2) 吹炼中期。吹炼中期，硅、锰的氧化已基本结束，炉内逐渐进入碳和磷的激烈氧化阶段，磷的氧化去除速度可达 $(0.013\% \sim 0.021\%)/\min$，该阶段的脱磷主要与造渣好坏有关，只要化渣良好，脱磷速度可大于脱碳速度。但应注意，随着熔池温度逐渐升高，碳的氧化速度趋于峰值，强烈地消耗渣中的氧化铁可能使渣中的 $\Sigma(FeO)$ 降低到 $7\% \sim 10\%$，这不仅会使碱度上升迟缓，而且炉渣会出现所谓的"返干"现象，影响脱磷的继续进行，甚至发生回磷。为此，应适当地提高枪位，并控制吹炼中期的温度不要过高，一般为 $1600 \sim 1630\text{℃}$。

(3) 吹炼后期。该阶段钢液中磷含量已比较低，熔池温度已升高，只有在炉渣碱度较高、化渣良好的条件下，才有可能再次使钢中磷下降。事实上，由于该阶段脱碳速度减小，渣中的（FeO）逐渐积聚；加上此时钢液的温度已接近出钢的要求，石灰得以充分溶解，熔渣的碱度得以进一步的提高，因而钢中的磷含量会继续降低。但此时的去磷速度只有 $(0.002\% \sim 0.010\%)/\min$。终点钢液的含磷量与停吹前熔渣的碱度、渣中 $\Sigma(FeO)$ 的浓度、熔池的温度、终渣的数量和是否倒渣等因素有关，一般情况下钢液的磷含量为 $0.015\% \sim 0.045\%$。在其他条件相同时，所炼钢种的碳含量越低，钢中的磷含量也越低。

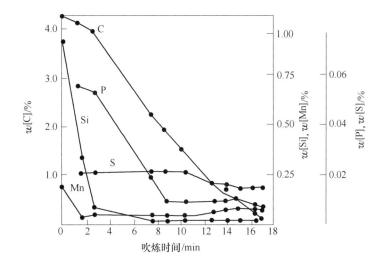

图4-19　氧气顶吹转炉吹炼过程中钢液成分的变化

4.4.5.3　回磷及其防止措施

磷从炉渣中重新返回到钢液中的现象称为"回磷"。

转炉成品钢中的含磷量往往比吹炼终点时钢液中的含磷量要高，这是吹氧结束后出钢（加铁合金脱氧）和浇注过程中的"回磷"所致。另外，在吹炼过程中，由于熔池温度过高、炉渣碱度和氧化铁含量过低、炉渣返干等原因，也会发生"回磷"现象。

A　出钢和浇注过程中的回磷及原因

氧气顶吹转炉在炉内或钢包内进行脱氧和合金化时，以及在出钢过程中，都可能发生磷由炉渣返回到钢液中的现象；脱氧后的钢水在钢包中镇静及浇注过程中也可能发生回磷。一般情况下，炉内脱氧和合金化时钢液的回磷量较少，约为0.008% ~ 0.010%；而在钢包中的回磷现象较为严重。从吹炼终点到钢水浇注完毕的过程中，钢液磷含量的变化实例见表4-4。

表4-4　氧气顶吹转炉出钢、浇注过程中磷含量的变化规律实例　　　　　　　　（%）

炉　次	终　点	出钢(炉内插铝)	钢包上部钢水	浇注前	浇　完	最大回磷量
1	0.010	0.013	0.032	0.020	0.033	0.023
2	0.011	0.013	0.026	0.021	0.032	0.021
3	0.011	0.011	0.036	0.023	0.036	0.025

由表4-4中的数据可以看出，处于钢包上部的钢液中磷含量增加较多；浇注结束后，最大回磷量高达0.02%以上。

不进行炉外精炼时，转炉钢水是在氧化渣下进行脱氧出钢和浇注的，这必然会将渣中的磷还原到钢液中。由于各厂的生产条件、工艺制度不同，钢水在出钢、脱氧和浇注过程中的回磷量也有较大的差别。

一般认为回磷现象的发生及回磷程度与以下因素有关：钢液温度过高；脱氧剂的加入降低了（FeO）活度，使炉渣氧化能力下降；使用硅铁、硅锰合金脱氧，生成大量的SiO_2，降低了炉渣碱度；浇注系统耐火材料中的SiO_2溶于炉渣，使炉渣碱度下降；出钢过程中的下渣量和渣钢混冲时间等。

　　B　减少回磷的措施

根据以上对回磷原因的分析，生产中减少回磷的措施主要有：

（1）吹炼中期，要保持渣中的$\Sigma(FeO)$含量大于10%以上，防止因炉渣"返干"而产生的回磷。

（2）控制终点温度不要过高，并调整好炉渣成分，使炉渣碱度保持在较高的水平。

（3）尽量避免在炉内进行脱氧和合金化操作，防止渣中的氧化铁含量下降，如果改在钢水包内进行脱氧和合金化操作时，希望脱氧剂和合金料在出钢至2/3前加完。

（4）采取挡渣球挡渣出钢等措施，尽量减少出钢时的下渣量。

（5）采用碱性包衬。

（6）出钢时，向包内投入少量小块石灰以提高钢包内渣层的碱度，一方面抵消包衬黏土砖被侵蚀造成的炉渣碱度下降，另一方面可以稠化炉渣，降低炉渣的反应能力，阻止渣钢接触时发生回磷反应。

4.4.6　铁水预脱磷

为了缩短转炉的生产周期，以便与高速的连铸工艺相配合，近年来各国大力发展了炼钢用铁水的预处理技术，铁水预处理包括脱硅、脱磷和脱硫，在此仅就铁水预脱磷的问题进行讨论。

铁水炉外预脱磷已经发展成为改善和稳定转炉冶炼工艺操作，降低消耗和成本的重要技术手段。尤其是由于当前热补偿技术的成功开发，解决了脱磷过程中铁水的降温问题，因此采用铁水预脱磷的厂家也越来越多，铁水预脱磷的比例也越来越大。

铁水预脱磷与炉内脱磷的原理相同，即在低温、高氧化性、高碱度熔渣条件下脱磷。与钢水相比，铁水预脱磷具有低温、经济合理的优势。今后有可能实现铁水100%经过预处理，而转炉100%使用预处理的铁水炼钢。这样可以明显地减轻转炉精炼的负担，提高冶炼速度，100%达到成分控制的命中率，扩大钢的品种，大幅度提高钢质量。

4.4.6.1　脱磷剂

目前广泛使用的脱磷材料有苏打系和石灰系脱磷剂。

（1）苏打系脱磷剂。苏打粉的主要成分为Na_2CO_3，是最早用于脱磷的材料。苏打粉脱磷的特点如下：

1）苏打粉脱磷的同时还可以脱硫；

2）铁水中锰几乎没有损失；

3）金属损失少；

4）可以回收铁水中V、Ti等贵重金属元素；

5）处理过程中苏打粉挥发，钠的损失严重，污染环境，产物对耐火材料有侵蚀；

6）处理过程中铁水温度损失较大；

7）苏打粉价格较贵。

（2）石灰系脱磷剂。石灰系脱磷材料主要成分是 CaO，配入一定比例的氧化铁皮或烧结矿粉和适量的萤石。研究表明，这些材料的粒度较细，吹入铁水后，由于铁水内各部分氧位的差别，能够同时脱磷和脱硫。使用石灰系脱磷剂不仅能达到脱磷效果，而且价格便宜，成本低。

4.4.6.2　脱磷方法

（1）机械搅拌法。机械搅拌法是把配制好的脱磷剂加入到铁水包中，然后利用装有叶片的机械搅拌器将铁水搅拌混匀，也可在铁水中同时吹入氧气。日本某厂曾用机械搅拌法在 50t 铁水包中进行炉外脱磷，其叶轮转速为 50~70r/min，吹氧量为 8~18m³/t，处理时间为 30~60min，脱磷率达 60%~85%。

（2）喷吹法。喷吹法是目前应用最多的方法，它是把脱磷剂用载流气体（N_2）喷吹到铁水包中，使脱磷剂与铁水混合并发生反应，达到高效率脱磷。喷吹法在日本新日铁公司 100t 铁水包中应用，以氩气作为载气，吹入脱磷剂 45kg/t，喷吹处理时间为 20min，脱磷率达 90% 左右。

4.4.6.3　工艺控制

A　处理温度的控制

向铁水吹氧时，其中的碳和磷均可发生氧化反应。不过，碳的氧化反应是微弱的放热反应，其平衡常数 K_p 随温度的变化不大：

$$[C] + [O] \Longrightarrow \{CO\}, \qquad \Delta G^{\ominus} = -22200 - 28.34T$$

而磷的氧化反应：

$$2[P] + \frac{5}{2}\{O_2\} \Longrightarrow (P_2O_5), \quad \Delta G^{\ominus} = -1291250 + 542.05T$$

是强放热反应，其平衡常数 K_p 随温度降低急剧增大。理论研究和生产实践均表明，在 CaO 饱和的炉渣下，温度较低时，磷可以优先于碳而氧化。为此，应选择适宜的吹氧制度，以控制铁水的温度不要很快大幅升高。

B　铁水氧化性的控制

为了使高碳铁水中的磷优先于碳氧化，除了控制较低的温度以外，还应保持铁水具有足以使磷氧化的氧位。通常是向铁水深部吹氧，不仅使铁水的局部区域具有过量的氧，同时又能抑制 CO 气泡生成从而延缓碳的氧化，以使磷优先或同碳一起氧化。

C　熔渣成分的控制

如前所述，按照熔渣结构的离子理论，脱磷反应为：

$$[P] + 4(O^{2-}) + 2.5(Fe^{2+}) \Longrightarrow (PO_4^{3-}) + 2.5[Fe]$$

分析上式可知，增大渣中氧离子的活度对脱磷有促进作用。从氧化物的性质可知，酸性氧化物能同渣中的（O^{2-}）结合生成稳定的复合阴离子，而碱性氧化物则能分解出（O^{2-}）。因此，生产中常选用强碱性氧化物 Na_2O（苏打 Na_2CO_3）或 CaO（石灰）的渣系进行铁水预脱磷。用 CaO 或 Na_2CO_3 脱磷的分子反应式如下：

$$\frac{4}{5}[P] + \{O_2\} + \frac{8}{5}CaO_{(s)} = \frac{2}{5}(4CaO \cdot P_2O_5)_{(s)}$$

$$\frac{4}{5}[P] + Na_2CO_{3(s)} = (Na_2O) + \frac{2}{5}(P_2O_5) + [C]$$

$$3(Na_2O) + (P_2O_5) = 3Na_2O \cdot P_2O_5$$

为了使熔池保持较高的氧离子活度，在脱磷之前必须先对铁水进行预脱硅处理。因为铁水中硅高时，脱磷时必然生成较多的 (SiO_2)，而渣中的 (NaO) 或 (CaO) 首先要满足与 (SiO_2) 结合的需要，然后才能用于脱磷。

用 Na_2CO_3 脱磷时，熔渣的碱度以 $w(Na_2O)/w(SiO_2)$ 表示。在温度为 1300 ~ 1350℃ 的条件下，试验得出的磷的分配系数随 $w(Na_2O)/w(SiO_2)$ 的增大而增大，而且比用 CaO 系熔渣脱磷时高出很多，$w(Na_2O)/w(SiO_2) > 3$ 时，$w(P_2O_5)/w[P] > 1000$。

日本君津铁厂将铁水的含硅量降至 0.15% 后，再对铁水进行脱磷处理，可将铁水中的磷从 0.10% ~ 0.30% 降低到 0.050% 以下，最低可达 0.005%。转炉可用这种铁水吹炼低磷钢种。该厂使用的脱磷剂配比为：石灰 35%、氧化铁皮 55%、萤石 7% ~ 8%；粒度小于 1mm；每吨铁水单耗 50kg 左右。另外还需加一定量的辅助剂 $CaCl_2$，吨铁单耗 1 ~ 2kg。脱磷率达 90% 以上，并可同时进行脱硫。该方法的问题是脱磷剂的消耗量大，只适用于大型转炉的生产流程。

日本鹿岛钢铁厂采用苏打系熔渣对铁水进行脱磷和脱硫处理，具体做法是：首先在高炉炉台或鱼雷车内对铁水进行脱硅处理，将硅降至 0.10% 以下，而后扒除脱硅渣，再向铁水喷射苏打粉，载流气体为氮气和氧气；苏打粉的最大喷吹速度为 250kg/min，吨铁单耗 19kg；处理后，铁水含磷量可降至 0.005%，含硫量可降至 0.02%。使用苏打系脱硫剂的问题是对环境有一定的污染。

4.4.7　电弧炉脱磷工艺

电弧炉的炼钢过程通常分为 3 个阶段，即熔化期、氧化期和还原期。虽然熔化期的主要任务是尽快地熔化炉料，但同时也能去除一部分磷；而氧化期除了通过脱碳来实现去气、去夹杂的目的外，主要是继续完成余下的脱磷任务。可见，电弧炉炼钢的脱磷操作贯穿于其熔化和氧化两个阶段，其脱磷过程称为熔氧结合脱磷工艺。

4.4.7.1　熔氧结合脱磷工艺

电弧炉炼钢的熔化期，熔池温度低，去磷的热力学条件十分优越，炉料中的相当大一部分磷是在熔化期被氧化的。由于炉料中混有泥沙、铁锈，以及耐火材料的剥落部分和废钢中硅、锰、铝、磷、铁等元素的氧化，在炉内会形成一种碱度很低的熔渣。这种低碱度的炉渣无法大量地吸收和稳固地结合氧化磷，因此为了在熔化期尽早脱磷，装料前应在炉底铺加一定数量的石灰，以确保熔化渣的碱度。对于有底电极的直流电弧炉，炉底不能铺加石灰，否则不能导电，应在熔池形成后及时加入石灰。

在炉料的熔化过程中，适时向炉内吹氧助熔，使熔渣中维持较高的 (FeO) 含量；同时，炉底石灰熔化后上浮进入熔渣，使渣中含有一定量的（CaO）；加之熔池温度较低，因此熔化前期具备了良好的脱磷条件，使大量的磷由钢液转入炉渣。当然，脱磷的同时也进行着脱碳反应。随着脱碳反应的进行，渣中的氧化铁含量降低及炉温升高，可能发生回磷现象，因此熔化的中、后期，应加入适量的氧化铁皮和小块矿石进行流渣操作。一般说来，在熔化期已将炉料中大部分的磷氧化去除，炉料全熔时钢液中的磷含量可以降到接近于所炼钢种的允许值，如果原料的磷含量较高，炉料熔清时钢液中的磷高出钢种允许值较多，或熔清时钢液的含磷量虽不是很高，但冶炼的是高碳钢，氧化期脱磷比较困难等，必须进行扒渣或自动流渣 70% ~ 80% 并造新渣的换渣操作，以利用换渣机会去除较多的磷，减轻氧化期的脱磷任务。

表 4-5 为某厂 100t 电弧炉实际生产的统计数据。

表 4-5　某厂 100t 电弧炉炉料中及熔清后的磷含量　　　　　　　　（%）

钢　种	炉料的磷含量	熔清后钢液的磷含量
碳素钢	0.030 ~ 0.075	0.010 ~ 0.025
低碳合金钢	0.030 ~ 0.075	0.004 ~ 0.011
高碳合金钢	0.060 ~ 0.067	0.009 ~ 0.017

表 4-5 的生产统计数据表明，造好熔化渣并在熔化后期进行流渣操作，熔化期的脱磷率可达 60% ~ 80%，炉料熔清后一般可达到或接近所炼钢种的规格允许值。

进入氧化期后以吹氧脱碳为主，熔池温度迅速升高，脱磷的热力学条件不如熔化期好，但由于熔池均匀激烈地沸腾，渣、钢的接触面积比熔化期要大得多，因此脱磷的动力学条件比熔化期优越。在吹氧脱碳熔池沸腾的同时，频繁地进行流渣、补加渣料的操作，保持熔渣的碱度和渣中氧化铁的含量，以保证氧化期继续有效地去磷。

通常氧化末期应使钢中磷降到规格允许值的一半以下，而且氧化结束后，要扒除氧化渣再造新渣进入还原期。这是因为，电弧炉炼钢的还原期不但不能脱磷，还会由于氧化渣没有扒净及铁合金等原材料的加入而使钢液增磷。还原期增磷的多少，在很大程度上取决于氧化渣是否扒净，因此在操作中应尽量扒净氧化渣，增磷量可控制在 0.005%以内。

总之，在正常情况下，在熔化期尽早造好具有一定碱度、高氧化铁的炉渣，并在熔化的中、后期采用流渣操作，熔化末期钢液的含磷量可降低到或接近钢种的规格允许值；炉料熔清后以吹氧脱碳为主，只要保持炉渣碱度及进行流渣操作，在脱碳的同时，能继续把钢中磷脱到小于钢种规格允许值的一半以下。

4.4.7.2　非正常炉况的脱磷工艺

通常，炉料熔清后取样进行全分析，而后根据钢液的成分，尤其是含碳量和含磷量，制定合理的氧化方案，确保脱磷任务顺利完成。熔清后非正常情况主要有三种，现将其脱磷过程分述如下。

A　熔清后钢液的磷高、碳高

例如冶炼 45 号钢，其含碳规格为 0.42% ~ 0.50%、含磷允许值为不超过 0.04%，而熔清时取样分析的结果是 $w[P] \geq 0.10\%$ 、$w[C] \geq 1.0\%$ 。

生产中遇此情况，应利用此时熔池温度较低的机会，集中力量快速去磷，并在去磷的过程中逐渐升温，为后期脱碳创造条件。具体操作为：熔清后扒渣（或流渣大部分），加入足够的石灰造新渣，控制较大的渣量；可以吹氧化渣，但要防止升温太快；加入适量的小块铁矿石或氧化铁皮促进脱磷并控制炉温。当温度已升高、渣况良好时，钢中的磷已大量转入渣中，可先利用脱碳引起的沸腾自动流渣，然后将炉内余渣扒除，加入新渣料（以石灰和氧化铁皮为主）。根据脱磷情况决定换渣次数，一般经过两次换渣可把磷降下来。当钢液的含磷量 $w[P] \leq 0.015\%$ 后，转入以吹氧脱碳为主的氧化操作，直至成分、温度均符合终点要求。

操作的关键是控制升温速度不能太快，脱碳速度要慢，磷降下去后方能加速脱碳。

B　熔清后钢液的磷偏高、碳偏低

仍以冶炼 45 钢为例，熔清时钢液的含磷量 $w[P] \geq 0.08\%$ 、含碳量 $w[C] \leq 0.40\%$ ，这可能是炉料配碳量过低、吹氧助熔操作不当以及发生大塌料等原因所造成的。

遇此情况，一般是熔清后用生铁增碳，氧化操作以脱磷为主。也可利用换渣机会向熔池增碳，以缩短冶炼时间，增碳剂为炭粉或生铁。当钢中磷降到小于 0.015% 后转为以脱碳为主，直至把钢中的碳脱到终点要求。

有时熔清碳并不低，但由于而后的氧化操作不当造成碳低磷高。这需要分析具体情况，找出原因后妥当进行处理。如果是由于熔池温度过高导致脱碳快而脱磷慢，可采取扒渣造新渣的方法进行降温，并降低输入的电功率，甚至停止供电，以利于低温去磷；如果是由于原料含磷过高或前期渣未造好，则应多加些碎铁矿或氧化铁皮，并可吹氧化渣，但要注意尽量少脱碳。当渣况良好时，可进行流渣并补加渣料的换渣操作，一般换两次渣就能将磷降下来。

C　钢液中硅、锰、铬等元素含量高

一般情况下，熔清后钢液中不会残留过多的铬、锰、硅等元素，由于这些元素与氧的亲和力比磷大。如果因配料计算或装料操作有误使它们的含量较高，冶炼过程中钢液中的磷的氧化将会受到严重的影响，只有当它们的含量降到 0.5% 以下时，磷的氧化才能进行。所以，生产中遇此情况应首先吹氧或加矿氧化这些元素，并扒除大部分炉渣再造新渣脱磷；但要防止温度过高，以免脱磷困难。

同理，返回吹氧法冶炼不锈钢时，由于钢液中存在大量贵重的合金元素铬而根本不能脱磷，相反炉衬、造渣材料和铁合金还会带入磷，使还原期钢液中的磷含量有所增加。所以，高铬钢液的脱磷需采用还原脱磷法。

4.4.7.3　喷粉脱磷工艺简介

A　喷粉技术

向钢液喷吹粉料是应用喷射技术来完成冶金任务的一种有效手段，它能进行脱磷、脱硫、脱氧、去除夹杂物、调温、控制微量元素和合金化等多项精炼操作。喷粉技术是将粉料（又称粉剂）悬浮于气体中，通过喷吹管中的输送气体（又称载流气），把粉剂喷射到钢水中去。在喷入的粉剂和输送气体动能的作用下，粉剂与钢水之间产生强烈的搅拌，成百倍地扩大了反应物的接触面积，完全改变了传统炼钢炉内钢渣反应的动力学条件，提高了反应速度。同时，由于喷粉时是越过渣层把粉剂直接喷入钢液而不与大气接触，所以利用率高，而且钢液的成分稳定。

喷入钢水中的粉剂和钢水间的作用一般可分为三个阶段，现以喷吹石灰粉为例简述如下。

第一阶段：喷入钢液的 0.1 ~ 0.2mm 的石灰粉粒随钢水一起运动，同时被钢液从 20℃ 左右被加热到 1600℃ 左右。这一阶段的冶金反应在石灰粉粒表面上进行，时间约为 2 ~ 4s。

第二阶段：石灰熔化成渣滴，并与钢液发生反应。由于渣滴很小，活性很大，冶金反应速度很快。该阶段的冶金反应会受到元素在钢-渣两相中的分配系数 L_P、L_S 的影响。

第三阶段：吸收了硫或磷的渣滴随钢水流动，并逐渐上浮被排除到渣中。

B　电弧炉氧化期的喷粉脱磷

含碳熔池脱磷时所用粉料由石灰粉、铁矿石粉和萤石粉组成。粉料中的铁矿石粉是脱磷的氧化剂；石灰粉是要与（P_2O_5）结合成（$4CaO \cdot P_2O_5$），起稳定磷的氧化物的作用；萤石是为了快速化渣。粉剂中的铁矿石粉不仅可以氧化钢中的磷，而且还会与钢中的碳反应，因此其数量与钢中的碳含量有关，当钢液的含碳量 $w[C]$ 为 0.10% ~ 0.30% 时，粉剂中铁矿石粉占 20%；当 $w[C]$ 为 0.50% ~ 0.60% 时，铁矿石粉数量应增至 40% ~ 50%。

理论研究表明，在 CaO-FeO 渣系中，当 CaF_2 含量为 7% 时，炉渣的黏度最小。所以，在粉剂组成中，萤石粉约占 10%。

输送气体采用氧气，通过涂有耐火层的喷管喷入钢液；喷管插入钢水的深度以 200 ~ 300mm 为宜。

容量为 10t 的电弧炉上的实验结果表明，钢液总脱磷量中的 65% 是被喷入钢液内部的粉剂所形成的渣滴脱除的，剩下 35% 的磷则是在钢液面被上浮的液滴和界面处的熔渣所脱除。

国内某些钢厂在电炉的氧化期采用喷粉脱磷工艺，其脱磷率一般可达 50% ~ 60%。冶炼 GCr15 轴承钢时，使用石灰粉：铁矿石粉：萤石粉为 12.5：2：1 的粉剂，平均脱磷率可达 53.4%，喷粉后磷含量为 0.0036% ~ 0.016%；冶炼 45 钢时，采用石灰粉：铁矿石粉：萤石粉为 7.5：1.5：1 的粉剂喷吹，平均脱磷率为 57.13%，喷粉后钢液的磷含量可达 0.003% ~ 0.006%。

喷粉的脱磷率和脱磷速度与下列因素有关：

（1）喷粉强度越大，脱磷速度越快，例如有资料报道，喷粉强度为 6.615kg/(t·min) 时，脱磷速度为 0.0017%/min；而喷粉强度为 3.487kg/(t·min) 时，脱磷速度则降到了 0.0007%/min。

（2）粉气比越大，脱磷率越高。

（3）喷粉前钢中的磷含量高时，脱磷率也较高。

C　还原条件下的喷粉脱磷

还原性脱磷主要用钙或钙的化合物制作粉剂。但钙的沸点极低，在钢中的溶解度也很小，因此用一般的方法向钢液中添加钙或钙的化合物是相当困难的。但采用喷粉技术可以取得较满意的效果。

　　钢液还原条件下的喷粉脱磷，可选用的钙系合金粉剂有多种，如电石粉加萤石粉、电石粉加硅钙粉、电石粉加硅粉、电石粉加铝钡硅钙合金粉等。粉剂粒度为 0.1~0.6mm，输送气体为惰性气体氩气。

　　还原喷粉脱磷操作简单、迅速，3~8min 即可达到预期目的。因此还原条件下的喷粉脱磷不仅在炉内、包中，就是在其他一些精炼装置上也可进行，尤其是应用于含铬不锈钢、高速工具钢等高合金钢的效果更佳。

　　选用电石粉喷吹时，CaC_2 在喷射条件下与钢液接触发生下列反应：

$$CaC_2 = \{Ca\} + 2[C]$$

$$\{Ca\} = [Ca]$$

$$3\{Ca\} + 2[P] = (Ca_3P_2)$$

$$3[Ca] + 2[P] = (Ca_3P_2)$$

　　因为钙在高温下易挥发形成气泡，因此喷吹电石粉时脱磷反应主要发生在上浮过程中的钙气泡的表面。

　　还原条件下喷粉脱磷时应注意以下问题：

　　（1）钢中氧、硫与钙的亲和力大于磷和钙的亲和力，因此，用钙系合金脱磷之前，钢液必须脱氧良好，否则喷入的钙将被氧、硫消耗掉而影响脱磷效果。

　　（2）如前所述，喷吹电石粉脱磷的效果还与钢中的碳含量有关，统计资料表明，钢中的碳含量在 0.070% 左右时脱磷效果最为理想。

　　（3）高温下 Ca_3P_2 不够稳定，炉内冶炼时为了减少或防止回磷，喷粉脱磷后应放渣，再继续进行其他工艺操作。

　　（4）喷吹电石粉脱磷时，会使钢液的含碳量略有增加。

任务 4.5　脱　　硫

　　硫也是钢中的长存元素之一，它会使大多数钢种的加工性能和使用性能变坏，因此除了少数易切削钢种外，它是需要在冶炼中脱除的有害元素。

　　钢中的硫主要来源于炼钢生产所用的原料，如铁水、废钢、铁合金等。炼钢过程中使用的石灰、铁矿石、萤石等造渣材料也含有一定量的硫。

　　硫在钢中以 [FeS] 形式存在，常以 [S] 表示。钢中含锰高时，还会有一定的 [MnS] 存在。当向钢中加入锆、钛、铌、钒等合金元素时，亦可形成相应的硫化物 ZrS、TiS、NbS、VS 等。

4.5.1　硫对钢性能的影响

4.5.1.1　钢中硫的危害性

硫对钢的危害主要表现在以下 3 个方面。

A 使钢的热加工性能变坏——热脆

由图 4-20 可知，FeS 的熔点为 1190℃，Fe-FeS 共晶体的熔点仅为 985℃。

在液态铁中，Fe 和 FeS 能无限互溶，但 FeS 在固态铁中的溶解度只有 0.015% ~ 0.020%，所以当钢中含硫量大于 0.020% 时，在钢液冷却凝固过程中，由于选分结晶的作用，硫在未凝钢液中逐渐浓聚，最后在晶界以连续或不连续的网状硫化铁和 Fe-FeS 共晶体析出；晶界处的网状硫化物破坏了钢基体的完整性和连续性，当钢热加工前在 1100 ~ 1250℃ 的温度下加热时，FeS 或 Fe-FeS 共晶体就会熔化，使晶粒边界处呈现脆性；当进行压力加工时，锭、坯就会出现开裂。这种现象称为"热脆"，如图 4-21 所示。

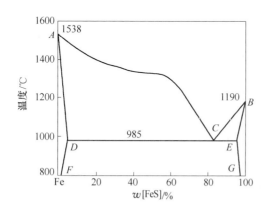

图 4-20 Fe-FeS 相图

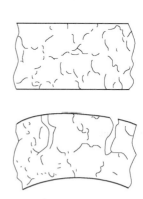

图 4-21 "热脆"示意图

热脆的存在严重地影响了钢的热加工性能。有些研究认为，在含锰量不高时，当钢中硫含量达到 0.09% 左右时，已不能进行热加工。钢中氧含量高时，钢液凝固过程中有氧化铁析出，会与 FeS 形成熔点更低（940℃）的 FeS-FeO 共晶体，从而加剧硫的有害作用。

B 恶化钢的横向机械性能

钢中的硫含量高时，其硫化物夹杂的总量也相应增加，其中的塑性硫化物夹杂 FeS、MnS 在钢进行热加工时，随钢材沿加工方向充分延伸，几乎丧失了横向的变形能力，从而使钢材的横向伸长率和断面收缩率等性能降低。硫对钢材横向机械性能的有害影响，还与硫在锭坯中的偏析程度有关。虽然有时钢中平均硫含量不高，但由于硫在钢锭最后凝固的区域富集，往往有带状偏析组织出现，使钢材的横向塑性明显下降。

C 影响钢的焊接性能

含硫较高的钢材在焊接时往往会出现高温龟裂，其影响程度随钢中碳、磷的存量而增加；同时，焊接过程中硫容易氧化，生成二氧化硫气体逸出，以致在焊缝中产生很多气孔，造成焊缝疏松，降低焊接部位的机械强度。

除了上述危害外，硫对钢的抗腐蚀性能和导磁性能也有一定的不良影响。

例如，钢中硫含量超过 0.06% 时，钢的耐腐蚀性能显著恶化；纯铁或硅钢中随着含硫量的提高，磁滞损失明显增加。

鉴于硫对钢性能的诸多不良影响，因此对钢中含硫量有着较严格的限制。我国目前各类钢种对含硫量的要求大致分为下列三级：

普通级，要求 $w[S] \leqslant 0.055\%$；优质级，要求 $w[S] \leqslant 0.040\%$；高级优质级，要求

$w[\mathrm{S}] \leqslant 0.020\% \sim 0.030\%$。

近年来，由于含硫量小于 0.005% 的低硫钢的需求量大大增加，而纯净钢的含硫量甚至小于 0.001%，所以对冶炼过程中的脱硫提出了更高的要求。

4.5.1.2　钢中硫的有益作用

在个别钢中，硫则是作为合金元素使用的，目的是为了改善这些钢所要求的某些特殊性能。例如，为了改善钢的切削性能，一些易切削钢的含硫量高达 0.08% ~ 0.30%；上钢生产的 Y15Pb 钢，要求含硫 0.18% ~ 0.27%；首钢试制的 Y15S25 钢，含硫量控制在 0.20% ~ 0.30% 之间。不过，目前硫易切削钢已渐被钙易切削钢所代替。

另外，在冷轧取向硅钢中，利用钢中硫与锰生成的硫化锰夹杂抑制初次晶粒的长大，促使二次再结晶的发展，对改善硅钢片的电磁性能具有一定的作用。

4.5.2　脱硫反应

关于硫在碱性炉渣中的存在状态，分子理论认为是以（CaS）、（MnS）、（FeS）等化合物存在，而离子理论则认为主要是以负二价的硫离子（S^{2-}）存在于炉渣之中；在氧化性极强时有少量的硫酸根离子（SO_4^{2-}）存在。

硫是活泼的非金属元素之一，在炼钢温度下能够和很多金属元素、非金属元素结合成气态、液态或固态的化合物，这就使得发展各种脱硫工艺成为可能。目前炼钢生产中能有效脱除钢中硫的方法有碱性氧化渣脱硫、碱性还原渣脱硫和钢中元素脱硫三种。

4.5.2.1　碱性氧化渣脱硫

如前所述，转炉的炼钢过程属于氧化精炼，其脱硫任务就是靠碱性氧化渣来完成的。

A　碱性氧化渣的脱硫反应式

根据炉渣结构的分子理论，碱性氧化渣与金属间的脱硫反应式如下：

$$[\mathrm{S}] + (\mathrm{CaO}) = (\mathrm{CaS}) + [\mathrm{O}], \qquad \Delta G^{\ominus} = 98474 - 22.82T(\mathrm{J/mol})$$

$$[\mathrm{S}] + (\mathrm{MnO}) = (\mathrm{MnS}) + [\mathrm{O}], \qquad \Delta G^{\ominus} = 133224 - 33.494T(\mathrm{J/mol})$$

由上两式可见，提高渣中（CaO）或（MnO）的含量、降低炉渣的氧化性，有利于钢液的脱硫。从表 4-6 所列出的三种硫化物分解压力的大小可知，（CaS）的分解压力最小，因而在炉渣中最稳定；同时，实践证明，（CaS）基本上不溶于钢液中，所以脱硫需要增加渣中自由（CaO）的含量，即提高炉渣的碱度。

表 4-6　三种硫化物分解压　　　　　　　　　　　　　（Pa）

温度/℃	FeS	MnS	CaS
1000	3.20×10^{-4}	1.01×10^{-12}	6.39×10^{-42}
1200	3.20×10^{-1}	3.20×10^{-8}	1.01×10^{-32}
1500	76.9	1.27×10^{-3}	1.61×10^{-23}

根据炉渣分子理论的观点，很难解释纯氧化铁炉渣也能脱硫的事实。为此炉渣离子理论认为，碱性氧化渣的脱硫是按下式进行的，并已得到公认：

$$[S] + (O^{2-}) \Longrightarrow (S^{2-}) + [O]$$

可见，碱性氧化渣和钢液间的脱硫反应，是硫在渣-钢界面上伴有电子转移的置换反应。每个硫原子转移到渣中，经过渣钢界面时要获取两个电子：

$$[S] + 2e \Longrightarrow (S^{2-})$$

硫原子吸收的两个电子是渣中的氧离子（O^{2-}）经过渣钢界面时提供的：

$$(O^{2-}) - 2e \Longrightarrow [O]$$

渣中的氧离子（O^{2-}）是碱性渣中包括氧化铁在内的自由氧化物提供的。酸性渣中没有自由的（O^{2-}），只有（SiO_4^{4-}），所以脱硫能力极低。

B 碱性氧化渣脱硫的影响因素

对于脱硫反应 $[S] + (O^{2-}) \Longrightarrow (S^{2-}) + [O]$，平衡时有：

$$K_S = \frac{a_{(S^{2-})} a_{[O]}}{a_{[S]} a_{(O^{2-})}} = \frac{r_{(S^{2-})} x_{(S^{2-})} f_{[O]} w[O]}{f_{[S]} w[S] r_{(O^{2-})} x_{(O^{2-})}}$$

表 4-7 列出了在特定条件下经过简化处理后的平衡常数与温度的关系式，可按表中条件选用。

表 4-7 脱硫的平衡常数与温度的关系式

序号	平衡常数与温度的关系式	试 验 条 件
1	$\lg K_S = \lg \dfrac{w[O] x_{(S^{2-})}}{w[S] x_{(O^{2-})}} = \dfrac{-6500}{T} + 2.625$	熔渣为完全离子溶液
2	$\lg K_S = \lg \dfrac{w(S)}{w[S]} \cdot w[O] = \dfrac{-3750}{T} + 1.996$	使用饱和石灰的氧化铁渣，取 $a_{(O^{2-})}$、$f_{[O]}$、$f_{(S^{2-})}$、$f_{[S]}$ 均为 1
3	$\lg K_S = \lg \dfrac{w(S)}{w[S]} \cdot w[O] = \dfrac{-2762}{T} + 1.839 + \lg(1 - 3\Sigma a)$	总酸量 $\Sigma a = x_{(SiO_2)} + \dfrac{4}{3} r_{(P_2O_5)} + \dfrac{4}{3} x_{(Al_2O_3)}$

硫在渣钢间的分配系数为：

$$L_S = \frac{w(S)}{w[S]} = \frac{K_S \cdot r_{(O^{2-})} \cdot x_{(O^{2-})} \cdot f_{[S]}}{f_{[O]} \cdot w[O] \cdot f_{(S^{2-})}}$$

可见，凡是能影响脱硫反应的平衡常数、熔渣中氧离子的活度 $a_{(O^{2-})}$、钢液中氧的活度 $a_{[O]}$ 及熔渣中硫离子的活度系数 $f_{(S^{2-})}$ 和钢液中硫的活度系数 $f_{[S]}$ 的因素，均会对脱硫反应产生一定的影响。

（1）熔池的温度。在平衡条件下，随温度升高，平衡常数 K_S 值略有增大，如图 4-22 所示。所以，从热力学角度来看，温度对脱硫的影响不是很大的。但实际生产中发现，温度升高对脱硫十分有利。这主要是因为温度的升高可以降低熔渣的黏度，为脱磷反应创造良好的动力学条件，可加速反应物和生成物的扩散转移，从而可加快脱硫反应的速度。

（2）炉渣的碱度。其他条件相同时，提高炉渣的碱度可使 L_S 增大，如图 4-22 和图 4-23 所示。

根据离子理论的观点，炉渣碱度的提高能使炉渣中氧离子的活度 $a_{(O^{2-})}$ 增大，即可使渣中自由的氧离子（O^{2-}）浓度增加，所以对脱硫十分有利，分子理论的解释是，提高碱

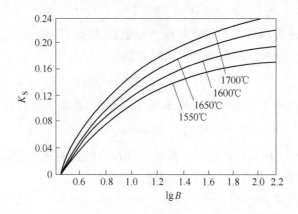

图 4-22　温度及炉渣碱度对 K_S 的影响

度能增加炉渣中自由 CaO 的浓度,有利于脱硫反应 [S] + (CaO) === (CaS) + [O] 向右进行。

另外,提高炉渣碱度还可以增加炉渣中钙离子 Ca^{2+} 的浓度,使硫离子的活度系数降低,既可在渣中形成稳定的硫化物,使炉渣中硫的活度降低,也能促使脱硫反应式 [S] + (O^{2-}) === (S^{2-}) + [O] 向右进行。

(3) 钢液中的 [O] 和渣中的 (FeO) 含量。降低钢液中氧的活度,可以增大硫在渣钢间的分配系数 L_S。在氧气炼钢的熔池内, $a_{[O]} \approx w[O]$,所以降低钢液中氧的含量对脱硫有利。但在氧化精炼时,钢液中的氧含量必然较高,所以其脱硫条件就远不如还原精炼时优越。

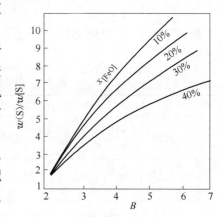

图 4-23　碱性氧化渣的碱度和氧化铁含量对硫分配比的影响

渣中氧化铁 (FeO) 的含量对脱硫的影响比较复杂,现简要分析如下:

液中的 (FeO) 含量高时,会使钢液中的氧含量增高,显然对脱硫不利;但同时 (FeO) 含量增高、可使渣中氧离子的活度 $a_{(O^{2-})}$ 增大而有利于脱硫反应的进行。所以,渣中氧化铁含量对脱硫的影响要看两者之中的哪个因素起主要作用。在碱性氧化渣中,即 $w(FeO) \geq 10\%$ 时,增加渣中的 (FeO) 含量使氧离子活度增加的因素起主要作用,能使 L_S 略有提高。纯氧化铁渣的 L_S 约为 3.6,碱性氧化渣的脱硫能力则要略大些,其 L_S 值在 4 ~ 10 的范围内波动,如图 4-23 所示。

4.5.2.2　碱性还原渣脱硫

碱性还原渣脱硫只有在电弧炉还原期或炉外精炼时才能实现,其主要特点是渣中的氧化铁含量很低,因而对脱硫十分有利。

A　碱性还原渣的脱硫反应式及平衡常数

按分子理论的观点,碱性还原渣脱硫反应由以下步骤组成。

(1) 硫由钢液向炉渣扩散:

$$[FeS] \Longrightarrow (FeS)$$

（2）在炉渣中硫转变为稳定的化合物：

$$(FeS) + (CaO) \Longrightarrow (CaS) + (FeO)$$

所以总的反应式为：

$$[FeS] + (CaO) \Longrightarrow (CaS) + (FeO)$$

平衡常数为：

$$K_S = \frac{a_{(FeO)} \cdot a_{(CaS)}}{a_{[FeS]} \cdot a_{(CaO)}}$$

或近似地写成：

$$K_S = \frac{w(FeO)_\% \cdot w(CaS)_\%}{w[FeS]_\% \cdot w(CaO)_\%}$$

硫在渣钢间的分配系数也是用 $L_S = \frac{w(S)_\%}{w[S]_\%}$ 表示。在碱性电弧炉炼钢的还原期，电石渣下还原时，渣中的氧化铁含量为 0.3% ~0.5%，硫的分配系数 $L_S \geqslant 100$，白渣下还原时，L_S 也可达 50 ~80。

B 影响还原渣脱硫的主要因素

影响还原渣脱硫效率的因素主要有以下几个：

（1）还原渣的碱度。由脱硫的反应式可见，渣中含有（CaO）是脱硫的首要条件，由于酸性渣中的（CaO）全部被（SiO₂）所结合而无脱硫能力，所以脱硫要在碱性渣下才能进行。

随着碱度的增大，渣中自由的（CaO）含量增多，炉渣的脱硫能力增大。但碱度过高会引起炉渣的强度增大，恶化双相反应的动力学条件而不利于脱硫反应的进行。生产经验表明，炉渣碱度 $B = 2.5 ~3.0$ 时，脱硫效果最好。

可见，碱性还原渣的 L_S 波动在 30 ~50 之间。

（2）渣中（FeO）的含量。在还原渣下，随着扩散脱氧的进行，渣中（FeO）的含量逐渐降低。从脱硫反应式可以看出，渣中氧化铁（FeO）含量的降低有利于脱硫反应向右进行。

在还原气氛下，只要保持炉渣具有较高的碱度脱硫效果就极为显著，这表明了脱硫与脱氧的一致性。因此在冶炼过程中，脱氧越完全，对脱硫也越有利。

（3）渣中（CaF₂）和（MgO）的浓度。向炉内加入适量的萤石，增加渣中（CaF₂）的浓度，能改善还原渣的流动性，提高硫的扩散能力而有利于脱硫反应的进行；同时，CaF₂ 能与硫形成易挥发物，还具有直接脱硫作用。不过，由于 CaF₂ 对炉衬具有较强的侵蚀作用，所以萤石的用量不宜过多。

MgO 是碱性氧化物，从理论上讲它也有脱硫能力，而且可以与一切酸性氧化物结合，使渣中自由（CaO）的浓度提高，对脱硫有一定的帮助。但渣中有少量的（MgO）存在就会使炉渣变得黏稠，影响硫的扩散能力，并给脱氧等操作带来许多困难，因此一般都不希望炉渣中含有较高的（MgO）。

（4）渣量。在保证炉渣碱度的条件下，适当加大渣量可以稀释渣中脱硫产物（CaS）的浓度，对去硫有利；但渣量过大时会使渣层变厚，脱硫反应不活泼，钢液中的硫并不随渣量的增加而按比例下降。实践证明，电炉还原期的渣量控制在 3% ~5% 较为合理。

（5）熔池温度。还原渣脱硫反应的平衡常数 K_S 与温度的关系式为：

$$\lg K_S = \frac{-6024}{T} + 1.79$$

由上式可见，在炼钢温度范围内（1500 ~1650℃），K_S 随温度的变化不大，也就是说和碱性氧化渣脱硫一样，温度对脱硫的平衡状态影响不明显。但生产中发现，适当提高熔池的温度对脱硫十分有利。其原因是，由于渣钢间的脱硫反应的限制性环节是硫的扩散，提高熔池温度可改善钢、渣的流动性，提高硫的扩散能力，从而加速脱硫过程。

4.5.2.3　金属元素脱硫

由于某些特殊用途的钢种对含硫量提出了越来越高的要求，因此，在充分发挥炉渣脱硫的基础上，还应该向钢液加入某些金属元素进一步脱硫或减轻硫的危害。

例如，向钢中加入一定的锰，可生成熔点为 1620℃ 的 MnS 从而降低钢的热脆倾向，为此通常将钢中的锰含量控制在 0.4% ~0.8% 之间。

又如，冶炼过程中使用钙和稀土元素，不仅可以使钢中的硫含量进一步降低，更重要的是还能改变硫化物夹杂的形态，从而提高钢的质量。

一般应在钢液脱氧良好之后再用金属元素脱硫，尤其是对强脱氧元素钙、铈、镧等，否则金属元素的消耗量大。这是因为这些金属元素和氧生成化合物的能力比生成硫化物的能力要高。

一些元素脱硫反应的热力学资料见表 4-8。

表 4-8　某些元素脱硫反应的热力学资料

反　应	$\Delta G^{\ominus} = A + BT/\mathrm{J} \cdot \mathrm{mol}^{-1}$		$\lg K = A'/T + B'$		K 值		
	A	B	A'	B'	1500℃	1600℃	1650℃
$CaS_{(s)} = \{Ca\} + [S]$	570996	171.40	-29810	8.948	1.3×10^{-8}	1.07×10^{-7}	2.79×10^{-7}
$CeS_{(s)} = [Ce] + [S]$	39400	-122	-20600	6.39	5.9×10^{-6}	2.5×10^{-5}	4.8×10^{-5}
$Zr_3S_4 = 3[Zr] + 4[S]$	844000	374	-44000	19.5	4.8×10^{-6}	1.0×10^{-4}	4.2×10^{-4}
$TiS_{(s)} = [Ti] + [S]$	1.53×10^5	-77	-8000	4.02	0.322	0.561	0.724
$MnS_{(s)} = [Mn] + [S]$	1.67×10^5	88.68	-8750	4.63	0.495	0.909	1.567

由表 4-8 可见，脱硫能力由强到弱的次序为：Ca →Ce →Zr →Ti →Mn。

强脱硫剂的特点是含量或加入量很小时，就可使钢得到低的硫含量，并且残存元素含量也很低，不会因此影响钢的物理化学性质。而脱硫能力不强的元素，只能在钢液凝固过程中生成硫化物，而且大部分没有机会排除，只能以硫化物夹杂的形式存在于固态钢中。

4.5.3　原料含硫量对脱硫的影响

无论何种生产方法，炼钢所用原材料的含硫量不仅会影响生产过程中的具体操作，而且在生产工艺一定的条件下还决定着冶炼终点时钢液的含硫量的高低。因此，为了满足钢种的含硫要求，在强化冶炼中脱硫的同时还应重视原材料的含硫量，即贯彻"精料"的原则。

4.5.3.1　原料含硫量与终点钢液含硫量的关系

当硫在渣钢间的分配系数 L_S 一定时，钢液的含硫量取决于炉料含硫量和渣量，关系式如下：

$$w_{\Sigma S} = w[S]_\% + w(S)_\% \cdot Q \qquad (4\text{-}5)$$

式中　$\Sigma w(S)_\%$——炉料带入熔池的总硫量，%；

　　　　$w[S]_\%$——钢液中硫的质量分数；

　　　　$w(S)_\%$——炉渣中硫的质量分数；

　　　　Q——渣量，%。

将 $L_S = \dfrac{w(S)_\%}{w[S]_\%}$ 代入式（4-5）可得：

$$w[S]_\% = \frac{\Sigma w(S)_\%}{1 + L_S \cdot Q}$$

由上式可见，当硫的分配系数 L_S 一定时，钢液中的硫含量与炉料中的含硫量成正比。因此，降低炉料的含硫量是控制钢中硫含量的有效手段。

4.5.3.2　炉料含硫量对炼钢操作的影响

转炉炼钢主要依靠碱性氧化渣脱硫，硫在渣钢之间的分配系数 L_S 在 4 ~ 10 的范围内波动。如取 $L_S = 10$，渣量为钢液量的 10%，则钢液的含硫量为：

$$w[S]_\% = \Sigma w(S)_\% / (1 + L_S \cdot Q) = \Sigma w(S)_\% / (1 + 10 \times 10\%) = \Sigma w(S)_\% / 2$$

由此可见，在上述条件下，最多只能脱除炉料中硫的一半，要想从炉料中脱除 50% 以上的硫是不可能的。也就是说，如果炉料中含硫量高，采用单渣法操作是达不到脱硫要求的，而必须采取双渣法操作，这不仅影响生产率、增加劳动强度，而且还会增加原材料消耗、能源消耗。为此，在生产中对高硫铁水要进行炉外预脱硫，降低炉料的含硫量，以便在转炉吹炼时采用单渣法操作。

在电弧炉炼钢的氧化期常采用流渣操作，但主要是为了提高脱磷率，不过也能去除少部分硫。电弧炉炼钢的脱硫主要是在还原期，碱性还原渣下硫的分配系数 L_S 的值很高，只要有 3% ~ 5% 的渣量就可以把钢中的硫降到所要求的范围，如果在出钢过程中再采用先渣后钢、钢渣混冲，可大大地增加炉渣与钢水的接触面积，充分利用还原渣的脱氧和脱硫能力，硫在渣与钢之间的分配系数 L_S 高达 50 ~ 80，能把钢的硫含量进一步降低到 0.020% 以下。也就是说，通常情况下电炉炼钢炉料的含硫量不会对冶炼操作带来太大的影响。

4.5.4　转炉脱硫工艺

转炉炼钢的脱硫能力不是很强，因此，应研究影响转炉内脱硫的因素及吹炼中硫的变化规律，以充分发挥其脱硫作用。

4.5.4.1　成渣速度与熔池搅拌对脱硫的影响

A　成渣速度对脱硫的影响

转炉吹炼过程中的成渣速度与其脱硫情况密切相关，图 4-24 表示氧气顶吹转炉吹炼

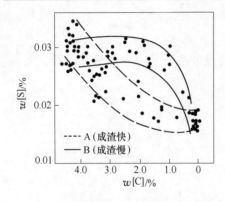

图 4-24　石灰成渣速度与脱硫速度的关系

过程中成渣速度与脱硫速度的关系。

图 4-24 中，A 类吹炼过程中，由于加入大量萤石，使石灰成渣很快，炉渣很快提高，因而铁水中的硫几乎呈直线下降。在 B 类的吹炼过程中，因未加萤石，石灰成渣很慢，直至吹炼后期脱碳速度下降、渣中全 FeO 的含量增高促使石灰迅速溶解，铁水中的硫含量才开始急剧下降。

B　熔池搅拌对脱硫的影响

脱硫反应属于炉渣与金属间的界面反应，加强熔池搅拌，增加它们的接触面积，显然能加速脱硫反应的进行。氧气顶吹转炉内，由于氧气射流及 CO 气泡的强烈搅拌作用，熔池内的炉渣和金属液高度乳化，两相的接触面积比平静熔池的大许多倍，脱硫的动力学条件十分优越因而脱硫速度快。

4.5.4.2　吹炼过程中硫含量的变化规律

吹炼过程中硫的变化规律大致可分为 3 个阶段，如图 4-25 所示。

A　吹炼前期

单渣法操作时，吹炼前期不仅不能脱硫，反而会有硫升高的现象。这是由于开吹后不久炉内温度还比较低，渣中氧化铁含量高，石灰成渣尚少，脱硫能力很低，而加入的矿石、石灰中的硫却会使钢水增硫。若初期渣化得早，则这种现象维持的时间可缩短一些。双渣法操作时，由于炉内留有上炉碱度较高的炉渣，而且熔池前期温度也比较高，有一定的脱硫能力。

B　吹炼中期

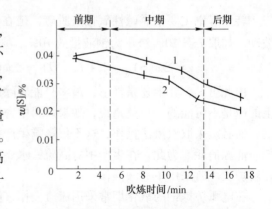

图 4-25　吹炼过程中硫含量的变化
1—单渣法的脱硫曲线；2—双渣留渣法的脱硫曲线

无论哪一种操作，吹炼中期这一阶段均为脱硫的最好时期。这是因为熔池温度已经升高，石灰大量熔化，炉渣碱度显著提高，同时，碳氧反应激烈，炉渣泡沫化，大量钢液呈液滴状与炉渣充分混合，渣-钢的接触面积大大增加，并且渣中氧化铁含量有所降低。所有这些条件均有利于去硫，此时应控制好渣中氧化铁的含量，如果氧化铁含量过少会使炉渣返干，脱硫效果下降。生产实践证明，当渣中氧化铁总量小于 8% 时，脱硫过程将严重受阻而使脱硫效率大大降低。

C　吹炼后期

进入吹炼后期，脱碳速度逐渐减慢，熔池的搅拌程度减慢，但由于熔池温度高，石灰基本化好，炉渣碱度高，炉渣的流动性良好，仍具有较强的脱硫能力。

4.5.4.3　转炉中的气化去硫

研究转炉脱硫过程时发现，由铁水和各种原料带入的硫的总量比留在钢水中与进入炉渣中的硫量之和要多，这说明有一部分硫在吹炼过程中被"气化"而随炉气排出了炉外。经硫平衡计算及炉气分析可知，转炉吹炼中的气化脱硫可占总脱硫量的 1/3 左右。

一般认为，硫和氧的亲和力比碳、硅和氧的亲和力都小得多。当金属中有碳存在时，硫直接氧化的可能性很小，所以气化脱硫是通过炉渣进行的，这已被试验证实。

有些文献认为，气化脱硫按以下反应进行：

$$3(Fe_2O_3) + (CaS) = (CaO) + 6(FeO) + \{SO_2\}$$

$$3/2\{O_2\} + (CaS) = (CaO) + \{SO_2\}$$

除了上述的气化脱硫方式外，有的文献还曾指出存在下列反应：

$$(CaSO_4) + 2(FeO) = (CaO \cdot Fe_2O_3) + \{SO_2\}$$

$$(CaSO_4) + (Fe_2O_3) = (CaO \cdot Fe_2O_3) + \{SO_2\} + 1/2\{O_2\}$$

由此可见，硫必须首先自金属进入熔渣，才有可能通过气化脱除。所以渣钢间的脱硫反应是气化脱硫的基础。

高氧化铁含量对气化脱硫是有利的，而高碱度渣对气化脱硫不利。实际生产证明，转炉中随着炉渣氧化性的提高，虽然恶化了炉渣脱硫的热力学条件，但钢液含硫量反而减少，就是由于气化脱硫加强所致。当渣中氧化铁含量高达 40% 时，气化脱硫可占总脱硫量的 50%。转炉熔炼低碳钢时，气化脱硫占的比例较大，而炉渣脱硫占的比例相对减小。

增大气化脱硫势必要增大铁损，所以在一般情况下这一途径是不可取的，特别在炉外脱硫工艺已经日趋成熟并被广泛采用的情况下，还是应该加强高碱度炉渣的脱硫。

应该指出，氧气顶吹转炉由高炉直接供应铁水，由于高炉渣内含有大量的硫，如有高炉渣混入时，会使炉料的含硫量增加，导致转炉钢的终点硫含量高。

由于氧气顶吹转炉所用的金属料主要是铁水，吹炼过程中又需加入大量铁矿石和石灰，而且没有还原阶段，硫的分配系数 L_S 只能达到 8~10，为了更好地降低转炉钢水的含硫量，通常可采用铁水预处理脱硫的方法来控制原料中带入的硫，也可以对已经吹炼好的钢水进行炉外脱硫，以弥补其脱硫指数低的缺点。

4.5.4.4 铁水预脱硫

铁水的预脱硫处理是指高炉铁水在尚未兑入炼钢炉之前，加入脱硫剂对其进行脱硫的工艺操作。铁水预脱硫技术已被国内外广泛采用，其原因在于：

（1）近代科技对钢的质量提出了新的要求，大量的钢种要求把硫含量限制在 0.020% 以下，有的甚至要求小于 0.005%，而转炉的脱硫率又十分有限，一般不超过 50%，所以希望能用低硫铁水来炼钢。

（2）由于连续铸钢技术的发展，要求钢中的硫含量进一步降低，否则铸坯容易产生内裂。

（3）从技术上讲，铁水中碳、硅、磷等元素的含量高，可提高硫在铁水中的活度系数而有利于脱硫，同时铁水中的氧含量低，没有强烈的氧化性气氛，有利于直接使用一些强脱硫剂，如电石（CaC_2）、金属镁等。

（4）铁水的预脱硫处理有利于降低消耗和成本，并增加产量，因为进一步提高高炉内的脱硫率，需要通过增大焦比和石灰石用量并降低产量才能实现，这在低硫焦炭越来越少的当代是很不经济的；而转炉炼钢的脱硫能力有限，要进一步提高脱硫率，须多次换渣或采取其他特殊措施，这会使炼钢的成本大幅增加；再者，对转炉钢水进行炉外脱硫虽然也能收到一定效果，但仍不如铁水预脱硫处理经济。

A　铁水预脱硫的基本原理

a　铁水预脱硫的热力学研究

铁水预脱硫常用的脱硫剂有石灰粉、电石粉、苏打扮、金属镁等。根据有关热力学资料的分析结果，在 $1250 \sim 1450℃$ 范围内，各脱硫剂脱硫能力的强弱顺序可大致排列如下：

脱硫剂	Na_2O	CaC_2	Mg	CaO
平衡 $w[S]/\%$	4.8×10^{-7}	4.9×10^{-7}	1.6×10^{-5}	3.7×10^{-3}

必须指出，铁水成分，尤其是含硅量的高低对脱硫剂的脱硫能力也有很大影响。试验发现，处理高硅铁水时脱硫能力的强弱顺序为：

$$Ca > CaC_2 > Na_2O > Na_2CO_3 > CaO > Mg > Mn > MgO$$

而处理低硅铁水时脱硫能力的强弱顺序则为：

$$Ca > CaC_2 > Mg > Na_2CO_3 > CaO > Mn > MgO$$

若铁水中含有铝，CaO 的脱硫能力便显著提高。

以上分析说明，常用的炉外脱硫剂电石（CaC_2）、石灰（CaO）、苏打（Na_2CO_3）和镁（Mg）都有极强的脱硫能力，在通常的铁水温度和成分条件下，当反应达到平衡时，铁水中的硫都能降低到 0.005% 以下。但是在实际生产中，铁水经预脱硫后其含硫量远远高于脱硫反应达到平衡时的含量。其原因在于预脱硫的速度较慢，在有限的时间内脱硫效率较低的缘故。至于如何才能提高脱硫反应的速度，则属于动力学研究的范畴。

b　铁水预脱硫的动力学分析

进行铁水预脱硫时，将脱硫剂制成粉剂，加入后加强搅拌，增加脱硫剂与铁水的接触面积，即改善脱硫反应的动力学条件，是加速脱硫过程的主要措施；不过，使用不同的脱硫剂时，脱硫过程具有不同的动力学特征。

（1）电石粉脱硫。用电石粉脱硫时，脱硫反应是在固体电石粉和液体铁水的交界面上进行的。脱硫时，在电石粉颗粒的表面形成疏松多孔的 CaS 层，铁水中的硫能够很容易地穿过此层而与内层的 CaC_2 继续进行化学反应。因此，用 CaC_2 作为脱硫剂时，脱硫的限制性环节是硫在铁水一侧边界层中的扩散，即硫在液相中的扩散为其限制性环节。加强搅拌和减小电石粉颗粒的直径，可以增加脱硫剂与铁水的接触机会，不仅能提高电石粉的利用率，而且可以加快 CaC_2 的脱硫速度。

（2）石灰粉脱硫。用石灰粉脱硫时，其脱硫过程也是固液两相反应。若铁水中的硫含量较低（$w[S] < 0.040\%, 1300℃$），脱硫时在石灰粉粒表面生成较薄的反应层，与用 CaC_2 脱硫一样，限制性环节是液相中硫的扩散；若铁水中含硫较高（$w[S] > 0.080\%, 1300℃$），脱硫时将在石灰粉粒表面包围着一层厚而致密的 $2CaO \cdot SiO_2$ 和 CaS 反应层，铁水中的硫必须通过这致密的反应层才能与石灰粒内层的 CaO 起作用。因此，"固相扩散"便成为脱硫过程的限制性环节。加强搅拌和使石灰的粒度适宜是提高脱硫速度的重要因素。总之，石灰粉脱硫的特点是速度慢、脱硫剂耗量大。

（3）苏打粉脱硫。用苏打粉脱硫时，Na_2CO_3 的熔点仅为 852℃，在铁水的温度条件下为液体。液态苏打的脱硫反应为：

$$Na_2CO_{3(l)} + [S] + [Si] = Na_2S_{(l)} + SiO_{2(s)} + \{CO\}$$

$$Na_2CO_{3(l)} + [S] + 2[C] = Na_2S_{(l)} + 3\{CO\}$$

Na_2CO_3 有很强的脱硫能力，比 CaO 的脱硫能力约大 100 倍，接近 CaC_2 的脱硫能力。

通常，Na_2CO_3 分解成 Na_2O 和 CO_2，Na_2O 又分解成 Na（蒸气）和 O_2。所以，用苏打粉脱硫的同时，还会脱除钢液中的磷、硅、碳、钒、铌、钛等元素。反应所生成的 CO_2、CO 等气体可以加强对铁液的搅拌，促进脱硫效率的提高。

应指出的是，温度对预脱硫的效率也有一定的影响。一般说来，温度高时化学反应速度快，而且硫在固相和液相中的扩散速度加快，喷吹气流的穿透率增加，所以较高的温度有利于提高脱硫效率。实际上温度对脱硫反应速度的影响，主要是通过改变扩散系数表现出来的。例如，以液相扩散为限制性环节的脱硫反应，1400℃时的脱硫速度为 1300℃时的 1.25 倍；对于以固相扩散为限制性环节的脱硫反应，1400℃时的脱硫速度为 1300℃时的 2.14 倍。这就是说，温度对固相扩散的作用更大。

另外，使用促进剂 $CaCO_3$ 和 $MgCO_3$ 对提高预脱硫效率也有一定的作用。例如用 CaC_2 或 CaO 喷射脱硫时，可掺入适量的促进剂 $CaCO_3$ 或 $MgCO_3$。促进剂在高温下分解出 CO_2 气体，使运载气体形成的气泡破裂，释放出封闭在这些气泡中的脱硫剂，同时还能强烈地搅拌铁水，从而使脱硫剂的利用率和脱硫效率都得到提高。

B　铁水预脱硫方法

近年来，世界各国先后进行了大量的试验并研发了机械搅拌、喷吹等多种铁水预脱硫的方法。虽然这些预脱硫方法所用设备不同，但基本操作环节不外乎是加脱硫剂、搅拌、扒渣取样和测温。实践证明，脱硫剂的加入方式、加入量和搅拌方式不同，脱硫效率也不尽相同。

a　机械搅拌法

机械搅拌法是旋转浸在铁水中的搅拌棒或搅拌翼（桨式搅拌器）搅拌铁水和脱硫剂，以促进脱硫反应的进行。其中，具有代表性的是日本的 KR 法，如图 4-26 所示。

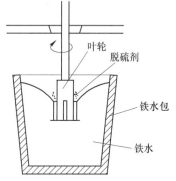

图 4-26　KR 脱硫法

进行预脱硫操作时，先把粉状电石、苏打等脱硫剂加入铁水包内，然后将叶轮（叶轮大小相当于铁水包直径的 1/10～1/3）插入铁水之中并转动叶轮（80～120r/min）。由于叶轮的转动，在铁水液面中央部位产生一个涡流下陷部分，脱硫剂在此下陷部位被卷入并分布在整个铁水罐内进行脱硫。其反应式为：

$$CaC_{2(S)} + [S] = CaS_{(S)} + 2[C]$$

脱硫效率取决于脱硫剂的添加量、叶轮转动速率和处理时间，一般脱硫效率可达 90% 以上。叶轮转速和脱硫率的关系如图 4-27 所示。

脱硫搅拌时间一般为 10～15min，整个脱硫作业周期为 30～50min，一次处理的铁水容量最大可达 330t，一般电石粉用量为 3～4kg/t 可使铁水含硫量降到 0.005% 以下。

在相同脱硫率情况下，KR 法的脱硫剂消耗量较小。因此，常用 KR 法预处理过的低硫铁水冶炼低硫钢种和超低硫钢种，如高牌号电工钢、耐低温钢、原子能工程用钢等。

搅拌法预脱硫的设备基建费用较大，平时维修的费用较高；同时，脱硫前后均需进行扒渣操作，加上搅拌桨浸入铁水，所以铁水在处理过程中的温降较大，通常可达 30~50℃。

b　喷射法

喷射法如图 4-28 所示，它是用载流气体（干燥空气或氮气）将脱硫剂喷入并搅动铁水的脱硫方法。喷射管可插入普通铁水罐内，亦可插入鱼雷式铁水罐内进行脱硫。每次处理周期基本上与转炉冶炼周期相匹配，作业率高，处理能力较大。在使用相等数量的脱硫剂时，脱硫效率略低于 KR 法，通常为 80% 左右，铁水含硫量约为 0.010% ~ 0.020%；若增加脱硫剂用量也可使铁水含硫量降低到 0.005% 的水平。

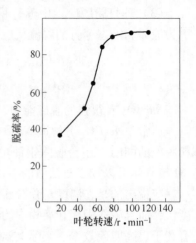

图 4-27　叶轮转速和脱硫率的关系

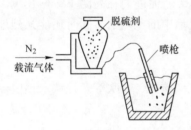

图 4-28　喷射法脱硫

喷吹法基建投资费用较低，脱硫剂可用部分价廉的石灰粉、石灰石粉，而且处理铁水量大，所以处理成本较低；处理前不需扒渣，喷枪插入操作也比较方便，而且喷枪本身结构简单，制作、维修方便；由于鱼雷式铁水罐有较好的保温性能，所以铁水降温仅为 10~20℃。

我国宝钢总厂鱼雷式铁水罐顶喷脱硫设备（TDS）投入生产后表明，这种预处理方法具有处理能力大、设备利用率高、能够生产低硫铁水等优点，其主要设备如图 4-29 所示。

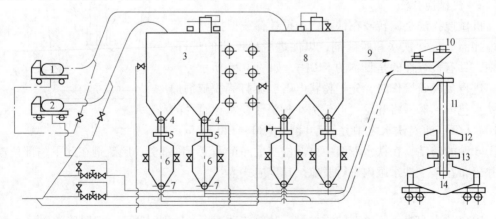

图 4-29　鱼雷式铁水罐车脱硫设备流程

1，2—槽车；3—CaC_2 储存仓；4—旋转阀；5—蝶阀；6—喷吹罐；7—旋转阀；8—CaO 贮存仓；
9—至其他喷枪；10—喷枪升降旋转设备；11—喷枪；12—烟罩；13—防溅罩；14—铁水罐车

脱硫作业在鱼雷式铁水罐车内进行，以氮气为载流气体，采用顶喷法将脱硫剂（CaC_2、CaO）喷入铁水内。脱硫剂的吹入有单喷电石粉或石灰粉、先喷石灰粉后喷电石粉、同时喷吹石灰粉和电石粉等几种方案。其工艺流程如下：

铁水罐车进站 → 卷帘门闭下 → 降下防溅罩 → 测温、取样 → 向喷粉罐输料 → 降枪并开始喷粉 →

→ 脱硫完毕提升喷枪 → 测温、取样 → 提升防溅罩 → 卷帘门开启 → 铁水罐车拉出脱硫站

c GMR 法

GMR 法是应用气泡泵扬水的原理进行铁水预脱硫的一种方法。处理时，在铁水包中插入气体提升混合反应器，氮气由反应器中压进，使铁水由反应器的中心管压上去，由上部流出，形成循环流动，如图 4-30 所示。铁水做循环流动时，将脱硫剂卷入铁水内部，使加入的脱硫剂与铁水充分混合，以提高脱硫效果。

d CLDS 法

该法又称铁水连续脱硫法，它是利用一个中间铁水罐，吹氩搅拌加入的脱硫剂，使脱硫剂与铁水充分接触而进行脱硫。

e 用镁脱硫

利用镁进行脱硫主要有两种方法：镁-焦脱硫法和喷吹镁粉法。

镁-焦脱硫法所用的镁-焦，是由含量 43% 以上的镁渗透浸入焦炭制成的。操作时，把镁-焦放于铁皮容器内，然后把此容器浸入铁水中。镁在高温下沸腾，离开焦炭而与铁水接触，并与其中的硫反应生成 MgS，上浮到铁水表面而成渣，如图 4-31 所示。

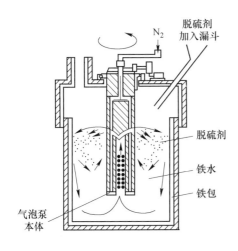

图 4-30 CMR 法脱硫

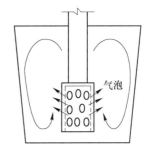

图 4-31 镁-焦脱硫

镁-焦的用量根据所处理的铁水量及其含硫量确定。一般处理 100t 铁水用 125kg 镁-焦，经 8min 后，可把铁水的含硫量由 0.034% 降低到 0.004%。

目前，用镁进行铁水预脱硫的主要是喷吹镁粉法。它是用气体（最好是非氧化性）将金属镁粉和石灰粉一起吹入铁水中。由于石灰粉很细（325 目），致使生成的镁蒸气的气泡很小，反应界面相应增大，不仅镁的利用率接近 100%，而且脱硫效果比镁-焦脱硫法好。

C 脱硫剂

脱硫剂是决定脱硫率和脱硫成本的主要因素之一。选择脱硫剂时，主要从其脱硫能

力、成本、资源、环境保护、对容器耐火材料的侵蚀及安全等方面综合考虑。目前常用的脱硫剂有电石粉、石灰粉、石灰石粉、镁粉等。

a　常用脱硫剂的特点

电石粉是铁水预处理时的主要脱硫剂，它在铁水中的脱硫反应为：

$$CaC_{2(S)} + [S] = CaS_{(S)} + 2[C], \qquad lgK_S = \frac{19000}{T} - 6.28$$

用电石粉脱硫有如下特点：

(1) 在高碳铁水中，CaC_2 分解出的钙离子与铁水中硫的亲和力很大，因而有很强的脱硫能力，而且这个反应是放热反应，有利于减少铁水的降温。

(2) 脱硫生成物 CaS 熔点为 2450℃，在铁液表面形成疏松的固体渣，活度较低，有利于防止回硫；而且由于电石粉的脱硫能力强，所以量少，渣量也较少，还不到石灰粉脱硫渣量的一半，因而扒渣操作较容易，对混铁车内衬侵蚀也较轻。

(3) 脱硫时生成的碳除了饱和溶解于铁液外，其余以石墨态析出，同时脱硫中还有少量的 CO、C_2H_2 气体，以及随喷吹气体带出的少量电石粉、石灰粉等，会污染环境，必须安装除尘设备。

(4) 电石粉极易吸潮，在大气中与水分接触时，迅速发生如下反应：

$$CaC_{2(s)} + H_2O = CaO_{(s)} + \{C_2H_2\}$$

$$CaC_{2(s)} + 2H_2O = Ca(OH)_2 + \{C_2H_2\}$$

该反应产生的 C_2H_2（乙炔）气体为易爆气体，同时还降低了电石粉的纯度和反应活度，因此运输和贮存时应密封防潮，在开始喷吹前再与其他脱硫剂混合。

(5) 生产电石时的能耗很高（电耗达 $4000kW \cdot h/t$），因而价格昂贵，约为石灰的 10 多倍。

石灰粉也是一种常用的脱硫剂，其脱硫反应如下：

$$[S] + CaO_{(s)} + [C] = CaS + \{CO\}, \qquad lgK_S = \frac{-5540}{T} + 5.75$$

用石灰粉脱硫有如下特点：

(1) 当铁水中的硅氧化成 SiO_2 以后，会与 CaO 生成 $2CaO \cdot SiO_2$，消耗一定数量的 CaO 而影响脱硫反应。

(2) 脱硫渣为固体渣，对耐火材料的侵蚀较轻，而且扒渣容易，但是渣量较大。

(3) 石灰粉的流动性较差，在料罐中下料时易出现"架桥"现象而堵塞，喷吹中也易结块凝聚，故必须加强搅拌；同时石灰粉也极易吸水潮解，会进一步恶化其流动性，生成的氢氧化钙还会影响脱硫效果。

(4) 喷入的石灰粉粒表面易生成致密的硅酸钙（$2CaO \cdot SiO_2$），会阻碍硫向石灰粉粒中的扩散，所以脱硫效率较低，只有电石粉的 $1/3 \sim 1/4$。

(5) 石灰粉价格低廉，在大型钢铁联合企业中还可利用石灰焙烧车间除尘系统收集的石灰粉尘。

生产中有时还采用石灰石粉做脱硫剂。石灰石粉在铁水中首先会发生如下的热分解反应：

$$CaCO_{3(s)} = CaO_{(s)} + \{CO_2\}$$

用石灰石粉脱硫有如下特点：

（1）石灰石粉受热分解出的 CO_2 气体加强了对铁水的搅拌作用，同时喷吹中 CO_2 气泡还会使铁水中悬浮着脱硫剂粉粒的气泡破碎，增加了脱硫剂和铁水的接触机会，提高了脱硫能力，因而也把石灰石粉称为"脱硫促进剂"。有资料报道，用电石粉配加石灰石粉作脱硫剂比用电石粉配加石灰粉时的脱硫效果提高 5%。

（2）石灰石粉吹入铁水，其分解是吸热反应，同时分解出来的 CO_2 气体如过于集中将使铁水产生喷溅，所以石灰石粉的使用比例受到限制，通常在 5%～20% 的范围内。

（3）资源丰富，价格低廉。

近年来，镁粉脱硫日益广泛，其反应式如下：

$$Mg_{(g)} + [S] = MgS_{(s)}, \qquad lgK_S = \frac{22750}{T} - 9.63$$

使用镁粉脱硫，由于有镁蒸气产生，使得反应区附近液体搅拌良好，脱硫效果好，为提高镁的利用率，常与石灰粉混合使用。镁的制备、保存和运输中应防其氧化，甚至燃烧。

b　脱硫剂的组成和配比

为了降低成本，减少电石粉的消耗，脱硫剂中常配加一定数量的石灰粉或石灰石粉。脱硫剂的配比主要是根据脱硫要求和铁水条件而定，基本原则是在满足脱硫要求的前提下，尽量少配电石粉以降低成本。

通常情况下，脱硫要求不高时，脱硫剂的组成以石灰粉为主，要获得低硫铁水时，脱硫剂的组成则以电石粉为主，否则很难完成脱硫任务，而且吹入过多的石灰粉会使渣量增加、铁损增加、耐火材料侵蚀加重、铁水罐车排渣困难、喷枪寿命下降，以及延长处理时间等，经济上并不合算。例如，某厂铁水预脱硫的操作规程规定，要求处理后钢液的含硫量为 0.01%～0.02% 时，脱硫剂的配比电石粉：石灰粉为 1:9；要求处理后钢液的含硫量小于 0.005% 时，脱硫剂全部用电石粉。

c　脱硫剂的粒度

脱硫剂的粒度对其脱硫效果的影响很大，粗大颗粒的脱硫剂不但反应界面小，脱硫反应速率慢，而且由于固相颗粒表面上反应产物的扩散速度较慢，颗粒的中心尚未参加脱硫反应就上浮入渣了，使脱硫剂的反应效率下降；但是，使用过细的脱硫剂不但使加工费用大大增加，而且过细的脱硫剂喷入铁水中易凝聚结块，加之粉剂越细与载流气体的分离越困难，将有部分脱硫剂随气泡上浮到渣中或随烟气排入到除尘装置中，不仅会使脱硫剂的消耗量增加，还会导致脱硫效率下降。因此，脱硫剂的粒度要合适，通常要求电石粉的粒度为 0.1～1mm。

d　脱硫剂的技术条件

我国某钢厂所用脱硫剂的技术条件见表 4-9 和表 4-10。

表 4-9　电石粉的技术条件

粒度/mm	$w(CaC_2)$/%	$w(CaO)$/%	密度/t·m^{-3}
约 0.1（占 90%）	>75（折合 C_2H_2 气体发生量 >275L/kg）	10～15	0.95

注：CaC_2 粉的纯度用 C_2H_2 气体发生量进行评定，每 kg 纯 CaC_2 粉的 C_2H_2 发生量为 366L（国内测定标准为 360L）。

表 4-10　石灰粉的技术条件

粒度/mm	$w(CaO)/\%$	$w(SiO_2)/\%$	$w(S)/\%$	密度/t·m^{-3}
<0.2(占80%)	>91.3	<2.8	<0.025	1.0

D　铁水炉外脱硫的评价指标

目前，常用脱硫率、脱硫剂的反应率及脱硫剂效率等指标来评价铁水预处理的脱硫效果，同时它们也是选用脱硫剂及改进脱硫工艺的依据。

a　脱硫率

脱硫率常用 η_S 表示，其表达式为：

$$\eta_S = \frac{w[S]_{前} - w[S]_{后}}{w[S]_{前}} \times 100\%$$

式中　$w[S]_{前}$——预处理前铁水中硫的质量分数，%；

　　　$w[S]_{后}$——预处理后铁水中硫的质量分数，%。

η_S 能准确地反映出铁水预处理后含硫量的降低率，是用来评价整个脱硫工艺优劣的技术指标。

b　脱硫剂的反应率

铁水预处理中脱硫剂的反应率通常用 $\eta_{脱硫剂}$ 表示，其表达式为：

$$\eta_{脱硫剂} = \frac{Q_{理}}{Q_{实}} \times 100\%$$

式中　$Q_{理}$——脱硫剂的理论消耗量，kg；

　　　$Q_{实}$——脱硫剂的实际消耗量，kg。

显然，该指标可用来比较铁水预处理中脱硫剂参与脱硫反应的程度。现以电石粉为例介绍脱硫剂反应率的计算。

已知电石粉的脱硫反应为：

$$CaC_{2(s)} + [S] = CaS_{(s)} + 2[C]$$

那么，电石粉的反应率为：

$$\eta_{电石粉} = \frac{1000 \times (w[S]_{前} - w[S]_{后}) \times 64/32}{Q_{电石粉} \times K_{CaC_2}}$$

式中　64——CaC_2 的相对分子质量；

　　　32——S 的相对分子质量；

　　　$Q_{电石粉}$——电石粉的单耗，kg/t；

　　　K_{CaC_2}——电石粉的纯度。

一般来说，铁水预处理中脱硫剂的反应率不是很高，电石粉的反应率在 20%～40% 之间，而石灰粉的反应率仅为 5%～10%。

c　脱硫剂效率

所谓脱硫剂效率，就是单位脱硫剂的脱硫量，常用 K_S 表示。

假设在脱硫过程中脱硫剂效率保持不变，则：

$$K_{S} = \frac{\Delta w[S]}{Q} = \frac{w[S]_{前} - w[S]_{后}}{Q}$$

式中　K_S——脱硫剂效率，%/kg；

　　　　Q——脱硫剂用量，kg。

此值虽然比较"粗略"，但在实际操作中却很有用。当掌握了一定操作条件下 K_S 的经验数据后，就可以根据铁水在预处理过程中的脱硫量，控制脱硫剂的用量。

4.5.5　钢液炉外脱硫

钢液的炉外脱硫，是指钢液在出钢到钢包内后进行的脱硫操作，其目的是进一步降低钢中的硫含量。目前常用的钢液炉外脱硫方法有金属脱硫剂包内沉淀脱硫和包内喷粉脱硫两种。

4.5.5.1　金属脱硫剂沉淀脱硫

金属脱硫剂沉淀脱硫是钢液炉外脱硫的主要方法之一。如前所述，金属元素沉淀脱硫不仅可以降低钢液的含硫量，而且还能改变残留硫化物夹杂的形态，从而有利于提高钢的质量。为此，许多冶金工作者都致力于这方面的研究，使钢液的炉外金属元素脱硫工艺不断改进。

起初，炉外脱硫的做法比较简单，即在出钢过程中把块状的脱硫剂加入到钢包之中即可。但效果极不理想，原因是由于脱硫剂与氧的亲和力较大而大部分被空气中的氧氧化掉了。后来出现了喷吹技术，即先把脱硫剂制成粉粒状，而后用氩气或氮气将其喷吹入钢水中进行脱硫，其效果明显提高。目前则多采用喂丝技术，即将脱硫剂制成丝料，用喂丝设备直接插入钢包中，对钢水进行沉淀脱硫。所以金属沉淀脱硫是在喷吹技术和喂丝技术出现后才真正获得使用。

4.5.5.2　喷粉脱硫

根据喷吹物不同，喷粉脱硫可分为以下两种工艺。

A　喷吹金属氧化物脱硫

喷入的金属氧化物主要有氧化镁、氧化锰和氧化钙等，它们可以和钢液中的碳一起共同脱硫，以氧化镁为例，其脱硫反应式为：

$$MgO_{(s)} + [S] + [C] \Longrightarrow MgS_{(s)} + \{CO\}$$

由于有气体和固体产物生成，因而上式属于不可逆反应。另外，金属氧化物与碳的共同脱硫反应为吸热反应，因此较高的温度有利于各反应向右进行。

用金属氧化物对钢水进行炉外脱硫，通常可将脱硫剂破碎成粉末状，然后用喷粉装置将其吹入钢水中进行脱硫。

B　喷吹合成渣粉脱硫

喷吹合成渣粉钢包脱硫是近年来发展起来的一种炉外钢液脱硫工艺。下面是某厂的实验结果：

用 76% CaO、17% CaF₂、7% SiO₂ 渣粉，以 0.8kg/(min·t) 的速度喷入钢水；在每吨钢加入量为 12kg 的情况下，可将钢中的硫稳定地降到 0.001% 以下，最低可达到 0.0002%，脱硫后的炉渣碱度在 2 以上。

向成分为 0.04% C、0.1% ~ 0.2% Si、0.2% Mn、0.01% S 和 19% ~ 29% Cr 的钢液喷吹 80% CaO、20% CaF₂ 的渣粉，在喷吹速度为 0.67kg/(min·t)，炉渣碱度为 2.5 ~ 3 的条件下，可将钢液的硫含量进一步脱到 0.0001% 的水平。

4.5.6　电弧炉脱硫工艺

目前我国还有一些电弧炉尚未采用超高功率及其相关技术，冶炼过程仍保留有传统的熔化期、氧化期和还原期三个阶段。熔化期的炉温较低，石灰熔化慢，而且为了满足前期脱磷的要求，不可能较大幅度升温，所以在熔化期一般不考虑脱硫操作。氧化期虽然炉温在不断地升高，到氧化末期已略超过出钢温度，同时炉渣中石灰也充分熔化，但由于钢中氧与渣中氧化铁含量较高，此时硫的分配系数 L_S 只有 2 ~ 4 左右，即炉渣的脱硫能力很低，所以一般也不考虑脱硫操作。实际上，电炉的还原期是脱硫的最佳时期，脱硫是还原精炼的重要内容之一。另外，生产中发现，出钢过程中钢液的硫含量会进一步降低。

4.5.6.1　电炉还原期的脱硫

电炉炼钢的还原期，熔池的温度已高于出钢要求的温度；石灰已充分熔化，炉渣的碱度较高；炉渣经充分脱氧后已形成白渣或电石渣，钢中的氧与渣中的氧化铁含量也很低。因此，还原期的炉渣具有很强的脱硫能力。

A　脱硫反应

在还原期脱氧的同时发生如下反应：

$$[FeS] + (CaO) + [C] \Longrightarrow (CaS) + [Fe] + \{CO\}$$

$$2[FeS] + 2(CaO) + [Si] \Longrightarrow 2(CaS) + (SiO_2) + 2[Fe]$$

$$3[FeS] + 2(CaO) + (CaC_2) \Longrightarrow 3(CaS) + 3[Fe] + 2\{CO\}$$

上述反应中，由于有气态产物 CO，或有能与渣中（CaO）结合成稳定的化合物（2CaO·SiO₂）的（SiO₂）生成，所以这些反应都是不可逆的；而且脱硫产物（CaS）本身也很稳定，因此电炉还原期的脱硫效果是很好的，硫在渣钢之间的分配系数 L_S 可达 50 以上。

B　脱硫与脱氧的关系

研究表明，脱氧与脱硫有比较密切的关系。在平衡状态下，测得钢中碳、硫之间存在下列平衡：

$$w[C]_\% \cdot w[S]_\% = 0.011 \tag{4-6}$$

上式的关系在 1420 ~ 1700℃ 的炼钢温度范围内几乎没有变化。已知在 1600℃ 时钢中碳氧之间存在 $w[C]_\% \cdot w[O]_\% = 0.0023$ 的关系，将其代入式（4-6），可得：

$$\frac{w[S]_\%}{w[O]_\%} \approx 4.78$$

所以，电炉还原期的脱硫是与脱氧同时进行的。

C 还原期的操作的注意事项

还原期的操作应注意以下几点：

（1）提高氧化末期扒渣温度。提高扒渣温度有利于扒渣后加入的稀薄渣快速形成，同时较高的温度不仅能为吸热的脱硫反应提供良好的热力学条件，而且能改善脱硫反应的动力学条件。因此，扒渣温度应按钢种要求范围的上限控制。

（2）彻底扒除氧化渣。残留氧化渣和炉墙粘渣会影响钢液还原的速度和程度，进而影响还原期的脱硫反应，因此，进入还原期前应尽量扒净氧化渣。

（3）提高还原渣碱度。在渣量合适、流动性良好的渣况下，适当高碱度的炉渣还原性强，可促使脱硫反应朝有利的方向进行。通常情况下，炉渣的碱度应保持在 2.5 ~ 3.0 之间。

（4）加强脱氧操作。薄渣形成后就加入足够的脱氧剂，迅速造好流动性良好的白渣，控制渣中的氧化铁含量 $w(\mathrm{FeO}) \leqslant 0.5\%$，而且不要忽高忽低，这对脱硫特别重要。通常，当炉渣的碱度 $B = 2.8 \sim 3.2$、氧化铁含量 $w(\mathrm{FeO}) \leqslant 0.5\%$ 时，钢液的脱硫量可达 40% 以上；当 $w(\mathrm{FeO}) = 0.6\% \sim 1.0\%$ 时，钢液脱硫量约 30%；而当 $w(\mathrm{FeO}) > 1.0\%$ 时，钢液的脱硫量则不足 20%。

（5）加强推渣和搅拌钢液。保持钢液和炉渣具有较高的温度，并勤推渣、多搅拌，是强化脱硫的重要措施，特别是在还原的中、后期，钢液中的硫含量已较低，脱硫反应难以达到平衡，通过搅拌可以强化硫的扩散，促进脱硫反应的进行。为了获得硫含量很低的钢液，还原后期在供电制度方面可采用低电压、大电流的办法供电。因为低电压、大电流的电弧短，能搅动炉渣，活跃反应区域，为硫在渣钢之间扩散创造了良好条件。

（6）渣量及换渣操作。通常情况下，还原期的渣量为 3% ~ 5%。当钢液的硫含量较高，脱硫难以达到要求时，在还原后期可增大渣量到 6% ~ 8%；也可以扒除部分还原渣，然后按规定的配比加入石灰、萤石补造新渣，通过换渣的方法使总渣量增大，最终也能较好地完成钢液的脱硫任务。

必须指出，换渣操作不仅要延长还原时间，增加造渣材料消耗和电耗，而且会使钢液吸气，影响钢的质量，应力求避免。

（7）还原期喷粉脱硫。钢液的喷粉脱硫是在喷粉脱氧操作的同时进行的，在极短的时间内就可以得到满意的结果。这是因为喷粉用的粉剂多为钙系粉剂，它们具有很强的脱氧和脱硫能力，而脱氧和脱硫密切相关，所以在钢液喷粉快速脱氧的同时，也必然能进行良好的脱硫。虽然氧和硫属于同一主族元素，但氧比硫更活泼，喷入的粉剂首先与钢液中的氧反应，然后才与硫作用，即钢中的氧含量对喷粉脱硫的影响很大，只有当钢液的氧含量降低到足够低的程度并维持一定时间后，才能得到较高的脱硫效果。用吹氩气向钢液喷入钙粉，既解决了扩散速度慢的问题，又由于粉料喷入钢液极大地增大了粉剂与钢水之间的接触面积，可加速脱硫反应的进行，缩短还原期。喷粉的脱硫率一般为 25% ~ 30%。

4.5.6.2 电弧炉出钢中的脱硫

在还原期，我们从熔池温度、炉渣碱度及氧化铁含量等方面为炉内的脱硫反应创造了良好的热力学条件。但由于熔池平静，即脱硫反应的动力学条件不理想，加之还原时间有限，使得炉内的脱硫反应远远没有达到平衡，硫在渣钢之间的分配系数仅为 50 左右。而在电弧炉的出钢过程中，由于渣钢的混冲，反应界面大大增加，脱硫速度明显加快，瞬间使炉渣的脱硫反应达到或接近平衡，硫的分配系数 L_S 可提高到 80 以上。

对于普通电炉（非炉底出钢），出钢环节往往是争取硫含量进入成品规格范围的关键。生产统计表明，正常的出钢过程，可以脱除钢液中 50% 左右的硫，而且普通电炉钢硫含量出格的事故多数是因为出钢过程受阻，先出钢后出渣，或出钢时钢流细散、混冲无力所造成的。为此，出钢操作中应注意以下几个问题。

A　钢液脱氧良好

钢液脱氧良好也就是要求渣中的（FeO）含量要低，其标志是炉渣为白色。图 4-32 为出钢过程中的脱硫效率 η_S 与出钢前后还原渣中（FeO）的平均含量的关系图。其中的出钢脱硫效率 η_S 是指出钢前钢液的含硫量 $w[S]_{\%0}$ 与出钢后钢液的含硫量 $w[S]_{\%}$ 之比。

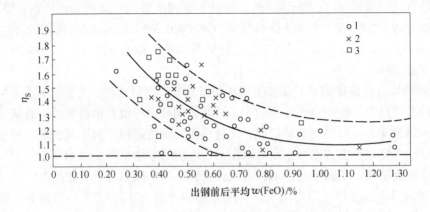

图 4-32　出钢过程中的脱硫效率与出钢前后渣中（FeO）平均含量的关系 （$B = 3.4 \sim 4.2$）
1—$w[S] < 0.016\%$；2—$w[S] < 0.019\%$；3—$w[S] < 0.024\%$

由图 4-32 可见，出钢前后还原渣中（FeO）的平均含量越低，出钢过程中的脱硫效率 η_S 越大。若出钢前渣色发黄，表示渣中（FeO）和（MnO）的含量较高，对出钢过程中的脱硫不利；如果还原渣呈灰黑色，则表示电石渣或渣中的游离碳较多，在这种渣下出钢，对脱硫有好处，但出钢后钢与渣不易分离，因此不能电石渣下出钢，而亮黑色的氧化渣中（FeO）的含量高，出钢过程中的脱硫效率 η_S 极低。所以，出钢时保持还原渣的正常白色是强化出钢过程中脱硫的一项重要措施。

通常，电弧炉出钢前都要向钢液插入铝块，以进一步降低钢中溶解的氧量。图 4-33 为出钢前插入铝量与出钢脱硫效率和出钢后钢液氧含量的关系图，所测条件为：$w[S]$ 为 $0.014\% \sim 0.016\%$，$B = 3.4 \sim 1.2$，$w(FeO)$ 为 $0.5\% \sim 0.7\%$。

由图 4-33 可知，出钢前插铝量由 0.5kg/t 增加到 1kg/t 时，钢中的溶解氧降低了 50% 左右，出钢脱硫效率 η_S 也跟着由 1.1 左右提高到 1.3 左右，因此为了更好地脱硫，出钢前的用铝量按钢种要求的上限控制。

必须说明，加入钢中的铝并不能直接脱硫，钢液硫含量降低的主要原因是插铝降低了钢中的氧含量。

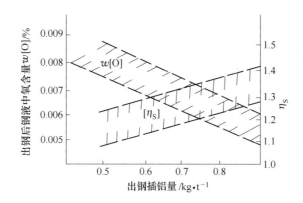

图 4-33　出钢前插铝量与出钢过程中的脱硫效率和出钢后钢液氧含量的关系

B　炉渣要有较高的碱度和良好的流动性

出钢前炉渣的碱度和流动性对出钢中的脱硫至关重要。图 4-34 是通过大量实验绘制的出钢过程中钢液的脱硫效率 η_S 与出钢前后熔渣碱度的关系图。

由图 4-34 可见，碱度过高或过低对出钢中的脱硫都不利。当 $B = 3.5 \sim 4.2$ 时，出钢的脱硫效率 η_S 最高；但原始含硫量越低，出钢的脱硫效率 η_S 也低。熔渣的碱度和流动性两者之间的关系极为密切。碱度过低影响脱硫反应的顺利进行，碱度过高会使熔渣黏度增加，阻碍硫在渣中的扩散与转移，即恶化脱硫反应的动力学条件，所以，保持出钢炉渣的合适碱度和良好的流动性是强化出钢过程中脱硫的又一项措施。

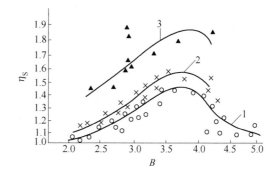

图 4-34　出钢过程脱硫的效率与熔渣碱度的关系
（$w(\text{FeO})$ 为 0.5% ~ 0.7%）
1—$w[\text{S}]$ 为 0.015% ~ 0.017%；2—$w[\text{S}]$ 为 0.018% ~ 0.020%；
3—$w[\text{S}]$ 为 0.021% ~ 0.024%

C　正确的出钢操作

出钢时，应设法使渣钢同出，并在包内激烈混冲，为脱硫反应创造最佳的动力学条件。为此，对出钢操作有以下要求：

（1）出钢前应清理好出钢坑，尽量压低钢包以保证出钢时钢渣混冲的效果；

（2）平时应加强出钢槽的维护和修补，保证出钢槽畅通，而且出钢口要开大，以免出钢时严重散流与细流，包内混冲无力；

（3）出钢时，摇炉速度不能过快，以防先渣后钢。

4.5.7　精炼炉脱硫工艺

目前，UHP 电炉、直流电弧炉的脱硫都在精炼炉中进行。典型的钢包精炼炉应具备真空脱气、搅拌、加热等精炼手段。如 LFV 炉（真空脱气、吹氩搅拌、埋弧操作、非真空电弧加热）、ASEA-SKF 炉（真空脱气、电磁搅拌、非真空电弧加热）、VAD 炉（德国叫

VHD 法即吹氩及真空电弧加热精炼）等，可以代替电弧炉进行还原精炼（脱氧、脱硫、调整成分和温度等），以及在钢包炉真空盖上安装氧枪，不仅可以在炉外进行还原精炼，而且利用真空下优先脱碳的条件，把氧化精炼也放在炉外钢包炉内进行。而没有加热设备的真空吹氧脱碳钢包炉，即 VOD 炉，作为熔炼不锈钢的精炼炉，也已获得普遍发展。

钢包精炼炉同时具备真空脱气、精炼和浇注三个功能，对初炼炉的钢水可以进行真空脱气、真空吹氧脱碳、脱氧、脱硫、调整成分与温度等精炼操作，并能用电弧加热和搅拌钢液，因此冶炼的钢种范围较广。

此外，还有只有真空和搅拌手段的精炼炉，如我国的 VD 法、美国的芬克尔法等。当一些典型的钢包炉不使用加热手段时，就相当于一座 VD 法的精炼设备。

4.5.7.1　LF 精炼炉简介

LF 精炼法是日本于 1971 年研制成功的。当时的 LF 炉没有真空设备，加热时电弧是发生在钢包内钢液面上的炉渣中，即所谓的埋弧精炼；处理时添加合成渣，用氩气搅拌钢液，在非真空还原性气氛下精炼。后来对 LF 炉进行了改进，增加了真空抽气设备，可以在真空下精炼，在非真空下加热。为区别起见，把有真空设备的炉外精炼称为 LFV 法。

LFV 炉通常采用钢包车移动式三工位（扒渣、加热、除气）操作，如图 4-35 所示；有的 LFV 法还设有喷粉工位。

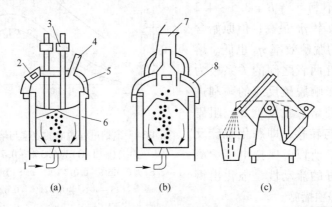

图 4-35　LFV 钢包炉基本功能

(a) 加热工位；(b) 脱气工位；(c) 除渣工位

1—吹氩；2—取样测温孔；3—电弧加热系统；4—加料口；5—加料用炉盖；6—钢包；
7—抽气管道；8—真空炉盖（炉盖上有加料口、取样测温孔、吹氧孔及氧枪、窥视孔）

炉体结构及辅助设备一般包括炉体（即钢包）及座包车、吹氮搅拌系统、真空盖及抽气系统、加料系统、电弧加热装置及其变压器，此外还有吹氧系统、除渣装置、喷粉设备等。

4.5.7.2　LF 炉精炼工艺

A　初炼钢水准备

初炼钢液必须把磷脱除到钢种规格以下较低的范围，同时，要求倒入钢包时应尽可能地少带渣；倒入钢包炉后的温度应不低于 1580℃。

初炼渣一般在钢包炉内去除较为方便，而且可以减少初炼钢水出钢过程中的吸气和降温；如果电弧炉是偏心炉底，出钢最为理想，既不必排渣，出钢过程中钢水吸气又不多。

B　精炼工艺

初炼钢水进入钢包除渣后，根据脱硫的要求造新渣，如果钢种无脱硫要求，可以造中性渣；若需要脱硫，则造碱性渣。

当钢水温度符合要求时，立即进行抽气真空处理。在真空处理的同时，按钢种规格的下限加入合金，并使钢中的硅含量保持在 0.10% ~ 0.15%，以保持适当的沸腾强度。真空处理约 15 ~ 20min，然后取样分析，并根据分析结果按钢种规格的中限加入少量合金调整成分；同时，向熔池加铝进行沉淀脱氧。如果初炼钢液温度低，则需先在加热工位进行电弧加热，达到规定温度后才能进入真空工位，进行真空精炼。

真空处理时会发生碳脱氧反应，炉内出现激烈的沸腾，有利于去气、脱氧，但将使温度降低 30 ~ 40℃。所以钢液真空处理后要在非真空下电弧加热、埋弧精炼，把温度加热到浇注温度。对高标准的钢可再次真空处理，并对成分进行微调。

在整个加热和真空精炼过程中，都进行包底吹氩搅拌，它有利于脱气、加快钢渣反应速度、促进夹杂物上浮排除，以及使钢液成分和温度很快地均匀。

钢包精炼炉的操作过程灵活，可以根据精炼目的来选用适宜的工艺流程。现举例如下。

a　LF 法精炼工艺

LF 法的基本工艺如下：

b　LFV 法精炼工艺

LFV 的操作工艺十分灵活，视精炼的钢种不同而不同。其基本工艺一般为：

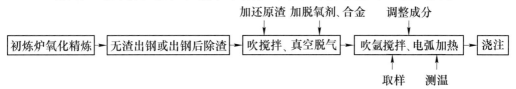

一般的合金钢都可以用这种工艺生产。它是把转炉或电炉氧化末期的钢水倒入 LF 炉并扒除大部分氧化渣（或偏心炉底电炉无渣出钢），加还原渣料及脱氧剂，在真空脱气的同时进行还原精炼，精炼时间约 40min。这种处理脱氢效果很好，钢液成分与温度能严格控制；但脱硫及去除非金属夹杂物的效果未能达到最佳，如适当增加加热下的搅拌时间及渣量，可进一步降低钢中的硫含量。

（1）生产低硫钢的精炼工艺为：

该工艺是通过多次加渣料精炼、多次除渣而达到降低硫含量的目的，可使钢中的硫含量降至 0.0005% 以下。

（2）生产高合金工具钢（包括高速钢）的精炼工艺为：

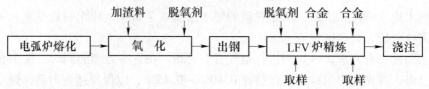

为了提高合金元素的回收率，电弧炉出钢时的氧化渣一般不扒掉，而在 LF 炉内脱氧转变成为还原渣，即采用单渣法冶炼。

（3）真空吹氧脱碳的精炼工艺为：

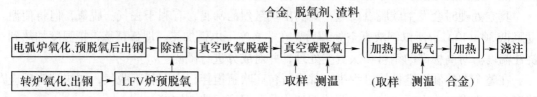

该法通常用于低碳高合金钢冶炼。为了回收合金元素，电炉内氧化脱磷后应先对炉渣进行预脱氧，然后再出钢；转炉的初炼钢水，则在 LF 炉内预脱氧后再除渣。通常在真空度为 3330Pa 时开始吹氧脱碳到终点要求，然后再继续抽气进行真空碳脱氧，并加入脱氧剂、合金及渣料，如成分、温度符合要求即可进行浇注；如温度低，可进行加热后浇注或加热脱气后再浇注。

4.5.7.3　LF 炉的脱硫分析

钢包精炼对钢液脱硫是极为有利的，首先是能造低氧化铁、高碱度并具有适宜温度的炉渣，脱硫的热力学条件良好；其次是通过包底吹氩搅拌促进渣、钢充分混合接触，加速硫在渣中的扩散，脱硫的动力学条件优越。在精炼过程中，影响脱硫的因素很多，如渣量、碱度、炉渣成分及脱氧程度（脱氧剂铝粉加入量）、初炼钢液含硫量与精炼时间等，现分析如下。

A　炉渣碱度与渣量

炉渣碱度是脱硫的最基本条件，当碱度 $B = (w(CaO)_\% + w(MgO)_\%)/w(SiO_2)_\% = 4$，渣量为钢水量的 0.5% ~ 0.8% 时，单渣法的脱硫率为 40% ~ 60%，钢中残硫可低于 0.010%。从理论上讲，碱度越高，脱硫效果越好，如图 4-36 所示；但是碱度过高会使渣的流动性变差，反而影响脱硫效果。实际生产中常造碱度很高的渣子，以强化钢液脱硫。

造渣材料为铝粉和石灰，其配比铝粉：石灰为 1：10，并加入适量的火砖块和萤石。炉渣成分大致如下：

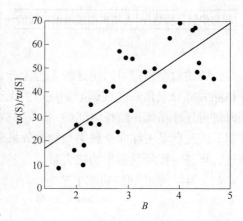

图 4-36　硫在渣钢间的分配与碱度的关系

CaO	Al$_2$O$_3$	MgO	SiO$_2$
50% ~55%	10% ~25%	5% ~10%	10% ~15%

炉渣碱度控制在 4 ~5 为宜，一般不应超过 6。由于渣中 Al$_2$O$_3$ 含量比较高，所以实际碱度并没有那么高，炉渣的流动性也比较好。根据炉渣相图估算，炉渣的熔点在 1300 ~1500℃之间。

其他条件相同时，随着渣量的增加脱硫率提高。但是渣量过大，则对脱气不利，并使冶金反应速度减慢。所以国外多数钢包炉的渣量控制在 0.5% ~0.8% 之间，国内某厂的实践认为，为了强化脱硫，渣量控制在 1.0% ~1.5% 之间为好。

B　渣中的（MgO）含量

在碱度 $B = (w(CaO)_\% + w(MgO)_\%)/w(SiO_2)_\%$ 不变时，增加渣中的（MgO）含量，脱硫效果变差。因为随着（MgO）含量的增加，炉渣的流动性变差，使硫在渣中的扩散速度减慢，从而影响脱硫反应速度。渣中的（MgO）主要由炉衬侵蚀而来，所以在提高炉衬质量的同时，切忌造渣过稀、渣温过高。

C　渣中的（FeO）含量与铝粉加入量

碱度大于 4、渣量小于 1.5% 时，渣中氧化铁与氧化锰的含量之和 $w(FeO)_\% + w(MnO)_\%$ 与脱硫率的关系如图 4-37 所示。

由图 4-37 可知，当渣中的氧化铁与氧化锰的含量之和 $w(FeO)_\% + w(MnO)_\%$ 小于 0.2 时，硫在渣钢间的分配系数 L_S 值明显增加，可见炉内气氛和炉渣的氧化性是影响精炼效果的一个重要因素。生产统计资料表明，当渣中的氧化铁含量 $w(FeO)_\% < 0.6$ 时，脱硫率在 50% 以上。所以造渣时应加入适量的脱氧剂，保持炉渣的还原性。

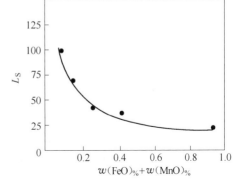

图 4-37　硫分配系数与 $w(FeO)_\% + w(MnO)_\%$ 的关系

向渣中加入脱氧剂铝粉使炉渣的（FeO）含量降低，对脱硫、脱氧都极为有利，铝粉加入量一般控制在渣量的 8% ~10%。向渣中加铝粉有两种方法，一种是在脱气前造渣时与石灰一起加入，另一种是在真空脱气后加入。这两种加入方法的脱硫效果有明显的差别，前一种方法脱硫率可大于 60%，而后一种方法脱硫率在 40% 左右。因为后一种方法开始时渣中的（FeO）含量较高，还原渣造得晚，脱硫时间短，脱硫反应进行得不充分；而前一种方法在整个精炼过程中（FeO）含量一直保持在较低水平，对脱硫十分有利。

D　初炼钢液含硫量和精炼时间

初炼钢水的含硫量会影响 LF 炉精炼后钢中的含硫量。一般说来，初炼钢液含硫量高，则精炼后的含硫量也高，如图 4-38 所示。因此，要炼低硫钢则应要求初炼钢水的含硫量也低些，即应在初炼炉内进行预脱硫。

　　LF 炉内的精炼时间也会对钢液的脱硫产生很大的影响，增加精炼时间有利于促进脱硫反应趋于平衡，提高脱硫效率，如图 4-39 所示。

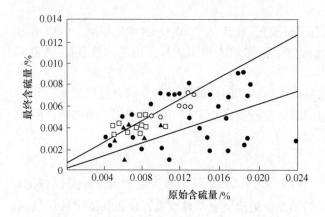

图 4-38　初炼钢液含硫量与精炼后钢中硫含量的关系　　　　图 4-39　LF 炉精炼前后硫含量与
　　　　　　　　　　　　　　　　　　　　　　　　　　　　　　　　　　　　精炼时间的关系

　　另外，对要求硫含量低的钢种，在有效的搅拌下，可向脱氧良好的钢液中加入强脱硫剂，如加入 50% Ce 和 20% La 的混合稀土，加入量为 0.1%，可使钢中的硫从 0.01% ~ 0.015% 降到 0.003% ~ 0.005%；加入量为 0.2% 时，则能降到 0.002% 以下。

思 考 题

（1）什么是造渣？
（2）造氧化渣的目的是什么，对氧化渣有哪些要求？
（3）何为单渣法？简述转炉炼钢的单渣法操作工艺。
（4）简述电弧炉熔化期、氧化期的造渣工艺。
（5）何为泡沫渣？简述泡沫渣在炼钢中的作用。
（6）为什么说磷是钢中的有害元素，它在钢中的允许含量为多少？
（7）写出氧化脱磷的反应步骤及总的反应式。
（8）综合分析（FeO）含量、炉渣碱度对脱磷的影响，它们最佳值为多少？
（9）试说明渣量与脱磷的关系，实际生产中如何控制渣量？
（10）为什么硫会使钢的热加工性能变坏，钢中氧含量为什么能加剧"热脆"现象？
（11）含硫量高时对钢的力学性能有哪些影响？
（12）对钢中硫含量有何具体要求？
（13）写出碱性氧化渣脱硫反应的步骤和脱硫反应式。
（14）简要分析碱性氧化渣脱硫的条件。
（15）写出碱性还原渣的脱硫步骤和脱硫反应式，并分析其影响因素。
（16）写出硫在渣钢间的分配系数表示式，它的数值大小说明什么？并比较氧气顶吹转炉和电弧炉的 L_S 值的大小。

(17) 用金属元素脱硫有何特点，应注意哪些问题？

(18) 简述转炉吹炼过程中硫的变化规律，为了去硫应采取哪些措施或注意哪些问题？

(19) 为什么要进行铁水预脱硫处理？

(20) 铁水预脱硫主要用哪些脱硫剂，脱硫剂的粒度多大为好，为什么？简述如何根据处理要求选用脱硫剂。

(21) 简述机械搅拌法和喷射法铁水预脱硫的工作原理及优缺点。

学习情境 5

温 度 制 度

学习任务：

(1) 温度控制的重要性；

(2) 出钢温度的确定；

(3) 熔池温度的测量；

(4) 转炉炼钢中的温度控制；

(5) 熔池温度的计算机控制。

任务 5.1　温度控制的重要性

温度控制包括氧化终点温度控制和冶炼过程温度控制两方面的内容。终点温度控制的好坏，会直接影响到冶炼过程中的能量消耗、合金元素的收得率、炉衬的使用寿命及成品钢的质量等技术经济指标；而科学合理地控制熔池温度，又是调控冶金反应进行的方向和限度的重要工艺手段，如适当低的温度有利于脱磷，较高的温度有助于碳的氧化等。概括地讲，熔池温度对炼钢生产的影响主要表现在冶炼操作、成分控制及浇注过程和锭坯质量等方面。

5.1.1　温度对冶炼操作的影响

合适的温度是熔池中所有炼钢反应的首要条件，所以温度的高低会对冶炼操作产生直接的影响。

转炉的开新炉操作，要求快速升温，以烧结炉衬，如操作不当，升温缓慢，不仅冶炼时间长，严重时会因炉衬崩裂而影响冶炼操作的正常进行；转炉吹炼过程中，由于元素氧化放热，会导致炉内升温过快而影响脱磷操作，如果加入大量的冷却剂降温，又易造成喷溅。

电弧炉冶炼时，温度的控制贯穿整个熔炼期，但氧化末期扒渣温度的控制尤为重要。由于还原期渣面平静，弧光外露使熔池升温不易且代价颇高，所以扒渣温度的高低决定了还原期的温度。如果还原期温度过高，易导致钢液脱氧不良，白渣不稳定容易变黄，而且炉渣稀，钢液吸气严重；同时炉衬侵蚀加剧，既影响炉龄，又容易增加外来夹杂。温度太低时，炉渣流动性差，钢、渣间的脱氧、脱硫等物化反应不能顺利进行，钢中的夹杂物不易上浮；同时为了把温度调整到出钢温度，必将造成还原期大功率送电（称为后升温），而还原期后升温不仅会使熔池温度不均匀，即上层温度高、下层温度低，而且会严重损坏炉墙、炉盖，并延长冶炼时间。

在真空精炼过程中，如果钢水温度过高，在低压条件下，耐火材料中的氧化物的稳定性减弱，炉衬极易受钢液和炉渣的侵蚀，从而影响精炼操作。

5.1.2　温度对成分控制的影响

炼钢生产中，如果成品钢的化学成分不合格，轻者被迫改钢号，严重时将直接判为废品。造成成分不合格的原因很多，但温度条件是主要因素之一。温度对成分控制的影响主要体现在以下三方面：

（1）影响合金元素的收得率。温度不同，合金元素的收得率也不同。例如，较高的温度下加入易氧化元素铝、钛、硼时，它们的烧损加大，收得率降低，如果熔池温度低，对于一些熔点高、密度大的元素钨、钼等合金，有可能未能完全熔化而沉积炉底，同样造成收得率下降。这些都将影响钢液成分控制的准确性。

（2）影响有害元素磷、硫的去除。温度过高时，脱磷的热力学条件差，不仅不能脱磷，反而可能造成回磷；反之，温度过低时，则会恶化脱磷和脱硫的动力学条件。这些都易导致成品钢的硫、磷出格。

（3）影响熔池内元素氧化的次序。通常情况下，较高温度下吹氧时，有利于脱碳而会抑制磷的去除；反之，较低温度下氧化精炼时，有助于去磷而不利于碳的氧化。再如，含铬、钒的铁水吹氧脱碳时，若温度过低，铬、钒将优先于碳氧化；反之，较高的温度下吹氧时，碳将优先于铬、钒氧化。

5.1.3　温度对浇注操作和锭坯质量的影响

对浇铸操作和锭坯质量产生影响的主要是氧化终点温度，亦即转炉炼钢法的出钢温度。

出钢温度过高，不仅增加冶炼中的能量消耗，而且在出钢和浇注过程中钢水极易吸收气体，二次氧化严重，并对钢包和浇注系统的耐火材料侵蚀加剧，从而增加外来夹杂物；同时，增加炉后连铸前的调温时间等。

若出钢温度过低，将被迫缩短镇静时间，钢中夹杂物不能充分上浮，影响钢的内在质量；严重时，导致浇注温度过低，造成钢坯质量问题，甚至发生钢包冷钢结底、水口黏结等浇注事故，使整炉钢报废。

任务5.2　出钢温度的确定

如上所述，无论哪一种炼钢方法，采用何种冶炼工艺，其温度控制的任务之一是保证冶炼结束时钢液的温度达到钢种要求的出钢温度。而出钢温度的高低，取决于钢的熔点、浇注所需的过热度及出钢和浇注过程中钢液的温度降低值，即：

$$t_{出} = t_{熔} + \Delta t_{过热} + \Delta t_{降}$$

5.2.1　钢的熔点的计算

钢的成分不同，其熔点也不同。由物理化学原理可知，钢中元素均可使纯铁的熔点降低，纯铁中加入 1% 各种元素时，其熔点的降低值 Δt 见表 5-1。

表 5-1　各元素对钢熔点的影响

化学元素	元素符号	原子量	密度/g·cm⁻³	熔点/℃	适用含量/%	Δt/℃
碳	C	12			< 1.0	65
					1.0	70
					2.0	75
					2.5	80
					3.0	85
					3.5	91
					4.0	100
硅	Si	28.086	2.4	1414	0～3.0	8
锰	Mn	54.93	7.3	1244	0～1.5	5
磷	P	30.97	2.2	44	0～0.7	30
硫	S	32.064	2.046	119	0～0.08	25
铝	Al	26.98	2.68	659	0～1.0	3.0
钒	V	50.942	6.0	1720	0～1.0	2.0
铌	Nb	92.91	8.57	2000		0
钛	Ti	47.90	4.50	1800		18
锡	Sn	118.69	7.28	232	0～0.03	10
钴	Co	58.93	8.50	1490		1.5
钼	Mo	95.94	10.20	2622	0～0.03	2
硼	B	10.81	2.3	2800		90
镍	Ni	58.71	8.85	1455	0～9.0	4
铬	Cr	51.996	7.41	1820	0～18	1.5
铜	Cu	63.546	8.70	1080	0～0.3	5
钨	W	183.85	19.32	3370	18%W,0.66%C	1.0
铅	Pb	207.20	11.35	327		
碲	Te	127.60	6.25	453		
铋	Bi	208.98	9.74	271		
砷	As	74.92			0～0.5	14

　　由表 5-1 可见，降低铁熔点能力强而通常含量又较大的元素是碳，而氢、氮、氧等元素在铁中含量很低，对铁熔点影响不大，故表中没有列出。一般认为，钢中气体能使纯铁的熔点降低约 7℃。

　　于是，钢熔点的近似值可由下式确定：

$$t_{熔} = 1538 - \Sigma \Delta t \cdot w[i]_\% - 7$$

式中　$t_{熔}$——钢的熔点，℃；

　　　1538——纯铁熔点，℃；

Δt——某元素含量增加 1% 时纯铁熔点的降低值, ℃;

$w[i]_\%$——钢中 i 元素的质量分数。

例1　40Cr 的化学成分见表 5-2, 试计算其熔点。

表 5-2　40Cr 的化学成分　　　　　　　　　(%)

化学元素	C	Mn	Si	P	S	Cr
$w[i]_\%$	0.4	0.65	0.2	0.02	0.03	0.90

解　由表 5-1 查得每加入 1% 元素时铁熔点降低值如下:

元素	C	Mn	Si	P	S	Cr
$\Delta t / ℃$	65	5	8	30	25	1.5

则 40Cr 的熔点为:

$$t_{熔} = 1538 - (65 \times 0.4 + 5 \times 0.65 + 8 \times 0.2 + 30 \times 0.02 + 25 \times 0.03 + 1.5 \times 0.9) - 7$$
$$= 1538 - 34 - 7 = 1497℃$$

表 5-3 列出了各钢种的熔点, 以便在生产中粗略地确定出钢温度。

表 5-3　各钢种的熔点

钢　种	凝固温度/℃	钢　种	凝固温度/℃
纯铁 (≤0.04%C)	1538~1525	较高合金结构钢 (1%Ni、1.5%Cr) 含 0.06%C 碳钢	1490~1470
沸腾钢 (0.1%C、0.25%Si) 镇静钢 (0.1%C、0.25%Si) 低碳钢和低合金镇静钢	1525~1510	滚动轴承钢 (1%C、1.5%Cr) 奥氏体不锈钢 (18%Cr、8%Ni) 高速工具钢 (18%W、4%Cr、1%V) 碳素工具钢 (1%C)	1460~1445
中碳钢、低合金结构钢 渗氮钢 (1%Al、1.4%Cr) 铬不锈钢 (13%Cr、0.3%C)	1510~1490		

5.2.2　钢液过热度的确定

钢液温度应高于其熔点一定的数值, 即应具有一定的过热度, 以保证浇注操作能够顺利进行, 同时获得良好的铸坯质量。

钢液的过热度 $\Delta t_{过热}$, 主要根据浇注的钢种和铸坯的断面来决定, 见表 5-4。

表 5-4　中间罐内钢液过热度的参考值　　　　　　　　(℃)

浇注钢种	板坯、大方坯	小方坯	浇注钢种	板坯、大方坯	小方坯
高碳钢、高锰钢	10	15~20	不锈钢	15~20	20~30
合金结构钢	5~15	15~20	硅钢	10	15~20
铝镇静钢、低合金钢	15~20	25~30			

高碳钢、高硅钢、轴承钢等钢种钢液的流动性好, 导热性较差, 凝固时体积收缩较大, 若选用较高的过热度, 会促使柱状晶生长, 加大中心偏析和疏松, 所以应控制较低的

过热度。对于低碳钢，尤其是 Al、Cr、Ti 含量较高的钢种，钢液发黏，过热度应相应高些。

铸坯断面大时，散热慢，过热度可取低些。

其次，还要考虑中间罐容量、罐衬材质、烘烤温度、浇注时间等因素。

应该指出，相同的浇注条件，操作水平高者，可在较小的过热度下浇注出合格的钢坯，这对降低生产中的热能消耗、提高炉衬寿命、提高铸机拉速、降低生产成本大有益处。

5.2.3　出钢及浇注过程中的温降值

出钢及浇注过程中钢液的温度降低值，随生产流程和工艺过程不同而变化，一般由以下几方面组成：

（1）出钢过程中的温降。出钢过程中的温降，主要是钢流的辐射散热、对流散热和钢包内衬吸热综合影响的结果。它取决于出钢温度的高低、出钢时间的长短、钢包容量的大小、包衬的材质和温度状况、加入合金的种类和数量等因素，其中出钢时间和包衬温度的波动对出钢过程中的温降影响最大。根据 90t 钢包热损失的计算分析，一般情况下，钢包内壁耐火材料吸热占热损失总量的 55% ~ 60%，包底吸热占 15% ~ 20%，而通过钢液表面渣层的热损失约占 20% ~ 30%。包衬温度越高，热损失越少。因此，钢包预热、"红包"周转等是减少热损失的有效措施。另外，还要维护好出钢口，保持钢流圆滑和正常的出钢时间。经验数据表明，大容量钢包出钢过程中的温降约为 20 ~ 40℃，中等钢包的温降则约为 30 ~ 60℃。

（2）转运过程中的温降。从出钢完毕到精炼开始前，在转运和等待过程中钢液的温度也会降低。该过程中的温降主要是钢包内衬的继续吸热和通过渣层散热。因此钢液在转运过程中的温降与钢包容量的大小、转运时间的长短及液面覆盖情况有关。随着钢包容量的增加，单位钢液所占有包衬的体积减小，所以相同条件下，钢包容量越大，温降越少。50t 钢包平均温降速度为 1.5 ~ 1.3℃/min；100t 钢包为 0.6 ~ 0.5℃/min；200t 钢包为 0.4 ~ 0.3℃/min；300t 钢包为 0.3 ~ 0.2℃/min。出钢后钢液面加覆盖剂或钢包加盖，可以减少钢液面通过渣层的热损失，由此能够使出钢温度降低 10 ~ 20℃。

（3）精炼过程中的温降。钢液在精炼过程中的温降，取决于具体的精炼方式（是否升温等）及精炼的时间长短等因素。

（4）精炼结束至开浇前的温降。从出钢到精炼这段时间，钢包内衬已充分吸收热量，它与钢液间的温差很小，几乎达到了平衡。因此该过程中的温降主要是由于钢包向环境散热，温降速度随钢包容量不同，在 0.2 ~ 1.2℃/min 之间波动，等待时间越长，温度降低越多。

（5）浇注过程中的温降。钢液从钢包注入中间包的过程与出钢过程相似。该过程的温降与注流的散热、中间包内衬的吸热及液面的散热有关，其中液面散热是主要因素。试验测定表明，中间包液面无覆盖剂时表面散热约占热量总损失的 90% 左右，因而中间包液面覆盖保温是必不可少的措施。当然，覆盖材料不同，其保温效果也会不同，见表 5-5。

表5-5　各种保温剂对中间包液面热损失的影响

保温措施	无保温剂	覆盖渣	绝热板 + 保温剂	炭化稻壳
热损值	11328 ~ 17263	6897 ~ 10450	7520	627

任务 5.3　熔池温度的测量

冶炼过程中，应适时测量熔池温度并进行相应的调整，使之满足炉内反应的需要。因此，准确测量熔池的温度是进行温度控制的必要条件。

测量熔池温度的方法很多，大致可分成仪表测温和目测估温两大类。

5.3.1　仪表测温及其特点

目前生产现场使用的测温仪表主要是热电偶测温计和光学测温计。

5.3.1.1　热电偶测温计

热电偶测温的原理如图 5-1 所示。

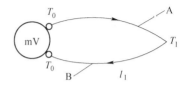

图 5-1　热电偶测温原理

它是利用两种不同成分的导体 A 和 B 两端接合成回路（如钨-钼热电偶、铂-铑热电偶），它们的一端（T_1 端）焊接在一起，形成热电偶的工作端（也称热端），用来插入钢液测量温度；另一端（T_0 端）与电子电位差计、显示屏等相连。如果 T_1 端与 T_0 端存在温差，显示仪表便会指出热电偶所产生的热电动势（在实际使用中，已转换成相应的温度值）。温差越大，热电动势越大，则显示的温度值越高。

热电偶测温是目前应用最广泛的一种测温方法。即使在利用计算机实施动态控制的转炉上，其副枪进行测温定碳时，使用的也是热电偶。

用热电偶测温的具体操作方法是：先将测温棒一端套上纸质保护套管，装上热电偶测温头，再接好另一端的补偿导线与电位差计，检查电位差计与测温头是否接通，并校正零位。测温时，将测温头插入钢水中，在显示屏上即显示出所测部位的温度值，如图 5-2 所示。

用热电偶测温的优点是测温速度快，测得的温度相对比较准确。但测温头及纸质套管均只能使用一次，需每次更换，并要进行一整套的仪表导线连接，因此比较麻烦且成本较高；同时测得的温度是局部范围的，所以测温前必须对钢液进行充分搅拌，电弧炉炼钢使用热电偶测温时，还必须停电后进行。

用热电偶测温，有时也会产生一定的偏差，其原因可能有以下几点：

（1）测量仪表本身准确性差；

（2）测温前没有将电位差计进行校正；

（3）补偿导线过长，热电势在导线上损失较大，使测量的准确性下降；

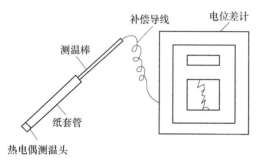

图 5-2　热电偶测温计

（4）测温部位不具代表性；

（5）测温前钢水没有充分搅拌。

5.3.1.2　光学测温计

光学测温计的测温原理如图 5-3 所示。

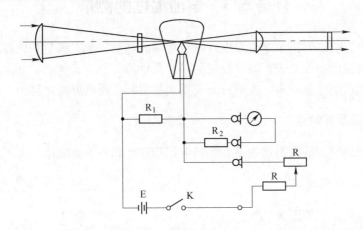

图 5-3　WGG2-201 型光学测温计测温原理

它是利用物体的单色辐射强度随温度升高而增强的原理，通过亮度均衡法进行测温的。首先使被测物体（如钢液表面）成像于高温灯泡的灯丝平面上，通过光学系统在一定波段（0.05μm）范围内，将灯丝与被测物体表面亮度相比较，并通过调节灯丝电流，使其亮度与被测物体亮度相均衡，此时灯丝轮廓便隐于被测物体内，经过修正，便可求出被测物体的真实温度。

光学测温计测温方便，但误差较大，一般多用于浇注系统的测温。

5.3.2　目测估温及其影响因素

炼钢生产中，凭经验进行目测估温的方法有样勺结膜估温、钢水颜色估温以及各种炼钢方法中的特殊估温方法等。

5.3.2.1　样勺结膜估温

样勺结膜估温是根据钢水在样勺中开始结膜时间越迟，其温度越高的原理，通过观测钢水在勺内结膜的时间来测量钢水温度的。这是炼钢工目前仍在采用的一种简便的经验测温方法。具体要求如下：

（1）测温前，充分搅拌钢液；

（2）将样勺先粘好炉渣，而后在取样部位舀出覆盖炉渣的钢液；

（3）刮掉或拨去渣层，用秒表计算钢样表面的开始结膜时间；

（4）测温样勺不得使用新样勺和刚使用过的热样勺，要用使用过的冷样勺。

用样勺结膜估温尽管操作方便，但只能在渣况正常的条件下大体上反映钢液温度的高低。表 5-6 为某厂部分钢种结膜时间与温度之间关系的经验数据。

表 5-6　某厂部分钢种结膜时间与温度之间关系的经验数据

结膜时间/s	22 ~ 26	25 ~ 29	26 ~ 30	28 ~ 32	31 ~ 32	33 ~ 38
温度/℃	1560 ~ 1580	1575 ~ 1595	1580 ~ 1600	1590 ~ 1615	1610 ~ 1635	1620 ~ 1650

样勺结膜估温受到许多外界因素的影响，主要有以下 3 个：

（1）钢中合金元素的影响。在冶炼含铬、含锰的高合金钢或含有易氧化元素的钢种时，由于空气的氧化作用，样勺内的钢液会很快形成一层氧化膜。但在薄膜下仍可见钢水在滚动，需再经过一定时间才完全停止，这就是所谓的"二次结膜"。对于这类钢的温度判断，应以"二次结膜"的时间为准。

（2）炉渣黏度的影响。炉渣黏度大，样勺粘渣时其内表面粘渣层就较厚，那么样勺中钢水冷却速度就较慢，结膜时间推迟，实际温度可能并不高（用红热样勺或反复多次粘渣同样如此）；反之，如果炉渣过稀，样勺粘的渣层过薄，则样勺中钢水冷却就较快，结膜秒数虽不多，实际温度却可能较高。如果样勺粘到钢水，则勺内钢水冷却更快，结膜估温就极不准确了。

（3）外界条件影响。样勺结膜估温还会受气温、风速等外界条件的影响，所以在用此方法估温时，还应观察钢液的颜色和流动性来综合考虑。

5.3.2.2　根据钢水颜色估温

如果取样时，样勺内钢水面上覆盖的炉渣不易刮开，而且钢液呈红色或暗红色，说明温度很低，约在 1530℃ 以下；样勺内钢水面上炉渣容易刮开，而且钢水流动性较好，钢水呈青白色并冒烟，表明温度较高，约在 1600℃ 左右；如果钢水呈亮白色并冒浓烟，温度约在 1630℃ 以上。

这种方法是凭炼钢工的经验而做出的判断，每个人的观察不可能完全一样，所以只能作为辅助的测温方法。

5.3.2.3　各种炼钢方法中的特殊估温方法

除了上述通用的目测估温方法外，不同的炼钢方法还有各自特殊的判断温度方法。转炉炼钢中常用的温度判断方法有以下两种：

（1）根据火焰特征判断钢水温度。熔池温度高时，炉口火焰白亮而浓厚无力，火焰周围有白烟；温度低时，火焰透明淡薄，略带蓝色，白焰少，火焰飘忽无力，炉内喷出的渣子发红，常伴有未化的石灰粒；温度再低时，火焰发暗，呈灰色。

（2）利用喷枪冷却水的温度差判断钢水温度。在吹炼过程中，可以根据喷枪冷却水进口与出口的温度差来判断炉内温度的高低。当相邻炉次的枪位相近、冷却水流量一定时，喷枪冷却水的进口与出口的温度差和熔池温度之间有一定的对应关系。冷却水的温差大，表明熔池温度较高；反之，冷却水的温差小，则反映出熔池温度低。例如，首钢 30t 转炉冷却水温差为 8 ~ 10℃ 时，钢水温度大约在 1640 ~ 1680℃。

电弧炉冶炼中，若还原期加硅粉时火焰大并且收得率低，或还原末期渣稀，钢液颜色亮白，炉内渣线处出现沸腾现象，说明熔池温度过高。而造成熔池温度过高的原因可能有：

（1）炉料中配有高硅废钢，含硅量达 0.8% 以上；

（2）氧化法冶炼脱碳量大于 0.5%；

（3）还原期发现钢液含碳量高而进行了重氧化操作；

（4）出钢前加入大量硅铁也能使钢液温度升高。

如果还原渣灰黑、黏稠且不易变白，或取出的钢液试样颜色暗红，说明熔池温度过低。以下因素可能导致熔池温度过低：

（1）大、中修前几炉（3 炉内）及炉役后期炉衬薄、装入量增加时；

（2）熔化末期因塌料，抬高电极、停电次数太多；

（3）氧化期因磷高，扒渣次数太多或扒渣时间过长。

综上所述，炼钢过程中判断熔池温度的两类方法，即仪表测温和经验目测估温各有特点，有经验的炼钢工常常是以仪表测温为主，辅以经验目测估温，比较正确地判断熔池的实际温度，这对于炼好钢是十分必要的。

对于碳素结构钢、合金结构钢、碳素工具钢、合金工具钢、弹簧钢等钢种，样勺结膜时间、光学测温计、热电偶测温三者之间的换算关系见表 5-7。

表 5-7　样勺结膜时间、光学测温计、热电偶测温三者之间的换算关系

结膜时间/s	光学测温计测定/℃	铂—铑热电偶测定/℃	铂—钼热电偶测定/℃
15 ~ 22	1435 ~ 1445	1490 ~ 1515	1500 ~ 1520
22 ~ 27	1445 ~ 1450	1515 ~ 1540	1520 ~ 1545
27 ~ 30	1450 ~ 1460	1540 ~ 1550	1545 ~ 1555
30 ~ 32	1460 ~ 1465	1550 ~ 1560	1555 ~ 1565
32 ~ 33	1465 ~ 1470	1560 ~ 1570	1565 ~ 1575
33 ~ 35	1475 ~ 1480	1570 ~ 1580	1575 ~ 1585
35 ~ 36	1480 ~ 1485	1580 ~ 1585	1585 ~ 1590
36 ~ 37	1485 ~ 1490	1585 ~ 1590	1590 ~ 1595
37 ~ 38	1490 ~ 1500	1590 ~ 1605	1595 ~ 1610
38 ~ 39	1500 ~ 1510	1605 ~ 1615	1610 ~ 1620
39 ~ 40	1510 ~ 1520	1615 ~ 1625	1620 ~ 1630
40 ~ 42	1520 ~ 1530	1625 ~ 1635	1630 ~ 1640
>42	>1530	>1635	>1640

任务 5.4　转炉炼钢中的温度控制

转炉炼钢过程中的温度控制，包括终点温度控制和过程温度控制。

5.4.1　终点温度的控制

控制终点温度的办法，是加入一定数量的冷却剂，消耗吹炼中产生的富余的热量，使得吹炼过程到达终点时，钢液的温度正好达到出钢要求的温度范围。冷却剂用量的计算方法举例如下（以 100kg 铁水为基本计算单位）。

已知条件：

铁水成分	4.2%C，0.7%Si，0.4%Mn，0.14%P
铁水温度	1050℃
终点成分	0.2%C，痕迹Si，0.16%Mn，0.03%P
终点温度	1650℃

热力学数据见表 5-8。

表 5-8　热力学数据

元素氧化反应	氧气吹炼			空气吹炼		
	1200℃	1400℃	1600℃	1200℃	1400℃	1600℃
$[C]+\{O_2\}=\{CO_2\}$	244/33022	240/32480	236/31935	150/20230	130/17514	109/14714
$[C]+\frac{1}{2}\{O_2\}=\{CO\}$	84/11286	83/11161	82/11035	30/4473	30/3553	18/2466
$[Fe]+\frac{1}{2}\{O_2\}=(FeO)$	31/4067	30/4013	29/3963	20/2754	18/2424	16/2341
$[Mn]+\frac{1}{2}\{O_2\}=(MnO)$	47/6333	47/6320	47/6312	37/4932	35/4682	33/4431
$[Si]+\{O_2\}+2(CaO)=(2CaO\cdot SiO_2)$	152/20649	142/19270	132/17807	112/15132	95/12874	78/10492
$2[P]+\frac{5}{2}\{O_2\}+4(CaO)=4CaO\cdot P_2O_5$	190/25707	187/24495	173/23324	144/19762	133/17032	110/14923

注：表中分母上的数据为氧化 1kg 某元素所放的热量(kJ)，分子上的数据为氧化 1% 该元素使熔池升温的度数(℃)。

现以用氧气吹炼 1200℃ 的铁水，碳氧化生成 CO 为例说明其计算方法：

$$[C]_{1473K}+\frac{1}{2}\{O_2\}_{298K}==\{CO\}_{1473K}, \qquad \Delta H=-135600kJ/mol$$

1200℃ 时，1kg 的碳氧化成 {CO} 放出的热量为：

$$135600/12=11286kJ/kg$$

产生的 11286kJ 的热量不但使金属液和温度升高，而且也加热了炉衬。那么这些热量能够使熔池升温多少度呢？可用下列公式计算：

$$Q=\Sigma(M\cdot c)\Delta t$$
$$\Delta t=Q/[\Sigma(M\cdot c)]$$

式中　Δt——熔池升温度数，℃；
　　　Q——1kg 元素氧化后放出的热量，kJ；
　　　M——受热物体(金属、炉渣、炉衬)的质量，kg；
　　　c——受热物体(金属、炉渣、炉衬)的比热容，kJ/(kg·℃)。

已知，$c_{金属}=1.05kJ/(kg·℃)$、$c_{炉渣}=1.235kJ/(kg·℃)$，$c_{炉衬}=1.235kJ/(kg·℃)$。假设渣量为金属量的 15%，受熔池加热的炉衬为金属量的 10%，若以 100kg 金属液为例进行计算，可得到：

$$\Delta t=11286/(100\times1.05+10\times1.235+15\times1.235)=84℃$$

1kg 元素是 100kg 金属料的 1%，因此 1% 碳元素氧化生成 CO 后放出热量，能够使熔池升温约 84℃。根据同样的方法，可以计算出常见元素的氧化放热及升温的数据。

从表 5-8 可见：

（1）氧气吹炼与空气吹炼相比，元素发热能力提高 1 倍左右，所以氧气转炉的热效率高，热量有富余；

（2）就发热能力而言，各元素的强弱顺序为磷、硅、碳、锰、铁，同时考虑元素的氧化量时，则碳和硅是转炉炼钢的主要发热元素；

（3）碳完全燃烧时的发热量是不完全燃烧时的 3 倍左右，甚至比硅、磷还高，但是在氧气顶吹转炉中碳只有 10%～15% 完全燃烧生成 CO_2，大部分是不完全燃烧。

5.4.1.1　计算冶炼中的热量收入 $Q_{收}$

转炉炼钢中无外来热源，其热量收入为铁水中各元素的氧化放热。从表 5-8 中查不出 1250℃时各元素的氧化热效应，但可以利用其中数据求得，现以碳氧化成二氧化碳为例，说明其计算方法。

1200℃时，1kg 碳氧化成二氧化碳的放热量为 33022kJ；1400℃时，1kg 碳氧化成二氧化碳的放热量为 32480kJ。设 1250℃时 1kg 碳氧化成二氧化碳的放热量为 x，则有：

$$(1400 - 1200) : (33022 - 32480) = (1250 - 1200) : (33022 - x)$$

$$x = (33022 \times 200 - 50 \times 542)/200 = 32886 \text{kJ}$$

用同样的方法可计算出 1250℃时 1kg 其他元素的热效应。现将计算结果及 100kg 铁水各元素氧化后放出的热量列于表 5-9 中。

表 5-9　各元素氧化后放出的热量

元素和氧化物	1250℃时的热效应/kJ	各元素氧化量/kg	总放热量/kJ	备　注
$C \rightarrow CO_2$	32886	4.0 × 10% = 0.40	32886 × 0.40 = 13138	10% 的 C 氧化成 CO_2
$C \rightarrow CO$	11255	4.0 × 90% = 3.60	11255 × 3.60 = 40794	90% 的 C 氧化成 CO
$Si \rightarrow 2CaO \cdot SiO_2$	20304	0.70	20304 × 0.7 = 14226	
$Mn \rightarrow MnO$	6312	0.24	6312 × 0.24 = 1519	
$Fe \rightarrow FeO$	4055	1.40	4055 × 1.40 = 5648	15 × 12% × 56/72 = 1.40
$P \rightarrow 4CaO \cdot P_2O_5$	25320	0.11	25320 × 0.11 = 2791	
总　计			78116	

所以，冶炼中的热量收入 $Q_{收}$ 为 78116kJ。

5.4.1.2　计算冶炼中的热量支出 $Q_{支}$

冶炼中的热量支出由以下两项组成：

（1）将熔池从 1250℃加热到 1650℃。有关数据见表 5-10。

表 5-10　从 1250℃加热到 1650℃所需数据

项　目	质量/kg	起始温度/℃	终点温度/℃	Δt/℃	比热容/kJ·℃$^{-1}$·kg^{-1}
钢　液	90	1250	1650	400	0.837
炉　渣	15	1250	1650	400	1.247
炉　气	10	1250	1450	200	1.13

所需热量为：

$$\Sigma(M \times C \times \Delta t) = 90 \times 0.837 \times 400 + 15 \times 1.247 \times 400 + 10 \times 1.13 \times 200 = 39874 \text{kJ}$$

（2）热量损失：包括通过炉壁向环境散热、炉口的辐射及水冷系统和喷溅带走的热量等，一般占热收入的 10% 左右。

5.4.1.3　求富余热量 $Q_余$

$$Q_余 = Q_收 \times 90\% - Q_支$$
$$-78116 \times 90\% - 39874$$
$$= 30430 \text{kJ}/(100 \text{kg 铁水})$$

5.4.1.4　确定冷却剂的用量

A　冷却剂及其特点

转炉炼钢的冷却剂主要是废钢和铁矿石或氧化铁皮。

比较而言，用废钢做冷却剂冷却效果稳定，便于准确控制熔池温度；而且杂质元素含量少，渣量小，可放宽对铁水含硅量的限制。此时，铁矿石可以在不停吹的条件下加入炉内，冶炼中调控温度方便，同时还具有化渣和氧化杂质元素的能力，可以降低氧气和金属料消耗。因此，目前一般是铁矿石和废钢配合使用，以废钢冷却为主，在装料时加入；以铁矿石冷却为辅，在冶炼中视炉温的高低随石灰适量加入。

另外，冶炼终点前钢液温度偏高时，通常加适量石灰或生白云石降温。因为此时加铁矿石冷却会增加渣中的氧化铁含量，影响金属的收得率；而使用废钢冷却时，则需停止吹炼，会延长冶炼时间。

B　各冷却剂的冷却效应

每 1kg 冷却剂加入转炉后所消耗的热量称为冷却剂的冷却效应。

a　矿石的冷却效应 $q_矿$

铁矿石的冷却效应包括物理作用和化学作用两个方面，其中物理作用是指冷铁矿加热到熔池温度所吸收的热量；化学作用是指矿石中铁的氧化物分解时所消耗的热量。于是，铁矿石冷却效应的计算为：

$$q_矿 = 1 \times c_矿 \times \Delta t + \lambda_矿 + 1 \times \left[w(\text{Fe}_2\text{O}_3)_矿 \times 112/160 \times 6456 + w(\text{FeO})_矿 \times 56/72 \times 4247 \right]$$

式中　　$c_矿$——铁矿石的比热容，一般取 1.02kJ/(kg·℃)；

　　　　Δt——铁矿石加入熔池后的升温值，矿石的温度可按 25℃ 计算；

　　　　$\lambda_矿$——铁矿石的熔化潜热，209kJ/kg；

$w(\text{Fe}_2\text{O}_3)_矿$——矿石中 Fe_2O_3 的质量分数；

$w(FeO)_矿$——矿石中 FeO 的质量分数；

　　160——Fe_2O_3 的相对分子质量；

　　112——两个铁原子的相对原子质量；

　6456——Fe_2O_3 分解出 1kg 的铁时吸收的热量，kJ/kg；

　4247——FeO 分解出 1kg 的铁时吸收的热量，kJ/kg。

例如，成分为 Fe_2O_3 70%，FeO 10%，SiO_2、Al_2O_3、MnO 等其他氧化物共 20% 的铁矿石的冷却效应为：

$$q_矿 = 1 \times 1.02 \times (1650 - 25) + 209 + 1 \times (0.7 \times 112/160 \times 6456 + 0.1 \times 56/72 \times 4247)$$
$$= 5360 kJ$$

可见，铁矿石的冷却作用主要是依靠 Fe_2O_3 的分解吸热，因此其冷却效应随铁矿的成分不同而变化。

b　废钢的冷却效应

废钢的冷却效应按下式计算：

$$q_废 = 1 \times c_固 (t_熔 - 25) + \lambda_废 + c_液 (t_出 - t_熔)$$

式中　$c_固$——从常温到熔点间废钢的平均比热容，0.70kJ/(kg·℃)；

　　$t_熔$——废钢的熔点，一般为低碳废钢可按 1500℃ 考虑；

　　$\lambda_废$——废钢的熔化潜热，272kJ/kg；

　　$c_液$——液体钢的比热容，0.837kJ/(kg·℃)。

本例的出钢温度为 1650℃，则废钢的冷却效应为：

$$q_废 = 1 \times 0.7 \times (1500 - 25) + 272 + 0.837 \times (1650 - 1500) = 1430 kJ$$

c　氧化铁皮的冷却效应

氧化铁皮冷却效应的计算方法与铁矿石相同，对于成分为 50% FeO、40% Fe_2O_3 的氧化铁皮，其冷却热效应为：

$$q_皮 = 1 \times 1.02 \times (1650 - 25) + 209 + 1 \times (0.4 \times 112/160 \times 6456 + 0.5 \times 56/72 \times 4247)$$
$$= 5311 kJ$$

可见，氧化铁皮的冷却效应与铁矿石相近。

从上述的计算结果来看，如果以废钢的冷却效应为标准 1，则各种冷却剂的相对冷却能力，即换算关系，见表 5-11。

表 5-11　各种冷却剂的相对冷却能力

废　钢	铁矿石	氧化铁皮	石灰石	石　灰	生铁块
1.0	3.0 ~ 4.0	3.0 ~ 4.0	3.0	1.0	0.6

C　冷却剂用量的确定

矿石用量通常为装入量的 2% ~ 3%，使用过多时，吹炼中易产生喷溅；加入较少时则化渣困难而不得不大量使用萤石。

如选择矿石的加入量为装入量的 2.8%，设需要废钢 $x$kg，则有

$$Q_{余} = 2.8\% \, (100 + x) \times q_{矿} + x \times q_{废}$$

$$x = (Q_{余} - 2.8 \times q_{矿}) / (q_{废} + 2.8\% \times q_{矿})$$

$$= (30430 - 2.8 \times 5360) / (1430 + 2.8\% \times 5360) \approx 10kg$$

即每 100kg 铁水加入 10kg 废钢和 2.8kg 矿石，炉料的废钢比约为 10%。

5.4.1.5　冷却剂用量的调整

通常，炼钢厂先依据自己的一般生产条件，按照上述过程计算出冷却剂，即废钢和铁矿石的标准用量；生产中某炉钢冷却剂的具体用量，则根据实际情况调整铁矿石的用量，调整量过大时可增减废钢的用量。

A　铁水的含硅量

前已述及，铁水中的硅是转炉炼钢的主要热源之一，在其他条件不变时，随着铁水含硅量的增加终点钢液温度会相应增高，冷却剂的用量也应相应地增加。首钢 30t 转炉生产数据的统计结果表明，铁水的含硅量每波动 0.1%，终点钢水温度波动 8~15℃，而终点温度每波动 1℃，热量（100kg 铁水）的变化为：

$$100 \times 1.05 + 15 \times 1.235 + 10 \times 1.235 = 136kJ$$

则应增减矿石 136/5360 = 0.025kg。

B　铁水温度

提高入炉铁水的温度，可以增加冶炼中的热量收入，因此铁水温度发生变化时，也会影响到终点钢液温度。太钢 50t 转炉的经验数据是：铁水温度每波动 10℃，终点温度将波动 6℃，应适当增减冷却剂的用量。

C　铁水的装入量

铁水带有物理热和化学热，铁水装入量发生变化时，终点温度必然会随之变化。太钢 50t 转炉的生产实践表明，铁水的装入量每波动 1t，终点温度波动 6~8℃。

D　终点碳含量

铁水的含碳量变化不大，通常为 4% 左右，因此吹炼终点碳较低的钢种时，就意味着冶炼中要氧化较多的碳，必然使终点温度升高。对于首钢 30t 转炉，当终点碳在 0.2% 以下时，每波动 0.01%，终点温度波动 3℃ 左右。

E　相邻炉次间隔时间

相邻炉次的间隔时间越长，炉衬的热损失越大，所以应合理地组织生产，尽量缩短间隔时间。正常情况下，相邻炉次的间隔时间为 4~10min。因此，如果间隔时间在 10min 以内，可以不考虑调整冷却剂的用量；超过 10min 时，则应酌情减少冷却剂的用量。首钢 30t 转炉的经验是，间隔时间每增加 5min，每吨铁水加矿石 3.3kg。

F　炉龄

开新炉炼钢时，由于炉衬温度低，冶炼过程中吸收的热量较多；同时新炉子的出钢口较小，出钢时间长，热量损失大，要求出钢温度比正常炉次高 20~30℃，所以应减少冷却剂的用量。炉役后期，由于出钢后进行补炉操作，空炉时间较长，炉衬降温大；加之补炉材料的吸热，会严重影响吹炼终点时的钢液温度。因此，应根据空炉时间的长短和补炉材料的用量，相应地减少冷却剂的用量。

　G　转炉的种类

　　若是复吹转炉，由于增加了底吹的功能，加强了熔池的搅拌，使得顶吹的枪位可以提高或采用双流氧枪，碳氧反应产物 CO 的二次燃烧率从顶吹转炉的 10% 提高到 27% 左右，热量收入大为增加，冷却剂的用量应相应增大，通常废钢比可达 30% 以上。

　H　喷溅

　　转炉吹炼过程中发生喷溅，必然造成热量损失，应适当减少冷却剂用量。

5.4.2　过程温度的控制

　　按照上述的计算和调整结果加入冷却剂，基本上可保证终点时钢液的温度达到出钢所要求的温度。不过，吹炼过程中还应仔细观察炉况，正确判断炉内温度的高低，并采取相应的措施，如增减冷却剂的用量、调整枪位等进行调整，以满足炉内各个时期冶金反应的需要，同时准确控制终点时的温度。

5.4.2.1　吹炼初期

　　如果碳火焰上来得早（之前是硅、锰氧化的火焰，颜色发红），表明炉内温度已较高，头批渣料也已化好，可适当提前加入二批渣料；反之，若碳火焰迟迟上不来，说明开吹以来温度一直偏低，则应适当压枪，加强各元素的氧化，提高熔池温度，而后再加二批渣料。

5.4.2.2　吹炼中期

　　通常是根据炉口火焰的亮度及冷却水（氧枪的进、退水）的温差来判断炉内温度的高低，若熔池温度偏高，可再加少量矿石；反之，压枪提温，一般可挽回 10~20℃。

　　如果吹炼过程中发生喷溅，会损失大量的热量，应视喷溅的程度适当减少矿石的用量，必要时需加入提温剂提温。

5.4.2.3　吹炼末期

　　接近终点（根据耗氧量及吹氧时间判断）时，停吹测温，并进行相应的调整操作，使钢液温度进入钢种要求的出钢温度范围。

　　若温度偏高，可加适量石灰或生白云石进行降温。石灰或生白云石用量的计算方法举例如下。

　　例 2　炉内钢液量为 60t，终点前测温发现钢液温度高出出钢温度 30℃，应加多少冷却剂？

　　解　前已述及，对于 100kg 钢水，温度降低 1℃ 需要消耗的热量是 136kJ；石灰的冷却效应与废钢相当，取 1430kJ/kg，则需要加入的石灰数量为：

$$60000/100 \times 30 \times 136/1430 = 1712kg$$

　　生白云石的冷却效应是废钢的 2 倍左右，因此，上例的情况也可加入生白云石 856kg。

　　应指出的是，若所需石灰或生白云石的量过大，则应停吹，改加废钢降温。

　　若温度偏低，加入适量的提温剂并点吹一下进行提温。常用的提温剂是含硅 75% 的

Fe-Si 合金，其用量可用下面的方法计算。

例 3　已知炉内的钢液量为 30t，终点前测温发现，钢液温度低于出钢温度 20℃，应加多少提温剂？

解　从表 5-8 中可知：1kg 纯硅氧化时可放热 17807kJ，那么，1kg 含硅 75％的 Fe-Si 合金氧化时所放的热量为：

$$1 \times 0.75 \times 17807 = 13352kJ$$

30t 钢液提温 20℃需加含硅 75％的 Fe-Si 合金：

$$30000/100 \times 20 \times 136/13352 = 61kg$$

但要注意，加入 Fe-Si 合金进行提温的同时，应加入适量的石灰，以防因炉渣的碱度下降而发生回磷的现象。

任务 5.5　熔池温度的计算机控制

转炉炼钢中熔池温度的控制方法，根据转炉设备的不同可以分为两大类。上述所介绍的是在未使用计算机的条件下，由操作工人根据实际条件，如铁水的温度、成分及铁水的装入量和所炼钢种的成分、出钢温度等，确定冷却剂加入量，在吹炼过程中，根据经验及倒炉时所测定的温度，通过调整冷却剂用量的方法来控制炉内的温度。这种传统操作方法的命中率很低，需反复进行调整，既费时、费力，又增加原材料消耗。1959 年，美国的苏斯·劳夫林钢铁公司，首次利用计算机对转炉的炼钢过程进行静态控制，即利用计算机进行装料计算，控制终点温度和终点碳。随着电子计算机技术和检测技术的迅速发展，目前已能利用计算机对炼钢过程进行动态控制，即在利用计算机进行装料计算的基础上，吹炼过程中计算机凭借检测系统提供的有关信息，及时对吹炼参数进行修正，使冶炼过程顺利地到达终点。

5.5.1　计算机控制的效果与系统组成

转炉炼钢采用计算机控制后，其技术经济指标得到了显著的改善：

（1）冶炼时间短。美国的洛伦钢厂，采用计算机控制后冶炼时间缩短了 7.6％，不仅生产率大幅提高，同时炉龄也增加了 100 炉。

（2）原材料消耗少。由于计算机精确的装料计算和自动控制吹炼过程，终点的命中率高，避免了反复的调整操作，因而原材料消耗少。

（3）节省劳动力。转炉炼钢中的取样、测温、加料等操作基本上全由计算机自动完成，现场的操作人员大为减少，而且劳动强度低、工作环境好。

（4）生产成本低。生产率的提高、原材料消耗的下降及劳动力的减少使得转炉的生产成本明显降低。

转炉炼钢的计算机自动控制系统如图 5-4 所示，主要由下列六部分组成：

（1）主机系统，包括控制台及处理器、外部存储装置、打字机、自动输入及输出装置等。

（2）键盘输入装置，如各操作台的输入板、炉前插入板等。

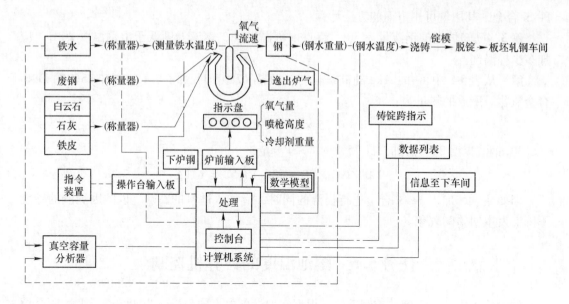

图 5-4　氧气顶吹转炉计算机控制系统组成

（3）操作室指示盘，包括氧气流量、喷枪高度、冷却剂重量等。

（4）炉前显示盘，主要显示各种炉料的重量及铁水温度等。

（5）炉后显示盘，主要显示钢水、炉渣、炉气的重量和温度。

（6）副枪及各种测量仪表。

由于转炉的炼钢过程极其复杂，随机因素很多，根据控制系统需要，信息可在操作室的操作设置盘上由手动输入。自动输入计算机的信息有铁水重量、铁水温度、钢水温度、氧气流量、烟气流量和烟气成分等。

5.5.2　计算机控制的种类

如前所述，转炉炼钢的计算机控制，按其控制程度不同可分为静态控制和动态控制两类。

下面对计算机静态控制及其装料模型和动态控制及其方法等问题做一下简单介绍。

5.5.2.1　计算机静态控制及其装料模型

以物料平衡和热平衡计算或统计数据为基础建立装料的数学模型（即各料用量及吹氧量与其变量之间的数学关系式）存入计算机，冶炼前将本炉的实际参数输入计算机进行装料计算，并按计算结果装料和吹炼，吹炼中及终点前操作者凭经验判断炉况并进行相应的修整操作，使冶炼过程到达终点的控制方法，称为计算机静态控制。

由上述定义可知，计算机静态控制的实质是人-机结合控制。由于转炉吹炼过程的复杂性和影响因素的多元性目前尚无一个科学合理的装料模型，一次命中率不是很高，其技术经济指标比传统的经验手动控制略有改善，常用的装料模型有以下三种。

A　理论模型

它是根据炼钢过程中的化学反应及物料平衡和热平衡关系，并结合生产实际情况对冶炼过程作了一系列假设后推导出来的数学模型。

第一个理论模型是美国的琼斯·劳夫林钢铁公司于 1959 年建立的。该厂分析了冶炼低碳钢时原材料加入量的影响因素后，在假定炉气成分为 95% CO、5% CO_2，矿石成分为 47.5% 的 Fe_2O_3、47.5% 的 Fe_3O_4……的条件下进行了简易的热平衡计算，推导出了铁水、废钢、石灰等与其变量之间的数学关系式。

由于该装料模型建立在许多假设的基础上，因而适应性较差，只有在原材料较好和生产工艺比较稳定的条件下才有较高的命中率。

B　统计模型

它是运用数理统计和多元回归的方法对大量的实际生产数据进行处理，整理出的装料关系式。

建立该装料模型并不困难，但其缺乏理论分析，且即使是大量炉次的回归统计也不可能具有普遍的指导意义，因此使用效果也不理想。

C　增量模型

它是在统计模型的基础上，把转炉的整个炉役看成是一个连续过程，利用相邻炉次的原料条件、炉衬变化、操作情况等因素比较接近的特点，以上一炉的数据为基础，根据冶炼条件的变化对其加以修正后作为本炉的数据，即：

$$y_1 = y_0 + f(x_1 - x_0) + C$$

式中　　　y_1——本炉次某参数的数值；

　　　　　y_0——上炉次该参数实际值；

　　　　　x_0——上炉次某变量的值；

　　　　　x_1——本炉次该变量的数值；

　$f(x_1 - x_0)$——因某些工艺条件变化本炉次该参数应调整的值；

　　　　　C——修正系数。

日本钢管公司的川崎钢厂用铁矿石加入量作为控制终点温度的因素，推导出了矿石加入量的方程，以耗氧量作为终点碳的控制因素，推导出了耗氧量的方程，其使用效果相对较好。

目前，我国在转炉炼钢过程计算机静态控制上使用较多的是增量模型，如某厂 25t 转炉吹氧量和冷却剂加入量的增量模型为：

$$Q_{氧} = Q_0 + a_1 \Delta W_{铁水} + a_2 \Delta W_{废钢} + a_3 \Delta w[\text{Si}] + a_4 \Delta w[\text{Mn}] + a_5 \Delta w[\text{C}]_{终} + a_6 \Delta W_{铁皮} + A$$

$$W_{铁皮} = W_0 + b_1 \Delta W_{铁水} + b_2 \Delta W_{废钢} + b_3 \Delta W_{石灰} + b_4 \Delta W_{白云石} + b_5 \Delta T_{铁水} +$$

$$b_6 \Delta T_{终} + b_7 \Delta w[\text{Si}] + b_8 \Delta w[\text{Mn}] + b_9 \Delta w[\text{C}]_{终} + b_{10} \Delta \tau + B$$

式中　A，B——修正系数；

　　　Q_0，W_0——上炉次的吹氧量和铁皮用量；

　　　$\Delta \tau$——炉次间隔时间，min；

　　　Δw_i——本炉次与上炉次相比某工艺条件变化量；

　　　a_i，b_i——各工艺条件对吹氧量、冷却剂用量的影响系数。

应用上述模型，当铁水装入量 32t，废钢装入 3t，铁水含硅 0.65% 、锰 0.45% 、磷 0.07% 时，炉渣碱度为 3.2，石灰的氧化钙含量为 80% 、生烧率 8% 的条件下，计算得到的各工艺条件对用氧量和终点温度的影响情况见表 5-12。

表 5-12　各工艺条件对用氧量和终点温度的影响

自变量	$W_{铁水}$	$W_{废钢}$	$T_{铁水}$	$w[Si]$	$w[Mn]$	$W_{石灰}$	$W_{白云石}$	$W_{铁皮}$	终点碳	
									$0.12\% \sim 0.20\%$	$0.07\% \sim 0.12\%$
变化量	1t	1t	10℃	0.1%	0.1%	100kg	100kg	100kg	0.001%	0.001%
$\Delta Q / m^3$	49.7	8.6		49.7	9.1			14.6	5.6	7.0
$\Delta T_{终} / ℃$	90	49.7	8.1	13.0	5.0	5.0	10.2	15.7	2.1	3.9

5.5.2.2　计算机动态控制及其方法

吹炼前与静态控制一样先利用计算机作装料计算，吹炼过程中计算机借助与其联结的检测仪器测出钢液温度、含碳量和造渣情况等信息，进行判断并对冷却剂的加入量、枪位等有关吹炼参数作相应的调整，使冶炼过程顺利到达终点的控制方法叫动态控制。

计算机动态控制具有更大的适应性和准确性，可实现最佳控制，命中率大为提高，不仅缩短了冶炼时间，使生产率提高、炉龄延长，而且材料消耗少、省人力，生产成本大为降低。

根据控制目标即对象不同，动态控制可分为吹炼条件控制和吹炼终点控制两类。

A　吹炼条件控制

该控制法不是直接控制终点，而是通过监控炼钢过程中的某些外部特征，并调整吹炼条件，使整个吹炼过程按标准状态运行，平稳地到达终点。其典型代表是 CRM 模型和克虏伯模型。

CRM 模型是通过连续测定炉口噪声来推定熔池内的成渣过程的，若发现成渣过程与预计轨道不符（如出现"返干"或"喷溅"时），计算机将自动调节供氧量和枪位进行校正。

克虏伯模型则是通过测定烟气温度推测炉内的脱碳速度和温升速度，如发现脱碳速度和温升速度与预计的轨道不符时，计算机便自动调节供氧量和枪位进行校正。

B　吹炼终点控制

吹炼终点控制的控制目标是终点温度和终点碳。按实现的不同手段区分，主要采用的是轨道跟踪控制方法。

轨道跟踪法是根据转炉吹炼末期的脱碳速度和温升速度具有一定规律的特点，确定吹炼终点。冶炼末期计算机根据其检测系统测得的钢液的湿度和含碳量等信息，可参照以往的典型曲线计算出预计曲线，并对吹炼条件进行相应的修正。最初的预计曲线可能与实际曲线相差较大，但依此为基础，再次检测并计算出新的预计曲线，如此反复，步步逼近，使冶炼过程顺利到达终点。

　　具体过程是，计算机设计出预计的脱碳速度曲线和温度曲线后，立即算出到达终点碳所需的氧气量 Q_C 和到达终点温度所需的氧气量 Q_T，若 $Q_C = Q_T$，不必修整操作，继续吹炼即可；若 $Q_C > Q_T$，按 Q_C 吹之，同时由计算机求出所需冷却剂的数量并立即加入炉内，以便同时命中。

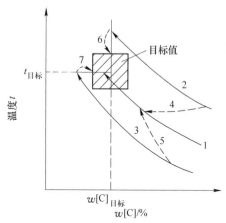

图 5-5 中的轨迹 1 最为理想，其停吹点为目标区即温度和含碳量同时命中。轨迹 2 和轨迹 3 均不可能实现温度和含碳量同时命中，但不是按轨迹 4 和轨迹 5 对轨道进行修正，而是按轨迹 2 选择，命中终点碳（温度偏高）时停吹，而后按轨迹 6 进行修正，即加适量冷却剂使钢液温度达目标值；或按轨迹 3 选择，命中终点温度时（碳低了）停吹，而后按轨迹 7 进行修正，即加入适量增碳剂使钢液的含碳量达目标值。

图 5-5　动态停吹法

　　采用副枪作为检测设备，利用计算机对吹炼过程实施动态控制的效果十分明显。美国伯利恒的 270t 转炉，1970 年开始用副枪作为检测设备与静态装料模型配合，利用计算机对炼钢过程实施动态控制，不用后吹和冷却的出钢炉数由手工的 31% 提高到了 62%；平均短炉冶炼时间减少了 1.4min；终点控制的精度也比手工操作大幅提高，见表 5-13。

表 5-13　伯利恒钢厂副枪控制与手工操作的终点控制精度对比

项　目		手 工 操 作	副 枪 控 制
温　度		±20℃	±11℃
碳	0.11% ~ 0.20%	±0.06%	±0.04%
	>0.20%	±0.10%	±0.055%

　　日本钢管公司京滨钢厂的 100t 转炉，1971 年在静态控制的基础上，采用副枪检测实施动态控制，即使是断续操作或铁水不经混铁炉而直接兑入转炉，终点控制的精度也不低，见表 5-14。

表 5-14　日本钢管公司京滨钢厂 100t 转炉终点控制

项　目	温度/℃	碳含量/%	同 时 控 制
误　差	8.5	0.017	温度 ±10℃，含碳量 ±0.012%
命中率/%	81	73	63

　　我国上海宝钢 300t 转炉的计算机控制，也是采用副枪进行检测的终点控制。按设计要求，副枪的功能有测定钢液的温度、含碳量、含氧量和熔池的液面高度，并且可以进行取样，分析其他化学成分。该厂的副枪由升降装置、探头自动装卸装置及副枪导轨旋转装置组成。副枪的升降速度在 8 ~ 15m/min 之间，其停止精度为 ±25mm，浸入深度在 500mm

以上。探测器由操作室根据需要自由选择，自动装夹，从探头取出装夹到测量完毕一个周期耗时仅 1.5min 左右。该厂使用副枪检测实施动态控制以来，温度的命中率与未使用副枪相比提高了约20%。

思 考 题

（1）常用的冷却剂有哪些？
（2）温度制度包括哪些内容？
（3）过程温度与终点温度的关系是什么？

出钢及合金化制度

学习任务:

(1) 合金化概述;

(2) 常用合金剂简介;

(3) 熔池温度的测量;

(4) 合金加入量的计算;

(5) 脱氧与非金属夹杂物;

(6) 钢中气体;

(7) 出钢及挡渣技术。

任务6.1　合金化概述

目前钢的牌号有好几百种,每个钢种都有确定的化学成分,不同钢种的区别就在于它们的成分差异,由此也决定了不同钢种具有不同的性能。为了冶炼出具有所需性能的成品钢,在冶炼过程中加入各种合金,使钢液的化学成分符合钢种规格要求的工艺操作叫做钢液合金化。出钢前及出钢过程中的合金化操作,常称为调整成分。

钢液的合金化是炼钢生产的主要任务之一,合金化操作的好坏将直接关系到生产成本、钢的质量,甚至成品钢是否合格。因此,操作者必须了解钢液合金化的具体任务、基本原则,合金元素在钢中的作用,以及对合金剂的一般要求等内容。

6.1.1　钢液合金化的任务与原则

简单地讲,钢液合金化的任务是,依据钢种的要求精确计算合金的加入量,根据合金元素的性质选择适当的加入时机和合适的加入方法,使加入的合金尽量少烧损并均匀地溶入钢液之中,以获得较高且稳定的收得率,节省合金,降低成本,并准确控制钢的成分。

钢的合金化过程是一个十分复杂的物理化学过程,包括升温与熔化、氧化与溶解等环节。钢液成分控制的准确与否,取决于合金的加入量和合金元素的收得率;而合金元素的收得率的高低又与钢液的脱氧程度、温度的高低、合金的加入方法以及合金元素本身的性质等因素有关。因此,钢液合金化的基本原则:

(1) 在不影响钢材性能的前提下,按中、下限控制钢的成分以减少合金的用量;

(2) 合金的收得率要高;

（3）溶在钢中的合金元素要均匀分布；

（4）不能因为合金的加入使熔池温度产生大的波动。

钢的合金化过程又称为成分控制，由于各合金元素的性质存在较大的差异，成分控制贯穿于从配料到出钢的各个冶炼阶段。但是大多数合金元素的精确控制，主要是在还原精炼阶段进行的。

6.1.2　钢的规格成分与控制成分

每个国家对本国钢铁产品的化学成分都有明确的规定，在国家标准中所规定的钢的化学成分称为钢的规格。生产中，钢的成分控制首先是要保证成品钢中各元素的含量全部符合标准要求。

对于大多数合金钢而言，标准中规定的元素含量范围都比较宽，冶炼时较容易达到。然而在钢的加工和使用过程中，经常发现若干炉化学成分都在标准范围内的相同钢种，其性能差异却很大，有的甚至会造成加工废品或达不到所要求的使用性能。出现这一现象的原因，主要是钢中化学成分的差异，为此，各厂在冶炼过程中，往往把化学成分更精确地控制在一个狭窄的范围内，以确保成品钢具有良好的加工性能和使用性能。这个在保证符合国家标准的前提下，由各厂自行制定或与用户协商制定的更精准的成分范围，称为控制成分。

6.1.3　合金元素在钢中的主要作用

随着现代科学技术的发展，合金钢的需求量越来越大，合金钢的种类越来越多，合金元素在钢中的应用也越来越广。但目前对合金元素在钢中的作用认识得还很不全面，尤其是对多种合金元素在钢中相互制约的综合作用掌握得更少。因此，这里仅就常用的单一合金元素在钢中的作用做简单的介绍。

（1）碳。碳是钢中的基本元素之一。碳能与钢中包括铁在内的一些其他元素形成碳化物，它是决定钢的各种力学性能（如强度、塑性等）的最主要元素，同时对钢的工艺性能（如焊接性能和热处理性能）也有很大影响。

（2）硅。硅也是钢中的基本元素，通常是作为脱氧元素以硅铁合金的形式加入钢中，在一些合金钢的生产中则是作为合金剂使用的。硅能溶于铁素体或奥氏体中，即在钢中以固溶体的形态存在，从而可提高钢的强度；硅能在一定程度上提高钢的淬透性，对提高钢的回火稳定性和抗腐蚀性也有很大的作用；硅和锰、碳搭配，经调质处理后可大大提高钢的屈服极限和抗拉极限，可作为制作弹簧的材料；硅钢具有良好的磁导率，常用于生产硅钢片，硅也常用于不锈耐热钢的合金化。

（3）锰。锰也是钢中的基本元素，通常是作为脱氧和脱硫剂，以锰铁合金的形式加入钢中。锰的脱氧能力虽不强，但几乎所有的钢都用锰脱氧，同时它能消除和减弱钢因硫而引起的热脆性，从而改善钢的热加工性能；锰能溶于铁素体中，即和铁形成固溶体，提高钢的强度和硬度；锰能强烈提高钢的淬透性，但锰含量高会使晶粒粗化，并增加钢的回火脆性；另外，锰会降低钢的热导率，所以高锰钢的锭坯应缓慢加热和冷却，避免产生过大的内应力而导致开裂。

（4）铬。铬是常用的合金元素之一，溶解在钢中的铬能显著改善钢的抗氧化、抗腐蚀能力；加入钢中的铬也可以形成碳化物，从而显著提高钢的强度和硬度，其形成碳化物的能力大于铁和锰，而低于钨、钼、钛、钒等元素；铬还能显著提高钢的淬透性，但也会增加钢的回火脆性。

（5）镍。镍也是常用的合金元素，镍和其他元素配合使用时能提高钢的综合性能；镍具有形成和稳定奥氏体的作用，同时钢的镍含量高时具有很强的抗硫酸、盐酸、大气及海水的腐蚀能力，因而它是奥氏体不锈钢的主要合金元素之一；镍还能使钢强化、提高钢的淬透性、改善钢的低温韧性等。

（6）钨和钼。钨和钼的熔点高、密度大，而且是极强的碳化物形成元素，能提高钢的淬透性、回火稳定性、红硬性、热强性和耐磨性。但高钼钢在加热时表面易脱碳；含钨钢的热导率很低，锭、坯上易产生裂纹；含钨、钼高的钢，铸态组织中碳化物偏析严重。

（7）钒。钒和碳、氮、氧都有较强的亲和力，能与之形成相应的稳定化合物，不过钒在钢中主要是以碳化物的形态存在。钒在低合金钢中的作用主要是细化晶粒、增加钢的强度和抑制时效，在合金结构钢中的作用是细化晶粒、增加钢的强度和韧性；在弹簧钢中，常与铬、锰配合使用以增加钢的弹性极限；在工具钢中的主要作用则是细化晶粒、增加钢的回火稳定性、增强二次硬化作用，提高耐磨性，延长工具的使用寿命。

（8）铝。铝和氧、氮有极强的亲和力，是良好的脱氧固氮剂。铝作为合金元素能提高钢的抗氧化能力，提高渗氮钢的耐磨性和抗疲劳强度等。

（9）钛。钛与氮、氧、碳均有极强的亲和力，和硫的亲和力也大于铁，因此，它是一种良好的脱氧、脱氮、脱硫剂。另外，钛是强碳化物形成元素，TiC 极为稳定，可细化钢的晶粒，还可以消除或减轻不锈钢的晶间腐蚀倾向，提高钢的抗腐蚀性能。

（10）硼。硼与氧、氮均有很强的亲和力，和碳也能形成碳化物。硼在钢中的突出作用是微量的硼（0.001%）就可使中、低碳钢的淬透性成倍地增加，但钢中硼含量超过 0.007% 将产生热脆现象，影响钢的热加工性能，因此，钢中的硼含量一般都规定在 0.001% ~ 0.005% 范围内。另外，在珠光体耐热钢中，微量的硼可以提高钢的高温强度，在高速工具钢中加入适量的硼，可以提高红硬性，改善刀具的切削能力。

（11）稀土元素。稀土元素在钢中的作用有两个，一是净化钢液，二是合金化。稀土元素极活泼，它既能脱氧、脱硫、脱氢，同时也能和砷、铅、锑、铋、锡等元素形成化合物，因此它是纯洁钢液的良好净化剂。适量的稀土可提高钢的塑性和冲击韧性，改善钢在高温下的抗氧化、抗腐蚀能力、抗蠕变能力。稀土元素还能提高钢液的流动性，改善钢锭的表面质量，细化钢锭的结晶组织，并使碳化物均匀分布。

6.1.4　对合金剂的一般要求

如前所述，钢的合金化贯穿于整炉钢冶炼的各个阶段，而钢的各种成分的精确调整是在还原精炼期。为了保证钢的质量，入炉的合金材料应满足以下要求：

（1）合金元素含量高、有害元素含量低。合金元素含量高时，可以减少合金的加入量而不使熔池降温过多，这对于高合金钢冶炼尤为重要；硫、磷等有害元素的含量低，可以减轻冶炼中去除硫、磷的任务。

（2）成分明确稳定。明确可靠的化学成分是准确计算合金用量的重要依据，成分稳定则是准确控制钢液成分的必要前提。

（3）块度适当。块度的大小，由合金种类、熔点、密度、加入方法和炉容量等因素综合而定，一般说来，熔点高、密度大、用量多和炉子容量小时，合金的块度应小些；但除了作为扩散脱氧剂或喷吹材料外，块度过小或呈粉末状的合金不宜加入，否则合金元素的收得率不易控制。

（4）充分烘烤。加入炉内尤其是在还原期使用的铁合金必须进行烘烤，以去除其中的水分和气体；同时使合金易于熔化，吸收的热量少，从而缩短冶炼时间，减少电能的消耗。

烘烤的温度和时间，应根据合金的熔点、化学性质、用量以及气体含量等具体因素而定，大致可分为退火处理、高温烘烤和低温烘烤三种情况：

（1）含氢量较高的合金，如电解镍、电解锰等应进行退火处理；

（2）对于熔点较高又不易氧化的合金，如钨铁、钼铁、铬铁、硅铁、锰铁等，必须在800℃以上的高温下烘烤 2h 以上；

（3）熔点较低或易氧化的合金，如铝块、钼铁、钛铁、稀土等则应在 200℃ 左右的低温下烘烤，但时间应延长到 4h 以上。

任务 6.2　常用合金剂简介

炼钢生产中调整成分用的材料，按成分不同可分为纯金属和由两种以上元素组成的合金，而合金材料中主要是铁合金，如硅铁、锰铁、铬铁、钨铁等，还有硅钙、硅铬等其他合金；根据其形态不同，可分为块状和合金包芯线两种。

另外，为了降低成本，也有使用钨精矿粉、氧化钼、氧化镍等来代替价格昂贵的钨铁、钼铁、镍进行合金化操作的。

6.2.1　铁合金

铁合金是一种或一种以上的金属或非金属与铁组成的合金。炼钢常用的铁合金有硅铁、锰铁、铬铁、钨铁、钼铁、钒铁、钛铁、硼铁、铌铁等，某些铁合金（如硅铁、锰铁等）既可用于合金化，也可作为钢液的脱氧剂。

（1）硅铁（Fe-Si）。硅铁合金既可作为合金剂，也能用于脱氧。作为合金剂使用时常选择硅 75，硅 90 的价格高且密度太小；而使用硅 45 合金化时加入量太大，会对温度控制和其他成分的调整带来不利的影响。

硅铁中的有害元素是磷，一般要求磷含量 $w[P] \leqslant 0.04\%$ 。

硅铁很容易吸收水分，所以使用前必须在 500 ~ 800℃ 的高温下烘烤 2h 以上，块度应在 50 ~ 100mm。

（2）锰铁（Fe-Mn）。锰铁是炼钢生产中使用最多的一种铁合金，同硅铁一样，既是脱氧剂又可作为合金化材料。锰铁合金有高碳锰铁、中碳锰铁和低碳锰铁之分，锰铁的含锰量视含碳量的不同而有较大的区别，一般在 55% ~ 85% 之间。锰铁中的有害元素是磷，含碳量越高，含磷量也越高，价格也就越便宜，一般视所炼钢种及加入时间的早晚进行选用，生产一般钢种时应尽量采用高碳锰铁，冶炼低碳高锰钢时，可使用中、低碳锰铁；冶炼中较早使用时，可用高碳锰铁，而出钢前微调成分时则应使用中、低碳锰铁。

块度以 30 ~ 80mm 为好，在 500 ~ 800℃高温下烘烤 2h 以上后使用。10mm 以下的粉料状锰铁应回收，用于冶炼硅锰合金。

（3）铬铁（Fe-Cr）。根据合金中的含碳量不同，铬铁可分为高碳铬铁（含碳 6.0% ~ 10%）、中碳铬铁（含碳 1.0% ~ 4.0%）、低碳铬铁（含碳 0.25% ~ 0.50%）和微碳铬铁（含碳 0.01% ~ 0.15%）四大类，含铬量均在 50% ~ 75% 之间，铬铁合金的牌号及成分见表 6-1。

表 6-1　铬铁合金的牌号及成分

种　类	牌　号		化学成分/%						
	汉字	代号	Cr		C	Si		P	S
			I	II		I	II		
			不小于		不大于				
微碳铬铁	微铬 3	VCr3	60	50	0.03	1.5	1.5	0.04	0.03
	微铬 6	VCr6	60	50	0.06	1.5	2.0	0.06	0.03
	微铬 10	VCr10	60	50	0.10	1.5	2.0	0.06	0.03
	微铬 15	VCr15	60	50	0.15	1.5	2.0	0.06	0.03
真空微碳铬铁	真铬 1	ZCr01	65		0.01	1.0	1.5	0.035	0.04
	真铬 3	ZCr03	65		0.03	1.0	1.5	0.035	0.04
	真铬 5	ZCr05	65		0.05	1.0	2.0	0.035	0.04
	真铬 10	ZCr10	65		0.10	1.0	2.0	0.035	0.04
低碳铬铁	低铬 25	DCr25	60	50	0.25	2.0	3.0	0.06	0.03
	低铬 50	DCr50	60	50	0.50	2.0	3.0	0.06	0.03
中碳铬铁	中铬 100	ZCr100	60	50	1.0	2.5	3.0	0.06	0.03
	中铬 200	ZCr200	60	50	2.0	2.5	3.0	0.06	0.03
	中铬 400	ZCr400	60	50	4.0	2.5	3.0	0.06	0.03
高碳铬铁	碳铬 600	TCr600	60	50	6.0	3.0	5.0	0.07	0.04
	碳铬 1000	TCr1000	60	50	10.0	3.0	5.0	0.07	0.04

铬铁中的碳含量越低，生产成本越高，成品的价格也就越高，因此合金化操作中，在条件允许的情况下应尽量使用廉价的高碳铬铁或中碳铬铁。通常的情况是：

1）微碳铬铁中的 ZCr01 常用于冶炼含碳量 [C] ≤0.03% 的超低碳不锈钢及合金；VCr3、VCr6 用于冶炼含碳量 [C] ≤0.08% 的铬镍不锈钢及合金；其他微碳铬铁用于冶炼低碳铬不锈钢和铬镍不锈钢，但不适合于精密合金、高温合金的冶炼。

2）低碳铬铁主要用于冶炼中碳、低碳的铬不锈钢。

3）高碳铬铁主要用于冶炼高碳的合金工具钢、模具钢和轴承钢。

铬铁的块皮以 50 ~ 150mm 为宜，由于铬铁表面有较多空隙，容易吸收水分和气体，所以使用前要在 500 ~ 800℃的高温下烘烤 2h 以上，充分脱氢。

（4）钨铁（Fe-W）。钨铁合金的含钨量在 65% ~ 85% 之间。钨铁主要用于冶炼铁基高温合金、精密合金，及含钨的钢种（如高速工具钢、模具钢等）的合金化。钨铁密度大、熔点高，所以使用时块度不能太大，一般为 10 ~ 80mm，而且要经过 500℃以上高温烘烤，烘烤时间为2h以上。

工具钢中锰、硅的含量较低，而钨铁中的锰和硅含量较高。因此，在大量使用钨铁时，不仅要控制钢液中的锰、硅含量，计算合金加入量时，也应考虑钨铁带入的锰和硅，以避免这两种元素的含量超出规格。

（5）钼铁（Fe-Mo）。钼铁合金的含钼量在55%~75%之间，主要用于含钼钢种的合金化。与钨铁一样，钼铁合金的熔点高、密度大，所以使用时块度不能过大，一般为10~100mm。

钼铁合金极易生锈，保管时应注意干燥。钼在400℃以下是稳定的，当温度高于400℃时将被氧化，氧化物在600℃以上容易挥发。因此钼铁不适于高温烘烤，通常在400℃的温度下烘烤2h以上。

（6）钛铁（Fe-Ti）。钛铁合金中的钛含量在25%~45%之间，用于含钛钢的合金化；钛铁也可用做脱氧固氮和细化晶粒。钛是极易氧化元素，所以钛铁应在出钢前或出钢时加入。钛铁密度较小，必须以20~200mm的块状加入，如无特殊设备，严禁使用碎粒状及粉状钛铁。钛铁一般需要在100~150℃的低温下烘烤4h以上，充分干燥后再使用。

（7）钒铁（Fe-V）。钒铁合金的含钒量在40%以上，用于含钒钢的合金化。钒铁中含磷较高，冶炼高钒钢时应防止钢的磷含量出格。

钒铁的密度较小，使用时必须以30~150mm的块状加入；钒也较易氧化，使用前应在100~150℃的低温下烘烤4h以上。

（8）硼铁（Fe-B）。根据合金的含碳量和含硼量不同，硼铁可分为低碳硼铁（含碳0.05%~0.10%、含硼9.0%~25%）和中碳硼铁（含碳2.5%、含硼4.0%~19%）两大类。硼铁合金用于冶炼含硼钢种的合金化。

硼是极易氧化元素，而且硼铁的熔点较低，合金化时用量又极小，所以硼铁合金一般在出钢过程中加入，以提高其收得率。

6.2.2　其他合金

合金化时使用的其他合金有硅锰合金、硅钙合金、硅铬合金和合金包芯线等。

硅锰合金（Mn-Si）的含锰量60%~70%、含硅量10%~28%、含碳量0.5%~3.5%，主要作为复合脱氧剂使用，也可用于钢的合金化。硅锰合金的块度以40~70mm为宜，使用前必须经过500~800℃的高温烘烤2h以上。

硅铬合金（Cr-Si）的含硅量大于30%、含铬量大于28%，主要用于不锈钢的合金化，兼有脱氧作用。硅铬合金的密度较小，其块度以100~200mm为宜，使用前也需经过500~800℃的高温烘烤2h以上。

随着炼钢中喂丝技术的发展，各厂采用喂丝技术进行钢的脱氧和合金化已越来越多。喂丝所使用的丝料称为合金包芯线。合金包芯线是用厚度为0.2~0.4mm的薄带钢卷成不同直径的细管状，中间包以各种粉粒状合金，如铝芯线、钙芯线、钛铁芯线、碳芯线等，需要的时候用喂丝机将线料送入钢包内进行合金化。这种方法既可提高合金元素的收得率，又可充分利用粉末状的合金，用于易氧化元素合金化时的优势更为明显。

6.2.3 纯金属

在冶炼某些有高要求的钢时，为了避免铁合金中带入过多的杂质元素，需要使用一些纯度高的金属作为合金元素进行合金化。例如冶炼不锈钢时用的电解镍、金属锰等。

（1）镍。纯镍熔点为1453℃，颜色为浅灰色，生产中使用的镍有火冶镍块和电解镍两种。火冶镍块的纯度稍低，含98%~99% Ni，用于冶炼含镍的低合金钢和普通不锈钢；电解镍的纯度较高。通常含镍99.9%以上，用于冶炼高温合金、精密合金及高镍合金钢。电解镍中含有氧和氢，表面结瘤的镍板气体含量高，应在800℃下保温4h或进行退火处理，也可在真空下加热到150℃保温4h，使氢含量下降。

（2）金属铬。纯铬为银白色金属，熔点1857℃，金属铬有3个牌号，含铬量分别为大于98%、98.5%、99%；含碳量分别为0.05%、0.03%、0.02%。金属铬主要用于冶炼高温合金、精密合金和电阻合金。

（3）锰。生产中使用的纯锰有金属锰和电解锰两种。

金属锰有含锰量大于93%、95%、96%三个牌号，含碳量分别为0.2%、0.15%、0.10%，主要用于冶炼高锰合金钢。

电解锰的含锰量大于99.5%，含碳量有小于0.04%和0.08%的两种，主要用于冶炼精密合金、电阻合金和其他特种合金。

任务6.3 合金的加入方法

6.3.1 合金元素与氧反应的热力学分析

加入钢中的各种合金或多或少要氧化掉一部分，这将会影响合金元素的收得率。各种合金元素与氧反应能力的大小，可依据其氧化物的标准生成自由能 $\Delta G^{\ominus}$ 的大小来判断。通常 $\Delta G^{\ominus}$ 的负值越大，元素氧化后生成的氧化物越稳定，该元素和氧的亲和力就越大。在前面讨论元素的脱氧能力时已经知道，1600℃的炼钢温度下，元素在钢中的含量为0.1%时，钢液中一些元素与氧的亲和力由强到弱的顺序为：

Re > Zr > Ca > Al > Ti > B > Si > C > P > Nb > V > Mn > Cr > W、Fe、Mo > Co > Ni > Cu

由此可以得知：

（1）在炼钢温度范围内，铜、镍、钴、钼与氧的亲和力小于铁和氧的亲和力，所以这些元素在炼钢过程中基本不被氧化，称为不氧化元素。

（2）钨和氧的亲和力与铁和氧的亲和力差不多，所以当钢中含钨高或渣中氧化铁含量高时，可能发生钨的氧化反应。

（3）铬和锰与氧的亲和力略大于铁，在炼钢熔池中是弱氧化元素；钒、铌、硅是强氧化元素；而硼、钛、铝、钙、稀土等与氧亲和力极大，是易氧化元素。

（4）氧化反应都是放热反应，钢液温度降低，有利于氧化反应进行。

6.3.2 合金的加入时间与加入方法

决定合金的加入时间时，首先要考虑合金元素的化学稳定性，即元素与氧的亲和力的大小，这是确定合金化工艺的基本出发点；其次，还要考虑合金的熔点、密度、加入量等因素。通常，与氧亲和力小、熔点高或加入量多的合金，应在熔炼前期加入；与氧亲和力较大的合金元素，一般在还原期加入，加入的早晚视加入量及合金的熔点而定；而易氧化元素，则需在钢液脱氧良好条件下加入或出钢时加入钢包内。

6.3.2.1　镍、钴、铜、钼铁

镍、钴、铜、钼这四个元素和氧的亲和力都比铁和氧的亲和力小，所以加入炼钢熔池中都不会被氧化。

（1）镍。镍在炼钢条件下实际上不氧化，所以可以随装料装入炉内，在氧化阶段就可以进行镍的调整，这样经过氧化沸腾能使镍带入的气体得以较好的排除。在电弧炉冶炼时，不能把镍装在电极下面，应装在远离电弧高温区靠近炉坡的位置，以避免镍的挥发损失；而加入量少时，也可在还原期加入。加入的镍必须经过烘烤，以去除镍中的水分和气体。

（2）钴和铜。在炼钢的条件下，钴和铜也属于不氧化元素，既可随炉料一起装入，也可在还原期随用随加。

（3）钼铁。钼在炼钢条件下基本上不氧化，而且钼铁熔点高、密度大，所以一般随炉料一同装入炉内，也可在氧化前期或稀薄渣下加入，以利于熔化和均匀成分。钢中钼成分的调整一般是在氧化期进行，如果必须在还原期调整，应选用小块钼铁在出钢前 15min 加入。否则钼铁来不及熔化，可能造成钼成分不合格。

6.3.2.2　钨铁

钨和钼相比，与氧的亲和力稍大，当钨含量高或渣中的（FeO）含量较高时，会有少量氧化，而且钨的氧化物在高温下易挥发（挥发温度约为 850℃）。为了减少钨的损失，电弧炉氧化法冶炼含钨钢时，钨铁应在氧化末期或稀薄渣下加入；返回吹氧法或不氧化法冶炼含钨钢时，钨铁可随炉料一同装入，但吹氧助熔应在熔化后期熔池温度稍高时进行，以减少钨的氧化损失，然后在氧化末期或还原期进行钨的调整。

由于钨铁熔点高、密度大，易沉积炉底、熔化慢，因此加入前要在 500℃ 以上烘烤预热，还原期补加钨铁块度应小些，并要加入高温区，加入后和出钢前要充分搅拌。钨铁加入后，应过 20min 后才能出钢，以保证钨铁充分熔化。

6.3.2.3　锰铁和铬铁

（1）锰铁。锰与氧的亲和力大于铁，在炼钢过程中锰铁兼有合金化和脱氧的双重作用。

在电弧炉炼钢中，氧化末期净沸腾时，按钢液含 0.2% 的锰计算加入锰铁；大部分的锰铁则是在还原初期、稀薄渣形成后按规格中限加入，既可充分发挥锰的脱氧作用，又可使锰铁充分熔化、均匀；在出钢前 10min 进行锰的最终调整。

在氧气顶吹转炉中，冶炼一般钢种时锰铁用量较少，均是在出钢时加入包中，但要避免下渣，以提高锰的收得率；如果冶炼高锰钢，也可以加入炉内。

（2）铬铁。铬与氧的亲和力大于铁，在 1600℃ 的炼钢温度下，铬比碳容易氧化、所

以氧化法冶炼时，铬铁要在吹氧脱碳后对钢水进行了初还原再加入炉内，以提高铬的收得率。铬铁加入后，还须加强脱氧还原操作，还原渣中的氧化铬。还原末期补加的铬铁应在出钢前 10min 加入，如补加量大要相应延长冶炼时间，以利于铬铁的熔化与熔池的升温。

返回收氧法冶炼时，铬铁可随炉料一同装入炉内，但不能装在电极下端的高温区。在用电弧炉或氧气转炉作为初炼炉，冶炼不锈钢的初炼钢水时，可按规格的中、上限配入高碳铬铁，采用电弧炉时，可随废钢一起装入，而氧气顶吹转炉则应在铁水脱碳、脱磷后，出钢除渣，然后倒回炉内，同时加入高碳铬铁，再进行熔化和第二次脱碳。铬的成分在精炼炉（VOD 炉或 AOD 炉）内用微碳铬铁进行调整。

6.3.2.4 钒铁和硅铁

（1）钒铁。钒易于氧化也易于还原，钒铁一般应在钢液和炉渣脱氧良好的情况下加入。

氧气顶吹转炉冶炼含钒钢时，应在出钢过程中先用强脱氧剂对钢水进行较彻底的脱氧后，把钒铁加入钢包内，即使如此，钒的收得率仍然波动很大。

电弧炉冶炼中，要根据钢中的含钒量来决定加入时间。冶炼低钒钢（[V] < 0.30%）时，在出钢前 8 ~ 15min 加入；冶炼中钒钢（[V] = 0.30% ~ 0.50%）时，在出钢前 20min 加入；冶炼高钒钢（[V] > 0.50%）时，则应在出钢前 30min 加入，出钢前再调整至钢种要求。

（2）硅铁。硅和氧的亲和力较大，硅铁在电弧炉和氧气转炉中都可以作脱氧剂和合金材料。

在电弧炉冶炼的还原初期，硅铁可作为预脱氧剂和锰铁一起加入，作为合金剂一般均在脱氧良好的情况下加入，如加入量不多时，一般在出钢前 5 ~ 10min 内按规格中上限的计算量加入。冶炼硅钢、弹簧钢及耐热钢时，硅铁的加入量大，应在出钢前 10 ~ 20min 内加入，同时要补加适量石灰，以保持炉渣碱度；并且，由于硅铁的密度较小，会有部分硅铁浮在炉渣中，需用大电流使硅铁及时熔化。冶炼含铝、钛、硼等元素的钢进行合金化时，回硅现象严重，因此硅成分调整时要留有充分余地，通常只能调整到比规格下限还低0.06% ~ 0.1%。

在氧气顶吹转炉中某些镇静钢需用硅铁作为脱氧剂时，通常是和锰铁一起加入钢包内对钢液脱氧，也可在出钢前加入炉内脱氧。冶炼高硅钢时，通常将 1/3 的硅铁加在包底，其余放在料斗中随出钢过程加入钢包；也有的在出钢过程中，边用铝芯线进行喂丝脱氧边加硅铁，一般在钢水倒出 1/4 时开始加入，到出钢量达到 70% 之前加完，合金应加在钢流冲击的部位，以利于其熔化和均匀，如有条件进行包底吹氩搅拌，则效果更好。

6.3.2.5 钛铁、铝、硼铁

钛、铝、硼是易氧化元素，因此加入时要求钢液脱氧良好，炉渣碱度适当，炉内还原性气氛强。

（1）钛铁。钛铁的价格较贵，加之钛极易氧化且和氮的结合力也较强，通常是在钢液脱氧良好的情况下，出钢前 5 ~ 10min 内加入；如果加入量较少，也可在出钢时加入钢包内。由于钛铁密度较小，炉内加入钛铁后要用铁耙子把钛铁压入钢液中，提高钛的收得率。当加入大量钛铁时，如果温度高、炉渣稀、钢中硅含量高，应先扒除一部分熔渣后再加钛铁，这样可以提高钛的收得率，并防止钢液回硅过多而超出规格。

（2）铝。铝是强脱氧剂，大多数镇静钢出钢前都用铝进行终脱氧。铝作为合金剂使用时，应在钢液脱氧良好的情况下，扒除大部分还原渣后加在钢液面上，并迅速加入料重 2%～3% 的石灰和萤石，输入较大功率化渣；同时，用铁耙子不断压打使铝锭下沉，减少铝的烧损。加铝后 10min 必须出钢，否则铝的收得率降低，并会使钢液回硅严重。

（3）硼铁。硼也是极易氧化的元素，且很容易和氮结合。所以，加硼铁前必须进行充分的脱氧固氮操作，即加硼铁前先插铝脱氧、再加钛铁固氮，以提高硼的收得率。硼铁的加入方法有以下两种：

1）把硼铁用铝皮包好并扎牢在铁棒上，迅速插入脱氧固氮后的钢液内，插入后 3～5min 内出钢；

2）先无渣出钢，当裸露的钢水倒入包内约 1/3 时，将硼铁随钢流投入或插入钢包内，然后钢、渣同出。

6.3.2.6　其他合金

（1）稀土金属及稀土氧化物。稀土金属应在插铝终脱氧后加入炉内，加完后立即出钢，在炉内停留时间越短，收得率越高；稀土氧化物一般与硅钙混合后加入包中。

（2）氮。氮作为合金元素易于扩散逸出，所以不能在氧化期加入。当向钢液吹入氮气时，虽然也能增加氮含量，但收得率低且不稳定。炼钢中通常用含氮锰铁和含氮铬铁，在还原期加入，来调整钢液的含氮量。

（3）磷和硫。冶炼高磷钢、高硫钢时，磷以磷铁的形式在还原初期或末期加入；硫则以硫黄或片状硫化亚铁形式加入，硫黄在全扒渣后加入，片状硫化亚铁在出钢前加入。为了保证磷、硫的回收率，还原期应造中性炉渣。

6.3.3　合金的收得率及其影响因素

在炼钢过程中，合金加入炉内后，合金化和脱氧经常是同时进行的，有些合金同时起脱氧剂和合金化的作用，如锰铁、硅铁等；有些合金虽然是作为合金元素加入钢液内，但由于钢水中氧的作用，或多或少会被氧化而部分损失。一般把元素被钢水吸收的量与加入总量之比，称为合金元素的收得率，又称回收率。准确判断和控制各种元素的收得率，是达到预期的脱氧程度和准确控制成分的关键。下面分别叙述三类炼钢炉中合金元素的收得率及其影响因素。

6.3.3.1　转炉内合金元素的收得率及其影响因素

在氧气顶吹转炉炼钢中，合金元素的收得率受很多因素的影响，如脱氧前钢水含氧量、终渣的氧化性及元素与氧的亲和力等。

A　脱氧前钢水的含氧量

脱氧前钢水的含氧量越高，合金元素的烧损量越大，收得率越低。例如，用"拉碳法"吹炼中、高碳钢时，终点钢水的氧化性弱，合金元素烧损少，收得率高，如果钢水温度偏高，收得率就更高；反之，吹炼低碳钢时，终点钢水的氧化性强，合金的收得率低。

B 终渣的氧化性

终渣的氧化性越强，合金元素的收得率越低。因为终渣中的（ΣFeO）含量高时，钢水中的含氧量也高，使合金元素收得率降低；而且合金元素加入时，必然有一部分消耗于炉渣脱氧，使收得率更低。

由于氧气转炉的合金化操作多是在钢包中进行的，所以，出钢时出钢口或炉口下渣越早，下渣量越大，则合金元素的收得率降低越明显。

C 钢水的成分

钢水的成分不同，合金元素的收得率也不同。表 6-2 为某厂转炉钢元素收得率的经验数据。成品钢规格中元素含量高，合金加入量多，烧损量所占比例就小，收得率就提高。例如，冶炼含硅钢用硅铁进行脱氧合金化时，硅的收得率可达 85%，较一般钢种提高10% 以上。同时使用几种合金脱氧和合金化时，强脱氧剂用量增多，则和氧亲和力小的合金元素的收得率就提高。例如，冶炼硅锰钢时由于硅铁的加入，使锰的收得率从一般钢种的 80% ~85% 提高到 90%。显然，加铝量增加时，硅、锰的收得率都将有所提高。

表 6-2　某转炉合金化时元素的收得率 （%）

钢　种		Mn		Si		V
		Fe-Mn（68% Mn）	Mn-Si	Fe-Si（75% Si）	Mn-Si	Fe-V（45% V）
16Mn		85		80		
20g		78		66		
35		85	85 ~90	75		
20MnSi		85		75 ~80	80	
25MnSi		88		80		
45MnSiV		90		85		75
沸腾钢	终点碳 0.06% ~0.09%	70 ~75	86 ~90		80	
	终点碳 0.10% ~0.16%	75 ~82				
镇静钢	终点碳 0.06% ~0.09%	73 ~78	75 ~80	70 ~75	75	
	终点碳 0.10% ~0.16%	77 ~83	80 ~85	75 ~80	80	

D 钢种

沸腾钢只有含碳量和含锰量的要求，含硅量越低越好，所以只用锰铁进行合金化操作，而且全部加在钢包内。镇静钢中碳、锰、硅是长存元素，所以需要加入锰铁、硅铁、硅锰合金等进行合金化操作。显然，沸腾钢调成分时合金元素的收得率与镇静钢合金化时的不会相同，见表 6-2。

目前氧气顶吹转炉正在逐步扩大合金钢的吹炼比。镍、钴、铜等不氧化元素在加料或吹炼前期加入，钼铁一般在初期渣形成后加入，这些元素的收得率在 95% ~100% 之间；弱氧化元素钨、铬等铁合金一般在出钢前加入炉内，同时加入一定量的硅铁或铝，以提高其收得率，钨和铬的收得率波动在 80% ~90% 之间；硅铁和锰铁以及易氧化元素的合金，如钛铁、硼铁、铝块、稀土等大多数在出钢过程中加入钢包内，它们的收得率波动范围很大，在 20% ~ 90%。在加入易氧化元素合金前，应尽量降低渣中（FeO）含量，倒出大部分炉渣，出钢时尽量少下渣、晚下渣，对钢水用强脱氧剂彻底地脱氧后加入，以利于稳定和提高合金收得率。

6.3.3.2　电弧炉内合金元素的收得率及其影响因素

无论是三相交流电弧炉的传统冶炼工艺，还是超高功率交流和直流电弧炉配炉外精炼的新工艺，都可以冶炼包括碳素钢在内的各类钢种，所使用的合金种类最广、使用量也最多。在合金化过程中，合金元素的收得率不是一个固定的值，而是在一定的范围内波动，表 6-3 为各种常见合金的加入时间及收得率。影响收得率的因素主要有：

（1）钢液的温度。随着钢液温度的升高，溶于钢液中的合金元素的自由能降低，有利于合金元素的溶解；同时温度的升高，不利于元素氧化反应的进行。合金元素在炉气和熔池中的氧化损失减少，因而元素的收得率会随之提高。

（2）钢中的合金元素。钢中的其他元素也会对所加合金元素的收得率产生影响。例如高碳钢中硅、锰的收得率比低碳钢中硅、锰的收得率高；含钛、铝、硼的钢，硅的收得率高；钢中合金元素的含量高时，其收得率也相应较高。

（3）渣况。炉渣的物化状态对合金元素的收得率的影响较大，尤其是炉渣的黏度、碱度和氧化性的影响更大。炉渣氧化性强元素收得率低，炉渣脱氧良好时，加入的合金元素的收得率高，熔渣黏度过大，不利于合金尤其是密度比钢液小的合金在钢液中迅速溶解，会造成烧损增加；熔渣碱度主要影响易氧化元素和硅的收得率，碱度高低决定渣中（SiO_2）的活度的大小，在冶炼含易氧化元素的钢时，加入铝、钛、硼等元素会被（SiO_2）氧化而把硅还原出来，所以，为了减少铝、硼、钛等易氧化元素的烧损及控制回硅量，应造高碱度炉渣。

（4）合金的加入时间、块度及加入方法。合金加入太早，较活泼的易氧化元素烧损大，收得率低；加入块状合金比加入碎末状合金的收得率高，采用喷粉或喂丝技术加入易氧化元素的合金，元素收得率可大幅度提高，如钛的收得率可高达 80% 以上；合金加入钢液中或加在渣面上以及出钢时加入钢流与钢包中，收得率都有所不同，见表 6-3。

表 6-3　合金的加入时间及其收得率

合金名称	冶炼方法	加入时间	元素收得率/%
镍		装料时加入 氧化期加入、还原期调整	>95 95 ~ 98
钼铁		装料或熔化末期加入、还原期调整	>95
钨铁	氧化法 返回法	氧化末期或还原初 装料时加入	90 ~ 95 低钨钢 85 ~ 90 高钨钢 92 ~ 98
锰铁		还原初 出钢前	95 ~ 97 约 98
铬铁	氧化法 返回法	还原初 装料加入、还原期调整	95 ~ 98 80 ~ 90

合金名称	冶炼方法	加入时间	元素收得率/%
硅铁		出钢前5~10min	>95
钒铁	单渣法	[V]<0.3% 出钢前8~25min 加入 [V]=0.3%~0.5% 出钢前20min 加入 [V]>1% 还原初加入、出钢调整 熔化末加入、出钢前调整	约95 95~98 95~98 95~98
铌铁		脱氧良好、出钢前20~40min 加入	95~100
钛铁		出钢前加入	[Ti]≤0.15%时，30~50 [Ti]≈0.5%时，40~60 [Ti]≥0.8%时，70~90
硼铁		出钢前加入钢包中	30~50
铝	冶炼含铝钢	出钢前8~15min 扒渣加入	75~85
磷铁	造中性渣	还原期	约100
硫黄 硫化铁	造中性渣	扒渣后加硫黄 出钢前加硫化铁	50~70 约100
稀土硅铁		出钢前插铝后加入炉内	20~40
稀土合金		出钢前插铝后加入炉内	30~40

6.3.3.3 钢包精炼炉内合金元素的收得率及其影响因素

钢包精炼炉中冶炼的钢水是由初炼炉提供的，通常除了易氧化元素外，大部分合金元素在初炼过程中已按规格加入。所以，钢包精炼过程中主要是易氧化元素的合金化操作，而其他元素只是进行微调。

钢包精炼炉内的钢液经真空处理和脱氧后，钢中的含氧量已降到很低的水平，所以加入各种合金，包括易氧化的合金被氧化的可能性相当小，其收得率均可按100%计算。但要注意加入合金的块度不宜过大，一般要控制在1~50mm的范围内，否则不易熔化。尤其是一些难熔的、密度大的合金更要注意，以免造成元素含量低而出格。

在没有真空处理的钢包精炼炉中，精炼手段是包底吹氩、埋弧精炼。其精炼过程相当于电弧炉的还原精炼，所以合金元素的收得率可参照电弧炉的数据。

任务6.4 合金加入量的计算

合金加入量的计算是钢液合金化操作的主要任务之一，只有正确地计算出合金的加入量，才能准确地控制钢的化学成分，为此操作者必须掌握合金加入量的计算方法。

6.4.1 钢液量的校核

在实际生产中，由于计量不准、炉料质量波动大或工艺操作的因素，如吹氧烧损、大沸腾跑钢、加矿增铁等，会出现钢液的实际质量与计划质量不相符的情况。因此，计算合金加入量前应对炉内的钢液量进行校核，以便准确控制成品钢的成分。

通常是向钢中加适量的在合金钢中收得率比较稳定的元素，根据其分析增量和计算增量来校对钢液量。计算公式为：

$$P\Delta M = P_0\Delta M_0 \quad 或 \quad P = P_0(\Delta M_0/\Delta M) \qquad (6\text{-}1)$$

式中　P——钢液的实际质量，kg；

　　　P_0——计划的钢液质量，kg；

　　　ΔM——取样分析校核元素的增量，%；

　　　ΔM_0——按计算的元素增量，%。

利用式（6-1）校核钢液量时，用镍和钼作为校核元素最为准确；对于不含镍和钼的钢种，也可以用锰元素来校核还原期的钢液量，由于锰受冶炼温度及钢中氧、硫含量的影响较大，所以在氧化过程中或还原初期的准确性较差，氧化期钢液的重量校核主要凭借经验。

例 1　原计划钢液重量为 30t，加钼前钢液的钼含量为 0.12%，加钼后计算钢的含量应为 0.26%，实际分析结果为 0.25%。求炉内钢液的实际质量。

解　将有关数据代入式（6-1），可得：

$$P = P_0(\Delta M_0/\Delta M) = 30000 \times (0.26\% - 0.12\%)/(0.25\% - 0.12\%) = 32307\text{kg}$$

由例 1 可以看出，钢中钼的含量仅差 0.01%，钢液的实际质量就与原计划的质量相差 2307kg。然而化学分析的偏差为 ±(0.01% ~ 0.03%)，显然这会给准确校核钢液质量带来困难。因此，式（6-1）只适用于理论研究，实际生产中钢液量的校核一般采用下式计算：

$$P = GC/\Delta M$$

式中　P——钢液的实际质量，kg；

　　　G——校核元素铁合金加入量，kg；

　　　C——校核元素的铁合金含量，%；

　　　ΔM——取样分析校核元素的增量，%。

例 2　电炉炼钢计划钢液量为 50000kg，还原期加锰铁前，钢液含锰 0.25%，加锰铁后，计算含锰量为 0.50%，实际分析含锰为 0.45%，求实际钢液重量。

解　将已知数据代入式（6-1）可得：

$$P = P_0(\Delta M_0/\Delta M) = 50000 \times (0.5\% - 0.25\%)/(0.45\% - 0.25\%) = 62500\text{kg}$$

6.4.2　低合金钢和单元高合金钢的合金加入量计算

6.4.2.1　合金加入量计算的基本公式

合金加入后某元素在所炼钢种中的含量 a 可用下式表示：

$$a = (Pb + GC\eta)/(P + G\eta) \qquad (6\text{-}2)$$

由式（6-2）可得：

$$G = P(a - b)/[(C - a)\eta] \qquad (6\text{-}3)$$

式中　G——铁合金的加入量，kg；

P——炉内的钢液质量，kg；

a——钢种要求的合金元素质量分数；

b——分析所得钢液中元素的质量分数；

C——铁合金的收得率，%；

η——合金元素的收得率，%。

6.4.2.2 碳素钢和低合金钢合金加入量的计算

碳素钢和低合金钢的合金元素控制含量 a 很低，相对于铁合金的含量 C 来说可以忽略不计，合金的加入量可采用下式计算：

$$G = P(a - b)/C\eta \tag{6-4}$$

例3 冶炼 45 号钢，出钢量为 25800kg，取样分析锰的含量为 0.15%，要求将锰配到 0.65%，需加入多少含锰为 68% 的锰铁（锰的收得率按 98% 计算）？

解 将已知数据代入式（6-4），则锰铁的加入量为：

$$G = P(a - b)/C\eta = 25800 \times (0.65\% - 0.15\%)/(68\% \times 98\%) = 193.6\text{kg}$$

验算 193.6kg 的锰铁合金加入后钢液的含锰量为：

$$w[\text{Mn}] = (25800 \times 0.15\% + 193.6 \times 68\% \times 98\%)/(25800 + 193.6) \times 100\% = 0.65\%$$

例4 电弧炉氧化法冶炼 20CrMnTi 钢，炉料装入量为 18.8t，炉料综合收得率为 97%，有关数据如下，试计算锰铁、铬铁、钛铁、硅铁的加入量。

元素名称	Mn	Si	Cr	Ti
钢种要求含量/%	0.95	0.27	1.15	0.07
钢液分析含量/%	0.60	0.10	0.50	
合金含量/%	65	75	68	30
元素收得率/%	95	95	95	60

解 炉内的钢水量为：$P = 18800 \times 97\% = 18236\text{kg}$

合金的加入量为：

$$G_{\text{Fe-Mn}} = 18236 \times (0.95\% - 0.60\%)/(65\% \times 95\%) = 103\text{kg}$$

$$G_{\text{Fe-Si}} = 18236 \times (0.27\% - 0.10\%)/(75\% \times 95\%) = 44\text{kg}$$

$$G_{\text{Fe-Cr}} = 18236 \times (1.15\% - 0.50\%)/(68\% \times 95\%) = 183\text{kg}$$

$$G_{\text{Fe-Ti}} = 18236 \times 0.07\%/(30\% \times 60\%) = 71\text{kg}$$

验算 所有合金加入后钢水总量为 $P = 18236 + 103 + 44 + 183 + 71 = 18637\text{kg}$

钢液含锰量为：

$$w[\text{Mn}] = (18236 \times 0.60\% + 103 \times 65\% \times 95\%)/18637 \times 100\% = 0.93\%$$

钢液含硅量为：

$$w[\text{Si}] = (18236 \times 0.10\% + 44 \times 75\% \times 95\%)/18637 \times 100\% = 0.27\%$$

钢液含铬量为：

$$w\left[\mathrm{Cr}\right] = (18236 \times 0.5\% + 183 \times 68\% \times 95\%)/18637 \times 100\% = 1.12\%$$

钢液含钛量为：

$$w\left[\mathrm{Ti}\right] = 71 \times 30\% \times 60\%/18637 \times 100\% = 0.07\%$$

由例 3 和例 4 的计算结果可以看出，当加入的合金量不大时，计算结果与预定的控制含量完全相符；当合金的加入量大时则稍有偏差。

根据铁合金的使用原则，实际生产中往往使用价格便宜的高碳铁合金调整钢液成分，通常是根据钢水的允许增碳量来计算合金的加入量。计算的方法与步骤如下。

（1）根据允许增碳量来计算合金的加入量：

$$G = P\Delta w\left(\mathrm{C}\right)/C_{\mathrm{C}} \tag{6-5}$$

式中　G——铁合金加入量，kg；

$\quad\quad P$——钢水量，kg；

$\Delta w\left(\mathrm{C}\right)$——允许增碳量，%；

$\quad\quad C_{\mathrm{C}}$——铁合金中碳的含量，%。

（2）根据铁合金的加入量计算合金元素的增加量：

$$\Delta w\left(\mathrm{M}\right) = \left[GC\eta/(P + G)\right] \times 100\% \tag{6-6}$$

式中　$\Delta w\left(\mathrm{M}\right)$——合金元素的增量，%；

$\quad\quad G$——铁合金加入量，kg；

$\quad\quad P$——钢水量，kg；

$\quad\quad C$——铁合金中元素 M 的质量分数，%；

$\quad\quad \eta$——合金元素的收得率，%。

（3）根据合金元素的增加量，求出合金加入后的钢液合金含量。

例 5　冶炼 45 号钢，钢水量 50t，吹氧结束终点碳为 0.39%，锰为 0.05%，现用含锰 68%、含碳 7.0% 的高碳锰铁调整成分，锰元素的收得率为 97%，已知 45 号钢锰的规格为 0.5% ~ 0.8%，试计算高碳锰铁的用量。

解　按钢种规格的中限控制含碳量，则需增碳：

$$\Delta w\left(\mathrm{C}\right) = 0.45\% - 0.39\% = 0.06\%$$

高碳锰铁加入量为：

$$G_{\mathrm{Fe\text{-}Mn}} = 50000 \times 0.06\%/7.0\% = 428.6\mathrm{kg}$$

锰元素的增加量为：

$$\Delta w\left(\mathrm{Mn}\right) = 428.6 \times 68\% \times 97\%/(50000 + 428.6) \times 100\% = 0.56\%$$

高碳锰铁加入后钢液的含锰量为 0.56% + 0.05% = 0.61%，由于 45 号钢中锰的规格含量为 0.50% ~ 0.80%，所以符合要求。

应当指出，如果计算的钢液合金含量低于钢种的控制含量或规格含量，则需补加中、低碳合金，补加量按式（6-6）计算；如果计算的钢液合金含量超过钢种的控制含量或规格含量，说明钢液的含碳量过低，铁合金因增碳而加入过多，因此应先实施增碳操作，再进行计算。

（4）单元高合金钢的合金加入量计算。对于高合金钢来说，由于其合金元素的控制含量 a 较高，相对于铁合金的含量 C 不能忽略，应采用铁合金加入量的基本公式即 $G = P(a - b)/[(C - a)\eta]$ 计算。

例6 返回吹氧法冶炼3Cr13不锈钢，已知装料量为25t，炉料的综合收得率为96%，炉内分析铬的含量为8.5%，铬的控制含量为13%，铬铁合金的含铬量为65%，铬的收得率为95%，求铬铁合金的用量。

解 将已知数据代入式（6-3）可得：

$$G_{Fe-Cr} = P(a - b)/[(C - a)\eta]$$

$$= 25000 \times 96\% \times (13\% - 8.5\%)/[(65\% - 13\%) \times 95\%] = 2186kg$$

验算 合金加入后钢液的含铬量为：

$$w[Cr] = (25000 \times 96\% \times 8.5\% + 2186 \times 65\% \times 95\%)/$$

$$(25000 \times 96\% + 2186 \times 95\%) \times 100\% - 12.99\%$$

由计算得出，铬铁的用量为2186kg，通过验算，符合要求。

例7 返回吹氧法冶炼2Cr13不锈钢，已知钢液量为30t，炉中分析碳含量为0.15%，铬含量为11.00%，要求碳控制在0.19%，铬控制在13.00%，如库存铬铁只有高碳铬铁和低碳铬铁两种，其中高碳铬铁的含碳为7.0%、含铬为63%，低碳铬铁的含碳为0.50%、含铬为67%，铬的收得率都是95%。求这两种铬铁各加多少？

解 设高碳铬铁的用量为 x，低碳铬铁的用量为 y。

碳的平衡式为：

$$0.19\% = (30000 \times 0.15\% + x \times 7.0\% + y \times 0.50\%)/[30000 + (x + y)]$$

铬的平衡式为：

$$13\% = (30000 \times 11\% + x \times 63\% \times 95\% + y \times 67\% \times 95\%)/[30000 + (x + y)]$$

整理两式得：

$$6.18x + 0.31y = 1200$$

$$46.85x + 50.65y = 60000$$

解联立方程得：$\begin{cases} x = 128kg \\ y = 1067kg \end{cases}$

由计算可知，加入高碳铬铁128kg、低碳铬铁1067kg，可使钢中的碳含量达0.19%，铬含量达13%。

例8 冶炼Cr12钢，钢液量为15000kg，其他数据如下：

元素	控制含量/%	炉中分析含量/%	微碳铬铁成分/%	软铁成分/%
C	2.15	2.35	0.06	0.06
Cr	12.0	10.0	67	

试求微碳铬铁和软铁的用量。

解 由于炉中分析的碳含量较控制含量高，合金化的同时还要进行降碳，因此选用含碳量极低且相同的微碳铬铁和软铁，其中碳的收得率通常按100%计算，铬的收得率为96%。

为了降碳，它们的总用量为：

$$G_1 + G_2 = P(a - b)/[(C - a)\eta]$$

$$= 15000 \times (2.15\% - 2.35\%)/[(0.06\% - 2.15\%) \times 100\%] = 1435\text{kg}$$

为了增铬，微碳铬铁的用量为：

$$G_1 = [15000 \times (12\% - 10\%) + 1435 \times 12\%]/96\% \times 67\% = 735\text{kg}$$

则软铁的用量为：

$$G_2 = 1435 - 735 = 700\text{kg}$$

通过计算可知，向炉内加入 735kg 的微碳铬铁和 700kg 的软铁，可将钢液的含碳量降至控制含量 2.15%，同时使钢液的含铬量增至控制含量 12.0%。

例 9　炉内的钢液量为 5000kg，取样分析结果为含铜 0.25%，所炼钢种的规格要求铜含量不能超过 0.20%，若控制含量为 0.17%，应如何处理？

解　由于在炼钢过程中铜是不氧化元素，可采用加入含铜量较低的本钢种废钢进行稀释。

设本钢种废钢的含铜量为 0.10%，则其用量为：

$$G = 5000 \times (0.17\% - 0.25\%)/[(0.10\% - 0.25\%) \times 100\%] = 2667\text{kg}$$

应该指出，由于社会废钢的应用和废钢多次循环的结果，使铜、砷、铅等有害元素在废钢中的积累是必然的，而冶炼中通过加入本钢种废钢来降低钢种限量元素含量的方法，只是补救措施，而且会给生产带来诸多不便，严重时从实际上是不可行的。因此，应在炉料中配用部分直接还原铁进行稀释，尽量避免此类现象的出现。

（5）炉内钢液的分析含量低于钢种的规格或控制含量。

例 10　冶炼 W18Cr4V 钢，炉内钢液量为 13500kg，铁合金的收得率分别为钨铁 93%、铬铁 95%、钒铁 94%，其他数据见表 6-4。

表 6-4　冶炼 W18Cr4V 钢相关数据　　　　　　　　　　　　　（%）

元　素	控制含量	炉中分析	Fe-W	Fe-Cr	Fe-V
W	18.5	16	75		
Cr	4.3	3.0		65	
V	1.2	0.7			43

求各种铁合金的用量。

解　1）求各合金的补加系数，各合金在钢液中所占的比例：

$$\text{Fe-W}\qquad 18.5\%/(75\% \times 93\%) = 0.265$$

$$\text{Fe-Cr}\qquad 4.3\%/(65\% \times 95\%) = 0.070$$

$$\text{Fe-V}\qquad 1.2\%/(43\% \times 94\%) = 0.030$$

纯钢液所占的比例：　1 - (0.265 + 0.070 + 0.030) = 0.635

各合金的补加系数为：

$$\text{Fe-W} \qquad 0.265/0.635 = 0.417$$

$$\text{Fe-Cr} \qquad 0.070/0.635 = 0.11$$

$$\text{Fe-V} \qquad 0.030/0.635 = 0.047$$

2）按单元高合金钢即用基本公式计算各合金的初步用量：

$$\text{Fe-W} \qquad 13500 \times (18.5\% - 16\%)/(75\% \times 93\%) = 484\text{kg}$$

$$\text{Fe-Cr} \qquad 13500 \times (4.3\% - 3.0\%)/(65\% \times 95\%) = 284\text{kg}$$

$$\text{Fe-V} \qquad 13500 \times (1.2\% - 0.7\%)/(43\% \times 94\%) = 167\text{kg}$$

各种合金的初步总量为：

$$484 + 284 + 167 = 935\text{kg}$$

3）计算各合金的总用量，各合金的补加量为：

$$\text{Fe-W} \qquad 935 \times 0.417 = 390\text{kg}$$

$$\text{Fe-Cr} \qquad 935 \times 0.11 = 103\text{kg}$$

$$\text{Fe-V} \qquad 935 \times 0.047 = 44\text{kg}$$

各合金的总用量为：

$$\text{Fe-W} \qquad 484 + 390 = 874\text{kg}$$

$$\text{Fe-Cr} \qquad 284 + 103 = 387\text{kg}$$

$$\text{Fe-V} \qquad 167 + 44 = 211\text{kg}$$

总的钢水量为：　　　$13500 + 874 + 387 + 211 = 14972\text{kg}$

成品钢的成分验算：

$$\text{W} \qquad (13500 \times 16\% + 874 \times 75\% \times 93\%)/14972 = 18.5\%$$

$$\text{Cr} \qquad (13500 \times 3\% + 387 \times 65\% \times 95\%)/14972 = 4.3\%$$

$$\text{V} \qquad (13500 \times 0.7\% + 211 \times 43\% \times 94\%)/14972 = 1.2\%$$

经验算成品钢的成分完全符合钢种控制含量的要求。

在实际生产中，冶炼钢种的控制成分和所使用的合金成分是已知的，所以补加系数在事先就已算好，炼钢工确定合金用量时，只需进行第二步、第三步的计算即可。所以，补加系数法看起来复杂，实际计算时方便而精确，是十分有效的方法。

（6）某元素的分析含量略高于控制含量。由于某元素的钢液分析含量与钢种的规格或控制含量相差不大，可以通过减少铁合金用量的方法使成品钢中该元素的含量符合要求，计算的方法和步骤与上例完全相同。

例 11 已知条件同上例题，但钨的炉中分析含量为 19%，求各种铁合金的用量。

解 各合金的初步用量：

$$\text{Fe-W} \qquad 13500 \times (18.5\% - 19\%)/(75\% \times 93\%) = -96.8\text{kg}$$

$$\text{Fe-Cr} \qquad 284\text{kg}$$

$$\text{Fe-V} \qquad 167\text{kg}$$

三种合金的初步总用量为：

$$- 96.8 + 284 + 167 = 354.2 \text{kg}$$

各合金的补加量：

Fe-W 　　$354.2 \times 0.417 = 147.7 \text{kg}$

Fe-Cr 　　$354.2 \times 0.11 = 39.0 \text{kg}$

Fe-V 　　$354.2 \times 0.047 = 16.6 \text{kg}$

各合金的总用量：

Fe-W 　　$- 96.8 + 147.7 = 50.9 \text{kg}$

Fe-Cr 　　$284 + 39.0 = 323 \text{kg}$

Fe-V 　　$167 + 16.6 = 183.6 \text{kg}$

最终的钢水量为：

$$13500 + 50.9 + 323 + 183.6 = 14057.5 \text{kg}$$

成品钢的成分验算：

W 　　$(13500 \times 19\% + 50.9 \times 75\% \times 93\%)/14057.5 = 18.5\%$

Cr 　　$(13500 \times 3\% + 323 \times 65\% \times 95\%)/14057.5 = 4.3\%$

V 　　$(13500 \times 0.7\% + 183.6 \times 43\% \times 94\%)/14057.5 = 1.2\%$

经验算，成品钢的成分完全符合钢种控制含量的要求。

（7）某元素的分析含量高于控制含量较多。

例 12　已知条件同上例题，但钨的炉中分析含量为 19.5%。

解　各合金的初步用量：

Fe-W 　　$13500 \times (18.5\% - 19.5\%)/(75\% \times 93\%) = - 193.5 \text{kg}$

Fe-Cr 　　284kg

Fe-V 　　167kg

三种合金的初步总用量为：

$$- 193.5 + 284 + 167 = 257.5 \text{kg}$$

钨铁合金的补加量为：

$$257.5 \times 0.417 = 107.4 \text{kg}$$

钨铁合金的总用量：

$$- 193.5 + 107.4 = - 86.1 \text{kg}$$

可见，若某元素钢液的分析含量与钢种的控制含量相差较多时，利用上述减少铁合金用量的方法并不能使钢液该元素的含量降低到钢种要求的程度。此时，可以选择下面两种方法之一进行处理。

方法一：加入不含该合金元素的金属料（如软铁）进行稀释，即用软铁代替含该元素的铁合金。

设将 b_1 降至 a_1 需要的总物量为 P_A，G_2、G_3 分别为其他合金的总用量，则：

$$a_1 = \frac{Pb_1}{P + P_A} \qquad\qquad 所以\ P_A = P\frac{b_1 - a_1}{a_1}$$

$$a_2 = \frac{Pb_2 + G_2c_2f_2}{P + P_A} \qquad\qquad 所以\ G_2 = \frac{P(a_2 - b_2)}{c_2f_2} + P_A\frac{a_2}{c_2f_2}$$

$$a_3 = \frac{Pb_3 + G_3c_3f_3}{P + P_A} \qquad\qquad 所以\ G_3 = \frac{P(a_3 - b_3)}{c_3f_3} + P_A\frac{a_3}{c_3f_3}$$

$$\vdots \qquad\qquad\qquad\qquad\qquad \vdots$$

可见，其他各合金的初步用量也没有变化，只是补加量变了。

$$P_A = 13500 \times (19.5\% - 18.5\%)/18.5\% = 730\text{kg}$$

$$\text{Fe-Cr}\quad 284 + 730 \times 4.3\%/(65\% \times 95\%) = 335\text{kg}$$

$$\text{Fe-V}\quad 167 + 730 \times 1.2\%/(43\% \times 94\%) = 189\text{kg}$$

软铁用量　　730 - 335 - 189 = 206kg

最终的钢水量为：

$$13500 + 730 = 14230\text{kg}$$

成品钢的成分验算：

W　　13500 × 19.5%/14230 = 18.5%

Cr　　(13500 × 3% + 335 × 65% × 95%)/14230 = 4.3%

V　　(13500 × 0.7% + 189 × 43% × 94%)/14230 = 1.2%

经验算成品钢的成分完全符合钢种控制含量的要求。

方法二：倒出部分钢液，再加入等量的软铁及其他合金。

设从炉内倒出的钢液量为 P_B 并换入等量的软铁及其他合金后，可将 b_1 降至 a_1，则：

$$a_1 = \frac{b_1(P - P_B)}{P} \qquad\qquad 所以\ P_B = P\frac{b_1 - a_1}{b_1}$$

$$a_2 = \frac{b_2(P - P_B) + G_2c_2f_2}{P} \qquad\qquad 所以\ G_2 = \frac{P(a_2 - b_2)}{c_2f_2} + P_B\frac{b_2}{c_2f_2}$$

$$a_3 = \frac{b_3(P - P_B) + G_3c_3f_3}{P} \qquad\qquad 所以\ G_3 = \frac{P(a_3 - b_3)}{c_3f_3} + P_B\frac{b_3}{c_3f_3}$$

$$\vdots \qquad\qquad\qquad\qquad\qquad \vdots$$

可见，也是其他各合金的初步用量不变，补加量变了。

$$P_B = 13500 \times (19.5\% - 18.5\%)/19.5\% = 692\text{kg}$$

$$\text{Fe-Cr}\quad 284 + 692 \times 3.0\%/(65\% \times 95\%) = 317\text{kg}$$

$$\text{Fe-V}\quad 167 + 692 \times 0.7\%/(43\% \times 94\%) = 179\text{kg}$$

软铁用量：

$$692 - 317 - 179 = 196\text{kg}$$

成品钢的成分验算：

W　（13500 – 692）× 19.5%/13500 = 18.5%

Cr　［（13500 – 692）× 3% + 317 × 65% × 95%］/13500 = 4.3%

V　［（13500 – 692）× 0.7% + 179 × 43% × 94%］/13500 = 1.2%

经验算成品钢的成分完全符合钢种控制含量的要求。

应当指出，无论是方法一还是方法二，均会给生产造成困难，而且也并非万能。因此，应做好配料、取样、分析等各项工作，避免上述情况的发生。

6.4.3　成分出格及其防止措施

成品钢中某元素的含量高出或低于钢种规格要求的现象，称为成分出格或脱格。

本节所讨论的是由于工艺不合理或操作不当所造成的元素出格问题。至于电炉炼钢中由于配料不当，使炉料中的不易氧化去除的元素如铜、镍等的含量超出了计划冶炼钢种的规格要求的情况，通常采取稀释法加以解决或改炼其他钢种，不属于本节讨论的范畴。

成分出格的一般原因及防止措施如下：

严格按照工艺要求进行冶炼，钢的化学成分一般不会出格。但是，无论何种炼钢方法，都有可能因操作不当而造成钢中某元素出格。一旦出现成分出格现象，轻则改钢号，严重时判废，因而应尽量避免。各种炼钢方法和各个元素脱格的原因不尽相同，但以下几点是造成成分出格的共同原因，应引起注意。

（1）氧化终点控制不当。氧化终点的碳、磷控制过高或终点碳过低，对氧气转炉将直接造成钢的判废或改钢号；对电炉炼钢，将造成还原期的重氧化或增碳等不正常操作。

（2）炉内的钢水量估计有误。炉内钢水量估多或估少，相应的铁合金就会多加或少加，势必造成钢液成分大幅变化，甚至出格。转炉炼钢确定炉内的钢水量时，要充分考虑如铁水的加入量、铁水的收得率、铁矿石的加入量、废钢的块度和质量、吹炼中的喷溅程度、渣量的大小等因素；在电炉炼钢中还可用不氧化元素或锰对钢水量进行校核。

（3）合金元素收得率估得不准。合金元素收得率选得是否正确，将直接影响铁合金加入量的多少，从而影响钢中元素含量的高低，甚至是否出格。

（4）取样没有代表性或化学分析出错。若取样没有代表性或化学分析出错造成判断错误，也会导致成分出格。所以，取样前熔池应充分搅拌；取样时样勺内钢液面上应覆盖熔渣，防止钢液中元素被氧化。对于高合金钢中的某些元素，如高速工具钢中钨、钼、碳等，必须取两个试样分析，当两个试样分析结果的钨和钼含量相差 0.3% 以上、碳含量相差 0.03% 以上，应重新取样分析，确保分析结果的可靠性。

（5）合金化操作失误。合金的加入量计算错误，或称量不准，或错加、漏加等，往往是造成成分出格的主要人为因素。所以，合金化操作要坚持"一算二复三核对"的原则，同时要加强合金料的管理，防止混杂。

任务 6.5　脱氧与非金属夹杂物

6.5.1　脱氧的目的和任务

为了去除炉料中的各种杂质元素以及脱碳去气、去夹杂，许多炼钢方法都选择了向熔池供氧即通过氧化的方式来达到目的。氧化结束后，钢液中势必溶有大量的氧，会对钢的质量产生很大的危害。因此，在完成氧化任务后，应设法降低钢液中的含氧量。这种减少钢中含氧量的操作叫做脱氧。

6.5.1.1　钢中氧的危害性

钢中氧的危害性主要表现在以下 3 个方面：

（1）产生夹杂。氧在铁液中的溶解度不大，1600℃ 时的最大溶解量为 0.23%；而在固态钢中的溶解度则更小，例如，在 γ-Fe 中氧的溶解度低于 0.003%。钢液凝固时，其中多余的氧将会与钢中的其他元素结合以化合物的形式析出，形成钢中的非金属夹杂物。非金属夹杂物的存在，破坏了钢基体的连续性，会降低钢的强度极限、冲击韧性、伸长率等力学性能和导磁、焊接性能等。

（2）形成气泡。如果钢液中的氧含量过高，在随后的浇注过程中，会因温度下降和选择结晶与钢中碳再次发生反应，产生 CO 气体。这些 CO 气体若不能及时排除，则会使钢锭（坯）产生气孔、疏松，甚至上涨等缺陷，严重时会导致钢锭（坯）报废。

（3）加剧硫的危害。氧能使硫在钢中的溶解度降低，同时钢液凝固时 FeO 会与 FeS 以熔点仅为 940℃ 的共晶物在晶界析出，加剧硫的有害作用，使钢的热脆倾向更加严重。

6.5.1.2　脱氧的目的和任务

综上所述，氧在钢中是有害元素，脱氧好坏是决定钢质量的关键。因此，脱氧的目的就是要降低钢中的氧含量，改善钢的性能，保证钢锭（坯）的质量。

所有钢种在冶炼最后阶段都必须进行脱氧操作，其具体任务为：

（1）按钢种要求降低钢液中溶解的氧。不同的钢种对含氧量的要求不同，比如，沸腾钢一般规定 $w[O] = 0.035\% \sim 0.045\%$，而镇静钢则要求 $w[O] \leq 0.003\% \sim 0.004\%$，半镇静钢的氧含量介于两者之间，通常为 $w[O] = 0.015\% \sim 0.020\%$。因此，脱氧的第一步是要把钢液中溶解的氧降低到钢种所要求的水平。通常采取的方法是向钢液中加入与氧亲和力大的元素，即脱氧剂，使其中的溶解氧转换成不溶于钢液的氧化物，保证钢液凝固时能得到正常的表面和不同结构类型的钢锭（坯）。

（2）排除脱氧产物。脱氧的第二步是要最大限度地排除钢液中的脱氧产物。否则，不过是以另一种氧化物代替了钢液中的 FeO，或者说只是把钢中的溶解态的氧转换成了化合态的氧，即以夹杂物的形式存在，钢中的总氧量并没有降低。实际生产中，常采取复合脱氧、注意合金的加入顺序、加强搅拌等措施促使脱氧产物上浮。

总之，脱氧是要从钢液中除去以各种形式存在的氧。

（3）控制残留夹杂的形态和分布。尽管采取了各种有效的脱氧措施，但最后钢中仍然会残留一定数量的氧和未能上浮的脱氧产物，而且这部分残留的氧在钢液结晶时还会形成夹杂物。随着钢材使用条件越来越苛刻和钢材成品越来越精细，允许非金属夹杂物的尺寸越来越小，对非金属夹杂物形态的要求也越来越严格。因此，生产中常通过向钢中添加变质剂等方法，使成品钢中的非金属夹杂物分布合适、形态适宜，以保证钢的各项性能。

（4）调整钢液成分。在对钢液进行脱氧时，总有一部分脱氧剂未能参与脱氧反应而残留并溶解在钢液中。因此，生产中尤其是生产碳素钢时，通常是依据合金元素回收率，通过控制合金加入量的方法达到脱氧的同时调整钢液成分的目的。

6.5.2　各元素的脱氧能力和特点

由于各元素与氧的亲和力不同，因而其脱氧能力就存在一定差异，同时各元素脱氧时的产物形态、放热多少等也不尽相同。为此，应了解各元素的脱氧能力和特点，为选用合适的脱氧剂、制定合理的脱氧方案提供理论依据。

6.5.2.1　元素的脱氧能力

A　元素脱氧能力的定义

在温度、压力一定的条件下，与一定浓度的脱氧元素相平衡时，钢液中氧含量的高低称为元素的脱氧能力。显然和一定浓度的脱氧元素平衡存在的氧含量越低，该元素的脱氧能力越强。

若用 M 代表任意脱氧元素，则脱氧反应通式为：

$$x\,[\mathrm{M}] + y\,[\mathrm{O}] =\!=\!= \mathrm{M}_x\mathrm{O}_{y(\mathrm{s})}$$

式中，氧化物 $\mathrm{M}_x\mathrm{O}_y$ 称为脱氧产物。

B　对脱氧元素的要求

由脱氧的目的与任务可知，脱氧元素应满足以下基本条件：

（1）与氧的亲和力要大。脱氧元素与氧的亲和力要大，这是其进行脱氧的必要条件。由于溶解于钢液中的氧的周围存在着大量的铁原子，因此，脱氧元素与氧的亲和力起码要大于铁。

此外，为了防止浇注中发生碳氧反应，产生气泡，冶炼镇静钢时脱氧元素与氧的亲和力还要大于碳。

（2）脱氧产物应不溶于钢液而且密度小、熔点低。如果脱氧产物能溶于钢液，则钢中的氧仅是换了一种存在形式而已；而较小的密度有助于脱氧产物迅速上浮入渣。

低熔点的脱氧产物在炼钢温度下以液体状态存在，当它们在钢液中相互碰撞时，易于黏聚成大块而迅速上浮。为此，当单一元素的脱氧产物不能满足这一要求时，可以同时使用两种或两种以上脱氧元素，其脱氧产物为复杂化合物，熔点较低。

（3）残留的脱氧元素对钢无害。在对钢液进行脱氧时，或多或少要有一部分脱氧元素残留在钢中，这些残留元素应能改善钢的性能，起码应对钢无害。

（4）价钱便宜。在满足上述条件的前提下，尽量选用价格低的脱氧元素，以降低生产成本。

C　各元素脱氧能力的比较

为了确定各元素单独存在时的脱氧能力及其次序，各国学者曾经进行了大量的测定、分析和计算，有关的热力学数据如图6-1所示。

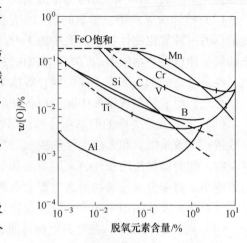

图 6-1　钢液中各元素的脱氧能力

图 6-1 表明了以下两点：

（1）各条曲线的相对位置表明了各元素脱氧能力的相对大小。图中曲线位置越低者，其脱氧能力越强。例如，从图 6-1 可以知道，一般情况下铝的脱氧能力比硅强；而硅的脱氧能力又比锰强等。

由元素脱氧能力的定义可知，比较元素的脱氧能力必须注意 3 点：温度相同、元素在钢中的含量相同、脱氧反应达到平衡。在 1600℃ 的温度条件下，元素在钢中的含量为 0.1% 时，一些常见元素的脱氧能力由强到弱的排列顺序为：Re > Zr > Ca > Al > Ti > B > Si > C > P > Nb > V > Mn > Cr > W、Fe、Mo > Co > Ni > Cu。

（2）曲线的拐点表明了元素的脱氧能力随其含量增加反而下降的临界含量。由图 6-1 可见，随着各元素含量的增加，与之平衡的金属的含氧量下降，但当元素的含量达到一定数值之后，再增加脱氧元素的含量时，与之平衡的氧含量反而增大，而且脱氧能力越强的元素，其平衡氧含量增高的临界含量就越低。例如，铝的临界含量是 0.1% 左右，硅的临界含量为 2.5%，而锰的临界含量则高达 10%。

必须指出，图中的元素脱氧能力是假定脱氧产物以纯固相存在的。事实上，脱氧产物的形态随脱氧时的具体条件不同而异，它可能是纯态，也可能是复杂化合物，这将改变脱氧元素的脱氧能力。

此外，脱氧反应都是放热反应，元素的脱氧能力随温度的降低而增强。所以，从脱氧剂加入开始到完全凝固为止，钢液中一直进行着脱氧过程，使钢中溶解态的氧不断地降低。

6.5.2.2　各元素的脱氧特点

A　锰

锰的脱氧反应为：

$$[Mn] + [O] \Longleftrightarrow (MnO), \quad \Delta G^{\ominus} = -244.53 + 0.109T(kJ/mol)$$

$$\lg K_{Mn} = \lg \frac{a_{(MnO)}}{w[Mn]_\% w[O]_\%} = \frac{12760}{T} - 5.68$$

由上两式可知，锰的脱氧反应是一个放热反应，其脱氧能力随温度的升高而下降。但是，即使在较低的温度下，锰的脱氧能力仍较弱。例如，从图 6-1 可以看出，1600℃ 时与 0.5% 的锰相平衡的钢液的氧含量还高达 0.06%。不过，在炼钢生产中，锰却是最常用的脱氧元素。这是因为：

（1）锰能提高硅和铝的脱氧能力。当钢液中有其他酸性氧化物如 SiO_2、Al_2O_3 等存在时，锰的脱氧产物可以和它们结合成熔点较低的复杂化合物，使之活度降低。图 6-2 为锰对硅、铝脱氧能力的影响。

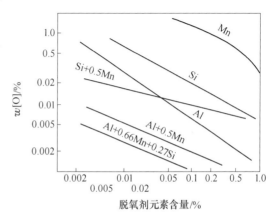

图 6-2　锰对硅、铝脱氧能力的影响

由图 6-2 可以看出，当钢液含锰量为 0.5% 时，可使硅的脱氧能力提高 30% ~ 50%，使铝的脱氧能力提高 1 ~ 2 倍。另外有实验得出，当钢液含锰 0.66%、含硅 0.27% 时，能使铝的脱氧能力提高 5 ~ 10 倍。

（2）锰是沸腾钢无可替代的脱氧元素。沸腾钢属于不完全脱氧的钢，要求钢液含氧 0.035% ~ 0.045%，以保证浇注中模内能维持正常的沸腾。只用锰脱氧而且钢液中的含锰量处于一般钢种含锰规格之内时（约低于 0.8%），不会抑制碳氧反应，浇注到锭模中之后，随着温度的下降和碳、氧的富集，钢液将长时间保持一定强度的沸腾，从而获得良好的沸腾钢钢锭组织；反之，如果用硅或铝脱氧，哪怕是少量的也会使钢液脱氧过度而不能在浇注中维持正常的沸腾。所以，锰是冶炼沸腾钢时无可替代的脱氧元素。

（3）锰可以减轻硫的危害。脱氧后残留在钢中的锰可与硫生成高熔点的（1620℃）塑性夹杂物 MnS，降低钢的热脆倾向，减轻硫的危害作用。

应指出的是，单独使用锰对钢液进行脱氧时，脱氧产物是 $A(MnO) \cdot (1-A)(FeO)$ 型的化合物，而且随着钢液中的含锰量增加，化合物中 MnO 所占比例逐渐增大。有关研究指出，钢液的含锰量为 0.5% 时，脱氧产物是 $0.43MnO \cdot 0.57FeO$；当钢液中的含锰量等于或超过 1.8% 时，脱氧产物（在炼钢温度下）为纯 $MnO_{(s)}$。含有一定量的 FeO 时，脱氧产物的熔点较低，有利于其从钢液中上浮而排除。

B　硅

硅的脱氧反应为：

$$[Si] + 2[O] \Longrightarrow (SiO_2), \quad \Delta G^\ominus = -593.84 + 0.233T(kJ/mol)$$

$$\lg K_{Si} = \lg \frac{a_{(SiO_2)}}{w[Si]_\% w[O]_\%^2} = \frac{31000}{T} - 12.15$$

硅是镇静钢最常用的脱氧元素。硅的脱氧能力较强，与硅平衡的钢液的氧含量是很低的。

例如，在 1600℃ 与 0.1% 硅相平衡的钢液的氧含量为 0.017%，与 0.3% 硅相平衡的氧含量为 0.01%，而与 0.1% 硅相平衡的氧含量为 0.007%，如图 6-3 所示。

在碱性渣下，硅的脱氧能力可以得到充分的发挥。这是因为硅的脱氧产物 SiO_2 可以与碱性渣中的 CaO 结合成极稳定的 $2CaO \cdot SiO_2$ 从而大大地降低了 SiO_2 的活度，使硅脱氧反应充分进行。

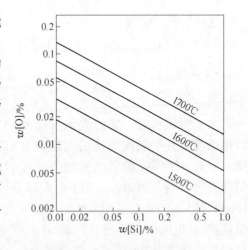

图 6-3　[Si]-[O] 的平衡关系

C　铝

1600℃ 时钢中铝和氧的平衡浓度见表 6-5。

表 6-5　1600℃ 时钢中铝和氧的平衡浓度　　　　　　　　（%）

$w[Al]$	0.1	0.05	0.01	0.005	0.002	0.001
$w[O]$	0.0003	0.0004	0.0013	0.002	0.0037	0.0059

从表 6-5 中数据可见，铝是很强的脱氧剂，钢中残铝为万分之几时，就排除了钢中形成 CO 气泡的可能性，从而可获得结构致密的钢锭（坯）。因此，铝常被用作终脱氧剂。

铝的脱氧能力很强，不仅可以脱除钢中溶解的氧，而且还能使渣中的 MnO、Cr_2O_3 及 SiO_2 还原。因此，出钢前向炉内加入大量的铝时，将会引起钢液成分的波动或变化。铝的脱氧能力会随着温度的降低和炉渣碱度的增加而增强。

钢中加入适量的铝除了作为脱氧剂外，还具有如下作用：

（1）降低钢的时效倾向性。铝可与氮形成稳定的 AlN，防止氮化铁的生成，从而降低钢的时效倾向。

（2）细化钢的晶粒。用铝脱氧时，钢液中会生成许多细小而高度弥散的 AlN 和 Al_2O_3，这些细小的固态颗粒可以成为钢液结晶时的晶粒核心，使晶粒细化；还可防止在其后的加热过程中，固态钢中的奥氏体晶粒的长大。为了获得细晶粒钢，根据钢中碳含量的不同，铝的加入量通常为 0.06% ~0.12%。

应指出的是，当钢中铝的残存量超过 0.026% 时，脱氧产物可认为全部是颗粒细小的固态 Al_2O_3。

D　碳

碳的脱氧能力介于锰与硅之间，其脱氧反应为：

$$[C] + [O] \Longleftrightarrow \{CO\}, \quad \Delta G^\ominus = -22200 - 38.34T(kJ/mol) \tag{6-7}$$

$$\lg K_C = \lg \frac{p_{CO}/p^0}{w[C]_\% w[O]_\%} = \frac{1160}{T} + 2.003 \tag{6-8}$$

碳脱氧的生成物是 CO 气体，极易从熔体中排除，因此用碳做脱氧剂时，钢液不会被玷污，这对于冶炼高级优质钢十分有利。

由式（6-7）和式（6-8）可知，碳的脱氧反应是一个弱放热反应，所以温度变化对碳的脱氧能力影响不大。

在常压条件下，碳的脱氧能力有限，如果只用碳脱氧，钢液脱氧不完全，在浇注过程中随着温度降低，碳氧又将发生反应而生成 CO 气泡，会破坏钢的正常结构。因此，单独用碳不能完成脱氧任务，常与硅、铝等脱氧能力较强的元素同时使用。

E　钙

钙元素与氧的亲和力非常大，其脱氧能力比铝还强，其脱氧反应为：

$$[Ca] + [O] \Longleftrightarrow CaO_{(s)}$$

钙虽然是很强的脱氧剂，但它在铁水中的溶解度很小，仅为 0.15% ~0.16%；而且它的密度小（$1550kg/cm^3$），沸点很低（1240℃），以纯钙加入钢液时会急速上浮并蒸发，利用率很低。为了使钙与钢液的接触时间延长、接触面积增加，充分发挥其脱氧及脱硫能力，通常制作成密度大的硅钙合金使用，或采用喷粉、喂线等方法进行脱氧。

6.5.2.3　脱氧产物的上浮与排除

促使钢中的脱氧产物上浮是脱氧全过程中的关键环节，也是减少钢中夹杂物，提高钢质量的主要工艺手段。脱氧产物从钢中的去除程度，主要取决于它们在钢液中的上浮速度。而脱氧产物的上浮速度又与脱氧产物的组成、形状、大小、熔点、密度以及界面张力、钢液黏度和搅拌情况等因素有关。

A　脱氧产物的上浮速度

理论研究表明,对于直径不大于 $100\mu m$ 的球形夹杂物,并假定钢液处于无搅动的层流状态,其上浮速度可近似地用斯托克斯公式计算:

$$v = K\frac{2}{9}g\frac{\rho_{金} - \rho_{夹}}{\eta}r^2 \tag{6-9}$$

式中　K——夹杂物的形状系数,一般计算时可取 $K = 1$;

　　　g——重力加速度,$9.8m/s^2$;

　　　$\rho_{金}$——金属的密度,kg/m^3;

　　　$\rho_{夹}$——夹杂物的密度,kg/m^3;

　　　η——金属的动力学黏度,$1550\sim1650℃$ 时为 $0.0015\sim0.0035Pa\cdot s$;

　　　r——非金属夹杂物的半径,m。

由式 (6-9) 可见,脱氧产物的上浮速度主要受 3 个因素的影响:

(1) 钢液的黏度。钢液的黏度越大,脱氧产物上浮时所受的黏滞力即阻力越大。斯托克斯研究发现,脱氧产物的上浮速度与钢液的黏度成反比。因此,脱氧过程中避免未溶质点出现及适当提高温度,维持适当的钢液黏度,可在一定程度上增加脱氧产物的上浮速度。

(2) 脱氧产物的密度。炼钢生产中钢液的密度基本不变,脱氧产物的密度较小时,两者的密度差即脱氧产物上浮的动力较大,因而上浮速度较快。

(3) 脱氧产物的半径。半径越大,脱氧产物在钢液中所受的浮力也越大,斯托克斯的研究认为,脱氧产物的上浮速度与其半径的平方成正比。在基本条件相同的情况下,运用式 (6-9) 可以粗略地算出:$r_1 = 0.026mm$ 时,$v = 2.0mm/s$;$r_2 = 0.0026mm$ 时,$v = 0.02mm/s$。

若两个脱氧产物同处于 1m 深的钢液中,半径为 0.026mm 的颗粒经 8.3min 左右便能上浮到钢液的表面;而半径为 0.0026mm 的脱氧产物则需 13.8h 才能从钢液中排出。实际生产不可能提供如此长的排出时间,因而脱氧产物往往来不及上浮就被凝固在钢中了。可见,脱氧产物的半径是影响其上浮速度的关键因素。

B　促使脱氧产物上浮的措施

在影响脱氧产物上浮速度的 3 个因素中,钢液黏度主要受钢液成分和温度的影响,实际生产中其变化范围较小,所以,依靠降低钢液黏度来增加脱氧产物的上浮速度作用十分有限;当脱氧元素确定以后,脱氧产物的密度也基本不变,实验结果表明,依靠改变脱氧产物的密度至多能将上浮速度提高 2～3 倍;而脱氧产物的半径不仅影响大且可控,因此,设法增加脱氧产物的半径即形成大颗粒夹杂物是促使其上浮的最为直接而有效的措施。

怎样才能增加脱氧产物的半径呢?悬浮在钢液里的固相或液相脱氧产物,都有自发聚合长大的趋势。因为,聚合长大的过程能使系统的自由能减小,属于自发过程。有关研究发现,脱氧产物的聚合速度受本身的性质及钢液性质等条件的影响;并指出,增大脱氧产物的半径有两大途径,即形成液态的脱氧产物和形成与钢液界面张力大的脱氧产物。

a　形成液态的脱氧产物

大颗粒的脱氧产物是由细小颗粒在互相碰撞中合并、聚集、黏附而长大的，其中以液态产物合并最牢固。因此，希望生成的脱氧产物是低熔点的液态产物，以利于其聚集长大。实现这一目的的主要措施是对钢液进行复合脱氧，即同时使用两种或两种以上元素对钢液进行脱氧。

使用单一的脱氧剂脱氧时，其脱氧产物在炼钢温度下大部分为固体粒子，不易聚合上浮。不过，虽然纯 MnO、SiO_2、Al_2O_3 的熔点都很高，但如果它们同时出现在钢液中，而且有相遇、碰撞的机会，便会相互结合成熔点很低的、在炼钢温度下呈液态的复合化合物。这就是复合脱氧有助于脱氧产物上浮的原因所在。据此，人们便从脱氧元素锰、硅、铝的配比，脱氧剂的加入次序以及直接采用复合脱氧剂等方面着手，力图最大限度地减少残留在钢液中的脱氧产物。

例如，MnO 和 SiO_2 的熔点分别为 1785℃ 和 1713℃，而同时使用锰和硅脱氧时，会生成熔点仅为 1270℃ 的硅酸锰 $MnO \cdot SiO_2$，见表6-6。

表 6-6　某些脱氧产物的物理性质

化合物	熔点/℃	密度/g·cm⁻³	化合物	熔点/℃	密度/g·cm⁻³
FeO	1370	5.9	BN	3000	3.26
MnO	1785	5.18	AlN	>2200	3.26
MgO	2800	3.4	MnS	1610	4.02
CaO	2600	4.25	V_2O	>2000	4.81
TiO_2	1640	2.26	WO_2	1770	12.11
SiO_2	1713	3.9	ZrO_2	2700	5.49
Al_2O_3	2050	5.0	$CaO \cdot Al_2O_3$	1600	
Cr_2O_3	2265	5.47	$3CaO \cdot Al_2O_3$	1535	
VN	2000	5.1	$MnO \cdot SiO_2$	1270	
TiN	2900	6.93	Fe	1539	7.9

实验测定表明，无论在纯硅酸锰中或在 SiO_2-FeO-MnO、SiO_2-MnO-Al_2O_3 系统中，只有当 SiO_2 的浓度小于 47% 时，在炼钢温度下才能形成液态的硅酸盐或铝硅酸盐；另外，锰、硅的加入次序不同，硅酸盐的组成也不同，见表6-7。

表 6-7　硅、锰脱氧剂加入次序对硅酸盐夹杂成分的影响　　　　　　　　　（%）

方案	方　法	硅酸盐夹杂成分			钢 中 含 量		
		SiO_2	MnO	FeO	脱氧前 $w[O]$	脱氧后 $w[O]$	夹杂总量
I	先加硅后加锰	56.16	29.8	16.76	0.021~0.025	0.012~0.013	0.0254~0.0292
II	先加锰后加硅	37.20	55.25	7.55	0.01~0.024	0.007~0.009	0.0173~0.0217
III	用[Mn]/[Si]=3.5 合金	37.73	57.73	8.54	0.018~0.026	0.006~0.008	0.0160~0.0190
IV	用[Mn]/[Si]=4.5 合金	34.74	58.60	6.66	0.018~0.023	0.004~0.006	0.0118~0.0160

从表6-7可以看出：

脱氧方案 I 与脱氧方案 II 比较，采用方案 I 时，硅充分脱氧后才加锰，生成的硅酸盐夹杂中 SiO_2 含量大于47%，所以硅酸盐夹杂是 SiO_2 过饱和的固态黏性质点，钢中的残氧量和夹杂总量较其他方案高；而采用方案Ⅱ时，脱氧剂的加入顺序是先弱后强，两者均有机会充分与氧反应，生成的硅酸盐夹杂中 SiO_2 含量为 37.2%，在炼钢温度下呈液态，所以钢中的残氧量和夹杂总量都比方案Ⅰ大大减少。不过，方案Ⅱ虽能取得较好的脱氧效果，但由于先加入锰铁，在脱氧开始时脱氧产物很不均匀，当再加入硅铁时，导致部分的 MnO 和 FeO 还原，而在钢液内形成一些被 SiO_2 过饱和的固态质点，尽管这些固态质点的数量比方案Ⅰ少得多，但这些质点要黏聚到液态的硅酸盐上还需一段较长的时间。所以，生产中常常采用方案Ⅲ和方案Ⅳ的复合脱氧剂，使 MnO 和 SiO_2 同时同地生成，迅速结合成低熔点的复合脱氧产物。

脱氧方案Ⅲ与脱氧方案Ⅳ比较，采用方案Ⅲ脱氧时，由于[Mn]/[Si]较低，脱氧产物中的 SiO_2 相对较多而有少量的被 SiO_2 过饱和的固态质点，所以钢中的残氧量和夹杂总量都较方案Ⅳ要高。生产中发现，[Mn]/[Si]的数值为 6~7 的硅锰合金脱氧效果最好。

b　形成与钢液间界面张力大的脱氧产物

Al_2O_3 的熔点高达 2050℃，因此，炼钢温度下铝的脱氧产物是细小的固体颗粒。按照低熔点理论，它们从钢液中排除将会很困难。但事实并非如此，我国某厂在 30t 氧气顶吹转炉上试制 08 铝冷轧汽车钢板时，用铝量高达 1.6kg/t，却获得了很纯洁的钢材，夹杂物总量只有 0.0055%。这说明铝的脱氧产物的上浮速度很快，在出钢和浇注过程中，绝大部分都被排除掉了。

关于 Al_2O_3 夹杂物上浮速度快的原因，许多研究者都进行了探讨，目前比较一致的观点是，由于 Al_2O_3 与钢液间的界面张力较大的缘故。

由"表面现象"的基本理论可知，钢液与夹杂物间的界面张力愈大，钢液对夹杂物的润湿性愈差，而夹杂物自发聚合的趋势也愈大。有人对单独使用硅或铝进行脱氧做了对比性试验，虽然硅和铝单独脱氧时的产物都呈固态，颗粒大小几乎相等，而且 SiO_2 的密度（3.9g/cm^3）还小于 Al_2O_3（5.0g/cm^3），但是 Al_2O_3 的排除速度却比 SiO_2 快得多。究其原因，是因为铝的脱氧产物 Al_2O_3 与钢液的界面张力（2N/m）比 SiO_2（0.6N/m）大 2 倍多的缘故。与钢液间较大的界面张力，使得 Al_2O_3 夹杂受到了钢液的较大的排斥力，从而有助于其小颗粒之间聚集成为群落状（又称云絮状）夹杂。这种群落状夹杂物可以看成一个整体，其大小可达到 500μm，因而它在钢液中的上浮速度要比球状夹杂快许多。

6.5.3　脱氧方法

炼钢生产中常用的脱氧方法主要有沉淀脱氧、扩散脱氧、喷粉脱氧、喂线脱氧和真空脱氧等五种。

6.5.3.1　沉淀脱氧

A　沉淀脱氧及其特点

所谓沉淀脱氧，是指将块状脱氧剂沉入钢液中，熔化、溶解后直接与钢中氧反应生成稳定的氧化物，并上浮进入炉渣，以降低钢中氧含量的脱氧方法。又称直接脱氧。

沉淀脱氧法操作简便、成本低而且过程进行迅速，是炼钢中应用最广泛的脱氧方法。沉淀脱氧时，钢液的脱氧程度取决于脱氧元素的脱氧能力和脱氧产物从钢液中排除的难易，所以一般选择脱氧能力强而且生成的脱氧产物容易排出钢液的元素作为沉淀脱氧剂。

但采用沉淀脱氧总有一部分脱氧产物残留在钢液中，影响钢的纯洁度。这是沉淀脱氧的主要缺点。

沉淀脱氧时通常使用复合脱氧剂，这是因为：

（1）复合脱氧可以提高元素的脱氧能力。例如，硅锰合金、硅锰铝合金中的锰能提高硅和铝的脱氧能力。

（2）复合脱氧可以提高元素在钢水中的溶解度。例如，强脱氧剂钙在钢水中溶解度很小，为了提高钙脱氧效率就需要提高它在钢水中的溶解度，常用的方法是加入其他元素。现已证实，碳、硅、铝能显著地增加钙在钢液中的溶解度，碳、硅、铝每加入 1% 时，钙的溶解度分别增加 90%、25%、20%。因此，通常用硅钙和铝钙合金等复合脱氧剂脱氧。

（3）复合脱氧可以生成大颗粒或液态的产物，容易上浮。例如，单独用硅脱氧时生成的 SiO_2 固体颗粒为 $3 \sim 4 \mu m$，而用硅钙合金脱氧时生成的 $2CaO \cdot SiO_2$ 固态颗粒为 $7 \sim 8 \mu m$；再如，用硅和锰单独脱氧时，其产物都是固态即 $MnO_{(s)}$、$SiO_{2(s)}$，而用硅锰合金（$[Mn]/[Si]$）脱氧时，则可生成液态产物 $MnO \cdot SiO_2$。

（4）复合脱氧可以使夹杂物的形态和组成发生变化，有利于改善钢的质量。例如，用铝脱氧的产物是串链状的 Al_2O_3 夹杂物，而用铝钙合金脱氧，不仅能进一步降低钢中氧含量，而且生成的是球状产物，均匀地分布在钢中。

生产现场没有现成的复合脱氧剂时，则应按一定比例加入几种脱氧剂，并且按照脱氧能力先弱后强的顺序加入钢液中，以便发挥复合脱氧应有的作用。

B　常用脱氧剂

沉淀脱氧使用的脱氧剂是块状的，其块度因合金种类不同而异。常用脱氧剂有：铁、铝、硅锰合金、硅锰铝合金和硅钙合金等。

a　锰铁（Fe-Mn）

锰铁合金的含锰量在 50%～80% 之间。根据其含碳量不同，可分为高碳锰铁（又称碳素锰铁，含碳 7.0%～7.5%）、中碳锰铁（含碳 1.0%～2.0%）和低碳锰铁（含碳 0.2%～0.7%）三种。一般来讲，含碳量越高，生产成本越低，锰铁的价格也越低。高碳锰铁通常作为脱氧剂被用于氧气转炉炼钢的脱氧和电弧炉炼钢的预脱氧，而中碳锰铁和低碳锰铁则主要作为合金剂用于调整钢液成分。

锰铁的块度以 30～80mm 为宜，块度过大时熔化时间长；块度太小时则难以下沉。使用前应在 500～800℃ 的高温下烘烤 2h 以上，以免增加钢液的氢含量。

b　硅铁（Fe-Si）

根据硅含量不同，硅铁有 3 个牌号，即 FeSi45、FeSi75、FeSi90。随着硅含量的增加，硅铁的密度下降，因此沉淀脱氧常用 FeSi45 或 FeSi75。FeSi45 通常含硅 40%～47%，而 FeSi75 的含硅量一般是在 72%～80% 之间。含硅量在 50%～60% 的硅铁极易吸收空气中的水分而粉化，并放出有害气体，所以一般禁止生产这种中间成分的硅铁。

FeSi75 的块度通常为 50～100mm。硅铁很容易吸收空气中的水分，而且本身含氢量高，因此，应在 500～800℃ 的高温下烤红后使用。

c　铝（Al）

纯铝的密度小，仅 $2.7g/cm^3$。作为沉淀脱氧剂的金属铝含铝量在 98% 以上，常根据炉子容量的大小浇成一定重量的铝饼或铝锭。

为了提高铝的回收率，有的企业制成含铝 20% ~ 55% 的铝铁使用，以增加其密度。

铝饼、铝锭及铝铁使用前应在 100 ~ 150℃ 的温度下干燥 4h 以上。

d　硅锰合金（Mn-Si）

硅锰合金是一种复合脱氧剂，它由铁、锰、硅三种元素组成。根据锰、硅的含量不同，共有 8 个牌号的硅锰合金，其含锰、硅的含量通常分别在 60% ~ 65% 和 10% ~ 28% 之间。

e　硅钙合金（Ca-Si）

硅钙合金通常含硅 55% ~ 65%，含钙 24% 以上。硅钙合金的脱氧产物为球状，且能均匀分布在钢中。此外，还可以减少钢中硫化物夹杂和提高钢的冲击韧性等，因此，在冶炼不锈钢、高级优质结构钢和某些特殊合金时，硅钙合金获得广泛的应用。

硅钙合金在潮湿空气中易吸水粉化，运输及储存时应注意防潮。

硅钙合金的块度应为 200 ~ 250mm，使用前应在 100 ~ 150℃ 的温度下干燥 4h 以上。

f　硅锰铝合金（Al-Mn-Si）

硅锰铝的脱氧效果优于硅锰合金，广泛用于高级结构钢的冶炼，其成分一般为：5% ~ 10% Si、20% ~ 40% Mn、5% ~ 10% Al。

6.5.3.2　炉渣脱氧

将粉状脱氧剂撒在渣面上，还原渣中的（FeO），降低其含氧量，促使钢中的氧向渣中扩散，从而达到降低钢液氧含量的目的，这种脱氧操作叫做炉渣脱氧法，由于这一脱氧过程是通过扩散完成的，所以曾称为扩散脱氧法。

炉渣脱氧的基本原理是分配定律。氧既溶于钢液又能存在于炉渣中，一定温度下，氧在两相之间分配平衡时的浓度比是一个常数，这一关系可用下式表示：

$$L_O = \frac{\sum w(FeO)_\%}{w[O]_\%} \tag{6-10}$$

式中　　L_O——氧在炉渣和钢液间的分配系数；

$\sum w(FeO)_\%$——炉渣中总氧化铁的质量百分数，%；

$w[O]_\%$——钢液中氧的质量百分数，%。

由式（6-10）可见，只要设法降低渣中 FeO 含量，使其低于与钢液相平衡的氧量，则钢液中的氧必然要转移到炉渣中去，从而使钢中含氧量降低。也就是说，此时控制钢液中含氧量的主要因素已不是含碳量，而是炉渣中氧化铁的含量。扩散脱氧法就是通过向渣面上撒加与氧结合能力比较强的粉状脱氧剂，如碳粉、硅铁粉、铅粉、硅钙粉或碎电石等，使其与渣中 FeO 发生下列反应：

$$(FeO) + C = [Fe] + \{CO\}$$

$$2(FeO) + Si = 2[Fe] + (SiO_2)$$

$$3(FeO) + 2Al = 3[Fe] + (Al_2O_3)$$

$$3(FeO) + CaSi = 3[Fe] + (SiO_2) + (CaO)$$

$$3(FeO) + CaC_2 = 3[Fe] + (CaO) + 2\{CO\}$$

使渣中的（FeO）大幅度降低，破坏了氧在渣钢之间的浓度分配关系，钢中氧就会不断地向炉渣扩散转移，实现新的平衡，从而达到脱氧目的。

L_0 的值与熔池温度及炉渣成分有关，如图 6-4 所示。

由图 6-4 可见，当碱度为 3.0、温度为 1600℃时，$L_0 \approx 400$；若使还原渣中（ΣFeO）的含量降低到 0.5%，与之平衡的钢液的氧含量应为：

$$w[O]_\% = 0.5/400 = 0.00125$$

因为脱氧反应是在渣中进行的，因此，炉渣脱氧的最大优点是钢液不会被脱氧产物所玷污。但是，其脱氧过程依靠原子的扩散进行，速度极为缓慢，甚至有的研究者指出，实际生产条件下扩散脱氧几乎不可能进行。

预脱氧后采用的炉渣脱氧，造成并保持炉

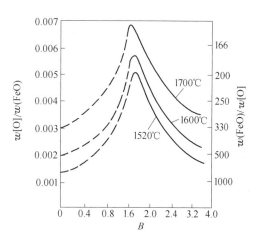

图 6-4　氧的分配系数和碱度、温度的关系

内的还原性气氛，强化炉内的脱硫过程和进一步脱除钢中的氧；同时，沉淀预脱氧产物还能进一步上浮。炉渣脱氧通常要求渣中的（FeO）含量降到 0.5% 以下，并保持 30min 左右。

出钢前，再用脱氧能力强而且脱氧产物容易上浮的铝块进行终脱氧，一般可将钢液中的氧含量降低到 0.002% ~0.005% 的水平。由于从加入终脱氧剂到出钢这段时间很短，必然有一部分脱氧产物来不及上浮而留在钢液中。所以，通常采用渣钢混冲的方式出钢，利用还原渣洗涤和吸附钢中的沉淀脱氧产物，并在浇注前的镇静过程中上浮排除；同时，渣钢混冲的出钢方式能极大地增加渣钢的接触界面积，使炉内远未达到平衡的脱氧和脱硫过程继续并加速进行，进一步降低钢液中的氧、硫含量。

6.5.3.3　喷粉脱氧

A　喷粉脱氧及其特点

喷粉冶金技术是用氩气做载体，向钢水喷吹合金粉末或精炼粉剂，以达到脱氧、脱硫、调整钢液成分、去除夹杂和改变夹杂物形态等目的的一种快速精炼手段。

喷粉脱氧是喷粉冶金技术的主要目的之一。它是利用冶金喷射装置，以惰性气体（氩气）为载体，将特制的脱包粉剂输送到钢液中进行直接脱氧的工艺方法。

在喷吹条件下，由于脱氧粉剂的比表面积（脱氧粉剂和钢液间的界面积与钢液的体积之比）比静态钢渣的比表面积大好几个数量级，同时在氩气的强烈搅拌作用下，极大地改善了冶金反应的动力学条件，加快了物质的扩散，使得喷粉脱氧的速度很快，即在很短的时间内就可以较好地完成脱氧任务。另外，喷粉脱氧还可以使用密度小、沸点低或在炼钢温度下蒸气压很高的强脱氧剂，在一定程度上解决了活性元素如钙、镁等的加入问题。因此，喷粉冶金技术具有传统精炼技术所不具备的反应速度快、效率高、产品质量好、经济效益显著的特点。

但是，喷粉冶金不具备真空去气、脱碳等功能，也无法形成还原气氛；同时，粉剂制备、远距离输送、防潮、防爆的条件要求也较高，使其应用受到一定的限制。

B　常用的脱氧粉剂

钢液喷粉脱氧的粉剂种类很多，除了脱氧剂，如硅铁、软铁、铝、镁、稀土、硅锰合金、硅锰铝合金、硅钙合金、电石、碳化硅等可以制粉进行喷吹外，还可以喷吹渣粉，如石灰粉、石灰粉＋少量萤石粉等，或渣粉和脱氧元素的混合粉剂。

常用的几种粉剂按其输送特性可分为三类：

（1）硅钙粉和电石粉类。这一类脱氧粉剂流动性好，易输送，但电石粉不易储存。

（2）铝、镁类。与前一类相反，该类脱氧粉剂很容易输送，只需要少量气体即可；但有氧化倾向，使用时应注意。

（3）石灰粉类。石灰类的脱氧粉剂流动性差，易堵塞，需要持久的射流。

通常要求脱氧粉剂的粒度在 0.3mm 以下，水分不超过 0.1%，因此使用前需进行严格的筛分、烘烤。

C　喷粉脱氧的冶金效果

喷粉脱氧可以在炼钢炉内进行，也可以在钢包内进行。不过，目前以在钢包中进行的为多。

a　炉内喷粉脱氧

炉内喷粉脱氧时，因熔池线喷溅严重，而且脱氧粉剂容易随载流气体逸出熔池并在渣面上燃烧，导致其利用率下降。不过，炉内喷粉脱氧还是要比沉淀脱氧效果好。

b　钢包喷粉脱氧

钢包中喷粉脱氧时，由于脱氧粉剂运动的行程长，利用率很高；脱氧产物在氩气搅拌作用下碰撞聚集的机会大，易于上浮与排除；而少数残留在钢中的脱氧产物，也是细小弥散、均匀分布，或形态发生了改变，因此对钢的危害也较小。此外，钢包喷粉无二次氧化。

钢包喷粉冶金原理如图 6-5 所示。

需要指出的是，无论是在炉内还是在包中向钢包液喷吹渣粉（85% CaO ＋ 15% CaF$_2$）时，并不是依靠渣粉与钢液中的氧直接作用进行脱氧，而是渣粉喷入钢液后，通过和其中的 SiO$_2$ 结合形成复合夹杂物，降低 SiO$_2$ 的活度，增强硅的脱氧能力，从而达到使钢液脱氧的目的。也有人认为，在喷吹条件下，渣粉在氩气泡表面熔化形成一层液体渣膜，使钢中硅和氧一齐向渣膜扩散，生成活度低的脱氧产物并随同氩气泡排出，使钢液中的氧得以降低。因此，喷吹渣粉脱氧时钢液中必须有足够的含硅量。另外，喷吹渣粉脱氧法降温大，且容易使钢液增氢降硅，使用时必

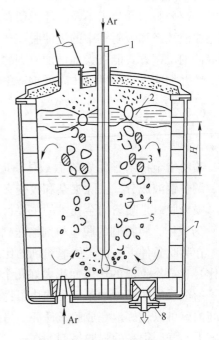

图 6-5　钢包喷粉冶金原理

1—喷枪；2—渣；3—钙气泡；4—气泡；5—钙粒子；
6—喷射区；7—钢包；8—滑动水口

须注意。

D　影响喷粉脱氧效果的因素

影响喷粉脱氧效果的因素主要有以下 5 个：

（1）喷枪插入深度。实际生产中，喷枪的插入深度主要取决于钢液熔池的深度。从满足脱氧反应要求的角度考虑，希望喷入的粉剂尽快地均匀分布于钢液之中，并与钢液有尽可能长的接触时间，因此，喷枪应插得深一些。但是，同时应保证粉气流不会冲到熔池的底部。有关的研究指出，喷枪插入深度 h 与熔池深度 H 之比，即 h/H 在 $0.65 \sim 0.85$ 范围内时，可以使粉剂与钢水混合均匀并保持较长的接触时间。当 $h/H > 0.85$ 之后，炉底（包底）对混合均匀起阻碍作用，混匀过程恶化，混匀效果变差。

（2）喷吹压力。当喷枪插入深度确定后，粉气流在喷出口的压力 p_0 必须大于钢液与炉渣的静压力及液面上气相的压力的总和 $\sum p$，否则钢液会倒灌入枪内，造成堵枪。但过高的喷吹压力和喷粉速度会使粉剂尚未充分和钢液作用而过早地逸出，或使钢液裸露严重。

（3）脱氧粉剂喷入量和喷吹时间。一般情况下，脱氧粉剂喷入量越大，钢液中最终氧含量越低；在喷吹强度一定的条件下，喷吹时间越长，脱氧效率越高。

此外，喷粉后对钢液的吹氩洗涤时间要合适，吹氩时间太短，脱氧产物来不及排除；但喷吹和洗涤时间过长，会使炉衬（包衬）和喷枪侵蚀严重及包内钢液温度降低太多。

粉料和载流气体的用量由各钢种的冶炼工艺决定。

（4）脱氧产物的影响。钢液喷粉脱氧时，其产物对脱氧效果的影响很大。如果脱氧产物为大型球状易熔夹杂物，就能很快地上浮排除；反之，若为细小的固态颗粒则上浮很慢。

（5）包衬材质。在喷吹过程中，黏土砖包衬中的 SiO_2 将会与喷入的 Ca 和 Al 等发生下列反应：

$$SiO_{2(s)} + 2\{Ca\} = 2(CaO) + [Si]$$

$$3SiO_{2(s)} + 4[Al] = 2(Al_2O_3) + 3[Si]$$

可见，黏土砖包衬在喷吹过程中侵蚀严重，且有大量的 SiO_2 被还原，不仅影响钙和铝的利用率，而且使钢中硅含量增加。所以，喷粉用的钢包不能用黏土砖作内衬，尤其是采用钙系粉剂和铝质粉剂时更不适用。目前，喷粉用钢包的内衬都采用高铝质或镁碳质耐火材料。

6.5.3.4　喂线脱氧

喂线脱氧技术是把包有炼钢添加剂的合金心线或铝线，用喂线机以所需的速度加入到待处理的钢液中，达到使钢液脱氧（脱硫、微合金化、控制夹杂物的形态）的目的，以改善钢材机械性能。

喂线脱氧通常和吹氩搅拌法并用，其主要特点是设备简单、操作方便、合金收率高，因此可以用钙和稀土等易氧化元素来进行脱氧。喂线技术 WF 法如图 6-6 所示。

金属钙是一种强脱氧剂和脱硫剂，加钙处理可改善钢的质量。然而，由于钙是非常活泼的金属，易氧化，因此直接加钙会引起沸腾喷溅，烧损大，在钢中分布也难均匀。而喂线技术的问世，为向钢液中加钙提供了有效的手段。它代替了喷枪喷吹技术，用每分钟80～300m 的速度喂入钙线，可把钙线送到使钢液静压力超过钙蒸气压的深度，使球状钙的液滴缓慢浮升，并和周围钢液反应。因它不存在气相载体，从而使钙滴有较长的时间向上移动，有足够的时间与钢液发生反应。钢包喂钙效果如图 6-7 所示。

图 6-6　喂线技术 WF 法

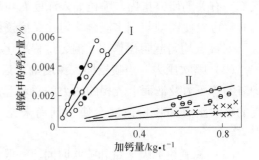

图 6-7　加钙量和钢锭中的钙含量
I —喂钙线；II —喷吹钙；○—钢包中喂 Ca-Al 线；
●—锭模中喂钙线；⊖—Al_2O_3 衬钢包，喷吹钙；
×—酸性钢包，喷吹钙

喂线技术是在喷粉技术之后发展起来的，它不仅具备了喷粉技术的优点，消除或大大减小了其缺点，而且在添加易氧化元素、调整钢的成分、控制气体含量、设备投资与维护、生产操作与运行费用、产品质量、经济效益和环境保护等方面的优越性更为显著。

6.5.3.5　真空脱氧

A　真空脱氧及其特点

真空技术是炉外精炼中广泛应用的一种手段，目前常用的炉外精炼方法中，约有 2/3 配有真空装置。

按照热力学分析结果，系统的压力变化会对那些有气体参与而且反应前后气体的摩尔数不等的反应产生影响，真空条件将促使反应向气体摩尔数增加的方向进行。所以炉外精炼的真空手段对钢液的脱气、脱氧、超低碳钢种的脱碳等反应产生有利的作用。

真空条件下，脱氧任务是怎样完成的呢？

理论研究表明，要使钢液中的氧在精炼时自动析出，外界压力（即真空度）必须小于 0.78×10^{-3} Pa，真空熔炼时，真空泵抽气所能达到的真空度一般不超过 10^{-1} Pa，而炉外精炼的真空度通常为 10～100Pa。可见，单凭真空处理不可能降低钢液中的氧含量，即在真空条件下，钢液中溶解的氧不能自动析出。因此，真空脱氧也必须加入脱氧剂，依靠脱氧反应来完成脱氧任务。

在常规的炼钢方法中，脱氧主要是依靠硅、铝等与氧亲和力比铁大的元素来完成。这些元素与溶解在钢液中的氧作用生成不溶于钢液的脱氧产物，并上浮排除出钢液而使钢液中的氧降低。常压下碳的脱氧能力很低，但是在真空条件下，由于其脱氧反应产物 CO 的分压的降低，脱氧能力大为提高。当碳氧反应达到平衡时，钢中的氧含量几乎与 p_{CO} 成正比。图 6-8 所示为不同压力时碳的脱氧能力和几种元素脱氧能力的比较。

由图 6-8 可见，随着真空度的提高碳的脱氧能力也在提高，当系统的压力降到炉外精炼常用的工作压力 133Pa 时，碳的脱氧能力已经远远超过了硅甚至超过了铝的脱氧能力。另外，碳的脱氧反应产物是 CO 气体，不仅不会玷污钢液，而且随着 CO 气泡在钢液中的上浮，还可以有效地去除钢液中的气体和非金属夹杂物。由此可见，碳是真空条件下最理想的脱氧剂。

B 真空脱氧的实际效果及原因

真空度对真空脱氧的影响并不是无限的，实际测量的结果及许多研究者的试验都表明，真空下碳的脱氧能力远没有像热力学计算的那样强。将实测的真空精炼后的氧含量，标在碳氧平衡图上，如图 6-9 所示。

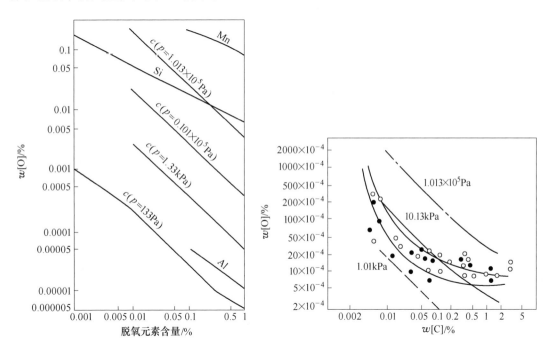

图 6-8 碳的脱氧能力与压力的关系   图 6-9 真空下碳的脱氧能力

由图 6-9 可见，真空精炼后（加入终脱氧剂之前），钢中氧含量聚集在 p_{CO} 为 10kPa 的平衡曲线附近，也就是说仅相当于 p_{CO} 为 10132.5Pa 时的平衡值。

为什么热力学计算值与实测值会有如此大的差别呢？其原因大致如下：

（1）碳的脱氧反应未达平衡。热力学计算的是碳的脱氧反应达到平衡时的结果，而实际生产中尤其是真空浇注、倒包处理、出钢脱气等工艺，钢液暴露在真空中的时间比较短促，加之碳氧反应的限制性环节是[O]和[C]的扩散，速度很慢，没有足够时间去达到平衡，所以，实际的脱氧效果要差些。

（2）熔炼室内压力测定值（真空度）通常低于熔池内碳氧反应区的真实压力。热力学计算是以熔炼室内的气相压力为依据的，而由任务 3.6 "碳氧反应及脱碳工艺"中的有关内容可知，要在反应区生成 CO 气泡，除了克服熔池面上的气相压力外，还必须克服钢液与炉渣的静压力及形成气泡时由表面张力引起的附加压力。真空度的提高只能降低熔池面上的气相压力，而当有现成的气泡表面时，限制碳脱氧能力的主要因素是钢液的静压力，因此当熔炼室内的压力降到一定程度后再提高真空度，对碳的脱氧能力就不产生影响了。

这种分析较好地解释了碳的真实脱氧能力远没有热力学计算那样强的原因。但是，不能解释为什么当熔池很浅、钢液静压很低，进行真空精炼时碳仍不能表现出应有的脱氧能力的现象。

（3）真空下炉衬和炉渣中的氧化物发生分解向熔池供氧。真空条件下，氧化物的稳定性变差，精炼过程中会发生炉衬和炉渣中的氧化物的分解反应而向钢液供氧：

$$MgO_{(s)} === \{Mg\} + [O]$$

$$SiO_{2(s)} === \{SiO\} + [O]$$

钢液中碳的存在，会因发生下列反应而有助于耐火材料和渣中氧化物的分解：

$$[C] + [O] === \{CO\}$$

上述分析解释了真空条件下通过延长精炼时间仍不能使碳的脱氧能力达到平衡时应有的水平的原因。

（4）钢中的氧并非全是以溶解氧的形式存在。热力学计算是以溶解在钢中的氧为脱除对象的，然而，真空精炼时，钢液（特别是已脱氧的钢液）中的氧有相当一部分是以氧化物夹杂的形式存在，而不是以溶解氧的形式存在。真空条件下，碳虽然也能够还原这些氧化物，但只有黏附在气泡（吹入的氩气泡、上浮过程中的 CO 气泡等）壁上的氧化物，才有可能被碳还原，所以碳氧反应只能去除部分夹杂物中的氧，这会使得碳的脱氧能力大打折扣。

（5）钢中其他元素对碳的脱氧能力也有影响。除了上述因素外，钢中其他元素对碳的脱氧能力也有影响，例如镍能提高碳的脱氧效果，而铬则减弱碳的脱氧效果。

可见，碳的脱氧反应受到[O]和[C]在钢液内的扩散速度、CO 气泡核生成长大速度等动力学因素的影响。因此，必须设法改善真空下碳氧反应的动力学条件。

在研究碳氧反应时已知，真空条件下，熔池表面层（约 100mm 深）钢液的碳氧反应最为激烈，称为活泼层。如果不能保证底部钢液及时上升，上层碳氧反应将很快趋于平衡，导致钢液真空脱氧反应趋于停止。为此，在真空下要使碳氧反应顺利进行，必须采用包底吹氩搅拌或电磁搅拌，使底部钢液不断地循环流动，更换活泼层内的钢液。

另外，向未经完全脱氧的钢液吹氩，除了可以搅拌钢液外，还具有一定的促真空作用。吹入钢液的氩气泡内的 CO 的分压为零，对于碳氧反应来说，如同一个小的"真空室"，不仅会使氩气泡周围的钢液中的[C]、[O]向其表面扩散并进行碳氧反应，而且钢液中产生的 CO 也会向其中扩散使 CO 分压降低，从而有利于碳的脱氧。

需要说明的是，尽管真空条件对脱氧起着积极的促进作用，但由于脱氧的易操作性及方法的多样性，使得目前没有一种真空设备是为完成脱氧任务而建立发展起来的，真空脱氧是真空设备在完成其他任务时而附带完成的。

6.5.4　钢中的非金属夹杂物

在冶炼和浇注过程中产生或混入钢中，经加工或热处理后仍不能消除的，与钢基体无任何联系而独立存在的氧化物、硫化物、氮化物等非金属相，统称为非金属夹杂物，简称为夹杂物。

钢中的非金属夹杂物主要是铁、锰、铬、铝、钛等金属元素与氧、硫、氮等形成化合物。其中氧化物主要是脱氧产物，包括未能上浮的一次脱氧产物和钢液凝固过程中形成的二次脱氧产物。

非金属夹杂物的存在破坏了钢基体的连续性，造成钢组织的不均匀，对钢的各种性能都会产生一定的影响。

6.5.4.1　钢中非金属夹杂物的来源

钢中非金属夹杂物主要来自以下几个方面：

（1）原材料带入的杂物。炼钢所用的原材料，如钢铁料和铁合金中的杂质、铁矿石中的脉石，以及固体料表面的泥沙等，都可能被带入钢液而成为夹杂物。

（2）冶炼和浇注过程中的反应产物。钢液在炉内冶炼、包内镇静及浇注过程中生成而未能排除的反应产物，残留在钢中便形成了夹杂物。这是钢中非金属夹杂物的主要来源。

（3）耐火材料的侵蚀物。炼钢用的耐火材料中含有镁、硅、钙、铝、铁的氧化物。从冶炼、出钢到浇注的整个生产过程中，钢液都要和耐火材料接触，炼钢的高温、炉渣的化学作用及钢、渣的机械冲刷等或多或少要将耐火材料侵蚀掉一些进入钢液而成为夹杂物。这是钢中 MgO 夹杂的主要来源，约占夹杂总量的 5% 以上。

（4）乳化渣滴夹杂物。除了电弧炉偏心炉底出钢外，出钢过程中渣钢混出是经常发生的，有时为了进一步脱氧、脱硫也希望渣钢混出。如果镇静时间不够，渣滴来不及分离上浮，就会残留在钢中，成为所谓的乳化渣滴夹杂物。

另外，出钢和浇注过程中，炉盖、出钢槽、钢包和浇注系统吹扫不干净，各种灰尘微粒的机械混入也将成为钢中大颗粒夹杂物的来源。

6.5.4.2　钢中非金属夹杂物的分类

根据研究目的的需要，可以从不同的角度对钢中的非金属夹杂物进行分类。目前最常见的是按照非金属夹杂物的组成、性能、来源和大小不同进行分类。

A　按夹杂物的组成分类

该分类方法又称为化学分类法，在描述和分析夹杂物的成分时常用这一分类法。根据组成不同，钢中的非金属夹杂物可以分成以下三类：

a　氧化物系夹杂物

氧化物系夹杂物有简单氧化物、复杂氧化物、硅酸盐与固溶体之分。

（1）简单氧化物。常见的简单氧化物夹杂有 FeO、Fe_2O_3、MnO、SiO_2、Al_2O_3、TiO_2 等。例如，在用硅铁和铝脱氧的镇静钢中，就能见到 SiO_2 和 Al_2O_3 夹杂物。

（2）复杂氧化物。复杂氧化物包括尖晶石类夹杂物和钙的铝酸盐两种。

尖晶石类氧化物常用化学式 $MeO \cdot R_2O_3$ 表示。Me 代表二价金属，如 Fe、Mn、Mg 等，R 为三价金属，如 Fe、Al、Cr 等。这类夹杂物因具有尖晶石 $MgO \cdot Al_2O_3$ 的八面晶体结构而得名。常见的有 $FeO \cdot Al_2O_3$、$MnO \cdot Al_2O_3$ 等铝尖晶石（多出现于镇静钢中）；$FeO \cdot Cr_2O_3$、$MnO \cdot Cr_2O_3$ 等铬尖晶石（常出现于含铬的合金钢中）等。这些夹杂物中的二价或三价金属可以被其他二价或三价金属置换，因此实际遇到的尖晶石类夹杂物可能是多相的；又由于 $MO \cdot R_2O_3$ 内可以溶解相当数量的 MO 和 R_2O_3，因而其成分可在相当宽的范围内波动，实际成分往往偏离化学式。尖晶石类夹杂物的特点是熔点高，在钢液中呈固态并具有形成外形良好的坚硬八面体晶体的倾向，热轧时不易变形；冷轧时，特别是在轧制规格较薄的产品时，易造成表面损伤。

钙（还有钡等）虽然也是二价金属元素，但因离子半径太大（比 Fe、Mn、Mg 等离子半径大 20% ~ 30%），所以它的氧化物不是尖晶石结构，而形成钙的铝酸盐 CaO · Al_2O_3。钙的铝酸盐是碱性炼钢中最为常见的夹杂物，它是钢中的铝与悬浮在钢液中的碱性炉渣的反应产物，或是用含钙合金和铝共同脱氧的产物。

（3）硅酸盐。硅酸盐类夹杂是由金属氧化物和二氧化硅组成的复杂化合物，所以也属于氧化物系夹杂物，化学通式可写成 $l\text{FeO} \cdot m\text{MnO} \cdot n\text{Al}_2\text{O}_3 \cdot p\text{SiO}_2$。其成分比较复杂，而且常常是多相的。常见的有 $2\text{FeO} \cdot \text{SiO}_2$、$2\text{MnO} \cdot \text{SiO}_2$、$3\text{MnO} \cdot \text{Al}_2\text{O}_3 \cdot 2\text{SiO}_2$ 等。这类夹杂物与被侵蚀下来的耐火材料、裹入的炉渣及钢流的二次氧化有关。

硅酸盐类夹杂物一般颗粒较大，其熔点按组分中 SiO_2 所占的比例而定。SiO_2 所占的比例越大，硅酸盐的熔点越高。

（4）固溶体。氧化物之间还可以形成固溶体，最常见的是 FeO-MnO，常以 $(\text{Fe}, \text{Mn})\text{O}$ 表示，称含锰的氧化铁。

b　硫化物系夹杂物

含硫量高时，在铸态钢中以熔点仅 1190℃ 的 FeS 形式在晶界析出，从而导致钢产生"热脆"。为了消除或减轻硫的这一危害，一般的方法是向钢中加入一定量的锰，以形成熔点较高的 MnS 夹杂（熔点为 1620℃）。因此，一般情况下，钢中的硫化物夹杂主要是 FeS、MnS 和它们的固溶体 $(\text{Fe}, \text{Mn})\text{S}$。两者相对量的大小取决于加锰量的多少，随着 $w(\text{Mn})/w(\text{S})$ 比的增大，FeS 的含量越来越少，而且这少量的 FeS 就溶解在 MnS 之中。这是由于锰比铁对硫有更大的亲和力。

冶炼中，铝的加入量大时，钢中会有 Al_2S_3 形态的夹杂物出现；当向钢中加入稀土元素镧和铈等时，可形成相应的稀土硫化物 La_2S_3、Ce_2S_3 等。

在多数钢中，硫化物是比氧化物更重要的夹杂物。因为一般情况下钢的氧含量在 0.004% 以下，而硫的含量则在 0.03% 左右。根据钢的脱氧程度及残余脱氧元素的含量不同，硫化物在固态钢中有三类不同的形态：

第一类是当仅用硅或铝脱氧且脱氧不完全时，硫化物或氧硫化物呈球形任意分布在固态钢中。

第二类是在用铝完全脱氧，仅过剩铝不多的情况下，硫化物以链状分布在晶界处。

第三类是当用过量的铝脱氧时，硫化物呈不规则外形任意分布在固态钢中。

这三类硫化物的形态不同，对钢性能的影响也不同。比如，它们对钢的热脆倾向的影响是：第二类硫化物的热脆倾向最为严重，第三类硫化物次之，第一类硫化物最小。

c　氮化物系夹杂物

一般情况下，钢液的含氮量不高，因而钢中的氮化物夹杂也就较少。但是，如果钢液中含有铝、钛、铌、钒、锆等与氮亲和力较大的元素时，在出钢和浇注过程中，钢流会吸收空气中的氮而使钢中氮化物夹杂的数量显著增多。

通常，将不溶于或几乎不溶于奥氏体并存在于钢中的氮化物才视为夹杂物，其中最常见的是 TiN。至于 AlN，一般是在钢液结晶时才析出的，颗粒细小，它在钢中具有许多良好的作用。例如，在钢液结晶过程中，它可作为异质核心使钢的晶粒细化，因而 AlN 一般不被视为夹杂物。

B 按热加工变形后夹杂物的形态分类

该分类方法又称轧钢分类法，主要用于研究各类夹杂对钢性能的不同影响。在热加工温度下，夹杂物具有不同的塑性，所以钢加工变形后，钢材中夹杂物将呈现不同的形态。依此可将夹杂物分为三类：

（1）塑性夹杂。这类夹杂的塑性好，变形能力强，在热加工过程中沿加工方向延伸呈条带状，如图 6-10（a）所示。FeS、MnS 及含 SiO_2 较低的低熔点硅酸盐等均属于这一类的夹杂物。

（2）脆性夹杂。这类夹杂的塑性差，变形能力弱，热加工时沿加工方向破碎成串。属于这一类的夹杂物有尖晶石类型复合氧化物以及钒、钛、锆的氮化物等高熔点、高硬度的夹杂物，如图 6-10（c）所示；簇状的 Al_2O_2，如图 6-10（d）所示。

（3）不变形夹杂。有的夹杂物，在钢进行热加工的过程中保持原有的球形（或点状）不变，而钢基体围绕其流动。这一类夹杂物叫做球形（或点状）不变形夹杂，如图 6-10（e）所示。属于此类的夹杂物有 SiO_2、含 SiO_2 大于70%的硅酸盐、钙的铝酸盐以及高熔点的硫化物（CaS、La_2S_2、Ce_2S_3 等）。

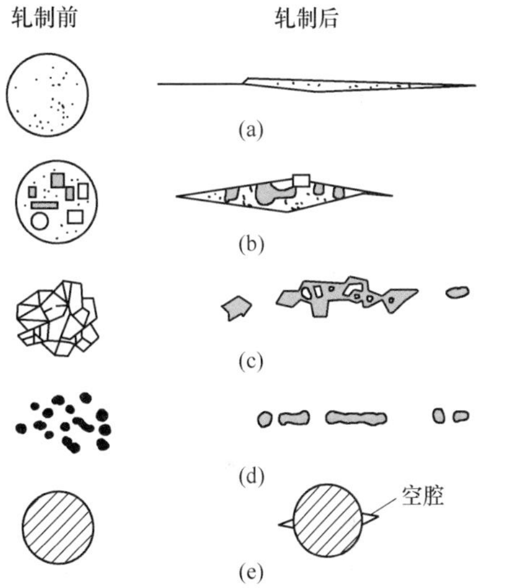

除了以上三种基本类型外，还有一些所谓半塑性夹杂物。它们实际上是塑性夹杂物与脆性夹杂物的复合体。在加热工过程中，其塑性部分随钢基体延伸，但脆性部分仍然保留原来的形状，只是或多或少地被拉开，如图 6-10（b）所示。

图 6-10 变形前后钢中夹杂物形态
(a)塑性夹杂轧制后延伸呈条带状；(b)半塑性夹杂在轧制过程中的变形状况；(c)大颗粒脆性夹杂在轧制中的破碎情况；(d)轧制中簇状的脆性夹杂呈链状；(e)轧制条件下的不变形夹杂

C 按夹杂物的来源分类

该分类方法又叫做炼钢分类法，主要用于确定夹杂物的来源和产生的时间。根据来源不同，钢中非金属夹杂物一般分为两类。

a 外来夹杂物

在冶炼及浇注过程中混入钢液并滞留其中的耐火材料、熔渣或两者的反应产物以及各种灰尘微粒等称为外来夹杂。这类夹杂物的颗粒较大，外形不规则，在钢中出现带有偶然性，分布也无规律。

b 内生夹杂物

这类夹杂物是在脱氧和钢液凝固时生成的各种反应产物，主要是氧、硫、氮的化合物。根据形成的时间不同，内生夹杂物可分为以下四种：

（1）一次夹杂。在冶炼过程中生成并滞留在钢中的脱氧产物、硫化物和氮化物称为一次夹杂，也称原生夹杂。

（2）二次夹杂。出钢和浇注过程中，由于钢液温度降低，导致平衡移动而生成的非金属夹杂物，称为二次夹杂。

（3）三次夹杂。钢液在凝固过程中，因元素的溶解度下降引起平衡移动而生成的夹杂物称为三次夹杂。

（4）四次夹杂。固态钢发生相变时，因溶解度发生变化而生成的夹杂物称为四次夹杂。

从数量上来看，内生夹杂物主要是一次夹杂和三次夹杂。

相对于外来夹杂来说，内生夹杂物的分布比较均匀，颗粒也比较细小，而且形成时间越迟，颗粒越细小。

至于内生夹杂物在钢中的存在形态，则取决于其形成时间的早晚和本身的特性。如果夹杂物形成的时间较早，而且因熔点高以固态形式出现在钢液中，这些夹杂在固体钢中仍将保持原有的结晶形态；而如果夹杂物是以液态的异相形式出现于钢液中，那么它们在固态钢中则呈球形。较晚形成的夹杂物多沿初生晶粒的晶界分布，依据它们对晶界的润湿情况不同或呈颗粒状（如 FeO），或呈薄膜状（如 FeS）。

应该指出的是，钢中的一些夹杂物很难确定它是内生的还是外来的。比如，以外来夹杂为核心析出内生夹杂的情况；再如，外来夹杂与钢液发生作用，其外形及成分均发生了变化的情况等。因此，有人提出应有第三类夹杂——相互反应夹杂物。这一观点正在被越来越多的人所接受。

D　按夹杂物的尺寸分类

这种分类方法又称金相分类法，研究夹杂物对钢性能的影响时常用。钢中的非金属夹杂物按其尺寸大小不同可分为宏观夹杂、显微夹杂和超显微夹杂三类。

a　宏观夹杂

凡尺寸大于 $100\mu m$ 的夹杂物称为宏观夹杂，又称大型夹杂物。这一类夹杂物用肉眼或放大镜即可观察到，主要是混入钢中的外来夹杂物；其次，钢液的二次氧化也是大型夹杂物的主要来源，因为研究发现，在大气中浇注的钢中，大型夹杂物的数量明显多于氩气保护下浇注的钢。一般情况下，钢中的大型夹杂物的数量不多，但对钢的质量影响却很大。

b　微观夹杂

凡尺寸在 $1 \sim 100\mu m$ 之间的夹杂物叫做微观夹杂，因为要用显微镜才能观察到故又叫显微夹杂。

研究发现，钢中微观夹杂物的数量与脱氧后钢中溶解氧的含量之间存在很好的对应关系，因此一般认为微观夹杂主要是二次夹杂和三次夹杂。

c　超显微夹杂

凡尺寸小于 $1\mu m$ 的夹杂物叫做超显微夹杂。

钢中的超显微夹杂主要是三次夹杂和四次夹杂，一般认为钢中的该类夹杂数量很多，但对钢性能的危害不大。

钢中常见夹杂物的组成和性质列于表6-8～表6-10。

表6-8 钢中氧化物夹杂的组成和性质

化 学 式	名 称	结晶系	可锻性	密度/$g \cdot cm^{-3}$	熔点/℃
FeO	浮氏体	立方	稍变形	5.7	(1360)，1420
MnO	氧化锰	立方	稍变形	5.43～5.8	(1700)，1780
(Mn·Fe)O	固溶体	立方	稍变形		
Fe_2SiO_4	铁橄榄石	斜方	稍变形	3.90～4.34	1205，1200
Mn_2SiO_4	锰橄榄石	斜方	易变形	4.0～4.1	1300，1340
Mn_2SiO_3	蔷薇辉石	三斜	易变形	3.20，3.4～3.68	1270，1285～1365
$SiO_2(\alpha、\beta)$	方石英	正方	不变形		1710，1713
SiO_2	石英玻璃	非晶质	不变形	2.07～2.22	1695～1720
$FeO·Al_2O_3$	铁尖晶石	立方	不变形	4.08～4.15，3.9	>1700，2135
$MnO·Al_2O_3$	锰尖晶石	立方	不变形	4.031	1560，>1700
$Al_2O_3(\alpha)$	刚玉	六方	不变形	4.0	2030
$3Al_2O_3·2SiO_2$	莫来石	斜方		3.16	1830 分解
$3MnO·Al_2O_3·3SiO_2$	锰铝榴石	立方		4.11	1200
$nFeO·mMnO·pSiO_2$	玻璃质	非晶质	随SiO_2增加塑性下降		
$nAl_2O_3·mSiO_2·pFeO$	玻璃质	非晶质	易破碎		
$FeO·Cr_2O_3$	铬铁矿	立方	不变形	5.1，4.3～4.6	>1780，2160，2183
Cr_2O_3	氧化铬	六方	不变形	5.2	(1990)，2265
$TiO(\alpha)$	金红石	正方	不变形	4.25	1640
$FeO·TiO_2$	钛铁矿	六方	不变形	4.19，4.5～5.0	1370，(1470)
ZrO_2	二氧化锆	单斜	不变形	5.4～6.02	>2677～3000
V_2O_3	氧化钒	六方	不变形	4.87	约2000
$nCaO·SiO_2$	硅酸钙		不变形		>1550
CeO_2	氧化铈	立方		7.13	>2600

表6-9 钢中硫化物系夹杂的组成和性质

化 学 式	名 称	结晶系	可锻性	密度/$g \cdot cm^{-3}$	熔点/℃
FeS	硫化铁	六方	易变形	4.58	1170～1197
MnS	硫化锰	立方	变形	3.9～4.05	(1530)，1620
(Mn·Fe)S	铁锰硫化物				>1600
ZrS	硫化锆	正方	不变形	5.14，5.05	
LaS	硫化镧	立方	不变形	5.75	2200
CaS	硫化钙	立方	不变形	5.88	2450
La_2O_2S	硫氧化镧	六方	不变形	5.77	1940
Ce_2O_2S	硫氧化铈	六方	不变形	5.99	1950

表 6-10　钢中氮化物夹杂的组成和性质

化 学 式	名　称	结晶系	可锻性	密度/g·cm⁻³	熔点/℃
AlN	氮化铝	六方	不变形	3.2, 3.05	2150~2200, 2650
TiN	氮化钛	立方	不变形	5.4, 6.49, 6.20	2930, 2950
Ti(C,N)		立方	不变形		
ZrN	氮化锆	立方	不变形	7.09, 6.93, 7.32	2950, 2980
VN	氮化钒	立方	不变形		2050
NbN	氮化铌	立方	不变形	8.4	

6.5.5　夹杂物对钢性能的影响

概括地讲，钢中夹杂物的危害主要表现在它们对钢的力学性能和工艺性能两方面的影响。

6.5.5.1　夹杂物对钢力学性能的影响

钢中有非金属夹杂物存在时，由于它们与金属基体的结合力较弱，加之有的夹杂物本身性脆，会不同程度地降低钢的强度、塑性、冲击韧性、抗疲劳性等力学性能。

A　夹杂物对钢强度的影响

通常认为，非金属夹杂物对金属材料的强度指标，如抗拉强度、屈服强度影响不大。

通过对比实验发现，非金属夹杂物对钢强度的影响与其颗粒大小密切相关。当夹杂物颗粒较大时（如氧化铝颗粒超过 $1\mu m$ 时），会使钢的强度略有降低；当夹杂物颗粒较小时（如氧化铝颗粒小于 $0.3\mu m$ 时），弥散强化的作用会使钢的强度有所提高。

B　夹杂物对钢塑性的影响

由于热加工时钢中的夹杂物，尤其是塑性夹杂物随钢基体沿纵向变形呈条带状，其进一步变形尤其是横向变形的能力很差，所以会使钢材的塑性尤其是横向塑性下降。

对 Cr-Ni-Mo 钢的研究表明，当一个视场内夹杂物的平均数目增加时，钢材的横向断面收缩率明显下降，如图 6-11（a）所示。当仅考虑钢中的条带状硫化物夹杂的数目时，钢材的横向断面收缩率下降得更加严重，如图 6-11（b）所示。

C　夹杂物对钢冲击韧性的影响

冲击韧性代表钢材抵抗横向冲击破坏的能力。

钢中有非金属夹杂物存在时，由于钢与夹杂物的变形量不同，导致钢在受到冲击时，应力分布不均匀，即在夹杂物与钢的联结处出现应力集中。当该处的应力超过其强度极限或者塑形允许值时，会使钢与夹杂物的界面处的联结断裂或使夹杂本身破碎而产生裂纹，裂纹的进一步扩大将导致钢材断裂。

在热加工过程中，沿轧制方向延伸成条带状的 MnS 夹杂使钢材的横向变形能力下降，因此该类夹杂物会降低钢材的冲击韧性值。对钢材进行扩散退火，能使长条状的夹杂物碎断和球化，可减轻其对冲击韧性的影响。另外，冶炼时向钢中加入适量的 Ti、Zr、Ca 及稀土元素 Ce、La 等，可使硫化物球化而提高钢的冲击韧性值。

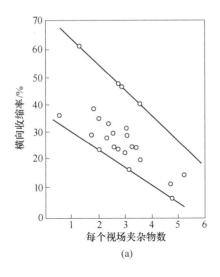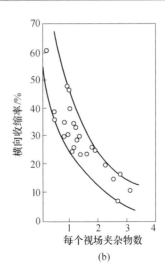

图 6-11　夹杂物对钢材横向断面收缩率的影响

（a）各种夹杂物数目的影响；（b）条带状夹杂物数目的影响

D　夹杂物对钢疲劳性能的影响

金属材料在一定的重复或交变应力作用下，经多次循环后发生破坏的现象称为疲劳。研究发现，材料因疲劳而破坏的过程是疲劳裂纹发生和扩大的过程，而疲劳裂纹的发生和发展起因于材料的局部应力集中。因此，凡是引起局部应力集中的因素，如夹杂物、微裂纹等，都将影响材料的疲劳寿命。

不同类型的夹杂物，对钢的疲劳寿命有不同程度的影响。按降低寿命的程度从大到小排序，依次是：刚玉（即 Al_2O_3）、尖晶石、钙的铝酸盐、半塑性硅酸盐、塑性硅酸盐、硫化物。产生这一差别的原因在于各种夹杂物的线膨胀系数和变形能力不同。

当钢由高温冷却时，线膨胀系数与金属基体相差较多的夹杂物（如刚玉等），由于其在冷却过程中收缩程度较小而使周围的基体上产生了附加应力。这一现象将促进疲劳裂纹的产生和发展。与此相反，硫化物等的线膨胀系数略大于金属基体，冷却时不会产生附加应力，因而对钢的疲劳寿命影响较小。

各种典型夹杂物的平均线膨胀系数 α_1 如图 6-12 所示。为了比较，图中还标明了轴承钢的线膨胀系数 α_2。

从夹杂物的变形能力来看，如果夹杂物在钢的热加工温度下无塑性，那么热加工时金属基体相对于这些夹杂物发生流动时，它们将与基体脱离并划伤基体而出现微裂纹及空隙。微裂纹及空隙是产生疲劳断裂的胚芽，继续发展就引起零件过早地疲劳破坏。实验发现，刚玉、尖晶石和钙的铝酸盐在钢的热加工温度下没有塑性，而硫化物则具有较好的塑性。因此，对于钢的疲劳性能来说，刚玉及尖晶石类夹杂物的危害极大，而硫化物则没有不利影响。

研究发现，对于同一类型的 Al_2O_3 夹杂物来说，随着 Al_2O_3 数量的增加，钢的疲劳极限下降；当其他条件相同时，夹杂物颗粒越大，不利影响越大；多角形夹杂物比球状夹杂物的危害大；钢的强度越高，夹杂物对其疲劳极限所产生的不利影响越显著，如图 6-13 所示。

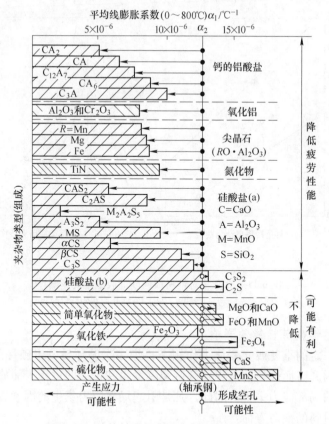

图 6-12　1% 铬轴承钢中夹杂物产生应力的特征

6.5.5.2　夹杂物对钢工艺性能的影响

夹杂物的含量较高时,也会对钢的铸造性能、热加工性能和切削性能等工艺性能产生一定的影响。

A　夹杂物对钢铸造性能的影响

随着钢中非金属夹杂物的增多,会降低钢液的流动性,影响铸件的表面质量,主要表现是粘砂严重;同时,钢中存在大量的非金属夹杂物时极易引起偏析,使铸件产生热裂而报废。

B　夹杂物对加工性能的影响

FeS 夹杂会使钢的热加工性能变坏,用 MnS 替代 FeS 可使钢的热加工性能得到显著的改善。但随着 MnS 数量的增加,钢的热加工性能也会下降。在钢脱氧时,加铝的同时加钛,可以改变硫化物的形态,使热加工性能有所改善。

C　夹杂物对钢切削性能的影响

研究非金属夹杂物对钢切削性能的影响情况,

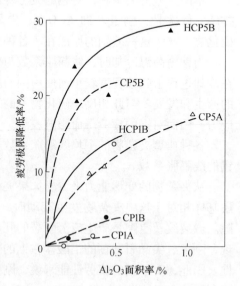

图 6-13　氧化铝夹杂物的数量、大小、
形状对疲劳极限的影响

A—球形夹杂;B—多角夹杂

(基体 HCP 的硬度为 300HV;CP 的硬度为
230HV;夹杂物粒度为 1 ~ 10μm;5 ~ 50μm)

主要从刀具的使用寿命、切削的形态、机床的切削速度等方面进行考察。

钢中的氧化物和硅酸盐夹杂的硬度较高，会使刀具过早地磨损或损坏，导致钢的切削性能下降。试验证明，切削性能随脱氧元素的不同而有差别，按照锰—铬—硅—锆—钒—铁—铝的顺序下降。这也说明，提高夹杂物的硬度对切削性能是不利的。

硫化物能增加钢的脆性，切屑容易断裂，使切屑和刀具的接触面积减小，因而摩擦阻力和切削阻力变小，可提高机床效率和刀具寿命。

含钙的氧化物夹杂对切削性能有良好的影响，因此近年来钙系易切削钢发展很快。这是由于钙系脱氧钢中的 $2CaO \cdot SiO_2$ 等夹杂中溶有 $3CaO \cdot 2SiO_2$ 或 Al_2O_3，能在刀具表面熔着堆积并将刀具表面包覆起来，可防止切削工件直接擦过刀具的前倾面和退出面而使刀具的寿命提高。切削时间越长，钙系脱氧钢的优点越明显。

综上所述，研究夹杂物对钢性能的影响时，不能简单地考察钢中夹杂物的含量，而应根据钢种的使用条件和具体夹杂物的特性进行评价。但总的来说，通常是钢中夹杂物的数量越多、颗粒越大、性质越脆硬、分布越不均匀，危害性越大。因此，应该力求减少钢中的夹杂物，尤其是大颗粒的外来夹杂物，少量残留也应该使其形态成为球形且分布均匀。

6.5.6　减少钢中夹杂物的途径

一般情况下，钢中的氮化物较少，主要是氧化物和硫化物夹杂，而且两者的危害也较大。因此，减少钢中夹杂物的关键，是减少钢中的氧化物夹杂和硫化物夹杂。

6.5.6.1　减少钢中的氧化物夹杂

研究表明，严把原料关，充分利用脱碳反应的净化作用、正确地组织脱氧操作、防止或减轻钢液的二次氧化等，是减少钢中氧化物夹杂的主要途径。

A　最大限度地减少外来夹杂

生产中减少外来夹杂的主要措施有：

（1）加强原材料的管理，对废钢、生铁、合金、石灰、萤石、矿石等力求做到清洁、干燥、分类保存。

（2）提高炉衬质量，并加强对炉衬的维护，尽量减少其侵蚀、剥落。

（3）加强氧化操作，利用脱碳反应去除原材料带入的夹杂物和炉衬的侵蚀物。

（4）出钢前调整好炉渣的流动性，出钢后保证钢液在钢包中的镇静时间以利于炉渣充分上浮，电弧炉炼钢严禁电石渣下出钢等，防止钢液混渣。

（5）提高浇注系统耐火材料的质量并做好清洁工作，减少耐火材料颗粒夹杂。

B　有效地控制内生夹杂

生产中控制内生夹杂的措施主要是：

（1）根据钢的质量要求选择合适的冶炼方法和工艺，如转炉冶炼、电炉冶炼、配加炉外精炼等。

（2）依据所炼钢种制定合理的脱氧制度并正确地组织脱氧操作，包括采用综合脱氧、使用复合脱氧剂并加强搅拌等，促进脱氧产物上浮，尽量减少钢中的一次夹杂；同时最大限度地降低钢液中溶解的氧，有效地控制钢液冷凝过程中产生二次夹杂和三次夹杂的数量。

（3）对于优质钢和特殊要求的钢，采用添加变质剂、热加工和热处理等方法，改善残留夹杂物的形态及分布，减轻夹杂物的危害。

C　防止或减少钢液的二次氧化

已脱氧的钢液，在出钢和浇注过程中与大气（或其他氧化性介质）接触再次被氧化的现象，称为"二次氧化"。

实验发现，含碳0.55% ~ 0.65%的镇静钢，在出钢过程中锰氧化了0.074%，硅氧化了0.04%，铝氧化了0.043%，它们的氧化产物有相当一部分未能上浮而滞留在钢中成为夹杂。另据报道，38CrMoAlA钢的非金属夹杂物含量在浇注过程中增高1.0 ~ 1.5倍，含氮量增加了20%。可见，钢液在出钢和浇注过程中的二次氧化十分严重，应引起足够的重视。

研究发现，二次氧化产物的颗粒比脱氧产物大得多，而且二次氧化产物的多少，往往与钢液温度高低、钢液与大气接触面积大小、接触时间长短等因素有关，因此在出钢和浇注过程中，一定要做好以下三方面的工作，防止或减少钢液的二次氧化。

（1）控制好出钢温度。其他条件相同时，出钢温度越高，钢液在出钢和浇注过程中二次氧化越严重。因此，实际操作中应控制好出钢温度，尽量避免高温钢。

（2）掌握正确的出钢操作。出钢时，要开大出钢口并维持好出钢口的形状，保证钢流不散流或过细，减小钢液与大气的接触面积和缩短出钢时间。对夹杂要求严格的钢种，最好采取气体保护出钢。

（3）注意保护浇注。模铸时，注速与注温要配合好，使钢液流股处于正常的流动状态，减少空气的卷入和钢液的裸露；同时，采用保护渣，如固体石墨渣、固体发热渣和各种液体渣等，保护浇注，对于特殊要求的钢可采用惰性气体保护或真空浇注。连铸时，采用浸入式水口与保护渣组合的无氧化浇注技术。

除了大气的二次氧化外，钢液在钢包内镇静及浇注过程中，还会与熔渣及钢包的耐火材料发生反应，即钢液还会被熔渣和包衬二次氧化。因此，采用高质量的耐火材料、出钢后向钢包中加入少量石灰稠化熔渣并提高其碱度，对减少钢中的夹杂物也有一定的作用。

6.5.6.2　减少钢中的硫化物夹杂

钢中硫化物夹杂含量主要取决于钢中的硫含量，钢中硫降得越低，硫化物夹杂就越少。所以，冶炼时应加强钢液的脱氧脱硫操作，尽量降低钢液的含硫量。

应指出的是，为了减轻硫的危害，过分地强调降低钢的含硫量在经济上并非合理，人们早已将目光转移到了改变钢中硫化物的存在形态上。通常情况下，钢材中的硫化物是呈细长条状的FeS、MnS，它们会使钢的横向塑性、韧性等降低。向钢液中添加少量的钛、钙、锆、稀土等与硫亲和力比锰、铁大的元素，使FeS、MnS转变成在热加工过程中不变形的TiS、CaS、ZrS、CeS等球状硫化物，可以在不降低硫含量的条件下使钢的横向力学性能得以改善。这种改变钢中硫化物夹杂形态的做法称为变质处理，这些添加元素称为变质剂。

任务6.6　钢中气体

钢中除了含有常规元素碳、锰、硅、硫、磷及各种合金元素外，还含有微量的气体氢、氮。钢中的气体含量虽然不高，但会给钢的质量带来许多不利的影响，严重时会导致钢材报废。为此，必须研究气体对钢性能的影响，掌握气体在冶炼过程中进入钢中和由钢中排除的基本规律。

6.6.1　氢的来源及其对钢质量的影响

理论研究和生产实践均表明，氢是在冶炼过程中进入并溶解在钢中的，而且会对钢的质量产生诸多不良影响。

6.6.1.1　钢中氢的来源

钢中的氢主要来源于以下 3 个方面：

（1）炉气。炉气中氢气的分压很低，约为 5.3×10^{-2} Pa，因此，钢中的氢并不取决于炉气中氢气的分压。而炉气中的水蒸气才是钢中氢的来源之一。炉气中水蒸气的分压越大，钢中的氢含量越高。一般情况下，炉气中水蒸气分压随季节而变化，在干燥的冬季约为 1kPa，而在潮湿的雨季则高达 8kPa。

（2）原材料。原材料带入的水分是钢中氢的重要来源，如废钢和生铁表面的铁锈、矿石、石灰、萤石中的化合水和吸附水等，不仅能增高炉气中水蒸气的分压，而且可以直接进入钢液。所以，生产中要使用经过充分烘烤与干燥的矿石、石灰、各种粉料及表面清洁的废钢。

铁合金中溶解有一定量的氢，其含量取决于冶炼方法、操作水平、合金成分以及破碎程度等，通常在较宽的范围内波动。表 6-11 列出了一些铁合金中的氢含量范围。

表 6-11　一些铁合金中的氢含量范围

名　称	硅铁(45%)	高碳锰铁	低碳锰铁	低碳铬铁	硅锰合金	电解镍
氢含量/%	$(9.7 \sim 17.4) \times 10^{-4}$	$(7.5 \sim 17.0) \times 10^{-4}$	8.1×10^{-4}	$(4.3 \sim 6.0) \times 10^{-4}$	14.2×10^{-4}	0.2×10^{-4}

由表 6-11 可见，铁合金尤其是硅锰合金中含有较高的氢，在冶炼优质合金钢时不可忽视，使用前应进行充分的烘烤。

（3）冶炼和浇注系统的耐火材料。新打结的炉衬、补炉材料以及转炉用的焦油白云石砖中都含有沥青，而沥青中含有 8% ~ 9% 的氢；若用卤水作黏结剂，其氢含量更高，所以炉衬也是钢中氢的来源之一。

钢包和浇注系统耐火材料中的水分，与钢液接触后会蒸发、溶解，而使钢液的含氢量增高，因此使用前应充分烘烤，彻底干燥。

6.6.1.2　氢在钢中的溶解

A　溶解过程

冶炼中，炉气中的水蒸气遇到高温钢液时被分解成氢气和氧气，即 $2\{H_2O\} = 2\{H_2\} + \{O_2\}$，分解出的氢气按下列步骤溶入钢液：

（1）氢气分子被钢液表面吸附并分解成原子；

（2）被吸收的氢原子溶入钢液。

B　氢在纯铁中的溶解度

显而易见，氢在铁液中的溶解量与气相中氢气的分压及铁液的温度有关。通常把一定温度下，与 101325Pa 的氢气分压相平衡的溶于金属中氢的数量，称为氢在金属中的溶解度。也就是说，氢在铁液中的溶解服从平方根定律，即一定温度下，氢在铁液中的溶解度与作用在铁液面上的氢气分压的平方根成正比。

金属中的气体含量还可以用 ppm 表示，$1ppm = 0.0001\% = 1 \times 10^{-6}$，即百万分之一。

在 1600℃ 的炼钢温度下，氢在铁液中的极限溶解量（即 $p_{H_2} = p^0$ 时）为 0.0027%，即 27ppm。

氢在固态铁中的溶解度则取决于铁的晶格类型及温度，氢在不同状态的固体铁中溶解时的平衡常数与温度的关系分别为：

$$\lg K_{\alpha,\delta} = -\frac{1418}{T} - 2.37$$

$$\lg K_{\gamma} = -\frac{1182}{T} - 2.23$$

气相中氢的分压为 101325Pa 时，不同温度下氢在纯铁中的溶解度如图 6-14 所示。由图 6-14 可知：

（1）氢在铁液中的溶解是吸热反应，其溶解度随温度的升高而增加。当铁液在 1539℃ 凝固时，由于铁原子的排列更加致密，使气体溶解度大大降低。

（2）在固态铁发生相变时，气体的溶解度发生突变，这主要是铁原子间距离改变所造成的。

（3）由于 γ-Fe 为面心立方结构（α-Fe 和 δ-Fe 为体心立方结构），其原子间距较大，所以能溶解更多的气体。

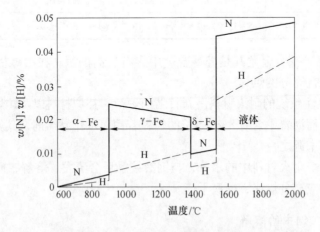

图 6-14　101325Pa 压力下，温度对氢和氮在铁水溶解度的影响

6.6.1.3　各元素对纯铁中氢的溶解度的影响

由于钢中存在不同含量的其他元素，这些元素对氢在铁液中的溶解度将产生不同程度的影响，如图 6-15 所示。

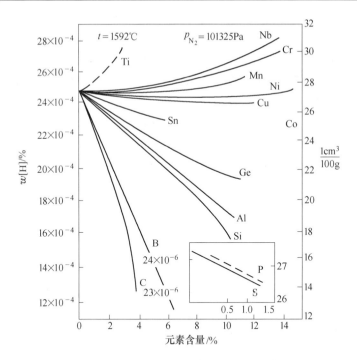

图 6-15 在 1873K 和 $p_{H_2}=101325Pa$ 时，各元素对氢在铁液中溶解度的影响

由图 6-15 可见，各元素对氢在纯铁中的溶解度的影响情况大致可分为三类：

（1）碳、硅、硼和铝等元素能降低氢在铁液中的溶解度。碳、硅、硼和铝等元素与铁原子的结合力大于铁原子与氢的结合力，它们的存在会降低铁原子的活度，使氢的溶解度减小。

（2）锰、镍、钼、钴和铬等元素对氢在铁液中的溶解度影响不大。因为锰、镍、钼、钴和铬等元素的性质与铁相近，因而他们的存在不会对氢在铁液中的溶解度产生太大的影响。

（3）钛、铌、锆和稀土元素可使氢在铁液中的溶解度激增。钛、铌、锆和稀土元素能与氢形成氢化物，使氢在熔铁中的活度下降，因此，氢在铁液中的溶解度随着这些元素的增加而增大。

6.6.1.4 氢对钢质量的影响

氢在钢液中的溶解度远大于它在固态钢中的溶解度，所以在钢液凝固过程中，氢会和 CO、氮等一起析出，造成皮下气泡，促进中心缩孔和显微孔隙（疏松）的形成。

在固态钢冷却和相变过程中，氢还会继续通过扩散而析出。由于固相中扩散速度很慢，只有少量的氢能达到钢锭表面，而多数扩散到显微孔隙和夹杂附近或晶界上的小孔中去，形成氢分子。因为氢分子较大，它不具备穿过晶格继续扩散的能力，因此，在其析出的地方不断地进行着氢分子的聚集，直至氢的分压与固态钢中氢达到平衡为止。

随着氢分子的聚集，氢气在钢中的分压也越来越大，并在钢中产生应力。如果这种应力再加上热应力、相变应力而超过了钢的抗拉强度，就会产生裂纹。

以上原因可能使钢材产生以下缺陷：

(1)"白点"。所谓"白点",是指钢材试样在纵向断面上圆形或椭圆形的银白色的斑点,而在横向酸蚀面上呈辐射状的极细裂纹,即"白点"的实质是一种内裂纹。"白点"的直径一般波动在 0.3 ~ 30mm 之间。当钢材断面上产生大量"白点"时,试样的横向强度极限降低 1/2 ~ 2/3,断面收缩率和伸长率降低 5/6 ~ 7/8。因此,产生了白点的钢材应判为废品。尽管目前对"白点"的形成过程尚有不同看法,但一致认为钢中的氢含量过高是产生白点的主要原因之一。另外,"白点"的形成还与钢种、温度等因素有关。

(2)氢脆。随着氢含量增加钢的塑性下降的现象,称为氢脆。氢脆是氢对钢力学性能的重要不良影响之一,主要表现在使钢的伸长率和断面收缩率降低。一般说来,氢脆随着钢的强度增高而加剧。因此,对于高强度钢氢脆的问题更加突出。氢脆属于滞后性破坏,表现为在一定应力作用下,经过一段时间后,钢材突然发生脆断。

(3)发纹。将试样加工成不同直径的塔形台阶,经酸浸后沿着轴向呈现细长、状如发丝一样的裂纹称为发纹。发纹缺陷的主要危害是降低钢材疲劳强度,导致零件的使用寿命大大降低。研究发现,钢中的夹杂物和气体是产生发纹的主要原因。

(4)"鱼眼"。"鱼眼"是在一些普通低合金建筑用钢的纵向断口处常出现的一种缺陷。由于它们是一些银亮色的圆斑,中心有一个黑点,外形像鱼眼而得名。试验证实,"鱼眼"缺陷主要是氢聚集在钢或焊缝金属中夹杂的周围,发生氢脆造成的。钢材在使用过程中,该处易于脆裂。

(5)层状断口。层状断口是钢坯或钢材经热加工后出现的缺陷,它会使钢的冲击韧性和断面收缩率降低,即横向力学性能变坏。研究发现,钢坯经过热加工后,其中表面吸附有夹杂物的氢气泡沿加工方向延伸成层状结构。因此,层状断口缺陷与钢中气体、非金属夹杂物、组织应力等因素有关。

基于上述原因,生产中应尽量减少钢中的氢含量,纯净钢要求达到 $(0.2 ~ 0.7) \times 10^{-4}\%$,即 $w[H] = (0.2 ~ 0.7) \times 10^{-4}\%$ 的水平。

6.6.2　氮的来源及其对钢质量的影响

6.6.2.1　钢中氮的来源

钢中的氮主要来源于以下 3 个方面:

(1)氧气。炼钢用的氧气是钢中氮的最主要的来源,其纯度基本上决定了钢的氮含量。氧气纯度对钢中含氮量的影响见表 6-12。

表 6-12　钢中氮与氧气纯度的平衡关系　　　　　　　　　　　　　　(%)

氧气纯度		93	96	98	99	99.5
氧气中不纯物含量	Ar	2	2	1.0 ~ 1.5	0.6 ~ 0.9	0.48
	N_2	5	5	1.0 ~ 1.5	0.4 ~ 0.1	0.02
$w[N]_{平衡}$		0.0092	0.0056	0.0035	0.0020	0.0004

从表 6-12 中可以看出,氧气纯度仅变化了 6.5%,而钢中氮含量却变化了 20 多倍。因此,提高氧气纯度是减少含氮量(尤其是氧气顶吹转炉钢含氮量)的关键性措施。

(2)炉气和大气。炉气和大气中氮的分压约 79kPa,所以炼钢尤其是电炉炼钢的冶炼和浇注过程中，钢液会直接从炉气和大气中吸收大量的氮，而且低碳钢比高碳钢吸收得多。

（3）金属炉料。铁水、废钢及铁合金等金属炉料中均溶解有一定量的氮，尤其是一些将氮作为合金化元素用的合金（如氮锰合金、氮铬合金等）含量更高，冶炼过程中它们会将其中的氮带入钢液。常用铁合金的含氮量见表6-13。

表6-13　一些铁合金中的氮含量　　　　　　　　　　（％）

名　称	硅铁（75%）	高碳锰铁	高碳铬铁	硅锰合金	钛　铁	氮锰合金	氮铬合金
$w[N]$	0.003	0.002	0.039	0.025	0.022	2.88	7.67

6.6.2.2　氮在钢中的溶解

A　溶解过程

冶炼和浇注过程中，大气和炉气中的氮可按下列步骤溶入钢液。

（1）氮气分子与钢液表面接触时被吸附并分解成原子：

$$\frac{1}{2}\{N_2\} =\!=\!= N_{吸}$$

（2）被吸附的氮原子溶入钢液：

$$N_{吸} =\!=\!= [N]$$

因此，氮在钢液中溶解的总反应式为：

$$\frac{1}{2}\{N_2\} =\!=\!= [N]$$

B　氮在纯铁中的溶解度

氮在熔铁中的溶解，反应平衡时，其平衡常数为：

$$K_N = \frac{w_{[N]}}{(p_{N_2}/p^0)^{1/2}}, \qquad \lg K_N = -\frac{188}{T} - 1.246$$

式中　$w_{[N]}$——氮在铁液中的溶解量，质量分数；

　　　p_{N_2}——铁液面上气相中氮气的分压，Pa；

　　　p^0——标准大气压力，101325Pa。

显然，氮在铁液中的溶解量与气相中氮气的分压及铁液的温度有关。通常把一定温度下与101325Pa的氮气相平衡的溶于金属中的氮的数量，称为氮在金属中的溶解度。可见，氮在熔铁中的溶解也服从平方根定律，即一定温度下，氮在熔铁中的溶解度与作用在铁液面上的氮气分压的平方根成正比。

由上式可求得1600℃的炼钢温度下氮在铁液中的极限溶解量（即$p_{N_2} = p^0$时）为0.0451%。

氮在固态铁中的溶解度则取决于铁的晶格类型及温度，氮在不同状态的固体铁中溶解时的平衡常数与温度的关系分别为：

$$\lg K_{\alpha,\delta} = -\frac{1570}{T} - 1.02$$

$$\lg K_{\gamma} = -\frac{400}{T} - 1.95$$

气相中氮的分压为 101325Pa 时，不同温度下氮在纯铁中的溶解度如图 6-14 所示。

应注意的是，图 6-14 中显示，氮在 γ-Fe 中的溶解度是随温度升高而下降的，与氢的情况恰好相反。这是因为在该温度范围内，铁的结构逐渐由原子间隙较大的面心立方晶格向原子间隙较小的体心立方晶格转变，因而氮的溶解度逐渐下降；而氢原子的半径小，其溶解度几乎不受此影响，仍在晶格转变的温度下发生溶解度的突变。

6.6.2.3　各元素对氮在熔铁中的溶解度的影响

除铁外，钢中还含有其他元素，它们会对氮在铁液中的溶解度产生影响。钢中常见元素对氮在铁液中的影响如图 6-16 所示。

由图 6-16 可见：

（1）碳、硅等元素能显著地降低氮在铁液中的溶解度。碳、硅等元素能与铁形成化合物，减少自由铁的浓度；而当碳与铁形成间隙式溶液时，碳原子又占据了铁原子之间的间隙位置。所以，随着碳、硅等元素的增加，会使氮的溶解度减小。

（2）锰、镍、铂、钴等元素对氮在铁液中的溶解度影响不大。锰、镍、铂、钴等元素的性质与铁相近，因而它们的存在对氮在铁液中的溶解度不会有太大的影响。

（3）钒、铌、铬、钛、锆和稀土元素使氮在铁液中的溶解度显著增加。钒、铌、铬、钛、锆和稀土元素可与氮形成稳定的氮化物，降低氮在熔铁中的活度，因此，氮在铁液中的溶解度会随着这些元素的增加而增大。

6.6.2.4　氮对钢质量的影响

一般情况下，钢中的氮会对钢的许多性能产生不良影响。

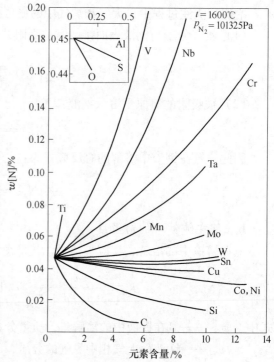

图 6-16　在 1873K 和 $p_{N_2} = 101325Pa$ 时，
各元素对氮在铁液中溶解度的影响

氮在钢液中的溶解度远高于其在室温下的溶解度，因此，钢中的氮含量高时，在低温下呈过饱和状态。由于氮化物在低温时很稳定，钢中氮不会以气态逸出，而是呈弥散的固态氮化物析出，结果引起金属晶格的扭曲并产生巨大的内应力，引起钢的硬度、脆性增加，塑性、韧性降低。

氮化物的析出过程很慢，因而随时间推移钢的硬度、脆性逐渐增加，塑性、韧性逐渐降低，这种现象称为老化或时效。钢中含氮量越高，老化现象越严重。因此，生产中应尽量减少钢中的氮含量，纯净钢要求达到 $(10 \sim 15) \times 10^{-4}\%$，即 $w[N] = (10 \sim 15) \times 10^{-4}\%$ 的水平。

在脱氧良好的钢中加入铝、硼、钛、钒等元素，与氮能结合成稳定的氮化物，使固溶在 α-Fe 中的氮含量大大降低，从而可减轻甚至消除氮的时效作用。此外，在钢中形成细小分散的 AlN、TiN 等颗粒，还能阻止钢材加热时奥氏体的长大，进而得到细晶粒奥氏体钢。

在特定条件下，氮能改善钢的某些性能，而以合金的形式加入。

在高铬钢中，氮的固溶强化作用能使钢的强度提高，塑性几乎没有什么降低，当铬含量达到 17% 时，钢的冲击韧性反而能显著提高。只有当 $w[N] > 0.16\%$ 后，才使钢的抗氧化性能趋向恶化。

在铬镍奥氏体不锈钢中，由于氮是极强的扩大 γ 区域的元素，能明显地增加奥氏体的稳定性，所以可与锰一起部分地代替贵重的合金元素镍，以获得单相奥氏体不锈钢。

6.6.3　钢液脱气

综上所述，除个别情况外，钢中的氮和氢是有害元素，应尽量减少它们的含量。因此，脱气是炼钢的重要任务之一。

6.6.3.1　常压下的钢液脱气

A　基本原理

炼钢过程中，由于钢液表面始终被一层炉渣覆盖，所以任何气体直接自动排出的可能性很小，只能通过产生气泡后上浮逸出。然而在钢液中，氢和氮的析出压力很小，无法独立形成气泡核心，必须依赖钢中现成的气泡或其他能生成气泡的反应，如熔池中的碳氧反应或向钢包中吹入氩气等才能从钢液中脱除。由于初生的 CO 气泡或氩气泡对于氢和氮都相当于一个真空室，即气泡中的氢气分压和氮气分压均为零，这样钢液中的氢和氮就会向这些气泡内扩散。由于气泡在快速上浮过程中体积不断增大，使气泡内氢、氮的实际分压不断降低，因此在整个脱碳过程或氩气泡上浮过程中，钢中氢和氮会不断地扩散进入这些气泡，并最终被带出钢液。由此可见，钢液的沸腾是十分有效的脱气手段。

必须指出。在冶炼过程中，碳氧反应能使钢液脱气，同时高温熔池亦会从炉气中吸收气体，所以钢液在脱气的同时还存在着吸气的过程。只有当去气速度大于吸气速度时，才能使钢液中的气体减少。冶炼中沸腾去气的速度取决于脱碳速度，脱碳速度越大，钢液的去气速度就越快。因此，脱碳速度大于一定值时，才能使钢中气体减少。对于每一种炼钢炉都存在着一个临界脱碳速度。如 10 ~ 15t 的电弧炉，当脱碳速度 $v_C > 0.35\%/h$，脱气速度就能超过吸气速度。

B　转炉吹炼中钢液气体含量的变化

a　钢液含氮量的变化规律

铁水中含氮量较高，有时可达到 0.008% 以上。转炉炼钢使用高纯度的氧气吹炼时，钢液中的氮含量能够降低到 0.001% ~ 0.0015%。吹炼过程中，熔池含氮量的变化规律与脱碳反应有密切的关系，如图 6-17 所示。

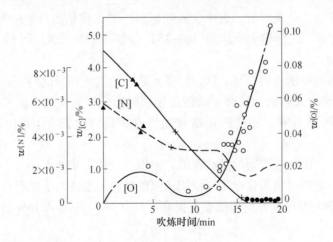

图 6-17　转炉吹炼过程中 $w_{[C]}$、$w_{[O]}$、$w_{[N]}$ 的变化

由图 6-17 可见，吹炼初期铁水中的含氮量迅速降低。这是由于该阶段的大部分时间是在非淹没状态下进行吹炼，加上沸腾的作用，钢液的吸氮速度很低；同时，随着吹炼的进行，钢中的硅含量降低，氧含量升高，脱碳速度逐渐加大，去气速度也不断增加，所以钢液中的氮迅速降低。

吹炼中期脱氮出现停滞现象。吹炼中期，碳氧反应激烈，从理论上讲具有良好的去气条件，而实际测试发现熔池中的氮含量基本不变。这是因为此时脱碳反应是在氧流冲击区附近进行的，该处气泡的液膜表面形成了一层氧化膜，使钢液中的氮向其中扩散的速度减慢；同时，由于脱磷反应的激烈进行，渣中氧化铁贫化，炉渣出现"返干"现象，对具有氮分压的氧气流股金属溶液失去了保护，使熔池的吸氮速度大大增加，所以氮含量基本保持不变，甚至略有回升。

吹炼末期根据各炉含碳量和含氧量的高低，以及是否补吹等情况，钢中的氮含量会有不同的变化，可能降低，可能升高，也可能保持不变。通常情况是氮含量有所降低，但停吹前 2~3min 起氮含量又略有回升。由于吹炼末期钢中的氧含量大幅度增加，使钢中氮的活度增大，以及熔池中所产生的 CO 气泡的脱氮作用等原因，会使钢中含氮量进一步降低。但是随着钢中的碳含量降低，脱碳速度显著下降，产生的 CO 气体量减少，从炉口卷入的空气量增多，炉气中氮的分压增大，因而停吹前 2~3min 时会出现增氮现象。

在出钢和浇注过程中，钢液与大气接触，使钢中含氮量增加。例如，转炉钢的氮含量在出钢过程中一般会增加 0.0007% 以上。但是沸腾钢在出钢和浇注过程中气体的含量变化不大，这主要是因为钢液在模内发生了碳氧反应，产生沸腾，排除了部分氢和氮。

b　钢液含氢量的变化情况

通常，转炉钢的氢含量比较低，这与其冶炼方法的特点有直接关系。转炉吹炼使用的是脱水的工业纯氧，炉气中几乎没有水蒸气｛H_2O｝和氢气｛H_2｝；同时，转炉炼钢中的碳氧反应激烈，脱气速度很快，能较好地去除钢液中的氢。

吹炼过程中，钢中含氢量的变化情况和氮类似。吹炼前期，钢中的氢含量能降低到 $(1.788~2.235)\times10^{-4}$%；但在吹炼末期，由于温度升高，冷料带入水分和脱碳速度的减小，氢含量有所回升，其增加程度取决于铁合金的水分和含氢量、空气湿度、钢液温度等因素。

C　电弧炉冶炼中钢液气体含量的变化

电炉冶炼过程中，各个时期钢液中的含气量各不相同，其变化规律大致如下。

a　熔化期

送电后，电极下的固体料开始熔化，且温度不断升高；加之炉气中的水蒸气和氮气在电弧的作用下加速分解，为钢液吸气创造了优越的条件。在熔化初期，向下移动的金属液滴直接与炉气接触，以及熔池液面尚未被炉渣覆盖，这些都有利于氢、氮的溶解。尽管以后溶渣形成并覆盖熔池表面，以及合理的吹氧助熔能脱除一部分氢和氮，但总的来讲，固体炉料在熔化过程中气体含量是增加的。熔化末期钢液中氢和氮的含量的高低，与熔化时间的长短、炉料中水分和氮含量的多少、熔渣形成的早晚以及熔化期吹氧助熔的操作水平等因素有关。一般氢含量波动在 $(3.5 \sim 6.2) \times 10^{-4}\%$ 范围内，而氮含量波动在 $(6 \sim 12) \times 10^{-3}\%$ 范围内。

b　氧化期

由于合理的加矿及吹氧脱碳，金属熔池激烈沸腾，此时脱气速度大于吸气速度，钢液的气体含量逐渐降低。去气速度取决于熔池的脱碳速度，因此，实际生产中要求脱碳速度大于 $0.6\%/h$，使高温熔池均匀而激烈地沸腾。但到了氧化末期，由于脱碳速度的降低或氧化渣较薄，钢中的氢含量稍有回升。操作正常时，氧化末期钢液中的氢含量能降至 $(2 \sim 2.5) \times 10^{-4}\%$，而氮含量能降低到 $(30 \sim 40) \times 10^{-4}\%$。

c　还原期

还原期熔池处于平静状态，没有脱气能力；同时，又处在较高的精炼温度下，并且还要加入渣料、合金和脱氧剂，钢液不可避免地会增氢、增氮。特别是炉温高、冶炼时间长、渣料及合金和脱氧剂烘烤不良时增氢、增氮更严重。所以，应尽量缩短还原时间，严格控制熔池温度，充分烘烤造渣材料及合金等，使钢液尽可能少地吸收气体。一般出钢前钢液中的氢回升到 $(3.5 \sim 5.0) \times 10^{-4}\%$，达到熔化末期的水平，而在湿度大的雨季增高得更多。氮含量回升到 $(6 \sim 9) \times 10^{-3}\%$，比氧化末期增加了 $(3 \sim 5) \times 10^{-3}\%$。

与转炉一样，在出钢和浇注过程中钢液还要与空气接触，继续吸收气体，使成品钢的气体含量更高。

6.6.3.2　真空脱气

如前所述，尽管在冶炼和浇注过程中采取了一系列措施，以降低钢中的气体含量，然而毕竟是在常压下操作，效果并不理想。转炉钢和电炉钢中总是含有相当高的有害气体，影响钢的质量。为此，发展了真空脱气、吹氩脱气、真空冶炼等炉外精炼新技术。常用的真空脱气的方法有 RH 法、DH 法等。

A　真空脱气原理

由于钢中气体服从平方根定律，即气体在钢中的溶解度与钢液面上气相中该气体分压的平方根成正比，因此，将钢液置于真空室，开启真空泵，降低该气体的分压，溶解在钢中的气体就会随之减少。这就是钢液真空脱气的基本原理。

有关氢对钢质量影响的研究结果证实，将钢中氢含量降到 $1.5 \times 10^{-4}\%$ 以下，钢材就可以完全消除氢所引起的"白点"。如果不考虑其他因素的影响，那么按平方根定律可以得出，与此相平衡的氢气的分压为：

$$p_{H_2} = (0.00015/0.0027)^2 \times 101.325 = 0.31 kPa$$

由此可见，钢液真空脱气并不需要很高的真空度。如果真空熔炼室的真空度为 0.01kPa，且气体分压大致与此相等，当接近平衡状态时，钢中氢的含量可达 $0.27 \times 10^{-4}\%$，氮的含量可达 $4.51 \times 10^{-4}\%$。

但是，实际生产中钢液的脱气程度远达不到上述的计算值。因为炉内压力实测值并不能代表发生脱气反应处的真实压力；同时，钢液成分对去气也有相当大的影响；更主要的是去气动力学因素，即钢中气体原子向气-液界面扩散并穿过气-液界面的速度较慢，使脱气反应未达平衡。

实际生产中发现，脱气的速度和 CO 气泡的析出速度相吻合。这说明，真空下的脱氢和脱氮与真空下的碳脱氧有直接关系。

另外，在各种真空处理的方法中，氢的去除比较容易，去氢速度也较快，而去氮则较为困难。这是因为，氮的原子半径较大，扩散速度慢；而且，钢液中的氮多数是以氮化物状态存在的，真空对含稳定氮化物钢的去氮作用是通过真空下碳氧反应引起熔池强烈沸腾，使氮化物上浮而实现的。

B　钢液真空循环脱气法（RH 法）

钢液真空循环脱气法是德国鲁尔（Ruhrstahl）公司和海拉斯（Heraeus）公司于 1959 年共同研制成功的，所以又称为 RH 脱气法。

RH 脱气法是将真空精炼与钢水循环流动结合起来，以提高脱气效果。最初的 RH 装置主要是对钢水进行脱氢，后来增加了真空脱碳、真空脱氧、改善钢水纯净度及合金化等功能。RH 法具有处理周期短、生产能力大、精炼效果好的优点，非常适合与大型转炉相配合。早在 1980 年 RH 技术就基本定型。

真空循环脱气装置主要由真空室、提升机构、加热装置、加料装置及抽气系统等设备所组成，如图 6-18 所示。

钢液脱气是在一个砌有耐火材料的真空室内进行的。耐火材料可用铝质或碱性耐火材料，目前趋向用镁铬质耐火材料，以提高其使用寿命。

a　RH 法的脱气原理

RH 法是在真空脱气室的下部设置两个管道（即上升管道和下降管道），当两管插入钢液内时，由于室内抽真空，钢液便通过两管道进入真空脱气室，并上升到与压差相应的高度；同时，在一个管道（即上升管道）中通过多孔砖吹入驱动气体氩气，形成大量气泡，使上升管道内钢液的密度下降，而且气泡在高温及低压的作用下体积迅速长大，带动钢液以雨滴状向真空室上空喷去，使脱气表面积大大增加，从而加速了脱气进程；脱气后的钢液密度相对较大，汇集在真空室的底部并不断地

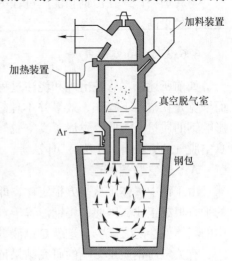

图 6-18　RH 法

由下降管道返回到钢包，钢中气体便在这环流中渐渐被脱去。

目前的 RH 法具有以下精炼功能：

（1）脱碳。可在 25min 处理周期内生产出碳含量低于 0.002% 的超低碳钢水。

（2）脱气。可生产出含氢 0.00015% 以下、含氮 0.002% 以下的纯净钢水。

（3）脱磷、脱硫。RH 法附加喷粉装置后可生产出磷含量低于 0.002% 的超低磷钢和硫含量低于 0.001% 的超低硫钢。

（4）升温。RH 采用加铝吹氧提温法，钢水最大升温速度可达 8℃/min。

（5）均匀钢水温度。可保证连铸中间包内钢液温度波动不大于 5℃。

（6）均匀钢水成分和去除夹杂物。可生产出全氧（包括溶解氧和化合氧）低于 0.0015% 的超纯净钢。

b　主要工艺参数

钢液温度与处理容量

真空循环脱气过程中，钢液的热损失很大，如果仍采用不进行真空处理时的出钢温度，钢液经处理后就无法保证开浇温度；而人幅度提高出钢温度或显著缩短脱气时间，又将增高钢中原始包含量和影响脱气效果。因此，采用真空循环脱气法时钢液容量最小为 30t，以减少钢液在钢包内的散热速度。

为了弥补处理时钢液的热损失，通常脱气钢的出钢温度比不处理的同钢种高出 20～30℃；同时，考虑到处理后钢液中的气体及夹杂物含量减少，会使钢液强度降低，所以开浇温度也可比不进行真空处理的同钢种低 20～25℃，这样就赢得了必要的脱气时间。

脱气时间

为了使钢液充分脱气，必须保证足够的脱气时间。脱气时间可由下式确定：

$$\tau = \Delta t / V_t \tag{6-11}$$

式中　　τ——脱气时间，min；

　　　　Δt——处理时允许的温度降低值，$\Delta t = t_{出钢} - t_{浇注}$，℃；

　　　　V_t——处理时平均温降速度，℃/min。

由式（6-11）可看出，要想延长处理时间，提高处理效果，应提高出钢温度，降低开浇温度，以及尽量减少从出钢到开浇这一阶段的热损失。处理时，允许温度降低值 Δt 波动不会太大，通常在 30～55℃ 范围内，所以脱气时间主要取决于脱气时的平均温降速度。

钢液在处理过程中的温降主要是钢包内温降和脱气室内温降两部分。为了减少钢液在包内的温降，可以适当提高钢包的烘烤温度，减少包衬的吸热；并在钢液面上保留一层炉渣以减少辐射热损失。脱气室内降温速度在很大程度上与脱气室的预热有关，生产中发现，脱气室的温度只在开始处理时降低得较多，吸收了钢液的热量后，而后的降温速度甚微，为此，真空脱气室必须充分预热（一般采用石墨电阻棒进行电加热）。

热损失还与真空脱气设备和炼钢炉、浇注设备之间的相对位置有关，所以处理前后钢包的吊运距离应尽量缩短。此外，处理容量、脱气时加入合金的种类和数量、耐火材料的热导率等也有一定影响。

一般来说，脱气过程的温度降低值，随着处理容量和脱气室预热温度的提高而减少，随着脱气时间的延长而增加，如表6-14所示。

表6-14　处理容量、脱气室预热温度与脱气温降速度的关系

处理容量/t	脱气室预热温度/℃	脱气时间/min	脱气温降速度/℃·min^{-1}
35	700～800	10～15	4.5～5.8
35	1200～1400		2.0～3.0
70	700～800	18～25	2.5～3.5
100	700～800	24～28	1.8～2.4
100	约800	20～30	1.5～2.5
100	1000～1100		1.5～2.0
100	1500	20～30	<1.5
170	1300		1.0～1.5

脱气时间可根据不同容量时温降的实际情况确定，一般可参考下列数据：

处理容量/t	40	70	100	150	200	270
处理时间/min	10	18	25	35	35	40

循环因数和循环流量

循环因数是指脱气过程中通过真空脱气室的钢液总量与处理容量之比，可用下式表示：

$$\mu = \frac{\omega \tau}{V} \tag{6-12}$$

式中　μ——循环因数；

　　　τ——脱气时间，min；

　　　ω——循环流量，t/min；

　　　V——处理容量，t。

循环流量也称循环速率，是指每分钟通过真空室的钢液量。循环流量与输入的驱动气体数量和上升管的截面积存在如下关系：

$$\omega = ad^{1.5}G^{0.35}$$

式中　a——常数，对于脱氧钢其值为0.02（测定值）；

　　　d——上升管内径，cm；

　　　G——通入上升管内的驱动气体量，L/min。

钢液脱气效果与循环因数μ有关，而循环因数受钢包内钢液混合状况的影响。为此，希望RH装置的下降管的截面比上升管小一些，以加快钢液的下降速度，使脱气后的钢液能流到包底，促进未被处理的钢液沿包壁向上而进入脱气室，从而达到理想的脱气效果。

实际生产中，为了保证钢液充分脱气，设计真空脱气室时，循环因数应选择大些，一般采用4～5。当循环因数$\mu = 4～5$时，不同处理容量所要求的循环流量ω如下：

处理容量V/t	30～120	120～200	200～300
循环流量ω/t·min^{-1}	15～25	30～40	40～60

c　驱动气体和反应气体

循环脱气法一般是通过输入氩气来驱动钢液循环，每吨钢的平均耗氩量随着处理容量的减少而增加，如表 6-15 所示。

表 6-15　某厂 RH 法驱动气体氩气与处理容量的关系

处理钢液量/t		30 ~ 40	70	90 ~ 100
处理时间/min	最大	16	25	29
	最小	10	17	20
	平均	12.6	21	25.4
耗氩量/L·t⁻¹钢	最大	64	62	49
	最小	42	35	32
	平均	52	50.4	41.3

输入的氩气量还应随着钢液中气体的脱除而逐渐增加。例如处理 100t 钢液，在开始 4 ~ 5min 内，氩气消耗量从 80L/min 增加到 150L/min，随后又上升到 200L/min 左右，直到结束前 1min 才降下来。

由于氩气价格较高，有些企业改用氮气作为驱动气体。实践证实，在处理过程中钢液中的含氮量并不增加。

在处理过程中，为了进一步降低钢中的[H]、[O]、[C]还可吹入反应气体，现简述如下。

吹入四氯化碳气体

吹入四氯化碳气体可进一步降低钢液的氢含量，其反应式如下：

$$\{CCl_4\} + 4[H] + [O] = 4\{HCl\} + \{CO\}$$

四氯化碳的优点是可以用液态供应，1L 液态 CCl_4 大约能产生 200L 气态 CCl_4。生产实践表明，在处理过程中将 CCl_4 增加到总输入气体量的 1/2，脱氢率可提高 10% ~ 20%。

吹入甲烷

用甲烷作为反应气体，可降低钢中的氧含量，反应式如下：

$$\{CH_4\} + 3[O] = 2\{H_2O\} + \{CO\}$$

一般先吹氩气，然后才吹入甲烷，脱气效果见表 6-16。

表 6-16　使用氩气和甲烷处理的脱气效果

化学成分/%			输入气体		含氧量/%		含氢量/%	
C	Si	Mn	输入时间/min	输入量/L·min⁻¹	处理前	处理后	处理前	处理后
0.14	0.30	0.64	氩气 7 甲烷 18	122 235	0.009	0.0024	0.0005	0.0002
0.13	0.28	0.62	氩气 6 甲烷 14	65 107	0.012	0.0047	0.0004	0.00017

由表 6-16 可见，用甲烷处理能降低钢液中的氧含量，且钢中含氢量并没有因吹入甲烷而增加。

吹入氧气

试验发现，用氧气代替氩气做驱动气体，可以使钢液中碳含量从 0.06% 降低到 0.02% 。

d　合金的加入

循环脱气法可以通过加合金对钢液进行脱氧和合金化，而且合金的收得率很高。例如，在脱气过程中加铝，其收得率可达 50%；硅铁及锰铁的收得率可达 90% 。

操作中要注意控制好合金的加入时间和加入方法，以保证良好的脱气效果。另外，加合金时，除硅铁外都会使钢液温度降低，因此应适当提高出钢温度。

e　RH 法的操作步骤

RH 法的具体操作过程分为处理前的准备、脱气、取样与测温、加合金和结束操作等，现分述如下。

（1）处理前的准备工作。脱气前要做好以下几方面的准备工作：

1）电、压缩空气、冷却水等辅助系统的准备；

2）真空脱气室的准备，包括真空室预热、密封检查、电视摄像孔（或窥视孔）准备等；

3）安装好合金加料斗；

4）准备好驱动气体及反应气体。

（2）脱气操作。RH 法处理钢液时的具体操作程序是：

1）通入氩气并根据工艺要求调整好氩气流量；

2）将真空室下部的管道插入钢液至规定深度；

3）开动抽气泵并根据要求控制真空度；

4）打开废气测量装置；

5）处理过程中通过电视观察钢液的循环状况，尤其是要注意钢液的喷溅高度；

6）分析废气，了解钢液脱气程度并调节氩气流量以控制钢液的循环量和喷射高度；

7）根据所处理钢种的要求，及时通入反应气体。

（3）取样、测温。脱气开始前先进行测温、取样，而后每间隔 10min 测温、取样一次，处理后期每间隔 5min 取样一次，处理结束时再进行测温和取样。

（4）加固体脱氧剂和合金。按工艺要求加入适量合金，并应在处理结束前 6min 加完。

（5）处理结束时的操作。处理完毕后按下列程序操作：

1）打开通风阀，关闭真空抽气泵；

2）提升并移开脱气室，同时取样和测温；

3）关闭氩气和冷却水的阀门；

4）断开电视装置及记录仪表；

5）移走加料斗，对脱气室进行预热。

C　钢液真空提升脱气法（DH 法）

钢液真空提升脱气法简称 DH 法，它是借助减压到 13 ~ 66Pa 的真空室与钢包的相对运动，将钢液经过吸嘴分批地吸入真空室内进行脱气处理。

真空提升装置基本上与循环脱气装置相似，只是真空室底部仅有一根管插入钢液，如图 6-19 所示。

钢液真空提升法是根据虹吸原理工作的。当将真空室下面的吸嘴插入钢液内并开启真空泵抽气减压后，真空室与外界大气之间形成的压力差，将促使钢液沿吸嘴上升到真空室内进气；当钢包和真空室相对位置改变时（钢包下降或真空室提升），脱气后的钢液重新回到钢包，并在惯性作用下冲向包底；当钢包上升或真空室下降，又有一批未经处理的钢液进入真空室进行脱气。如此反复，最终可获得气体含量低、成分和温度均匀的钢液。DH法的工艺与操作和RH法类似，因运作费用较高，其在生产中的运用正逐渐减少。

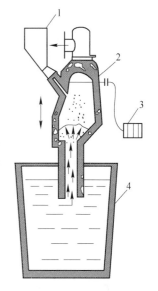

D RH法和DH法的处理效果

一般情况下，钢液经RH法和DH法处理后可取得如下效果：

（1）脱氢。钢中氢含量可降到0.0002%以下，如图6-20所示。对于脱氧钢，脱氢率约为65%；对于未脱氧钢，脱氢率可达70%。

图6-19 DH法
1—加料装置；2—可升降真空室；
3—加热装置；4—钢包

（2）脱氧。氧含量可以由0.006%~0.025%降低到0.002%~0.006%。

（3）脱氮。如图6-21所示，真空脱氮的效果不明显。钢液原始氮含量较高时，脱氮率也仅为10%~20%；钢液未处理前氮含量小于0.005%时，处理后氮含量几乎没有变化。

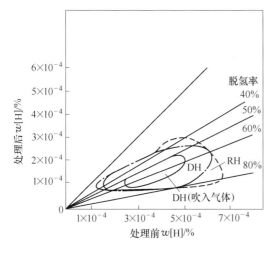

图6-20 真空处理前后的钢中[H]含量

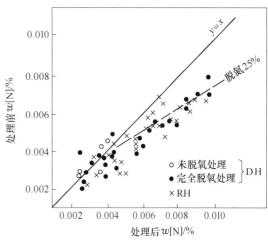

图6-21 真空处理前后的钢中[N]含量

6.6.3.3 吹氩脱气

氩气是一种惰性气体，通常是通过钢包底部的多孔透气塞将氩气吹入钢液中进行脱气的。

A　吹氩脱气原理

吹入钢水中的氩气形成许多小气泡，对于钢液中的有害气体（H、N）来说，相当于一个个小真空室，钢液中的[H]、[N]将自动向其中扩散并被带出钢液；同时，小氩气泡的表面也是碳氧反应的理想地点，因此吹氩还具有脱氧作用。可见，钢包吹氩法脱气原理与真空脱气相似。

应指出的是，氩气泡在钢水中上浮及其引起的强烈搅拌作用，提供了气相成核和夹杂颗粒碰撞的机会，有利于气体和夹杂物的排除，并使温度和成分均匀。这就是氩气的气洗和搅拌作用。此外，氩气从钢水中逸出后覆盖在熔池面上，能使钢水避免二次氧化和吸收气体。总之，吹氩精炼具有气洗、搅拌和保护三方面的作用。

但是，理论计算和生产实践均证实，仅依靠包底透气砖吹入的氩气是不能满足去气要求的。如果真空处理和吹氩配合使用，将会取得更好的效果。

B　钢包吹氩

a　简单的钢包吹氩

简单的钢包吹氩是在普通的钢包底直径的1/4处安装一个耐火材料的多孔透气塞，氩气通过透气塞吹入钢液。该法可与喂丝结合用于小型转炉的炉外精炼。

钢包吹氩的精炼效果与耗氩量、吹氩压力、氩气流量、处理时间和气泡大小等因素有关。

当吹氩量偏低时，吹入的氩气只能起到搅拌作用，其气洗和保护作用都得不到充分发挥。有资料记载，如无其他精炼手段，仅仅吹氩精炼，要达到去除气体和夹杂物的目的，耗氩量应在 $1.64 \sim 3.28 m^3/t$。

在钢包容量一定的条件下，氩气压力大，搅动力也大。但压力大时，气泡上升速度快、氩气流涉及的范围窄，氩气泡与钢液的接触面积小；同时，压力过大时会使液面裸露而发生二次氧化和吸气，精炼效果反而不好。理想的状况是，氩气流遍布全钢包，以钢液不露出渣面为限。氩气压力大小由钢水静压力、渣况、容量和精炼钢种等多种因素而确定，一般在 $200 \sim 500 kPa$ 之间。

实际上，为了提高氩气的精炼效果，与其通过加大氩气压力，还不如保持相对的"低压"，而尽量加大氩气流量更为有效。氩气流量表示单位时间内进入钢包中的氩气量，它与透气塞的个数、透气程度和截面积等有关。在一定压力下，增加透气塞的个数和尺寸，增加氩气流量，钢水吹氩处理时间可以缩短，而精炼效果反而改善。

吹氩时间不宜太长，以免钢液温度下降过多，并且由于耐火材料受冲刷而使非金属夹杂物增加，但吹氩时间不足，气体及夹杂物不能很好去除，影响吹氩效果。通常吹氩时间约在 $5 \sim 15 min$ 之间，吨钢耗氩量为 $0.2 \sim 0.4 m^3$。

在氩气流量和氩气压力一定时，氩气泡尺寸越细小，在钢水中分布越均匀，气泡与钢水接触面积就越大，氩气精炼效果就越好。氩气泡尺寸大小主要取决于透气塞的气孔尺寸，气孔尺寸大，原始气泡尺寸也大。因此，希望透气塞气孔尺寸适当地细小些，一般认为气孔直径以 $0.1 \sim 0.26 mm$ 较好。尺寸过小会使透气性变差、阻力变大。

生产中如果透气塞组合系统漏气，氩气就不通过透气塞而直接从缝隙中进入钢液。这时包内就会翻冒大气泡，应及时检修，解决透气塞与包底砖之间的密封问题。否则，其精炼作用下降，达不到预期的效果。

这种简单的钢包吹氩的精炼效果并不是很理想。从透气塞中吹入大量的氩气需较长时间，而且会使温度大幅度下降。为了减少吹氩时的降温和利用钢液中排出的氩气造成钢液面上的保护性气氛，又出现了一些改进的钢包吹氩方法。

b　SAB 法和 CAB 法

SAB 法是在钢包液面上加一个沉入罩，CAB 法使用钢包盖代替沉入罩，如图 6-22 和图 6-23 所示。

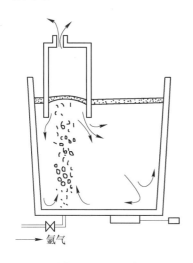

图 6-22　SAB 法　　　　　　　　　　　图 6-23　CAB 法

这两种方法区别不大，都是上加合成渣料、包底吹氩精炼，罩内或包内充有从钢液中排出的或专门导入的氩气。合成渣的成分 CaO：SiO$_2$：Al$_2$O$_3$ 为 40：40：20，其特点是熔点低、流动性好，吸收夹杂物能力大。

改进后的钢包吹氩法有以下优点：

（1）吹氩时钢液不与空气接触，可避免二次氧化和吸气；

（2）浮出的夹杂物会被合成渣吸附并溶解，不会返回钢中；

（3）CAB 法钢水在包盖的保护下，降温大大减少；

（4）设备简单，操作方便；

（5）钢中的氧含量可降到 0.002% ~ 0.004%，氮含量可降低 20% ~ 30%。

这种方法的吹氩量不能太大，小容量钢包吹氩量仅为 0.1 ~ 0.3m^3/min，大容量钢包吹氩量也只有 1.5 ~ 2.7m^3/min。由于吹氩强度不大，所以脱气效果受到一定限制。

c　CAS 法和 CAS-OB 法

如图 6-24 所示，CAS 法是将一个带盖的耐火材料管插入钢液内吹氩口的上方，挡掉炉渣后，加入各种合金元素，进行成分微调。包内钢液受底部吹氩搅拌，成分与温度均匀，而且在密闭条件下受氩气保护，所以合金收得率很高。有资料认为，镇静钢加钛的收得率可接近 100%，铝的回收率达 85%。此法与 SAB 法大同小异，也有把这两种方法说成是一种的。

如图 6-25 所示，CAS-OB 法是在 CAS 装置上加一氧枪，向包内钢液吹氧，并在吹氧过程中加入铝调温，即利用铝的氧化反应热使钢液升温，而后再吹入氩气精炼，使钢液中

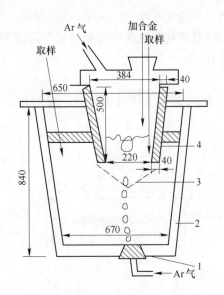

图 6-24　CAS 法

1—透气塞；2—钢包；3—装入钢包时
的挡渣帽；4—高铝耐火材料管

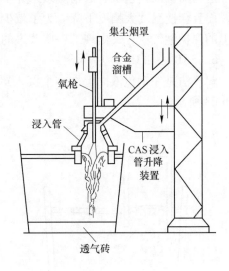

图 6-25　CAS-OB 法

Al_2O_3 夹杂大部分上浮，获得纯净的钢水。

如前所述，在非真空条件下，去气所需要的吹氩量是相当大的，而且这些氩气全部从透气塞吹入，实际上也是做不到的。如果把真空与吹氩相结合，由于系统总压力降低，就可以大大减少吹氩量；而且在真空条件下，不会引起钢液面被炉气二次氧化和吸气，可以加大吹氩速度，提高去气效果，而不怕钢液暴露。因此，在许多精炼方法中，都采用了真空与吹氩相结合的手段。

6.6.3.4　配有吹氩（或电磁）搅拌的真空脱气

长期以来，特殊钢大多是在电弧炉内冶炼的。这是由于电弧炉以电能为热源，对于熔池温度、炉内气氛和炉渣状况的控制有相当大的灵活性。例如，造氧化渣有利于脱碳、脱磷、去除气体和外来夹杂物；而炉内的还原性气氛及造还原渣有利于脱氧、脱硫及合金成分的精确调整。但是传统的电弧炉炼钢工艺有着难以克服的缺陷，比如，经过氧化期激烈均匀的碳氧沸腾，把钢中的氢降到了 $3 \times 10^{-4}\%$ 以下，但在还原期却又回到了 $(5 \sim 7) \times 10^{-4}\%$ 的水平，经出钢和浇注后其含量更高；又如，还原期能把钢中的氧脱除到较低水平（插铝终脱氧后可降低至 $30 \times 10^{-4}\%$），钢中夹杂物大部分也可上浮排除，然而在出钢和浇注过程中，钢液和大气接触被二次氧化和吸气，使钢液含氧量急剧升高。可见，为了安全避免上述还原性钢水二次氧化和吸气，提高钢的纯洁度和质量，在浇注前对钢水进行一次炉外精炼是十分必要的。

真空下吹氩或电磁搅拌对钢水进行真空脱气，通常是在钢包精炼炉中进行的。典型的钢包精炼炉同时具备脱气、精炼和浇注三个功能，对初炼炉的钢水进行真空脱气、脱氧、脱硫、调整成分、调整温度等精炼操作，并能电弧加热和搅拌钢液；冶炼的钢种范围较广，而且精炼完毕可以直接浇注，因此，完全杜绝了出钢过程的二次氧化和吸气。

典型钢包精炼炉除了前面已经介绍过的 LF 炉（即真空吹氩搅拌、非真空电弧加热法）外，还有 ASEA-SKF 炉（即真空电磁搅拌、非真空电弧加热法）。

A　ASEA-SKF 法的工艺流程

ASEA-SKF 法的工艺流程如图 6-26 所示。

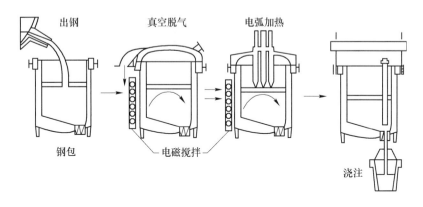

图 6-26　ASEA-SKF 法工艺流程

ASEA-SKF 兼具电弧加热与低频电磁搅拌的功能，是一般真空脱气设备所不具备的。它的主要优点有：

（1）钢液温度能很快均匀，有利于钢纯净度的提高与钢锭表面质量的改善，并减少耐火材料的消耗；

（2）加入合金熔化快，而且分布均匀、成分稳定；

（3）电弧加热提高熔渣的流动性；

（4）感应搅拌可提高真空脱气的效率。

B　钢包炉精炼工艺

初炼钢水倒入钢包并除渣后根据脱硫的要求造新渣，如果钢种无脱硫要求，可以造中性渣，需要脱硫则造碱性渣；若钢水温度符合要求，直接进行抽真空处理，在真空下按规格下限加入合金，并使钢中的硅含量保持在 0.10% ~ 0.15% 之间，以保证适当的沸腾强度，真空处理时间为 15 ~ 20min；然后根据分析，按规格中限加入少量的合金调整成分，并向熔池加入铝沉淀脱氧。如果初炼钢液，温度低，则需先进行电弧加热，达到规定温度后才能进入真空工位，进行真空精炼。

真空处理时会发生碳的脱氧反应，炉内出现激烈的沸腾，有利于脱气、脱氧，但将温度降低 30 ~ 40℃。所以要在非真空下电弧加热，把温度加热到浇铸温度，并对成分进行微调，ASEA-SKF 法的操作制度如图 6-27 所示。

在整个加热和真空精炼过程中，都进行包底吹氩搅拌（或电磁搅拌），它有利于脱气、加快钢渣反应速度，促进夹杂物上浮排除，使钢液成分和温度很快地均匀。

脱气的主要目的是去氢，真空下用碳脱氧和吹氩搅拌对去气极为有利。钢包炉一次抽气脱氢率可达 50% ~ 60% 左右，脱气后钢中的氢含量为 $(2 ~ 4) \times 10^{-4}\%$；而对于含氢量要求极低的钢（如大型转子用钢），则可以进行二次抽气，脱氢率可达 75% 左右，经脱气后钢中的氢含量低于 $2 \times 10^{-4}\%$，如图 6-28 所示。

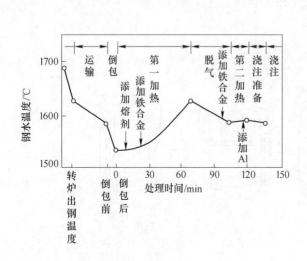

图 6-27　ASEA-SKF 法操作制度

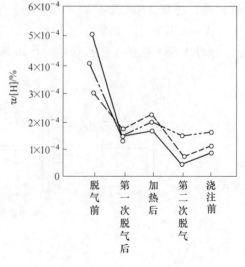

图 6-28　钢包炉精炼时钢中氢含量的变化

影响去氢率的因素主要有以下两个：

（1）脱气前钢液的硅含量。脱气前钢液硅含量的高低，会影响真空下碳脱氧的进程和速度，从而影响去氢效果。抽气前钢液的硅含量对脱气后钢液氢含量的影响如图 6-29 所示。

由图 6-29 可见，脱气前钢液含硅低时脱氢效果好。这是因为较低的硅含量使脱气时碳的脱氧反应激烈，有利于氢的排除。钢中的硅含量与开始沸腾时的真空度的实测数据见表 6-17。

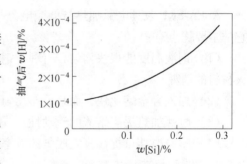

图 6-29　脱气后钢中[H]含量与
钢液[Si]含量的关系

表 6-17　钢液硅含量与开始碳氧反应的真空度的关系

脱气前钢液硅含量/%	真空度/kPa	
	碳氧开始反应	碳氧激烈反应
<0.10	40	13.33
0.10 ~ 0.15	13.33	4

由表 6-17 可见，钢液含硅低时炉内开始沸腾和激烈沸腾所需的真空度也较低。但是，钢液含硅量也不能太低，否则容易造成钢液喷溅，甚至粘住真空盖。生产中发现，吹氩搅拌的条件下，钢中的硅含量控制在 0.10% ~ 0.15% 为好，既可获得较好的脱气效果，又能减少钢液喷溅，操作容易控制。

（2）原始氢含量。初炼钢液含氢量高，脱气后钢中残氢量一般也较高，如图 6-30 所示。因此，初炼钢液含氢量尽量低些，一般应控制在 $6 \times 10^{-4}\%$ 以下。这就要求初炼炉的炉料要干燥、造渣材料要烘烤，而且如无特殊要求不进行脱氧还原，采取氧化性钢液出钢，以减少初炼钢液的含氢量。另外，脱气后非真空下加热时会使钢液中氢含量增加，通常吸氢量约为 $0.13 \times 10^{-4}\%$，所以对于含氢量要求严格的钢种，应进行二次真空脱气处理。

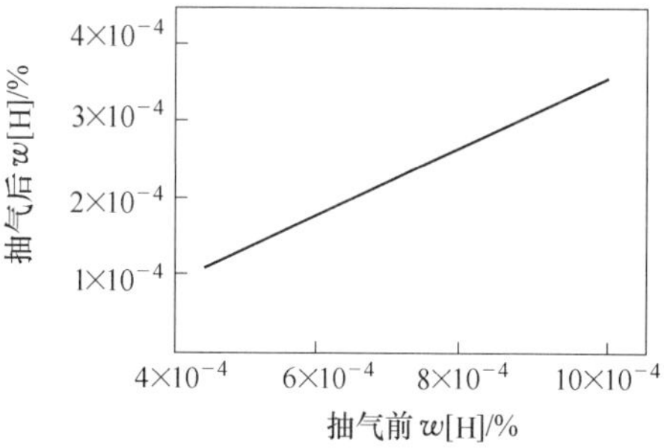

6.6.4 减少钢中气体的措施

从以上对钢中气体来源以及常压条件下、真空和吹氩条件下脱气原理和方法的讨论可以看出，要想有效地减少钢中的气体，可以从以下几方面入手。

图6-30 脱气后钢中[H]含量与原始[H]含量的关系

6.6.4.1 加强原材料的干燥及烘烤

原材料的干燥和烘烤对钢中的氢含量影响很大，炉气中的水蒸气分压主要来自原材料的水分，特别是来自烘烤不良的石灰和多锈的炉料。在15t电弧炉中测得炉气中的水蒸气分压达到4kPa，则平衡时钢中的氢可高达 $5.4 \times 10^{-4}\%$。因此，为了减少钢中氢含量，首先必须注意原材料的干燥和烘烤。

原材料中水分对钢中氢含量的影响见表6-18。

表6-18 原材料中水分对钢中氢含量的影响

原料	气体存在形式	气体特性	对钢中气体含量的影响	应采取的措施
废钢	$Fe(OH)_2$、[H]、[N]	$Fe(OH)_2$ 吸热分解	如料厚1mm，锈厚0.01mm，若全部溶于钢液，则每千克可带入氢 $12.16 \times 10^{-4}\%$	不要露天存放，返回法冶炼的炉料应少锈、无锈
石灰	$Ca(OH)_2$	$Ca(OH)_2$ 在507℃吸热完全分解	加入占料重10%的石灰中含有 $10\% Ca(OH)_2$，折合溶于钢中氢 $30.84 \times 10^{-4}\%$	使用前应加热至550℃以上进行烘烤
矿石	$Fe(OH)_2$、$FeO \cdot xH_2O$ 和少量溶解的水		加入的矿石中含溶解的水为5%，加入量为料重的10%，折合溶于钢中氢为 $54.98 \times 10^{-4}\%$	500℃以上进行烘烤
增碳剂	细小表面吸附水气		微量	烘烤温度高于100℃

由表6-18可知，石灰中水分对钢中含氢量影响很大，而且石灰的吸水性很强，如果在还原期加入大量石灰时，就必须使用新焙烧的石灰或烘烤的石灰，烘烤温度越高越好。

另外，还原期补加的铁合金也要求充分烘烤后加入。

切记，由于钢液真空脱气时原始氢含量高，脱气后氢含量也高，所以不能因为工艺上配有炉外精炼设备就放松对原材料的管理。

6.6.4.2　采用合理的生产工艺

对原材料进行干燥与烘烤可减少钢中气体的来源；生产中还应采取相应的工艺措施，尽量减少钢液吸气并有效地进行脱气。

A　控制好脱碳速度和脱碳量

前已述及，脱碳速度越大，去气速度也越大，当去气速度大于吸气速度时，才能使钢液中的气体减少；同时，还必须有一定的脱碳量，保证一定的沸腾时间，以达到一定的去气量。根据生产经验，电弧炉氧化期脱碳速度大于 $0.01\%/min$、脱碳量为 0.3% 以上，就可以把夹杂物总量减低到 0.01% 以下，氢含量降低到 $3.5 \times 10^{-4}\%$ 左右，氮含量降低到 0.006% 左右。脱碳速度、脱碳量和氢含量的关系如图 6-31 和图 6-32 所示。

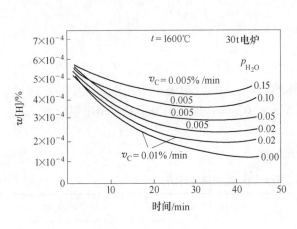

图 6-31　脱碳速度与钢液氢含量的关系

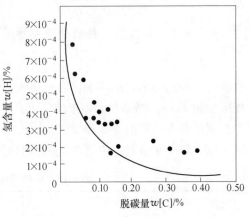

图 6-32　脱碳量与钢液氢含量的关系

通常，加铁矿石氧化的脱碳速度在 $0.01\%/min$ 以上，吹氧氧化的脱碳速度在 $0.03\%/min$ 以上。

必须指出，脱碳速度并非越大越好，脱碳速度过大时，不仅容易造成炉渣喷溅、跑钢等事故，对炉衬冲刷也严重；同时，过分激烈的沸腾会使钢液上溅而裸露于空气中，增大吸气倾向。另外，要严格控制好氧化末期终点碳，防止过氧化和增碳操作。否则扒渣会增碳，也容易使钢液吸气和增加非金属夹杂物。

对于氧气顶吹转炉，其脱碳速度远大于电弧炉，一般来说，钢中气体含量相对低些，尤其是氢含量较低。但也要保证氧气纯度和注意控制好枪位，造好泡沫渣，防止严重喷溅和后吹。因为大喷后的液面下降及后吹时的废气量减少，都会有大量空气涌入炉内，使炉气中氮分压增加，从而使钢液吸氮。

B　控制好钢液温度

钢中气体含量与钢液温度有直接的关系，熔池温度越高，钢中气体的溶解度越大，越易吸收气体，故尽量避免高温钢液。对电弧炉而言，尤其要避免高温下扒渣后进行增碳操作，否则吸气量会更大。

氧气顶吹转炉在吹炼过程中，要通过调整冷却剂的加入量来控制吹炼温度。如果出钢前发现炉温过高，必须加入炉料冷却熔池，测温合格后才能出钢，避免出钢过程中大量吸气。

　　C　正确的出钢操作

出钢时钢液要经受空气的二次氧化，其氧含量和气体含量均明显增加，见表 6-19。

表 6-19　出钢、浇注过程中气体含量的变化　　　　　　　　（%）

气　体	钢　种	出钢前钢水含气量	钢包中钢水含气量	成品钢含气量
［N］	铝镇静钢	0.0026	0.0042	0.0064
［O］	GCr15	0.0025	0.0034	0.0042
［H］	30CrMnTiA	0.00041	0.000561	0.000885

　　由于出钢过程中钢液的增氧量和增氮量，与钢液的成分、钢-气接触界面和时间有关，因此对于非炉底出钢的电弧炉，一般要求是钢渣混出，以便渣子覆盖、保护钢液，为此摇炉速度不能过快，防止先钢后渣；此外，应加强出钢口及出钢槽的维护与修补，防止严重散流与细流。有条件时可采用氩气保护出钢。

　　D　采用真空、吹氩脱气

　　要想更有效地去除钢中气体，则需要采用各种真空脱气、钢包吹氩和炉外精炼的方法，并采取降低气体的分压（提高真空度）、真空下进行碳氧反应、增大吹氩量及增大单位脱气面积（吹氩搅拌或电磁搅拌）、适当延长真空及吹氩处理时间等措施。氮的降低还可以通过促进氮化物上浮排除而实现。

　　E　采用保护浇注

　　目前，许多精炼后的纯净钢液，仍然在大气中进行浇注，这也会造成钢液的二次氧化和吸气，表 6-19 中列出了一些钢种在浇注过程中钢水被空气污染的情况。由表 6-19 可见，钢中的氮、氢、氧等气体含量在浇注过程中增加了 50% 左右。为此，采用保护浇注来改善钢的质量，是一个有效的手段。保护浇注的方法很多，目前，固体保护渣是模铸下浇注镇静钢锭及连铸坯生产中广泛使用的浇注保护剂，它的作用是隔热保温，防止钢液二次氧化及吸气，溶解及吸附钢液中夹杂物，改善结晶器壁（模壁）与铸坯壳（锭表面）间的传热与润滑。

任务 6.7　出钢及挡渣技术

　　出钢是炼钢过程中最后的一个环节。依照操作规程，合理地组织出钢对保证钢的质量、延长炉衬的使用寿命、提高炉子的生产率等都具有重要意义。由于转炉和现代电弧炉均实行钢液在线二次精炼，不希望氧化渣进入钢包，因此出钢时应注意与炉渣分离。

6.7.1　转炉出钢

6.7.1.1　转炉出钢的条件

　　装入转炉的铁水和废钢经过吹氧、造渣等操作，发生了硅及锰的氧化、脱碳、脱磷、脱硫等一系列的物理化学反应，熔池内金属液体的成分和温度渐渐接近所炼钢种的终点要求。当满足下列条件时便可组织出钢：

(1) 钢液的含碳量达到了所炼钢种的终点碳的要求；

(2) 钢液的磷、硫含量已符合所炼钢种对终点磷、硫的要求；

(3) 钢液的温度已进入所炼钢种要求的出钢温度范围。

6.7.1.2　出钢要求及挡渣出钢

A　出钢要求

由于转炉炼钢多是在出钢的过程中向钢包内加铁合金进行钢液的脱氧和合金化，而转炉内的高氧化性炉渣流入钢包，会使合金元素的收得率降低、产生回磷和夹杂物增多；特别是在钢水进行二次精炼时，要求钢包中炉渣的（FeO）含量低于 2%，以提高精炼效果。因此，转炉的出钢操作，除了要确保安全、合理地添加合金外，应严格控制"下渣量"。

所谓"下渣"，是指出钢过程中炉内熔渣流入钢包的情况。

实际生产中，由于受转炉倾动机构的灵敏性及手动操作的精确性所限，转炉出钢时极易出现下渣过量的现象。根据产生的原因不同，下渣可分为前期下渣、后期下渣和炉口下渣三种。

a　前期下渣

转炉渣的密度一般为 $3.5t/m^3$ 左右，钢液的密度则达 $7.0t/m^3$，炉渣因密度较小而覆盖在钢液之上。倾炉出钢时，炉渣要比钢液先期到达出钢口的位置，这样总会有一部分炉渣流入钢包，生产上称之为前期下渣。转炉继续向下倾动，当钢液埋没出钢孔而渣层处于出钢孔的上方位置时，前期下渣过程结束。

b　后期下渣

出钢过程中，在出钢孔的周围会形成漩涡。如果钢液层过浅，钢液流股会将炉渣卷裹而下，造成钢、渣混出。因此，要求随着出钢的进行要不断向下倾动转炉，压低炉口，始终保持出钢孔处有较深的钢液层，以免上述现象的发生，当出钢接近结束时，炉内钢液渐少，出钢孔处的钢液深度渐浅，此时钢液卷渣不可避免。尽管操作规程规定，钢流见渣立即停止出钢，但是摇起炉子需要一定的时间，所以也必然有部分炉渣流入钢包，生产上称之为后期下渣。

c　炉口下渣

出钢过程中，如果操作不慎将炉口压得过低，以至于渣面超过炉口的高度，会使熔渣从炉口溢出而流入钢包，该现象被称为炉口下渣。

综上所述，对转炉出钢的要求是：出钢的开始及结束时，快速摇炉通过前期下渣区和后期下渣区，同时采用"挡渣出钢"技术，尽量减少下渣量；出钢过程中，在保证炉口不下渣的前提下，随着出钢的进行逐渐压低炉口，以避免钢流卷渣。

B　挡渣出钢

挡渣出钢是日本新日铁公司于 1970 年发明的一项新技术，其目的是为了减少甚至避免转炉出钢过程中的后期下渣，以满足钢液进行炉外精炼的要求。经过 40 多年的发展，该技术渐趋成熟。目前，配有炉外精炼的炼钢厂普遍采用挡渣出钢技术。就挡渣方法而言，有挡渣球法、挡渣料法、挡渣帽法、挡渣塞法、挡渣罐法、挡渣棒法、挡渣杆法、挡渣盖法等十几种方法，目前国内使用较多的是挡渣球法。

挡渣球也有许多种，目前国内使用最多的是用生铁铸成的空心球体，内装沙子，外涂高铝耐火水泥。其挡渣原理是，出钢过程中将挡渣球投入炉内，由于密度的关系挡渣球悬浮在钢液与炉渣之间，并随钢液的流动而移动，当炉内的钢液流尽时，挡渣球正好下落，堵住出钢孔，避免后期下渣。投球的方式有人工投掷和机械投掷两种，目前各厂多为机械投掷。

为了提高挡渣效果，实际生产中应注意以下几个问题。

a　挡渣球的密度

根据挡渣球的挡渣原理，其密度应介于熔渣的密度 $3.5g/cm^3$ 与钢液的密度 $7.0g/cm^3$ 之间，以便它能悬浮在渣、钢之中。试验发现，密度为 $4.2\sim4.8g/cm^3$ 的挡渣球入炉后，球体的一半左右沉没在钢液中；而且，球体的移动受钢液的控制，钢液流尽时能及时封堵出钢孔，挡渣的效果最佳。挡渣球的密度可通过调整空心球内的装砂量来控制。

b　挡渣球的直径

挡渣球的直径要与出钢孔的直径相适应，挡渣球过小易随钢液流出，起不到挡渣作用；反之，若挡渣球过大，在钢液中移动时所受的阻力大，命中率低。实践证明，挡渣球的直径为出钢孔直径的1.2倍左右时挡渣效果最好。

c　投球地点

投球地点一般选在出钢孔的周围，若投入的挡渣球距出钢孔太远，随着出钢的进行，炉内温度下降，熔池的黏度增加，挡渣球游动的阻力加大，钢液出净时其很难移动到位挡住炉渣。当然，也不希望投入炉内的挡渣球正好在出钢孔的正上方，因为该处钢液的负压较大，挡渣球会在此负压和自身重力的共同作用下立即下落堵住出钢孔，使炉内的钢液出不净而造成浪费。投球地点距出钢孔的最佳距离，与出钢孔的直径、终渣的黏度及投球时间等因素有关。因此，实际生产中应不断总结经验，寻求本厂的生产条件下的最佳投球地点，以获得最佳的挡渣效果。

d　投球时间

根据一些钢厂的经验，出钢至2/3左右时向炉内投掷挡渣球，挡渣的效果较好。若投球过早，挡渣球要浸泡在熔池中较长时间，有被熔化的可能；反之，若投球过晚，炉内的钢液就要出完，而此时熔渣的黏度已较大，挡渣球的移动阻力增加，很难及时到位而使挡渣失败。

e　出钢孔的形状

如果出钢孔已经变形或被侵蚀成不规则形状，即使投入的挡渣球及时到位下落在出钢孔上，也会因两者接触不严而下渣。因此，采用挡渣球挡渣出钢技术时，应加强出钢孔的维护工作，使其始终保持圆整且呈喇叭状，以提高挡渣效果。

另外，还应设置下渣监测装置，以便及时摇炉停止出钢。目前的下渣监测常用电磁法。

C　钢包渣改性和使用覆盖渣

前已述及，即使采用挡渣技术，也不可能完全避免出钢时下渣，因此应考虑钢包内炉渣的变性问题，以消除氧化渣的诸多不利影响。通常的做法是，向包内加入适量的石灰—铝粉或石灰—电石粉混合物还原渣中的（FeO），使钢包渣变为白渣。

采用挡渣出钢后，为了使钢液保温，应在出完钢后向钢包内加适量的覆盖渣。配制的钢包覆盖渣应具有熔点低，保温性能良好，硫、磷含量不高的特点。如首钢使用的覆盖渣由铝渣粉30%～35%，处理木屑15%～20%，膨胀石墨、珍珠岩、萤石粉10%～20%组成，使用量为1kg/t左右。这种覆盖渣在浇完钢后仍呈液体状态，易于倒入渣罐。类似的覆盖渣还有多种，不过目前生产中广泛使用炭化稻壳作为覆盖渣。炭化稻壳因保温性能好、密度小、浇完钢后不粘挂钢包等优点而深受欢迎。

6.7.2　电弧炉出钢

6.7.2.1　电炉出钢的条件

电弧炉炼钢从废钢的装入开始，经过熔化期和氧化期的去磷、脱碳、去气、去夹杂，在还原期又进行了脱氧、去硫及合金化操作，一炉钢的冶炼任务已基本完成。满足下列条件时便可组织出钢：

(1) 钢液的成分全部达到控制含量的要求；

(2) 钢液温度已进入所炼钢种的出钢温度范围；

(3) 钢液脱氧良好，其标志是，倒入样模时液面平静无火花，凝固后下缩；

(4) 炉渣为流动性良好的白渣；

(5) 炉子的设备尤其是倾动机构正常。

6.7.2.2　出钢的方式与要求

就出钢方式而言，目前有传统电弧炉的出钢槽出钢和新型的偏心炉底出钢两种，其要求也不尽相同。

A　传统电弧炉的出钢要求

传统电弧炉出钢槽出钢的基本要求是，开大出钢口、放低钢包、钢渣混出。其目的在于：利用炉渣的保护作用，减少出钢时钢液的二次氧化和降温；借助钢包内的混冲，增加钢渣的接触面积，进一步脱氧、脱硫；发挥炉渣的洗涤作用，减少钢中的夹杂物含量等。为此必须做到：

(1) 出钢前要调好渣子的黏度，以防出现因炉渣流动性差而只有钢液流出的现象；

(2) 打开出钢口时，应保证其大小及形状正常；

(3) 维护好出钢槽，保证外形正常、槽内平整；

(4) 最大限度地放低钢包；

(5) 摇炉速度不能过快，以防出现先钢后渣的情况。

B　偏心炉底出钢

偏心炉底出钢法，简称EBT。

a　EBT电弧炉的结构特点

EBT电弧炉的结构及冶炼和出钢时的状态如图6-33和图6-34所示，它是将传统电弧炉的出钢槽改成出钢箱，出钢口在出钢箱底部垂直向下处。出钢口下部设有出钢口开闭机构，以开闭出钢口；出钢箱顶部中央设有塞盖，以便于出钢口的填料与维护。

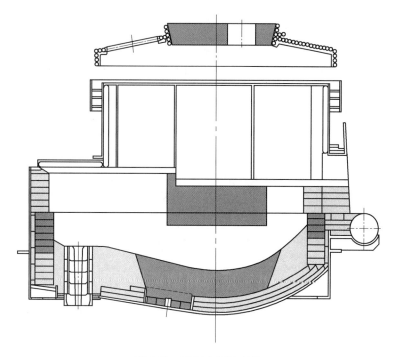

图 6-33　EBT 电弧炉结构

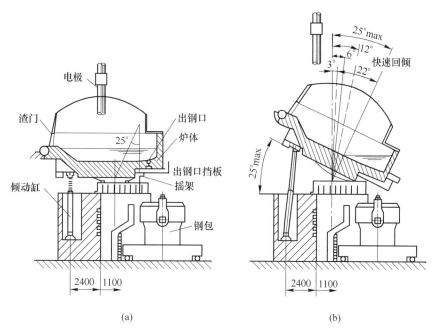

(a)　　　　　　　　　　　(b)

图 6-34　EBT 电弧炉冶炼和出钢
（a）冶炼；（b）出钢

b　EBT 电弧炉的优点

EBT 电弧炉实现了无渣出钢，增加了水冷炉壁使用面积，具体优点如下：

（1）出钢倾动角度减少了，可简化电弧炉倾动结构，降低短网的阻抗，增加水冷炉壁使用面积，提高炉体寿命。

（2）留钢留渣操作，可无渣出钢，改善钢质，有利于精炼操作以及电弧炉的冶炼、节能。

（3）炉底部出钢，可降低出钢温度，节约电耗，减少二次氧化以提高钢的质量，提高钢包寿命。

　　c　EBT 电弧炉的出钢要求

EBT 电弧炉的生产流程是：装料→熔化→氧化→出钢→炉外精炼。很显然，EBT 电弧炉是在炉内为氧化渣的条件下进行出钢的。为了便于炉外进行的还原精炼和防止回磷，应实现无渣出钢。为此，必须做到以下三点：

（1）出钢前向后倾动炉子 5°左右，保证出钢箱内有足够的钢液深度，防止出钢时液面产生漩涡而卷渣；

（2）出钢过程中，渐渐后倾炉体达 12°左右，以维持出钢口上面的钢液深度基本不变，避免卷渣现象的发生；

（3）当出钢 85%～90% 时，立即回倾炉子停止出钢，目的也是为了避免或减少卷渣。

　思　考　题

（1）钢液为什么要进行脱氧，脱氧的任务有哪些？

（2）什么是元素的脱氧能力？

（3）对脱氧元素有哪些要求？

（4）常用的脱氧元素有哪些，各有何特点？

（5）试分析钢中非金属夹杂物的来源。

（6）钢中氧化物夹杂有哪几类？

（7）非金属夹杂物对钢性能有什么危害？

（8）降低钢中非金属夹杂物的途径有哪些？

（9）请说明钢中氢和氮的主要来源。

（10）氢和氮对钢的性能各有什么影响？

（11）钢液脱气的基本原理是什么？

（12）电弧炉炼钢过程中，氮含量和氢含量如何变化？

（13）简述 RH 炉真空脱气原理和效果。

（14）减少钢中气体应采取哪些措施？

（15）钢液为什么要进行脱氧，脱氧的任务有哪些？

（16）满足什么条件时转炉便可组织出钢？

（17）挡渣的方法有哪些？

（18）电弧炉出钢的条件有哪些？

（19）传统电弧炉及偏心炉底电弧炉出钢时各有什么要求？

案 例 分 析

学习任务：

(1) 掌握炼钢生产中常见的质量事故产生的原因；

(2) 对炼钢生产中产生的事故能进行分析和处理。

任务7.1 案例分析：化学成分超标事故

7.1.1 事故描述

2012 年 7 月 19 日，第一炼钢厂 2 号机生产冶炼 HRB400-a 钢时，因钢水碳含量超标，构成二级质量事故。不合格具体情况：J29-008863，187.61t，[C]含量为 0.31%（该炉氩后样[C]含量为 0.30%，熔炼分析样[C]含量为 0.25%合格；由于过程成分异常，在对实物进行验证后，[C]含量为 0.31%超标。[C]含量标准为0.21%~0.25%）。

7.1.2 事故原因分析

7.1.2.1 事故经过调查

7 月 19 日早班甲班，J29-08863，A/FHRB400，包龄第 8 炉（最后一炉），该炉钢转炉取了 LD 样，因 LD 样有缺陷，炉前化验室没有做出成分来，于是炉长凭经验判定终点含碳量，直接放钢。

YH：[C]含量为0.30%，转炉炉长打电话通知连铸机长提前在中包取样，机长通知大包工提前在中包取样，CP：[C] 含量为 0.25%。后质检发现 YH 样和 CP 样成品成分相差较大，于是在铸坯上取了验证样，CPY：[C]含量为 0.31%，此时铸坯已大部分送到棒材厂。

7 月 23 日生产技术科专工和炼钢质检一起到线棒厂，随机在已轧制的 6 捆螺纹钢中各取了 1 根验证样，有 4 个验证样成分出格，最高[C]含量为 0.33%；并在退回一钢的铸坯中随机取了 3 块验证样，有 1 块样成分出格，[C]含量为 0.30%。

该轧批号质检共编 187.61t 铸坯，质检发现成分异常后共现场判废 42.3t，送了约 145.31t 铸坯到棒材厂。7 月 20 日该炉号未轧的 106.5t 铸坯全部退回，入炉轧制约 38.81t 铸坯。这次事故除过渡段可利用的铸坯，共造成约 120t 铸坯判废。

7.1.2.2 事故原因分析

(1) 转炉 LD 样没做出来，炉长凭经验判定终点碳偏差较大，且发现成分出格后未向车间或科室领导汇报直接将钢水回炉，并直接通知连铸提前取样，是造成此次事故的主要原因。

（2）连铸机长未按规定时间或吨位取样，影响质检的判断，导致废品发到棒材厂，并部分轧制，造成事故扩大化，是造成此次事故的直接原因。

任务7.2　案例分析：钢包穿包沿事故

7.2.1　事故描述

2012年1月29日，中班丙班，1号炉冶炼炉次J21-00812A（B/ES275），转炉上炉留部分钢水，本炉装入量为：铁水205t，废钢25.2t，转炉放钢过满，CAS站通知LF炉钢水满，LF炉确认之后，通知调度钢水满，调度未到现场确认，通知先炼，造成钢水满穿包沿。

7.2.2　事故原因分析

（1）上炉次留有钢水，未减少装入量，造成钢水满。

（2）LF炉通知调度未明确钢水满程度，调度未到现场确认，通知LF炉冶炼。

（3）转炉未严格执行装入制度。

7.2.3　防范整改措施

（1）上炉次留有钢水冶炼时，及时调整装入量，原则不减少铁水装入，减废钢装入。

（2）出现异常情况，信息反馈后，调度必须到现场确认，并根据异常信息处理作出相应指示。

（3）转炉车间须组织学习装入制度，并按制度执行。

（4）精炼车间、调度须组织学习信息反馈制度及异常信息处理，并严格执行。

任务7.3　案例分析：钢包穿包沿造成停机事故

7.3.1　事故描述

2012年1月13日，晚班甲班，1号炉冶炼炉次J21-335（B/16MnDR + N）显示装入量为：铁水215t（实际铁水230.2t），废钢26t，放钢时，钢包车线烧掉，用渣包车顶出吊装位，转炉只加了Si-Mn：798.61kg，硅铁：427.08kg，铝块：215.26kg，未将合金配到位，到LF炉处理，通电14min取样分析后，精炼工才发现合金未配到位，补加合金4t左右，且钢水温度低，用较大氩气搅拌，导致7号钢包靠边部透气砖的包沿穿包沿，并导致2号机非计划停机。

7.3.2　事故原因分析

（1）4号铁水包在高炉出了余铁99.3t，分罐后留了54t铁水，重新加装铁水171.6t，合计铁水有 225.6t，进炉在高炉回皮后又发现化了 4.6t 的铁水，累计进炉重量有 230.2t，入炉装入量 256.2t，超装铁水，致使钢水量过满，同时钢种要求合金量大，共加了 5t 左右合金。

（2）生产调度未对铁水分罐进行跟踪，未及时知道铁水重量，同时生产组织比较紧张，KR 脱硫站未对 4 号包进行铁水进厂进行称重，造成铁水超装不知情。

（3）转炉上炉放钢时间过长，单飞节奏紧张，提前抬炉，留有部分钢水；转炉放钢时，将钢包车电缆线烧断，致使用渣包车和铲车将钢包车推出炉下，导致金属 Mn 未配加，同时未发现钢水满，未及时抬炉，钢水净空只有 2 块砖。

（4）转炉未将钢水满、合金未配到位信息传递到位，多次电话联系不到的情况下，未能及时通知调度，同时 LF 炉在转炉工序多次电话联系的情况下，未能接收到信息，造成通电 14min 取样分析才发现合金不到位，补加合金，同时温低，搅拌强，造成搅拌区域钢水液面较高，导致钢包在搅拌区域穿包沿。

7.3.3　整改措施

（1）调度及车间组织学习《信息反馈管理制度》，班组人员要熟知信息沟通反馈流程。

（2）KR 脱硫站、生产调度要对分罐处理铁水进行跟踪，确保铁水量准确。

（3）设备科针对自动化计控信息中的铁水称重数据加入 2.5 级 MES，提出方案。

（4）转炉维护好出钢口，防止下渣烧线。

任务 7.4　案例分析：CAS 上钢水黏造成连铸机非计划停机事故

7.4.1　事故描述

该炉次 J22-01983A，钢种 JBSPHC，为 CAS 直上 2 号连铸机钢水。该炉在浇注过程中出现结晶器液面波动，至浇注 102t 时浇钢把手已打到底，连铸拉速只有 0.4m/min 左右，后连铸换浸入式水口发现是干净的，该现象属于因钢水黏造成中包上水口堵塞现象。后该炉次因钢水黏造成非计划停机事故。

该炉次冶炼过程如下：转炉放钢过程出现下渣现象后加入 8 包顶渣改质剂，因下渣，又加上转炉出钢过程并没有把钢水中 [O] 脱尽，到 CAS 站仍有 $57 \times 10^{-4}\%$ [O]。导致 CAS 站加入 973kg 精炼渣和 100kg 铝粒后渣子仍还未白，事后 CAS 站处理后软吹时间不足。后上连铸浇注出现钢水黏现象。

7.4.2　事故原因分析

转炉下渣量大，导致该炉钢水在 CAS 站处理渣子未白是引起钢水黏的主要原因。

7.4.3　整改措施

（1）CAS 站直上连铸钢水要求转炉按工艺《低碳低硅钢 CAS 直上操作要点》执行脱氧到位。

（2）规范挡渣操作，杜绝转炉放钢下渣。

（3）CAS 站按工艺执行处理钢水，出站钢水要求满足软吹工艺时间。

任务 7.5　案例分析：连铸温度低造成连铸机停机事故

7.5.1　事故描述

该炉次 J22-01371A，钢种 JBX70，1 号连铸机发生连铸温度低停机事故，事故经过如下：

当天早班 JBX70 前 3 炉计划炉次 1-888、2-1370、2-1371。由于早班无 A/B 级钢包使用，JBX70 都是使用 C/D 级钢包。另外 2-1370 转入放钢（[P]0.0132%）并有部分下渣而改 JBSPHC 计划造成 2-1371 改第 2 炉。

精炼过程中 1-888 炉次于 11：00 时间 LF 出站，而 2-1371 进 LF 站时间为 10：50，这样造成 2-1371 节奏变紧张。致使炉次 2-1371 在 LF 炉总时间 52min，其中 6 挡通电 23min，8 挡通电 17min 到 1645℃ 喂线，喂线后温度 1635℃ 即出站。后进 RH 开始处理温度为 1622℃，处理 27min 后破空温度 1573℃，温降达到 49℃，后软吹 1563℃ 出站。

浇注过程中炉次 2-1371 在 13：53，大包臂重 147t 时中包温度 1525℃。另外 2-1372 已经在连铸待浇，但 2-1371 至 14：00，大包臂重 124t，中包温度 1523℃ 才转过开 2-1372 炉次，后 14：05 连铸温度低停机。造成本就使用 D 级包的 2-1371 炉次钢水蓄温效果不好，使 RH 真空处理该炉次 27min 破空后温降 49℃。2-1371 炉次 1563℃ 上连铸平台。

7.5.2　事故原因分析

（1）1-888 作为开浇炉第 1 炉，在 2-1370 已改钢种后未等节奏出站，使本就用 D 级包的 2-1371 炉次钢水在 LF 炉以 6 挡快速升温，使蓄温效果不好，造成后期温降大是造成连铸停机的原因之一。

（2）已改 JBSPHC 钢种炉次 2-1370，在精炼处理白渣后 [P]：0.0124%，未高出 JBX70 的 [P]：0.015%，值班调度未改回 JBX70 冶炼是造成节奏紧张的一个因素。

（3）2-1371 于连铸浇注过程中大包臂重 147t 时已是中包温度低，未及时开 2-1372 炉次是造成停机的又一原因。

7.5.3　整改措施

（1）对于 LF-RH 双联工艺钢水，属于长工艺路线、长处理时间，应确保 LF 通电时间与升温蓄热效果。

（2）对于浇注后期中包温度低至接近钢种液相线的钢水，采取措施及时开后一炉以减少停机事故危害。

（3）按工艺规定使用钢包，若钢包等级低按措施（1）确保钢水升温条件。

任务7.6　案例分析：底吹不通造成停机事故

7.6.1　事故描述

2月3日晚班乙班，2号转炉冶炼钢种JB510L，炉号为J22–01421A，19号钢包，钢包等级D。该炉钢转炉出钢过程中炉长发现无底吹，通知CAS站开旁通后仍没有作用，后在CAS站、LF炉到站均没有底吹。LF炉插备用管通电后有小底吹但无法满足精炼条件。值班主任在钢水质量未满足浇注条件的情况下指挥钢水强行出站浇注，钢水在连铸约100t时大包流不下停机。后检查2号转炉底吹有漏气现象但连续3炉不影响CAS站操作；检查19号钢包，两块透气砖在煤氧清理过程中见砖后，分别于170s、230s才见小量出气（正常见砖后30~90s能清理干净）。

7.6.2　事故原因分析

准备装包班在钢包从卧式烘烤吊出来使用时检查清理不到位是造成此次事故的主要原因。

7.6.3　整改措施

（1）要求准备车间每个烘烤钢包上线使用前重新清理检查。
（2）要求炼钢车间立即更换2号转炉底吹公端。

任务7.7　案例分析：钢包穿渣线事故

7.7.1　事故描述

2月10日VD炉冶炼炉号J22-01620A，进站温度、过程处理均正常，破空后发现26号钢包（包龄64炉）东南方向包箍下部有一道长约40cm穿孔。检查发现钢包包箍位置沿包箍方向耐材被洗掉约6块砖。经调查，在该晚班之前3天时间里只投入了1个新钢包和两个中修包，2月10日晚班一个班投入4个新钢包（中修包），除此外在线使用的有碳包均为后期包龄钢包或者后期渣线钢包，不符合上VD条件。

7.7.2　事故原因分析

准备车间钢包热修班和当班值班主任明知26号钢包是后期钢包，不具备上VD条件仍安排该钢包上VD处理是造成这次事故的直接原因；准备车间钢包上下线安排不当，未能有效错开钢包包龄是这次穿渣线事故的主要原因；各班调度客观上对洗新钢包/中修包存在抵触情绪，不愿意新钢包和中修包在本班上线是造成钢包包龄集中的次要原因。

7.7.3　整改措施

（1）技术科重新制订上VD炉的钢包标准，要求渣线使用25炉以上的钢包不得安排上 VD 炉；并针对新钢包/中修包上线制订相应的考核制度。

（2）生产科严格执行相关制度，对准备车间提出的洗包要求如无特殊原因必须无条件执行。

（3）钢包热修班严格执行工艺规定，渣线使用 25 炉以上的钢包不得安排上 VD 炉。

任务 7.8　案例分析：RH 炉上连铸机温度低导致开浇失败事故

7.8.1　事故描述

RH 炉冶炼 JBXG1300WR 直上 1 号连铸机。开浇炉 J22-02501A，D 级钢包，RH 炉 1590℃于 10：21 出站，到连铸平台温度 1582℃，10：55 开浇，开浇时发现 S2 有垫棒现象，中包温度升至 1540℃，后 S1 拉速提升至 0.7m/min，钢水突然流不下，后检查水口发现水口内有大量冷钢。连铸封顶时钢水漏出挂在结晶器上，S2 单流浇铸 3 炉钢后因 S1 需要更换结晶器停机。

7.8.2　事故原因分析

RH 炉出站温度按正常工艺温度下限控制，未考虑连铸等待时间以及钢包等级的温度补偿是造成事故的主要原因。

7.8.3　整改措施

RH 炉严格按照温度制度以及钢包等级制度对出站温度进行补偿。

任务 7.9　案例分析：连铸机温度低造成开浇停机事故

7.9.1　事故描述

3 月 25 日中班甲班，JBSPHC 钢种，2 号机开浇炉第 6 炉温度低非计划停机事故。事故经过如下：

该炉次 J21-2325，放钢温度 1648℃，为 CAS 直上连铸第 6 炉，钢包 28 号，D 级钢包。该炉 4：47 到 CAS 站温度 1617℃，后正常处理至 5：04 出站，出站温度 1589℃。但至连铸于 5：25 开浇，浇注 60t 3、4 流同时死流，中包测温 1524℃。由于温度低造成 2 号机开浇即停机。

7.9.2　事故原因分析

由于炉号 J21-2323（JBSPHC）[P] 高，调度决定浇注 100t 后进行并包，该炉次 J21-2325 由上 LF 炉 X60 钢改为 2 号机 JBSPHC 单飞，钢包等级为 D 级，出钢前转炉炉长未确认钢包等级，误以为还是和前面单飞钢水一样为 A 级包，倒钢温度 1648℃，未进行补吹放钢，CAS 到站温度只有 1617℃，导致出站温度低（1589℃）（低于正常 A 级包下限温度 1590℃，远低于 D 级包补偿温度 1605℃），出钢温度低是造成中包温度低停机的主要原因。

7.9.3 整改措施

（1）转炉车间调整考核，加大对炉长的考核，提升炉长责任心。
（2）组织转炉车间对《温度制度》进行学习，提高炉长工艺执行力。

任务 7.10 案例分析：钢水温度低造成停机事故

7.10.1 事故描述

4月1日早班丙班，炉次 J22-3051，JBQ235A/B 钢种，钢水有 LF 上连铸，由于钢水温度低造成非计划停机事故。事故经过如下：

该炉钢水精炼炉通电时间 31min，在站时间 55min 处理后，喂完 Ca 线 1581℃ 出站上连铸，等待时间 13min 后浇注。但连铸过程中中包最高温度 1530℃，其后温度一直在降低，直至 1522℃，浇注完后接 CAS 站单飞钢水 J22－3053 钢开浇 30t 时温度低停机。

7.10.2 发生事故前异常情况

（1）由于炉次 J22-3052，15 号钢包出现钢包无底吹，在 CAS 站与 LF 炉即使插备用管都没有 Ar 气，后作倒包钢水处理耽误节奏时间，致使后 1 号机在节奏紧张时间内，依然降拉速浇温度低钢水。倒包后检查 15 号钢包底吹透气砖，发现两底吹透气砖芯断是造成该钢包吹不起气的原因。

（2）J22-3051 炉次为 30 号钢包 D 级钢包，是中修包。按《钢包分级管理规定》该炉次钢水在 LF 处理时间需达到 60min 后，LF 出站温度按工艺要求下限温度补偿 10～15℃ 出站。但 LF 炉出站温度是 1581℃，处理时间不到 60min 时按下限温度出站。

（3）由于后一炉 J22－3052 出现倒包事故，影响生产节奏，值班调度在 J22－3051 开浇不久即通知了连铸降半挡拉速，后中包温度低通知过连铸机长提拉速，但连铸机长未得到有效通知，属于调度信息反馈不到位和不及时。

7.10.3 事故原因分析

该炉属于温度低造成连铸停机，由三点原因造成：
（1）主要原因：是由于 15 号钢包底吹透气芯断，造成钢水无底吹，进而影响节奏。
（2）次要原因：由于精炼未按《钢包分级管理规定》降温度补偿到位。
（3）次要原因：调度信息反馈不力，未有效通知连铸提拉速。

7.10.4 整改措施

（1）准备车间确保钢包正常使用。
（2）按《温度制度》与《钢包分级管理规定》执行补偿温度。
（3）信息反馈应该及时到位。

任务 7. 11　案例分析：连铸机钢水黏造成停机事故

7. 11. 1　事故描述

4 月 1 日晚班甲班，炉次 J22-3045，JBQ235A/B 钢种，钢水由 CAS 直上连铸，由于钢水黏非计划停机事故。事故经过如下：

(1) 该炉钢水转炉 TSO 测温 1628℃，后补吹 51s 时间放钢，转炉 LD2 样 [C] 成分为 0. 06，转炉脱氧合金加入量 150kg 铝块，硅钙合金 453kg，以及其他配成分合金后至 CAS 站仍有合金未化开的现象。

(2) CAS 站进站定 [O]：$50 \times 10^{-4}\%$，而钢水成分 YQ 样 $[Al]_s$：0. 010%，另外根据炉前所加脱氧合金量与 LD2 样，炉前属于脱氧合金到位。到 CAS 站基本少量 [O] 含量，且含 $[Al]_s$ 又多。但现象又表明脱氧合金未充分化开，后 CAS 站处理过程中在到站后 7min 加入 73kg 铝块脱氧与配 $[Al]_s$ 成分，之后加入精炼渣。

(3) CAS 处理过程中提到钢水 Ar 气小，但 CAS 站在转炉出钢时间 3：48 开，Ar 流量两路开至 $100m^3/h$ 有 4min，后炉前放钢至 2/3 后信息是 Ar 小，CAS 站于 3：53 将 Ar 改为旁通底吹 7min 后，于 4：00 该炉钢水到 CAS 站。后 CAS 站转而把 Ar 由旁通调为自动控制，将 Ar 流量调至 40 ~ 90 之间底吹 7min。最后 Ar 流量 $40m^3/h$ 底吹 7min 出站，CAS 站总处理时间 18min。该现象表明钢水至 CAS 站有足够 Ar 气处理该路钢水。

(4) 炉前与 CAS 站认为 Ar 气小，未能通知值班调度与钢包班确认，依然在 Ar 未全开处理钢水。

(5) CAS 站 YQ1 和 YH1 样中，[Mn] 基本相同，至相差 0. 008% 含量，但 [Si] 成分前后偏差 0. 03%。基本状况是转炉合金加入时间较晚所致。

7. 11. 2　事故原因分析

该炉属于钢水黏造成连铸停机，根据以上情况原因是：

(1) 主要原因：CAS 站处理不到位，处理过程中离出站前 10min 才加入 Al 块和精炼剂脱氧造渣，造成后面处理加软吹时间只有 10min。属于处理时间不到位。

(2) 根据现象反映：转炉加入合金时间晚，造成至 CAS 站脱氧不充分和合金未化开是另一原因。

7. 11. 3　整改措施

(1) 信息反馈到位。

(2) 按工艺要求处理 CAS 直上钢水，做到早脱氧早造渣。

任务 7. 12　案例分析：板坯连铸机漏钢事故

7. 12. 1　事故描述

2012 年 4 月 2 日 1 号机中班丙班，浇注钢种 JBQ235A/B 时，炉次号为 J21-02561A，

中包温度为 1546℃，在正常换水口时，3 流发现黏结（黏结位置为水口与结晶器外弧中间位置），流长立即将拉速降至 0.3～0.4m/min 约 3min，后未发现铸坯还在继续黏结，就按正常升降速标准提速至 1.2m/min，此过程经历约 10min 后发生黏结漏钢。

7.12.2　事故经过（直接原因）调查分析

经过对事故分析认为：

（1）事故发生的原因主要是流长在发现第一次黏结降速后，以为已经正常，尚未发现铸坯还在继续黏结，以致按正常升降速标准升速才导致漏钢。

（2）水口流场不稳定，导致化渣效果不良。

7.12.3　调查情况分析

（1）调查管理制度：连铸作业区提供《连铸作业区生产管理考核规定》。

（2）调查作业规程：连铸作业区提供《板坯机连铸浇钢工岗位作业指导书》，适用 210t 转炉严格执行。

（3）调查操作记录：连铸作业区提供浇注操作记录。

（4）调查培训记录：连铸作业区提供培训、考试记录。

（5）调查类似事故措施记录：无类似事故。

（6）调查其他部分：无。

7.12.4　防范措施

（1）组织对员工进行紧急事故预案教育，加强对紧急事故的应急能力。

（2）发生类似黏结事件时，将拉速停留至 0.8m/min 观察液面情况，如 15min 内未发现异常后，按正常标准提速，如在 15min 内还有黏结现象，立即做停机处理。

任务 7.13　案例分析：未软吹，使连铸机钢水黏造成停机事故

7.13.1　事故描述

2 号机浇注 JBSPHC，由 CAS 直上连铸，当浇铸至炉号 J21－02600A 时发现钢水流动性差，浇注 80t 时 S3、S4 相继死流停机。经查，J21－02600A 计划由 CAS 直上连铸，但 CAS 到站温度 1605℃，低于温度制度要求，CAS 处理结束后吊至 LF 炉紧急升温，后喂钙线 100m，未软吹上连铸导致钢水黏停机。

7.13.2　事故原因分析

2 号炉出钢温度低，到 CAS 站温度过低是造成此次事故的主要原因。

7.13.3　整改措施

（1）炼钢车间提高炉长炼钢水平，避免 CAS 直上放低温钢。

（2）LF 炉处理事故钢水时一定要确保软吹时间。

任务 7.14　案例分析：顶渣改质不到位，使连铸机钢水黏造成停机事故

7.14.1　事故描述

4 月 6 日晚班丙班，炉次 J21-2651，JBSPHC-1 钢种，RH 上连铸钢水，由于钢水黏非计划停机事故。事故经过如下：

炉次 J21-2651 本冶炼钢种为 XG600XT，后由于炉前放钢过程中未挡到渣，该炉次钢水下渣量很多造成该炉钢水改钢种 JBSPHC-1，由 RH 真空处理上连铸。由于该炉次转炉放钢至 CAS 站温度为 1574℃，吊至 RH 炉温度低，为 1541℃，后返回精炼炉升温操作。LF 升温后再转 RH 炉处理，RH 炉正常处理后至连铸浇至 83t 后钢水黏停机。

该炉次钢水属于异常钢水处理，由于转炉下渣中途改 RH 炉计划，转炉放钢后未按 RH 炉处理钢水要求进行顶渣改质处理，转炉放钢 LD2 的 [P] 含量为 0.016%，RH2 的 [P] 含量为 0.022%。放钢过程进行过钢水脱 [O]，至 RH 炉两次定 [O] 含量只有 30×10^{-4}%。RH 处理过程中需加铝粒吹 O_2 升温。

当晚丙班连铸存在保护浇注不到位现象。该浇次至停机共浇 7 炉钢，该 7 炉钢有 3 炉是 LF 精炼的，2 炉由 CAS 单飞直上的，以及 2 炉由 RH 上连铸的，连铸过程中 $[Al]_s$ 损失小于 0.008% 的只有两炉，其余 $[Al]_s$ 损失分别为：0.016%，0.030%，0.015% 和 0.018%，属于损失严重，经过调查发现前 6 炉钢水精炼过程属于正常操作无 $[Al]_s$ 损失，至连铸后保护浇注不合格导致损失 $[Al]_s$ 过大。更造成连铸浇 7 炉钢时，开浇就出现钢水黏现象，浇 7 炉钢换 7 根水口。

7.14.2　事故原因分析

该钢水黏造成连铸停机，事故原因有两方面：

（1）转炉下渣，导致更改计划 RH 炉处理，但该炉 J21-2651 钢水未进行顶渣处理，未达到钢水中不带 [O]，未满足 RH 炉处理条件是造成该炉钢水黏停机的主要原因。

（2）连铸该浇次保护浇注不到位，造成开浇起就有 $[Al]_s$ 损失严重，钢水黏，是停机的另一原因。

7.14.3　整改措施

（1）做好挡渣，防止转炉下渣。
（2）连铸做好保护浇注。

任务 7.15　案例分析：底吹管渗铁事故

7.15.1　事故描述

2012 年 4 月 7 日下午 17：35 左右，2 号炉中班甲班在冶炼本班第三炉钢安排测零位

（J22-03224A），在测好零位、进完废钢后炉子摇正过程中，炉下钢包车工发现炉底一块透气砖处有铁水滴入渣罐中，于是立即通知炉前，摇炉工快速摇斜炉子，此时，透气砖已没有滴铁水。车间跟班人员当时正在炉前中控室，得知消息后，立即跑到炉下确定渗铁具体位置，发现炉底东北面 9 号透气砖处炉壳有点发红，初步判断该炉钢不开吹为好，同时也考虑到副原料还没有加入，并且 1 号机没有开机，不会造成非计划停机；于是决定不吹炼，铁水直接倒出，与此同时与调度联系钢包和干净渣罐，在 17：50 倒出铁水，18 点左右倒出废钢，在确定炉内渗铁位置后，安排补炉底，18：10 倒入补炉料（5 包），19：30 烧结完继续进废钢兑铁水吹炼。从发现渗铁到补好炉继续吹炼整个过程用时近 2h。

7.15.2　事故原因分析

（1）2 号炉为炉龄已有 4364 炉的中期炉龄，整体炉况较差，特别是炉底透气砖没有较好的覆盖住，给事故的发生（特别是在没有加底灰测零位的情况下）埋下了很大的隐患。

（2）从 2 月以来，该厂大量品种钢和低碳低硅钢单飞钢种计划较多，护炉工作相当困难，两座转炉炉况较长时间都没有得到根本性的改善，炉底深，炉底四周侵蚀较重，透气砖难以完全覆盖。

（3）一段时间以来，该厂炉前挡渣效果差，出钢口及炉帽处结渣严重，钢水较难出尽，困扰着炉前的溅渣护炉效果。

（4）炉前的冶炼操作是造成该事故发生的主要原因，从事故调查分析来看：事故发生前的几炉钢冶炼操作存在异常情况，主要有以下几个方面：

1）早班丁班最后一炉（J22-03221A）出钢没挡住渣，带钢水抬炉，炉内留钢水较多，而丁班炉长在不确定炉内有多少钢水的情况下，没有安排下炉适当减少装入量，致使下一炉（J22-03222A）钢水多，甲班炉长在出钢时也未能出尽钢水，连续两炉留钢水溅渣，护炉效果没有保障。

2）甲班接班两炉钢均补吹。J22-0322A 倒炉 1652℃，虽然达到出钢要求的温度，但是因钢包是 C 级包，并且节奏较富余，被迫点吹补偿温度，而 J22 - 03223A（JBSPHC）在吹炼过程，因炉长的温度控制不到位，TSC 测温 1650℃，[C] 含量为 0.51%；TSO 测温 1681℃，[C] 含量为 0.058%，终点 [P] 含量为 0.028%，也被迫补吹。连续两炉钢的拉后吹，对于中期炉龄，并且炉况一直不好的 2 号炉，侵蚀是非常严重的。

3）在连续几炉钢的操作不正常情况下，甲班炉长没有及时采取应对措施，而是盲目安排测零位，致使流动性非常好的铁水从裸露的透气砖渗出，造成该事故的发生。

7.15.3　防范措施

（1）1 号，2 号转炉车间已要求采取特护方案，关键盯紧各班组认真执行好，并组织力量，采取措施尽快把两座转炉炉况护起来，保持零位不低于 9300mm。

（2）做好挡渣工作，并且尽快解决好后大面藏钢水的问题，确保钢水出尽，保证溅渣的效果。

（3）根据厂里事故调查分析之后的护炉专题会议精神，再硬性规定如下几点：

1）若前一炉钢水没出尽，下炉必须调整装入量，主要以减少废钢和生铁量为调整手段，确保下炉钢水出尽；

2）班中连续两炉点吹（或严重拉后吹），炉长必须认真检查炉况和透气砖，发现异常，应立即申请补炉或采取其他措施；

3）根据目前的炉况及底吹情况，除测零位的炉次外，其他炉次一律不允许先进铁水，必须先加底灰和废钢再兑铁水。

任务7.16　案例分析：中包流不下造成停机事故

7.16.1　事故描述

4月10日甲晚班交乙早班钢水，炉次 J21-2766，钢种 JBSPHC，1 号 LF 炉上连铸钢水，由于大包钢水流不下导致 2 号机停机事故。事故经过如下：

炉次 J21-2766，大包钢水在连铸过程中浇至 100t 钢水时，中包温度 1550℃，大包钢水流下逐渐变少，后中包钢水液面下降。由于大包流不下，导致 2 号机停机。

事后分析该炉钢水在 LF 炉精炼过程，该炉 6：46 在 LF 精炼开始冶炼通电几分钟后，通电单飞升温的钢水后，继续升温冶炼该炉次，至 7：35 测温 1559℃，取 LF1 样。渣料加入 994kg 石灰，394kg 精炼渣，过程底吹 Ar 属较好，至 8：11 测温 1589℃，继续通电 5min 后温度为 1603℃，但过程中 LF1 钢水样[S]含量 0.00879%，[Si]含量 0.0146%。在后面将近 50min 时间的出站样 LF2 样成分中[S]含量 0.00915%，[Si]含量 0.0146%，[Al]$_s$ 损失 0.022%，属于非正常现象。该炉钢水精炼过程中，于 8：00 左右取精炼渣是白色，但此前钢水温度一直较低，白渣时间也较晚是导致钢水黏的主要原因。

7.16.2　事故原因分析

该钢水黏事故主要原因：

精炼过程中前期温度低，白渣时间也较晚是造成钢水黏的主要原因。

7.16.3　整改措施

（1）LF 炉冶炼 SPHC 类钢水，做到早升温，提前造好渣。

（2）在温度低化渣不容易情况下，石灰可分批加入。

参 考 文 献

[1] 郑金星，王振光，王庆春. 炼钢工艺及设备[M]. 北京：冶金工业出版社，2011.

[2] 雷亚，杨治立，任正德，等. 炼钢学[M]. 北京：冶金工业出版社，2010.

[3] 冯捷，张红文. 转炉炼钢生产[M]. 北京：冶金工业出版社，2006.

[4] 黄希祜. 钢铁冶金原理[M]. 北京：冶金工业出版社，2002.